高等学校"十四五"规划教材·无人机应用技术

无人机通信链路及规划

张召悦　杨　宇　编著

西北工業大學出版社

西　安

【内容简介】 本书紧跟无人机通信链路技术前沿，涵盖无人机行业应用中常用数据链的机理内容，主要研究无人机运行及操作过程中所使用的通信链路新技术及规划等内容，具体包括无人机行业应用和分类、无人机通信链路发展历程、地空通信链路、地空通信组网技术、空中通信链路特性、空中通信组网技术、星基通信系统、通信链路安全与隐私技术、通信链路 UTM 规划、无载荷与载荷通信以及 5G 技术在无人机任务中的应用等内容。

本书可作为无人机应用技术及相关专业的教材，也可供从事无人机及通用航空应用的专业管理和技术人员参考使用。

图书在版编目(CIP)数据

无人机通信链路及规划/张召悦，杨宇编著. —西安：西北工业大学出版社，2022.9

ISBN 978-7-5612-8423-0

Ⅰ.①无… Ⅱ.①张… ②杨… Ⅲ.①无人驾驶飞机-无线电通信 Ⅳ.①V279 ②TN929.5

中国版本图书馆 CIP 数据核字(2022)第 174762 号

WURENJI TONGXIN LIANLU JI GUIHUA

无 人 机 通 信 链 路 及 规 划

张召悦 杨宇 编著

责任编辑： 朱辰浩　　**策划编辑：** 杨 军

责任校对： 孙 倩　　**装帧设计：** 董晓伟

出版发行： 西北工业大学出版社

通信地址： 西安市友谊西路 127 号　　邮编：710072

电　　话： (029)88491757，88493844

网　　址： www.nwpup.com

印 刷 者： 兴平市博闻印务有限公司

开　　本： 787 mm×1 092 mm　　1/16

印　　张： 16.625

字　　数： 436 千字

版　　次： 2022 年 9 月第 1 版　　2022 年 9 月第 1 次印刷

书　　号： ISBN 978-7-5612-8423-0

定　　价： 59.00 元

前　言

随着科学技术的进步及各行业的需求牵引，近年来无人机及相关产业发展迅猛。无人机通信链路是无人机感知周边环境、交换信息的基础，是无人机与世界的桥梁。无人机通信链路是用于传递飞行动态、环境动态、任务载荷信息和地面任务规划等的运行安全保障系统，是集成通信基础、网络技术、安防技术和移动通信技术的综合技术。

随着现代通信技术的飞速发展以及无人机技术的持续、快速创新应用，通信链路技术在行业应用中扮演着举足轻重的角色，新型无人机通信链路层出不穷。无人机通信链路种类繁多，如何针对特定应用场景，选择并规划适用类别的通信链路是无人机工程技术人员重点考量的问题之一。安全、准确、高效、高性价比的信息传递是构建无人机通信链路的关键目标。围绕这一目标，借助空天地一体化网络，无人机通信链路表现形式将日益丰富。

本书主要对无人机运行背景、通信链路技术及发展、安全认证技术、通信链路规划技术、无人机空中交通管理对数据链的需求、无载荷与载荷通信、5G 技术在无人机通信链路中的应用发展等方面进行阐述与探讨。

本书编写分工如下：张召悦编写第 1、3～9 章，杨宇编写第 2 章并对其他章节进行校对，阳颖参与了第 3、4 章的编写并对其他章节进行了校对，黄诚昊参与了第 5 章的编写，罗秋晴参与了第 6 章的编写，张红波参与了第 7 章的编写，李莎、许程共同参与了第 8、9 章的编写。西北工业大学张安教授、哈尔滨工程大学林云教授、中航工业 607 所王飞工程师对本书进行了审阅并提出了宝贵的建议。参与本书编写和校对工作的还有中国民航大学的冯朝辉、王志森、陈霖峰、崔哲、杨贤喜、杨光祥、孙佳岐、詹茁芃、何雨霖和王佳旭等人。此外，在本书的编写过程中，中国民航大学的杨新湦教授、赵嶷飞教授、戴福青教授、王超教授、徐建星教授、曹显祥老师和杜海龙老师等领导和同事们给予了大力支持。

本书的编写得到了孙聪院士、张安教授、丁松滨教授、杜玉杰教授、冯兴杰教授的支持，在此表示深深的谢意。在本书的编写过程中，笔者参阅、借鉴了大量国内外文献、相关规章、网络资源、标准及研究成果，在此谨向相关资源拥有者及专家学者致以诚挚的感谢。

本书内容知识面广，加上笔者学识有限，书中难免有不妥之处，请广大同行和读者及时批评指正。

编著者

2022 年 6 月于中国民航大学

目　录

第1章 绪　论

无人机是一种由地面站管理、无须搭载操作人员的航空器。随着电子技术的进步，无人机在多个应用领域凸显出重要性。通信链路是无人机进行信息交互及完成任务规划的基础，无人机的发展离不开通信链路的改进。通信链路是无人机系统的重要组成部分，用于完成对无人机的遥控、遥测、跟踪定位及传感器信息的传输。无人机通信链路分为上行链路和下行链路：上行链路主要传输数字式遥控信号、任务载荷的命令信号、无人机的飞行路线控制信号；下行链路主要传输无人机状态信号和侦察信号。本章将介绍无人机的发展、通信链路的分类及实现方法、通信链路指标等内容。

1.1 无人机概述

欧洲航空安全局发布的《无人机强制任务报告终版》(*UAV Task-Force Final Report*)将无人机定义为：无须机上人员操作的飞行器。美国国防部和北大西洋公约组织合著的出版物《美国国防部军事及相关术语词典》中，无人机的概念是：无须搭载操作员的一种动力空中飞行器，该飞行器采用空气动力提供所需的升力，能够自动飞行或进行远程引导，能一次性使用也能进行回收，能够携带致命性或非致命性有效载荷。中国民航局航空器适航审定司在《民用无人驾驶航空器系统适航审定管理程序》中定义的无人机概念为：机上没有驾驶员进行操控的航空器，包括遥控航空器、自主航空器、模型航空器等。综上所述，无人机是一种由地面站管理(包括远程操纵或自主飞行)的无须搭载操作人员的航空器。

1.1.1 无人机发展背景

当前，国家出台了一系列政策大力扶持无人机尤其是民用无人机产业的发展，以进一步激发消费级无人机的巨大市场增长潜力，拓展工业级无人机的下游应用领域，助力经济结构的转型升级，培育无人机产业的经济增长点。

从航空政策上看，国家先后出台了《关于加快培育和发展战略性新兴产业的决定》《民用航空工业中长期发展规划(2013—2020年)》《关于深化我国低空空域管理改革的意见》等政策，将航空产业列入国家战略性新兴产业发展重点方向，有序开放低空空域，引导支持航空装备制造业和相关产业做大做强。

从无人机行业政策上看，2016年国务院发布的《"十三五"国家战略性新兴产业发展规划》明确提出将无人机作为发展重点之一。2017年，工业和信息化部发布《关于促进和规范民用无人机制造业发展的指导意见》，明确提出到2025年，民用无人机产值达到1 800亿元，年均增速25%以上。2019年，教育部将无人机相关专业列入《中等职业学校专业目录》，为无人机行业发展提供充足的人才储备。在国家战略的引领下，各地方政府也相继出台了相关发展规划，积极扶持无人机行业的发展。根据《民用无人驾驶航空试验基地(试验区)建设工作指引》(民航发〔2020〕26号)相关要求，经过民航各地区管理局初审，民航局批准首批共13个民用无人驾驶航空试验基地(试验区)。国家政策导向和地方政府的务实推进，正在大力推动我国无人机行业发展，催生出巨大的经济效益。

随着科学技术的不断进步和发展，无人机在多个行业应用都见到了成效，尤其是在电商平台和物流行业中发挥了积极作用。电商平台凭借现有的平台，采用大数据分析、机器人进行分拣工作以及最后依附于无人机配送实现全流程无人化运行。物流行业对无人机的应用着重体现在对货物的运输工作和研发支线运输合作层面，有效地提高了对偏远地区的识别能力和配送能力，顺丰快递市场和京东物流配送中心都在无人机应用方面投入了大量科技力量，在降低配送成本的同时也提高了货运配送的效率。在国外，无人机也同样应用于农业植保、物流配送以及电力巡检等工作。早期法国巴黎的Parrot公司对无人机的高科技研究体现在智能手机和平板电脑控制，以及为城市无人机应用提出了应对方案等方面。

1.1.2 无人机分类

为高效地完成各领域的应用任务，科研人员研发出了不同类型的无人机，无人机应用分类如图1-1-1所示。

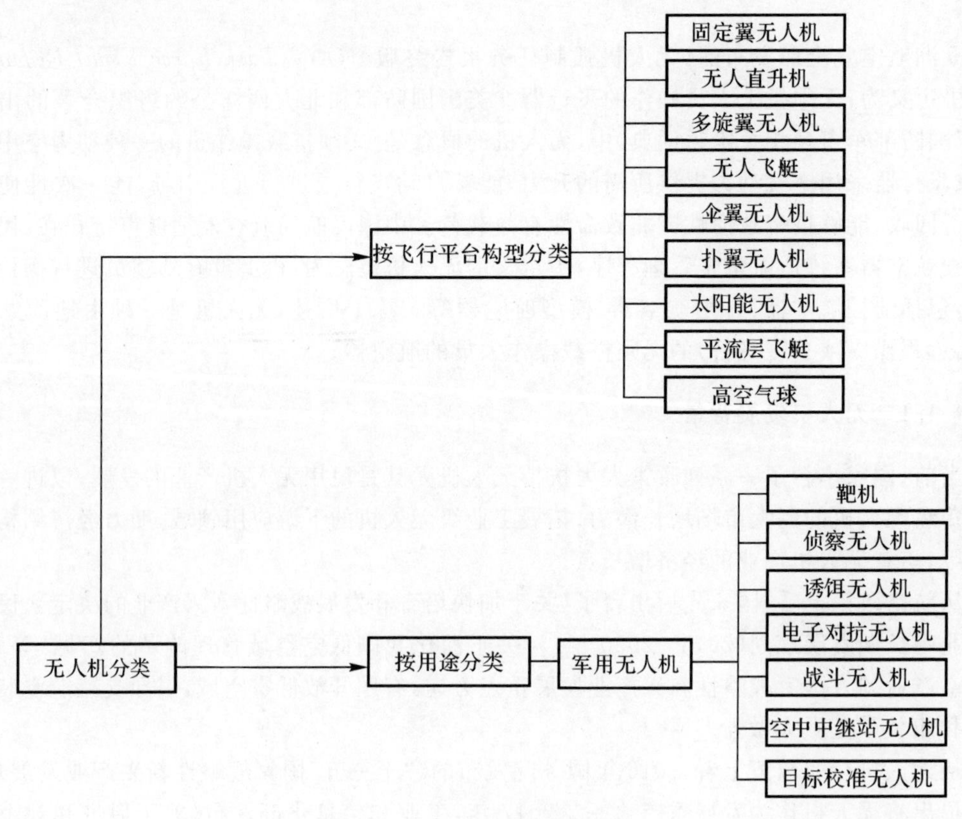

图1-1-1 无人机应用分类

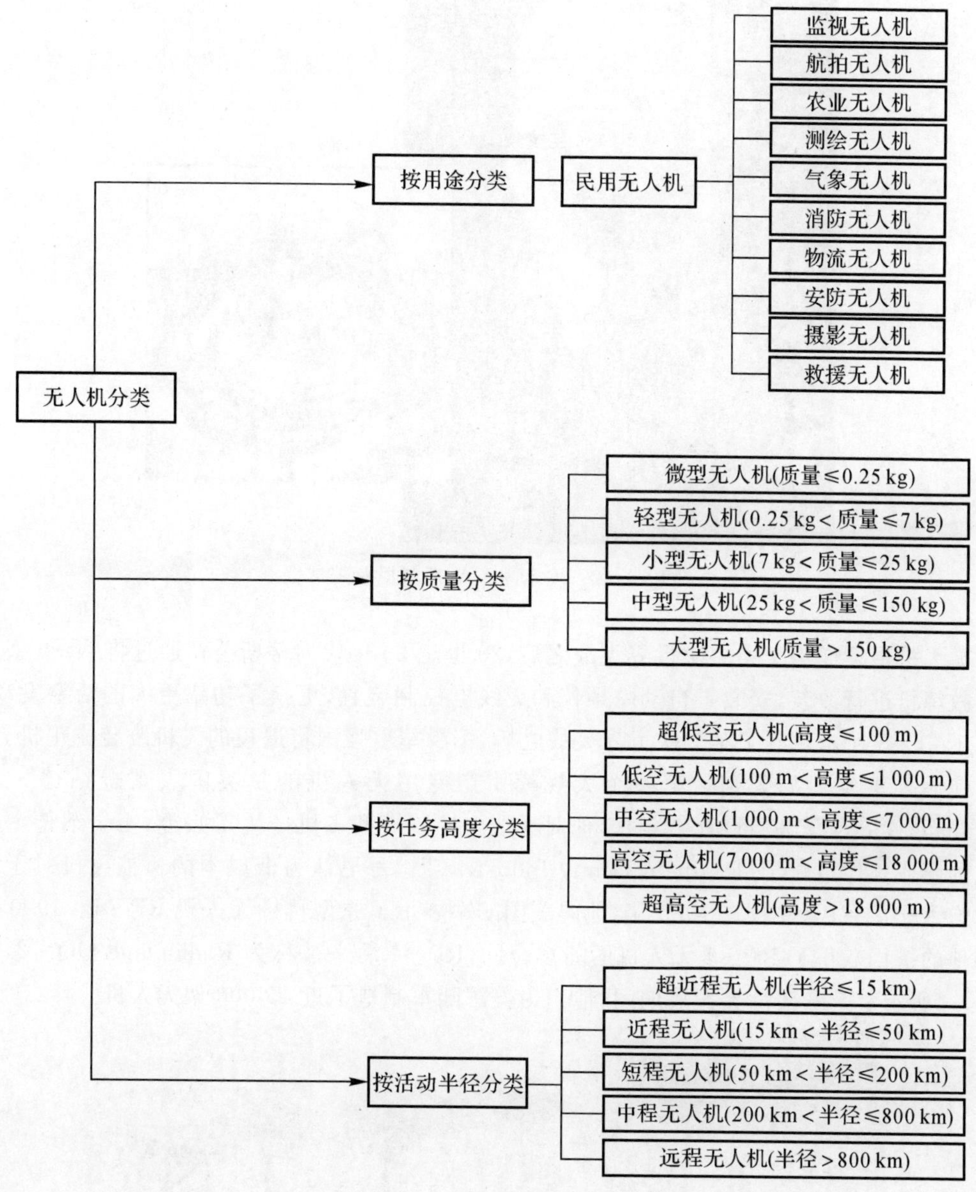

续图 1-1-1　无人机应用分类

1.1.3　无人机发展史

1907 年，电气工程师埃尔默·A. 斯佩里(Elmer A. Sperry)发明了世界上第一台自动陀螺稳定器(陀螺仪)，如图 1-1-2 所示。陀螺仪是一种对载人飞行器和无人机非常关键的设备，正是陀螺仪的诞生使得人类能够时刻掌握飞行器在空中飞行时的姿态，为日后实施自动飞行控制奠定了坚实的基础。

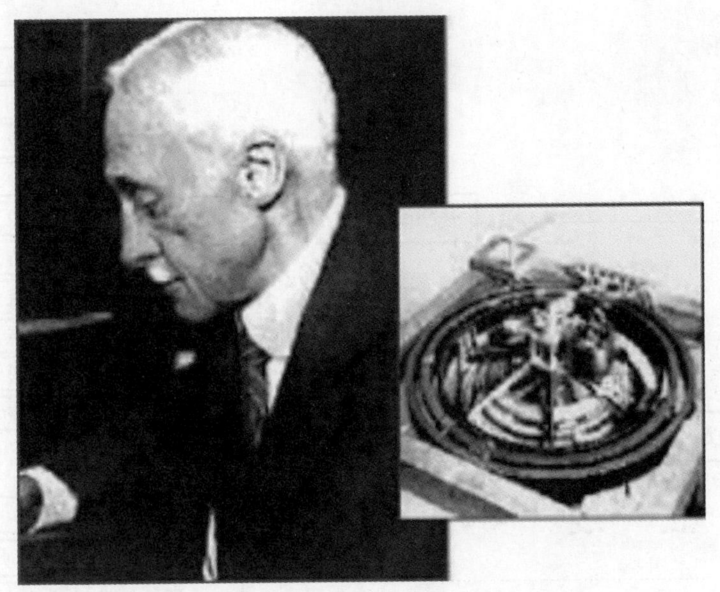

图 1-1-2 埃尔默·A.斯佩里及陀螺仪

无人机最早诞生于第一次世界大战之后，20 世纪 20 年代柯蒂斯公司通过将 N-9 型双翼水上教练机进行改装，安装了自动陀螺仪和无线电控制装置，更换了功率更大的活塞发动机，如图 1-1-3 所示。到了第二次世界大战之后，不少军事强国将退役的飞机改装成靶机，开启了近代无人机发展的先河。第一个大规模生产专用无人机的是英国人雷金纳德·丹尼(Reginald Denny)。20 世纪 30 年代，他对无线电控制模型飞机产生了兴趣，雷金纳德·丹尼和他的商业伙伴组建了"Reginald Denny Industries"。丹尼认为低成本的遥控飞机对于训练高射炮手非常有用，并且在 1935 年，他向美国陆军展示了原型目标无人机 RP-1。1940 年丹尼和他的搭档获得了 RP-4 无人机的陆军合同，RP-4 后来被称为 Radioplane OQ-2，如图 1-1-4所示。第二次世界大战期间，他们为美军陆军制造了近 15 000 架无人机。

图 1-1-3 柯蒂斯 N-9 型无人机

图 1-1-4　Radioplane OQ-2

美国人爱德华·M. 索伦森(Edward M. Sorensen)发明了第一架能够在视距外飞行的无线电遥控飞机和第一台能够获取飞机飞行信息的地面终端设备，传输的信息包括爬升梯度、高度、倾斜角度、方向、螺旋桨转速和其他仪表信息。而在这之前，早期的无线电控制飞机只能在地面飞行员的视距范围内运行。

随着电子技术的进步，无人机在担任侦察任务中的角色上显示出其重要性。例如，在越南战争期间，美军曾使用大量的无人机对高价值或防御严密的目标进行侦察。1982 年以色列航空工业公司首创用无人机进行侦察、情报收集、跟踪和通信等活动。在 1991 年的"沙漠风暴"作战中，美军曾经发射专门用以欺骗雷达系统的小型无人机作为诱饵，这种应用也被其他国家效仿。无人机的飞速发展和广泛运用是在海湾战争后。以美国为首的西方国家充分认识到无人机在战争中的作用，竞相把高新技术应用到无人机的研制与发展上，不仅增加了续航时间，提高了图像传递速度和数字化传输速度等数据链性能，还使用了先进的自动驾驶仪。

我国的无人机工业虽然起步较晚，但发展较为迅速。20 世纪 50 年代末期，朝鲜战争刚刚结束不久，我国总结战争中的经验教训，认为为了防范未来可能发生的空中侵略威胁，迫切需要提高防空部队的训练水平和战斗水平。因此，当时国家总参军训部向西北工业大学下达了研发一种无线电遥控操作无人靶机的命令，代号为"B-1"型，如图 1-1-5 所示。西北工业大学为此专门成立了无人机教研室，集中航空类各专业的师生全力进行研发，1962 年完成全部设计的定型工作，转入批量生产，正式装备我国海陆空的防空部队。这也是我国第一个量产的无人机产品。1986 年在"B-1"型靶机的基础上西北工业大学进行了全新的改进设计，换装自主研发的无人机专用小型活塞发动机"HS-350"，新的靶机被称为"B-1B"型，再次投入批量生产中。在此之后，西北工业大学在原无人机教研室的基础上成立了中国第一个无人机研究所——第 365 研究所。

在此之后的 30 多年里，多家科研院所和公司研制了各种类型的无人机，如南京航空航天大学研制的"翔鸟"无人直升机，北京航空航天大学研制的"长虹"机载发射、高速度多用途无人机，中国测绘科学研究院研制的 UAVRSⅡ型民用遥感无人机，贵航集团研制生产的大型无人机以及中国航天科技集团研制的彩虹-5(见图 1-1-6)。国内无人机的研究发展在总体设计、飞行控制、组合导航、中继通信链路通信系统、传感器技术、图像传输、生产制造和部队使用等诸多领域积累了一定的经验，具备了一定的技术基础。特别是近几年，在消费级应用无人机市场的牵引之下，一大批民用无人机公司纷纷成立，一批新型无人机装备相继研制成功并交付使用，其机型不仅涉足民用航拍市场，还创造性地应用于农业植保、地质测绘、电力巡检等诸多领域，并远销海外，彻底激活了民用无人机市场，引领了世界民用无人机的发展浪潮。

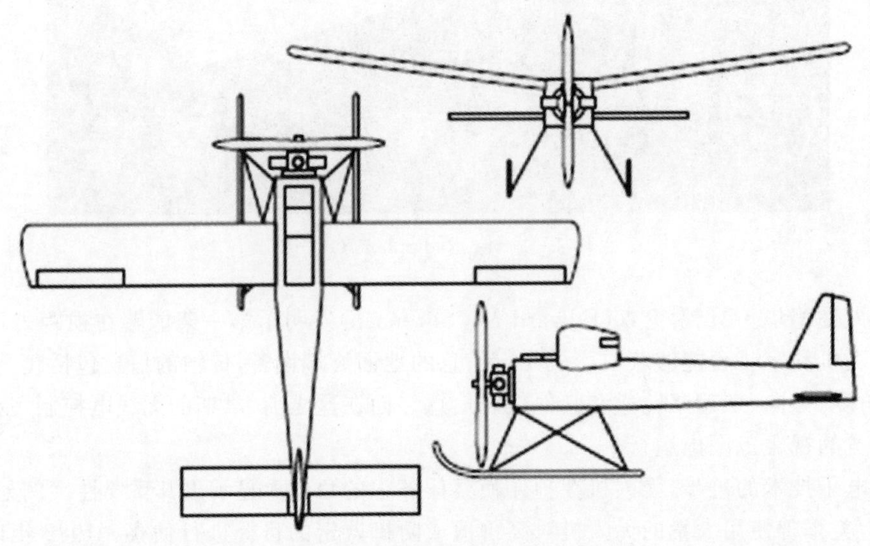

图 1-1-5 “B-1”型靶机三面图

图 1-1-6 彩虹-5

1.2　无人机通信链路发展史

无线电波是无人机通信链路的基石。1873 年苏格兰人 J. C. 麦克斯韦提出了电磁场理论,后由德国物理学家海因里希·赫兹(Heinrich Hertz)于 1886 年证实了无线电波的存在。最早的实用无线电发射器和接收器是由意大利人伽利尔摩·马可尼(Guglielmo Marconi)在 1895—1896 年间研发的,如图 1-2-1 所示。无线电在 1900 年左右开始商业化使用,并由国际电信联盟(International Telecommunication Union,ITU)进行协调,该机构负责将无线电频谱中的频段分配给不同用途的设备。

图 1-2-1　第一台无线电发射器和接收器

无人机控制原理可以概括为:利用无线电遥控设备或地面站发射的无线电波控制信号通过各种物理介质传输,并由无人机机载通信设备接收,最后根据控制信号,由自备的程序控制装置操纵无人航空器。实现无人机与地面端的信息传输的物理介质通道称为链路,无人机平台和地面站、遥控设备、卫星之间的通信通道就是无人机的通信链路。

通信链路是无人机重要的组成部分,也是无人机的核心系统。无人机通信链路实现了无人机与地面控制站及其他设备间的信息传输和交换,满足了无人机平台测控、传感器测控、任务执行、数据回传等需求。随着通信技术的不断进步和无人机应用场景的多样化,无人机通信链路迅速发展。早期的无人机以地空链路为主要通信方式,中继通信作为特殊情况下的补充。随着无人机载荷能力的提高以及对宽带数据传输的需求,以 1.2 GHz、2.4 GHz 和5.8 GHz为主的通信技术出现了,其典型应用有 2.4 GHz、5.8 GHz 通信链路,如大疆 Lightbridge 和 OcuSync 图传系统等。近年来随着轻小型无人机的快速发展,基于蜂窝移动通信的超视距运行无人机通信链路和基于商业通信卫星及北斗短报文技术的全域覆盖传输链路开始出现了,实现了对跨区域运行无人机的实时监控和数据传输。

2014 年,工业和信息化部根据《中华人民共和国无线电频率划分规定》及国内频谱使用情况,规定 840.5～845 MHz、1 430～1 444 MHz 和 2.408～2.440 MHz 频段用于无人机系统。840～845 MHz 频段既可用于无人机系统的上行遥控链路,也可采用时分方式用于无人机系统的上行遥控和下行遥测链路。1 430～1 444 MHz 频段可用于无人机系统的下行遥测与信息传输链路，其中，1 430～1 438 MHz 频段用于警用无人机和直升机视频传输，其他无人机使用 1 438～1 444 MHz 频段。2.408～2.440 MHz 频段可作为无人机系统上行遥控、下行遥测与信息传输链路的备份频段。相关无线电台站在该频段工作时不得对其他合法无线电业务造成影响，也不能寻求无线电干扰保护。频段的信道配置，所用无线电设备发射功率、无用发射限值和接收机的邻道选择性应符合相关要求。频率使用、无线电台站设置和所用无线电发射设备应符合国家无线电管理及无人机系统管理的有关规定。与此同时，移动通信技术的迅速发展使无人机行业应用呈现出与移动通信技术紧密结合的发展趋势，逐渐形成了网联无人机。借助广泛分布的通信基站，无人机实现了通信距离的突破。

当前，绝大多数消费级无人机的通信传输带宽为 2～5 Mb/s，延时为 200～300 ms，通信距离在 5 km 以下。部分工业级无人机的通信带宽为 6～10 Mb/s，通信距离为 50 km 左右。军用级无人机的通信带宽更高而且延时更短，带宽画面更为流畅。美国国防部给陆军无人机制定的目标是在 2020 年实现 40 Mb/s 的高速通信（不依赖卫星和其他中继平台），通信距离达到 200 km，这样就可以对地面上的人脸进行较高精度的识别。中国 IMT－2020（5G）推进组发布的 5G 无人机应用白皮书指出：4G 网络能够满足现有的部分低速率、对时延不敏感的无人机应用需求，而高速率、超低时延无人机应用则对于 4G 网络存在挑战。5G 技术提供的大带宽、高可靠、低时延通信能够更好地满足无人机行业的应用需求。基于新一代蜂窝移动通信网络，5G 为网联无人机赋予了实时超高清图传、远程低时延控制、永远在线等重要能力，全球将形成数以千万计的无人机智能网络，7×24 h 不间断地提供航拍、送货、勘探等各种各样的个人及行业服务，进而构成一个全新的、丰富多彩的“数字网联天空”，其运行场景如图 1－2－2所示。

图 1－2－2　数字网联天空

6G 网络也为无人机通信链路提供了应用发展前景。全球首份 6G 白皮书《6G 无线智能世界的关键驱动和研究挑战》阐述了 6G 的技术特点和挑战，认为未来 6G 的愿景是：具备泛在、无线、智能等特点，能够提供无缝覆盖的泛在无线连接和情景感知的智能服务与应用。6G 将会突破地面网络限制，实现地面、卫星、机载网络和海洋通信网络的无缝覆盖，即空天地一体化的通信网络。典型的一体化网络由各种轨道卫星构成的天基网络、飞行器构成的空基网络以及传统的地基网络 3 个部分组成。其中地基网络又包括蜂窝无线网络、卫星地面站、移动卫星终端以及地面的数据与处理中心等。对于无人机来说，空天地一体化通信网络将完全支持人工智能驱动的无人机自主飞行系统，是实现无人机互联及万物互联的基础。

1.3 通信链路分类

通信链路可以根据传输介质、传输方向、任务类型和链路结构进行分类。

1.3.1 按传输介质分类

通信链路的传输介质可以分为有线和无线，有线传输介质有双绞线和光纤，无线传输介质主要是大气。

(1)双绞线。双绞线(Twisted Pair，TP)是综合布线工程中一种最常用的传输介质，是由两根具有绝缘保护层的铜导线组成的。把两根绝缘的铜导线按一定密度互相绞在一起，每一根导线在传输中辐射出来的电波会被另一根导线上发出的电波抵消，有效降低信号干扰的程度。

双绞线一般由两根22～26号绝缘铜导线相互缠绕而成，“双绞线”的名字也是由此而来的。如果把一对或多对双绞线放在一个绝缘套管中便成了双绞线电缆，日常生活中一般把“双绞线电缆”直接称为“双绞线”。与其他传输介质相比，双绞线在传输距离、信道宽度和数据传输速度等方面均受到一定限制，但价格较为低廉，如图1-3-1所示。

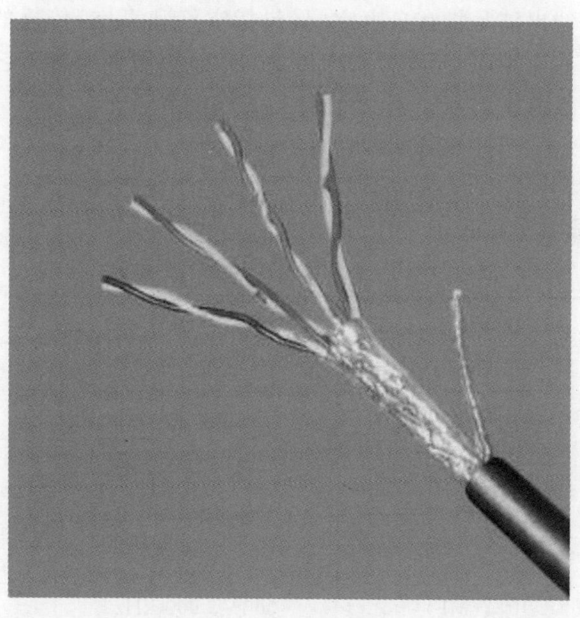

图1-3-1 双绞线

(2)光纤通信。光纤通信顾名思义就是使用光纤作为传输介质，通过传输光信号进行通信，工作时需要将要传输的电信号、声音信号等通过专业的仪器和设备转化为光信号，再通过所布置的光缆传输至想要传输的目的地，再通过解调器进行光信号与声音信号、电信号的转化，最终完成通信过程。从光纤通信技术的工作原理可以看出光纤通信的优势之一即极快的传播速度。光纤通信的另一项重要优势在于其抗干扰性能强。用于光纤通信的光缆通常铺设于城市街道的地下，很难被干扰，在光缆铺设的位置通常有很明显的标识提示地下有光缆铺设。此外，国家通过法律等手段保护光缆不被破坏，因此在防止人为破坏方面，光缆以及光纤传输具有一定的优势。除了上述两项优势外，光纤通信还具有损耗低、质量较轻等优势。光纤通信广泛应用于网络通信环境，具有很好的发展前景。光纤实物如图 1-3-2 所示。

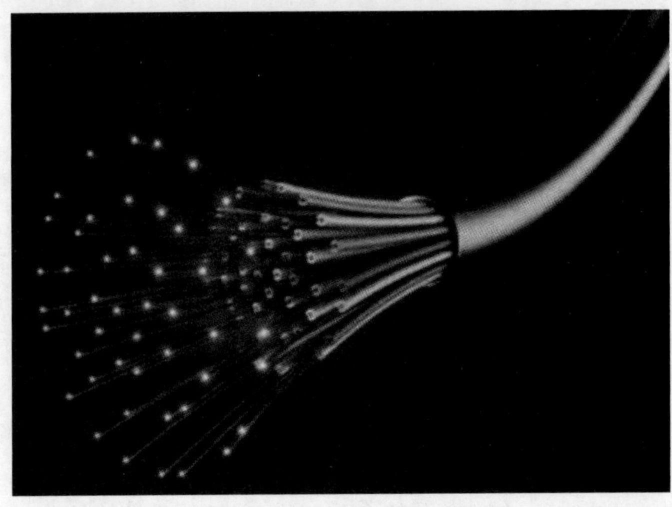

图 1-3-2　光纤

(3)无线电波。无线电波是指在自由空间(包括空气和真空)传播的射频频段的电磁波。无线电波的波长越短、频率越高，相同时间内传输的信息就越多。由于它是由振荡电路的交变电流产生的，可以通过天线发射和吸收，所以称为无线电波。

电磁波包含种类较多，按照频率从低到高的顺序划分为无线电波(2G/3G/4G/5G、Wi-Fi 等)、红外线、可见光、紫外线、X 射线及 γ 射线。无线电波分布在 3 Hz～3 000 GHz 的频率范围之间。无线电波频段划分见表 1-3-1。

表 1-3-1　无线电波频段划分

序　号	频段名称	频率范围	波段名称
1	极低频(ELF)	3～30 Hz	极长波
2	超低频(SLF)	30～300 Hz	超长波
3	特低频(ULF)	300～3 000 Hz	特长波
4	甚低频(VLF)	3～30 kHz	甚长波
5	低频(LF)	30～300 kHz	长波
6	中频(MF)	300～3 000 kHz	中波
7	高频(HF)	3～30 MHz	短波
8	甚高频(VHF)	30～300 MHz	超短波(米波)
9	特高频(UHF)	300～3 000 MHz	分米波
10	超高频(SHF)	3～30 GHz	厘米波
11	极高频(EHF)	30～300 GHz	毫米波
12	至高频(ELF)	300～3 000 GHz	亚毫米波

在不同频段内的无线电波具有不同的传播特性。频率越低,传播损耗越小,覆盖距离越远,绕射能力也越强,但是低频段的频率资源紧张,系统容量有限,因此低频段的无线电波主要应用于广播、电视、寻呼等系统。高频段频率资源丰富,系统容量大,但是频率越高,传播损耗越大,覆盖距离越近,绕射能力越弱。另外,频率越高,技术难度也越大,系统的成本也将相应提高。

在移动通信系统选择所用频段时,需要综合考虑覆盖效果和容量。UHF频段与其他频段相比,在覆盖效果和容量之间折中得比较好,因此被广泛应用于手机等终端的移动通信领域。随着人们对移动通信的需求越来越多,需要的容量也越来越大,移动通信系统必然要向高频段发展。

无线电波的速度只随传播介质的电和磁的性质而变化。无线电波比其他电磁波更广泛地用于通信,这主要是其理想的传播特性(大波长)所致。因为无线电波和光均属于电磁波,所以无线电波具有穿过大气、树叶和大多数建筑材料的能力,可以通过衍射绕障碍物弯曲。与其他电磁波不同的是,无线电波倾向于被散射而不是被大于其波长的物体吸收。无线电波在真空中的传播速度等于光在真空中的传播速度。无线电波在其他介质中传播的速度可以表示为

$$v_\varepsilon = c/\sqrt{\varepsilon} \tag{1.3.1}$$

其中,ε为传播介质的介电常数。空气的介电常数与真空很接近,略大于1,因此无线电波在空气中的传播速度略小于光速,通常近似认为等于光速。无线电波的频率不同,其用途也可能不同。为了合理使用频谱资源,保证各种行业和业务使用频谱资源时彼此之间不会干扰,国际电信联盟无线委员会(International Telecommunication Union - Radiocommunication Sector, ITU - R)颁布了国际无线电规则,对各种业务和通信系统所使用的无线频段都进行了统一的频率范围规定,无线电波频率分布应用如图1-3-3所示,这些频段的频率范围在各个国家和地区实际应用时会略有不同,但都必须在国际规定的范围内。按照国际无线电规则,现有的无线电通信共分为航空通信、航海通信、陆地通信、卫星通信、广播、电视、无线电导航、定位以及遥测、遥控、空间探索等50多种不同的业务领域,其对每种业务都规定了一定的频段。

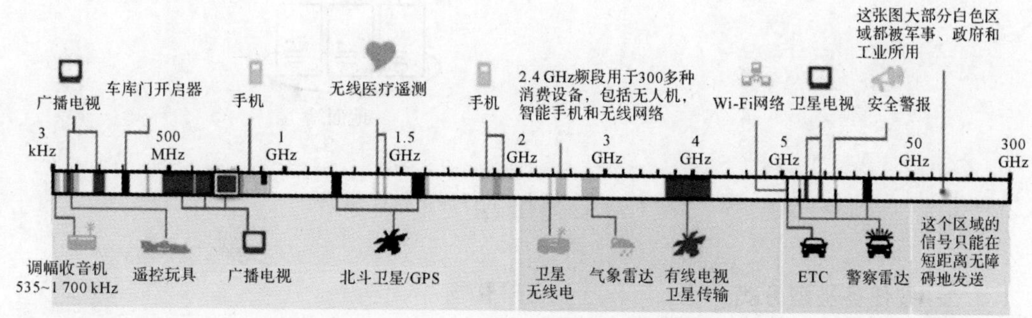

图1-3-3　无线电波频段分布应用

1.3.2　按传输方向分类

通信链路按传输方向可以分为上行通信链路和下行通信链路,如图1-3-4所示。上、下

行通信链路的主要任务是建立一个地空/空空双向数据传输通道，用于完成遥控、遥测、任务信息传输、空中防撞、信息共享、无人机编队姿态同步与编队控制等任务。

上行通信主要涉及地面向无人机飞控系统下达操作指令、向导航系统下达航迹指令、向任务设备下达操作指令等，这些指令经过压缩打包加密之后发往无人机。上行通信链路与地面站、遥控设备发射机、无人机、合路器、双工器、馈线、天线增益、路径损耗、建筑物损耗、无人机接收灵敏度等因素有关。下行通信主要涉及无人机向地面实时传输飞行数据、任务设备捕获的影像数据等，同样经过压缩加密后传向地面。下行通信链路与无人机发射功率、建筑物损耗、路径损耗、天线增益、分集增益、馈线、双工器损耗、分路器损耗、地面站/遥控设备接收机灵敏度等因素有关。在一般情况下，由于涉及高清影像传输需求，所以尽管传输之前使用算法对图像进行了有效压缩处理，但是下行传输数据的带宽需求还是要比上行传输数据的带宽需求大得多。

无人机和地面站之间的作用距离是由无线电视距所决定的。对于长航时无人机而言，为克服地形阻挡、地球曲率和大气吸收等因素的影响，达到延伸链路的作用距离，中继是一种普遍采用的方式。当采用中继通信时，中继平台和相应的转发设备也是无人机链路系统的组成部分之一。

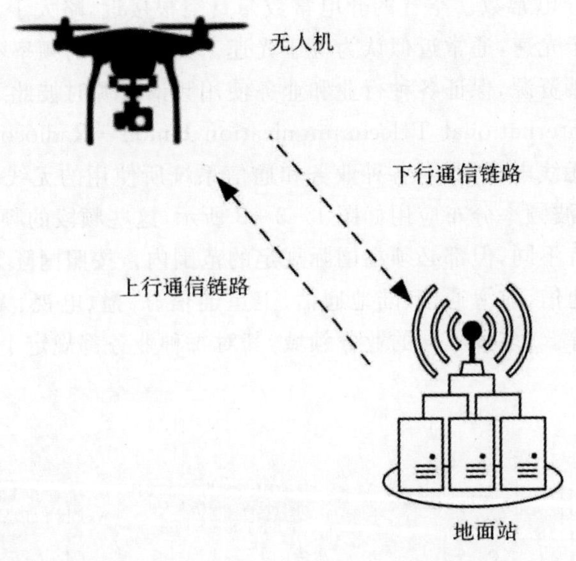

图 1-3-4　无人机上、下行通信链路组成

1.3.3　按任务类型分类

通信链路按任务类型、达成目标不同，可划分为遥控链路、遥测链路、任务链路和分发/联络链路，如图 1-3-5 所示。

(1)遥控链路。遥控链路用于从地面控制站向飞行器发送控制指令和数据。遥控链路采用无线方式单向传输，地面控制站发射信号，飞行器接收信号。为了提高指令可靠性，需要飞行器对接收到的指令进行确认，此时可以由遥测信道把飞行器收到的指令信息发回地面控制站进行确认。

(2)遥测链路。遥测链路用于从飞行器向地面控制站发送采集到的重要参数,包括空速、气压高度、磁航向角、姿态角、发动机汽缸温度等信息。遥测链路采用无线方式单向传输,飞行器发射信号,地面控制站接收信号。

(3)任务链路。任务链路用于把飞行器机载任务设备获取的数据信息发送到地面控制站和其他用户。这些信息的共同点是要求较宽的带宽,尤其是采用数字方式传输时对带宽要求较高。在实际应用中可以采用模拟传输,也可以在机上进行压缩后再采用数字传输。数字传输相比于模拟传输,具有加密方便、传输质量高等优势,而模拟传输则具有设备简单的优点。

在通常情况下,任务链路采用无线方式单向传输,飞行器发射信号,地面控制站和其他用户接收信号。但是,当飞行器搭载通信中继设备时,任务链路变为双向传输,先通过上行任务链路将地面发送端用户的通信信息传输到通信中继设备,再通过下行任务链路将通信信息传输到地面接收端用户。

(4)分发/联络链路。分发链路用于地面控制站将从任务设备中获得的原始数据或经过处理后的数据,传输给其他需要任务数据的用户,如上级机构、友邻单位等。联络链路用于实现地面控制站操作员和其他用户之间的双向信息交流,如指挥机关下达任务指令等。

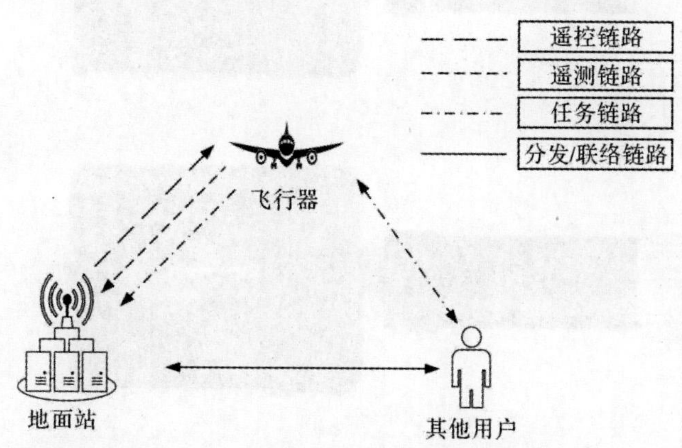

图 1-3-5　无人机通信链路按任务类型分类示意图

1.3.4　按链路结构分类

通信链路按链路结构可以分为单通信链路和多通信链路两种。

(1)单通信链路结构相较于多通信链路结构要简单许多,如图 1-3-6 所示,它通过无线数传电台(见图 1-3-7)完成飞行控制器与计算机之间的数据信息交换。因此,地面站和飞机之间只有一条双向通信链路。

(2)相较于单通信链路结构,多通信链路结构具有一条连接地面站与无人机之间的无线局域网链路,如图 1-3-8 所示。该无线局域网链路的主要作用是负责地面站控制信号的上行传输以及无人机状态的下行传输。由于工作的频段不同,所以该无线局域网链路与无线数传电台之间不会产生干扰的现象。

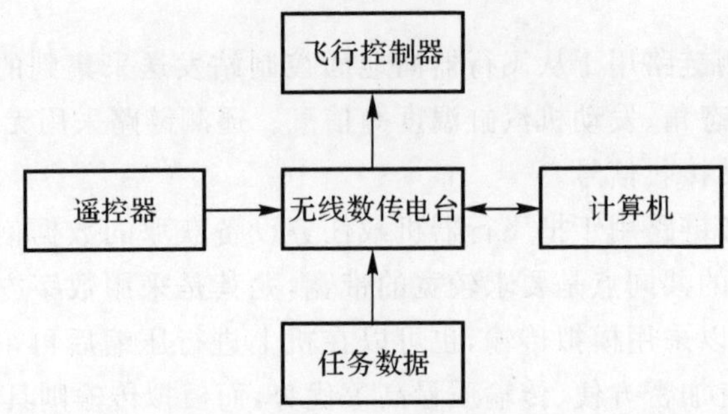

图 1-3-6　单通信链路简化图

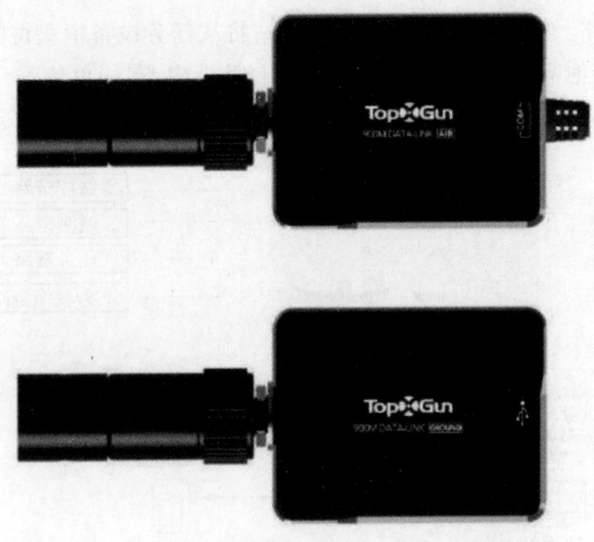

图 1-3-7　TopXGun 900 MHz 无线数传电台

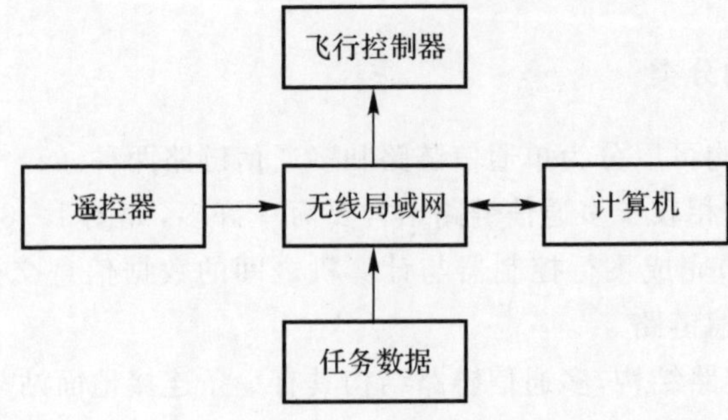

图 1-3-8　多通信链路简化图

1.4 无人机通信链路实现方法

在一般情况下，根据无人机通信模式的不同，可将无人机通信划分为点对点通信、基于蜂窝移动网的通信、基于卫星网络的通信、电缆通信等。由于传输距离、环境和应用设备存在差异，所以不同通信模式的传输技术并不相同。无人机通信传输技术会根据任务目标、无人机任务载荷性能和地面设备的变化而变化。

1.4.1 载波调制

无人机通信中的信号一般是待传输的基带信号(即调制信号)，也称为载波。载波，就是载有数据的特定频率的无线电波。载波是无人机通信链路的重要组成部分。在无线通信中，需要传输的数据频率通常是低频的，如果按照数据本身的频率来传输，不利于接收和同步。使用载波传输，可以将数据的信号加载调制到一个高频载波的信号上。调制就是通过改变高频载波即消息的载体信号的幅度、相位或者频率，使其随着基带信号幅度的变化而变化来实现的。接收方按照载波的频率来接收数据信号，通过幅度或频率变化的不同将需要的数据信号提取出来。

码间干扰(Inter Symbol Interference，ISI)是同一信号由于多径传播从而在接收台发生相互重叠而产生的干扰。单载波方案系统在数据速率不高时，信号带宽小于信道的相干带宽，如果ISI不严重，只要采用简单的均衡器就可以消除干扰。随着数据速率的提高，信号带宽大于信道的相干带宽，均衡器的抽头数量和运算的复杂性提高，使用均衡器已经无法消除ISI。多载波系统可通过把高速的串行数据流变成几个低速并行的数据流，同时调制几个载波，使由信道时延扩展引起的ISI减小。同时，由衰落或干扰引起接收端的错误将得以分散。

1.4.2 传输技术

传输技术是实现地面站/遥控设备对无人机下达指令和传输数据的核心技术。当前，根据无线电波频率和无人机应用特点，无人机通信链路传输技术主要有以下几类。

(1)无人机数传。遥控器控制下的无人机采用上行链路和下行链路数传信号进行通信，用户端可以通过上行链路对无人机的飞行高度、航迹等进行操控，无人机则可利用下行链路将获取的飞行数据传给用户。当前，国内90%的无人机工作频率都在ISM频段范围内，该频段支持蓝牙、Wi-Fi、ZigBee等设备通信，比较常见的无线电信号包括Wi-Fi、2.4 GHz/5.8 GHz频段的DSSS/FHSS混合双扩频信号等。Wi-Fi是基于IEEE 802.11b标准的无线局域网技术，通常使用2.4 GHz特高频无线电波或5 GHz超高频无线电波。无人机Wi-Fi模块的功能包括传递控制信号，控制无人机的飞行方向、距离、速度、倾斜角度，给无人机传输视频数据以及增加传输距离等。

(2)4G移动网络。2.4 GHz和5.8 GHz可以实现信号的高质量传输，但遇到超视距或被建筑物遮挡情况时，容易出现失控现象。使用4G移动网络传输信号使无人机的可控范围扩大，只要有4G移动网络覆盖的区域均可实现无人机的信号传输。4G移动网络的优点是传输距离远，缺点是限于低空200 m以内使用，只能用于低空民用无人机，此外需要评估时延。

(3)数据卫星传输。高空控制无人机可通过卫星中继来实现运行服务，以便进一步扩大无人机的控制范围，但是这种方式的使用成本较高，目前大多应用于军事或特殊偏远地区。

(4)COFDM无线图像传输。编码正交频分复用(Coded Orthogonal Frequency Division Multiplexing，COFDM)是目前世界上较先进和具有发展潜力的调制技术。其基本原理就是将高速数据流通过串并转换，分配到传输速率较低的若干子信道中进行传输。COFDM技术的无线图像传输方案具有良好的非视距传输和高速移动传输性能，能提供DVD质量的实时图像和声音。通过无人机可灵活、迅速地将现场实况声像直接传输或通过转信台、光纤网等传输回至指挥中心。设备可与其他微波、卫星、光纤通信设备组建远距离链路，建设实用有效的图像传输系统。COFDM技术的无线图像传输设备主要应用环境为城市建筑物复杂环境、海上图像传输、空中图像传输等，该设备也是国内公安、部队、武警、消防、人防(民防)、水利、海事、海关、广播电视等行业在安全保卫、野战指挥、任务侦察、灾难救援、现场转播等任务中急需的高性能无线图像传输设备。

1.4.3 通信协议

通信协议是通信双方为完成信息交互所必须遵循的规则和约定。通信协议中规定了数据单元使用的格式、信息与含义、连接方式、信息发送与接收的时序等，以确保链路中的数据能够成功传送到指定的地方。通信协议主要包括网络协议、频率协议、链路协议、接口标准和操作规程等内容，是实现无人机与地面站通信以及无人机与其他目标通信的基础，常用的通信协议有MavLink协议和TCP/IP协议等。TCP/IP协议是Internet最基本的协议，这里不再赘述。下面主要讲解MavLink协议。

MavLink英文名称为Micro air vehicle Link，代表微型空中飞行器链路通信协议，是一个为微型飞行器设计的非常轻巧、只由头文件构成的信息编组库。它最早由苏黎世联邦理工学院根据LGPL许可于2009年发布，是在串口通信基础上的一种更高层的开源通信协议。MavLink是无人飞行器与地面站(Ground Control Station，GCS)之间通信，以及无人飞行器之间通信最常用的协议，它已经在PX4、APM、PIXHAWK和Parrot AR. Drone等多个开源飞控平台上进行了大量测试。MavLink是为小型飞行器和地面站(或者其他飞行器)通信而制定的一种数据发送和接收规则，并且加入了校验功能。该协议以C语言消息库的形式定义了参数传输的规则，还可以支持固定翼无人飞行器、旋翼无人飞行器、无人车辆等多种类型的无人机(车)。

MavLink协议是受CAN总线和SAE AS-4标准的启发设计形成的，它可以工作在2.4 GHz、900 MHz、433 MHz波段上，并兼容传统无线发射设备，能够全双工工作。该协议比较简单，可完全满足一般微型无人机的通信需求。当前国内无人机厂商使用的无人机通信协议，很多都是基于MavLink协议进行改进的。MavLink协议的建立和深入应用，为无人机通信的发展做出了巨大贡献，突破了无人机与其他通信设备之间数据互通存在的障碍，使设备之间的通信更便捷、简练，保障了通信的可靠性、高效性和信息的安全性。

MavLink的数据帧长度是固定的，为17 B，包括字头、数据载荷、校验位，即17 B=6 B字头+9 B数据载荷+2 B校验位。MavLink的数据帧结构如图1-4-1所示。

图1-4-1 MavLink数据帧结构

MavLink的每个数据帧有如图1-4-1所示的结构，除了PAYLOAD对应的位数外，其他的位数都代表了一个字节的数据，而PAYLOAD对应的位数里面的数据长度是不固定的。各个字节的数据内容见表1-4-1。

表1-4-1 MavLink数据帧内容

区 域	名 称	索 引	长 度	含 义	取 值
STX	起始标识	0	1	标识新消息的开始，用于消息识别、解析	254
LEN	负载长度	1	1	记录负载信息的长度	N
SEQ	序列码	2	1	消息发送序列码，用于通信可靠性检验	0～255
SYS	系统ID	3	1	发送该消息系统的系统ID	0～255
COMP	组件ID	4	1	发送该消息系统的组件ID	0～255
MSG	消息ID	5	1	标识该消息的种类	0～255
PAYLOAD	负载信息	6	N	消息内部负载信息	—
CKA	校验位A	$N+6$	1	CRC校检位	自动
CKB	校验位B	$N+7$	1	CRC校检位	自动

MavLink协议支持固定大小的整形数据类型、IEEE 754协议规定的单精度浮点型数据、以上数据构成的数组(如char [10])，以及由协议自动添加的特别的MavLink版本字段类型。

1.4.4 点对点通信

无线数传电台是采用数字信号处理、数字调制解调技术，具有前向纠错、均衡软判决等功能的无线数据传输电台，可以传输遥控遥测数据、动态图像等。区别于模拟调频电台加调制解调器的模拟式数传电台，数字式数传电台一般采用标准RS-232(或RS-485)接口，传输速率可在1 200 b/s、2 400 b/s、4 800 b/s、9 600 b/s、19 200 b/s、38 400 b/s之间自动调整，功率一般在0.001～1 W之间，收发转换时间小于10 ms。数传电台通常工作在L波段和C波段(也有Ku波段的)，目前无人机上多采用的是433 MHz/840.5～845 MHz/902～928 MHz/2.4～2.483 GHz ISM频段，支持跳频功能，可设置传输频点，可更改信道，可确定工作模式，某数传电台指标见表1-4-2。

表 1-4-2　典型数传电台指标

<table>
<tr><td rowspan="4">性能指标</td><td>发射功率/W</td><td colspan="2">0.001～1(0～20 dBm)</td></tr>
<tr><td>室外传输距离(2 dB 增益偶极子天线)/km</td><td colspan="2">20</td></tr>
<tr><td>室外传输距离(高增益天线)/km</td><td colspan="2">64</td></tr>
<tr><td>传输速率/(b·s^{-1})</td><td>9 600</td><td>115 200</td></tr>
<tr><td rowspan="5">组网 & 安全</td><td>载频/MHz</td><td colspan="2">ISM 902～928</td></tr>
<tr><td>扩频模式</td><td colspan="2">FHSS</td></tr>
<tr><td>调制方式</td><td colspan="2">FSK</td></tr>
<tr><td>支持的网络拓扑</td><td colspan="2">端到端、点到点、点到多点</td></tr>
<tr><td>加密</td><td colspan="2">256 b AES 加密</td></tr>
</table>

除无线数传电台外，目前大多数无人机采用 2.4 GHz 无线通信技术，主要用于测控信令和动态图像的传输。2.4 GHz 无线技术是一种短距离无线传输技术，具有带宽高、功耗低、抗干扰能力强的特点，Wi-Fi、蓝牙、ZigBee 等均工作在这一频段。2.4 GHz 是指它的工作频率为 2.4～2.483 5 GHz，属于全世界公开通用的无线频段。由于 2.4 GHz 无线通信系统的接收端和发射端之间并不需要连续性工作，从而大大降低了功耗，能够延长电池续航时间。为提升抗干扰能力，2.4 GHz 系统通常采用跳频扩频和直接序列扩频技术。大疆的 Lightbridge 和 OcuSync 就属于在 2.4 GHz 基础上经过优化改良的图传设备，其中 OcuSync 可以实现 2.4 GHz和 5.8 GHz 之间的切换。以 OcuSync 为例，该通信技术具有以下特点。

(1)支持 2.4 GHz 全高清数字传输。数字视频传输输入最高可支持 1 920×1 080@60 fps，输出最高可支持 1 920×1 080@30 帧/s(fps)。

(2)距离远。使用 2.4 GHz 射频技术，发射功率为 100 mW(符合 CE 和 FCC 认证)的地面端搭配 5 dbi 的全向天线，实测有效传输距离达 1.7 km，地面端搭配 14 dBi 的定向天线，实测有效传输距离高达 5 km。

(3)支持多种视频输入、输出格式。具有 AV 输入、高清多媒体接口(High Definition Multimedia Interface，HDMI)输入、USB 2.0 全高清视频输出、通过 USB 连接显示器使用、HDMI 高清视频输出等功能。

(4)内置遥控链路。系统的上行遥控链路和下行视频链路同时工作在 2.4 GHz，地面端通过遥控器获取遥控器控制数据，通过上行链路发送给天空端，与下行视频链路同步工作，互不干扰。地面端支持两路遥控器同时输入，分别用作飞行器控制和云台控制，天空端接收信号后通过数据总线(Data BUS，DBUS)传输至主控。

(5)抗干扰。上行链路采用跳频+扩频技术，传输稳定性高，抗干扰能力强。下行链路采用多天线技术(Multiple Input Multiple Output，MIMO)和正交频分复用技术(Orthogonal Frequency Division Multiplexing，OFDM)，配合先进的算法，可有效提高系统的数据带宽、在复杂环境下的稳定性和系统的动态性能。下行链路实时监测各信道干扰状态，动态选择最优信道(最多 8 个图像传输通道)工作，可同时支持多达 8 套 Lightbridge 设备同时工作。

(6)低延时。系统最大延时为 80 ms。

(7)内置 OSD 功能。配合 NAZA V2、WKM、A2 使用时无须外置 iOSD 即可实现信息叠加功能。

(8)多从机模式与信息安全。单个天空端可同时和多台地面端搭配工作(只有一台地面端能发送控制数据,其余设备仅能收到视频)。数据加密传输,仅经过对视频授权的地面端可收到视频数据,保证信息安全。

此外,最近几年 5.8 GHz 频段也开始进入产品研发领域,是有望代替 2.4 GHz 的技术之一。5.8 GHz 无线产品采用 OFDM 和点对多点、点对点的组网方式,单扇区的速率高达 54 Mb/s。5.8 GHz 系统一般采用直接序列扩频技术,它的信道较多且频率更高,抗干扰能力相对更强一些。同时它可以满足高带宽应用,支持大量用户的需要。5.8 GHz 也可采用基于 IP 的无线传输技术。该技术信令协议简单、实现容易、开销低、频谱利用率高、业务种类多、接口简单统一、升级容易,特别适合于非连接的数据传输业务。各种数据表明,5.8 GHz 无线传输技术性能优于 2.4 GHz 无线传输技术,但是也存在一些不足,如 5.8 GHz 的波长较短、绕射能力较差、传输带宽比 2.4 GHz 要小一些等。

1.4.5　蜂窝移动通信

无人机蜂窝移动通信是利用运营商成熟的移动通信网络和技术(2G/3G/4G/5G)进行无人机测控、数据传输的通信技术,具有低时延、高带宽、安全性高的特点,可有效解决无人机外场作业测控范围小、数据传输效率低和易受干扰等问题。

蜂窝移动通信颠覆了传统无线电点对点的无人机操控模式。一般情况下,采用传统无线电台通信的无人机可操控范围通常仅限于 1～10 km,增强型电台可达到 100 km 左右。采用 2.4 GHz 通信技术的无人机可操控范围也在 10 km 以内。除了飞行距离受限外,信号也容易受到障碍物阻挡。而在采用蜂窝移动通信模式后,无人机只要在网络覆盖的地方都可以运行,可实现超视距飞行,同时让无人机具备了极佳的抗干扰能力,大幅提高了运行安全。基于蜂窝移动通信网络的无人机运行示意图如图 1-4-2 所示。

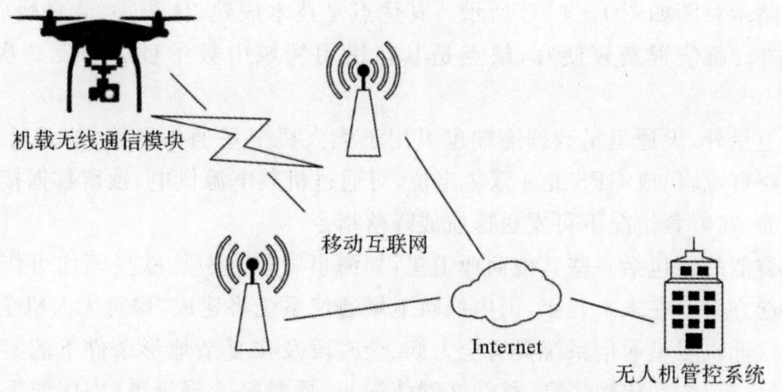

图 1-4-2　基于蜂窝移动通信网络的无人机运行示意图

与传统的通信技术相比,移动通信技术最明显的优势在于通信速率高,其中 4G 的最大传输速率可达到 100 Mb/s,能很好地承载高清图像传输业务。除此之外,4G 还具有覆盖范围广、通信质量高、成本低廉等特点。

4G 数传通信的性能如下：

(1)支持国内三大运营商的 4G LTE 网络，7 模 12 频全网通；

(2)采用 TCP/IP 技术，可实现点对点、点对多点等灵活的无线组网方式；

(3)使用普通 SIM 卡，无须申请固定 IP，无须申请 VPDN 专网业务；

(4)通信距离无限制，只需在蜂窝移动网络覆盖的地方；

(5)可组成一对一、一对多等网络，组网台数不受限制；

(6)支持断线重连。

相比 4G，5G 在无人机通信上拥有更多优势，如提供了大带宽、低时延和高服务质量(Quality of Service，QoS)及高密度连接(High - Density Connectivity，HDC)。此外，5G 引入了网络切片和移动边缘计算(Mobile Edge Computing，MEC)等新概念。网络切片允许在相同的网络框架中为不同类别的用户提供不同的服务级别协议。移动边缘计算是把云计算平台从移动核心网络内部迁移到移动接入网边缘，实现计算及存储资源的弹性利用。这一概念将传统电信蜂窝网络与互联网业务进行了深度融合，旨在减少移动业务交付的端到端时延，发掘无线网络的内在能力，从而提升用户体验。中国信息通信研究院发布的《5G 无人机应用白皮书》列举出的无人机应用场景就包括无人机 VR 直播、无人机城市安防、无人机高清直播、基站巡检、无人机应急通信与救援等应用。

1.4.6 卫星通信

工业级无人机应用场景更多的是在无人区。在某些特殊及偏远地区作业场景，因为条件差、基础设施薄弱，卫星通信是无可取代的通信数据链。特别是某些突发应急事件，卫星通信能有效保障不间断通信。

北斗卫星通信功能(即北斗短报文)现已应用于无人机运行。基于北斗短报文的通信链路及软硬件收发设备能够与无人机系统集成。通过北斗短报文通信技术将无人机的态势信息(包括无人机 ID 号、位置等相关信息)实时传输至指挥中心，可实现对无人机的远程监管，北斗卫星通信链路示意图如图 1 - 4 - 3 所示。其优点是技术成熟、体积小、质量轻(机载模块可达到 150 g 以内)、通信资费较便宜，缺点是其在民用领域中数十秒才能发一次数据，且延时较大。

除北斗卫星外，天通卫星数据终端也可用于无人机卫星通信链路，如天通 D20 数据终端具有恒定链路带宽，集成 GPS 北斗双星定位，可通过机载电源供电，预留数据接口与无人机自动驾驶仪连通，在紧急情况下可发送返航或降落指令。

与天通类似的还包括一些其他商业卫星，如海事卫星、铱星、欧星等均可作为中远程无人机的通信备选方案。在未来几年，国内低轨卫星通信系统将建成，这对无人机全域覆盖通信具有重大意义。低轨卫星通信系统具有全天候、全时段及在复杂地形条件下的实时双向通信能力，其通信时延短，数据传输率高，移动终端体积小、质量轻。据报道，中国航天科技集团和中国航天科工集团分别提出了“鸿雁”和“虹云”低轨卫星通信星座计划，将分别发射 300 颗和 156 颗低轨通信卫星组建太空通信网，两个系统计划将于 2023 年建设完成，目前两个系统的首颗实验星都已于 2018 年年底试射成功。民航局及中国民航大学也加入了“天地网”的应用建设中，为无人机及航空器全球化运行控制提供技术支撑。

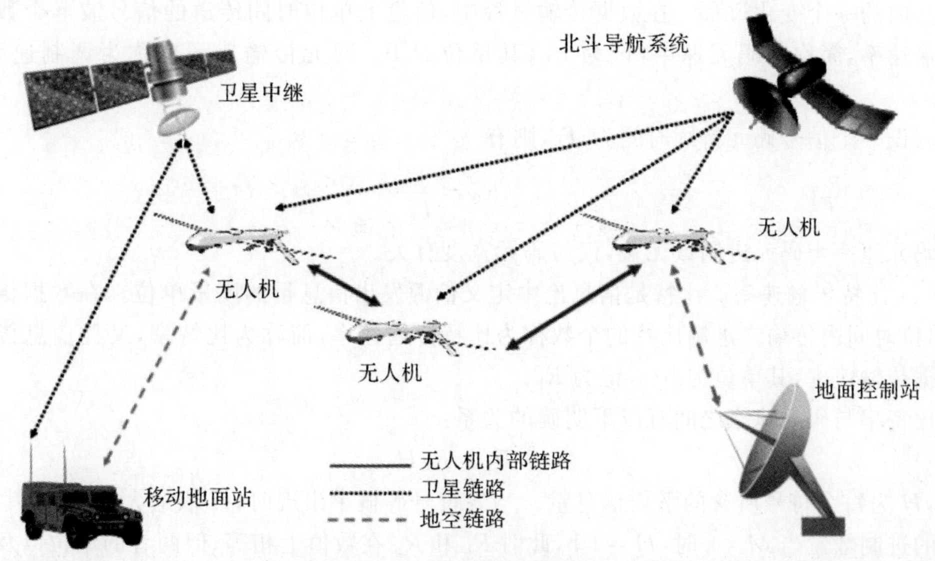

图1-4-3　北斗卫星通信链路示意图

1.4.7　电缆通信

为应对某些特殊应用，无人机也可以采用电缆进行通信，如系留无人机可用电缆传输指令、数据、图像、任务载荷等信号。地面站人员通过电缆将控制信号传输给无人机，操控其飞行和完成既定任务，无人机则通过电缆将机载传感器及载荷的信息传送回地面处理站。

电缆通信具有传输质量高、保密性好、信号不易受干扰或被截获等特点，同时无人机也可以得到源源不断的电能支持，以保证无人机长时间在空中工作。但受到电缆长度、质量的限制，无人机的航程和升限都不大，活动区域和观察范围较小，场地需求较大，目前应用并不广泛。

1.5　性能指标

无人机通信链路可以根据通信质量划分等级，其等级划分的主要依据是无人机通信链路性能指标，无人机通信链路基本性能指标如下。

1.5.1　传输速率

衡量数据通信传输能力的主要指标是传输速率，传输速率是有效性指标。传输速率的大小通常由所使用的传输设备决定，设备固定，传输速率也相对固定，或者根据信道质量在某几个可选传输速率中选择。

一般传输速率指标有三种不同定义：码元传输速率、比特传输速率和消息传输速率。通信链路中多使用比特传输速率指标来表征通信链路的传输能力。

(1)码元传输速率。数据通信系统传输的信息由码元信号组成，码元信号是携带数据信息的传输单元。码元信号用波形表示，一种码元与一种波形相对应，一个完整的波形表示信号电压和方向的一个变化过程。在数据传输过程中，信道上单位时间传送的信号波形个数称为码元传输速率，简称为码元速率，记为 R_B，其单位为 B。码元传输速率也称为调制速率、波形速率。

假设一个信号码元持续时间为 T_b，则有

$$R_B=\frac{1}{T_b} \tag{1.5.1}$$

码元速率与码元进制数无关，仅与码元宽度有关。

(2) 比特传输速率。比特是信息论中定义信源发出信息量的度量单位。在数据传输过程中，单位时间内传输二进制比特的个数称为比特传输速率，简称为比特率，又称信息传输速率或数据传输速率，其单位为 b/s，记为 R_b。

比特率与码元速率之间有以下明确的关系：

$$R_b=R_B H \tag{1.5.2}$$

式中，H 为每个符号所含的平均信息量。当各符号等概率出现时，H 取最大值 lb$M$，其中 M 为码元的进制数。当 $M=2$ 时，$H=1$ b，此时 R_b 和 R_B 在数值上相等，但两者的单位以及表示意义不同。码元进制数越大，相同码元传输的比特信息量越大。通信链路采用面向比特的消息格式，因此以 R_b 作为其传输速率指标。

(3)消息传输速率。数据通信系统中的源和宿之间在单位时间内传输的平均消息数量称为消息传输速率，其单位随消息单位的不同而不同。当消息单位为 b 时，其单位为 b/s；当消息单位为字符时，其单位为字符/s；当消息单位为帧时，其单位为帧/s。

1.5.2 差错率

衡量通信链路系统传输可靠性的主要指标是差错率，该指标的数值越小则系统可靠性越高。差错率是一个统计平均值，根据不同传输速率可对应定义不同的差错率。

(1) 码元差错率。码元差错率是指在发送的码元总数中发生差错的码元数与总的发送码元数之比，简称为误码率，记作 P_e：

$$P_e=\frac{\text{错误码元数}}{\text{发送码元总数}} \tag{1.5.3}$$

(2) 比特差错率。比特差错率是指在传输的比特总数中发生差错的比特数与传输的总比特数之比，简称为误比特率，记作 P_{eb}：

$$P_{eb}=\frac{\text{错误比特数}}{\text{传输总比特数}} \tag{1.5.4}$$

显然，在二进制情况下，$P_{eb}=P_e$。

(3) 帧差错率。在数据通信中，一次传输的往往是由若干个码元所构成的帧，如 WLAN 中的数据帧、高级通信链路控制规程(HDLC) 中的一帧数据。帧差错率简称为误帧率，记作 P_{ef}。

通信链路采用误码率作为衡量其消息传输质量的可靠性指标。对可靠性指标的要求，对于传输不同业务、实现不同功能的通信系统而言是有差异的，不能笼统地说误码率越低越好。例如，假设指挥控制消息的误码率为 P_{e1}，态势消息的误码率为 P_{e2}，往往要求 $P_{e1}<P_{e2}$。

在相同条件下，提高传输速率会造成误码率的增加，即通信链路的有效性和可靠性指标相互影响，原则上应该在满足可靠性指标要求的基础上尽可能地提高有效性。

1.5.3　通信时延

通信时延又称为延迟，是单位数据信号从数据电路的一端到达另一端所经历的时间，它属于通信链路的实时性指标。通信链路的通信时延由传播时延、处理时延、发送时延以及等待时延组成。

(1) 传播时延。数据信号在无线空间中的传播时间，由收、发单元间的通信距离 d 与电磁波在空间的传播速度 c 决定。

(2)处理时延。传输设备和交换设备对数据的处理时间，如消息的格式化，分组的组帧、拆帧，有效载荷的解析，差错校验，路由查找，调制解调，加密编码等所需的时间。处理时延由通信链路设备的处理速度决定。

(3)发送时延。通信链路设备发送一个完整数据帧的时间，即从发送数据帧的第一个比特算起，到该帧的最后一个比特发送完毕所需的时间。发送时延也称为传输时延，由帧长度和通信链路设备的传输速率决定：

$$\text{发送时延}=\frac{\text{数据帧长度}}{\text{传输速率}} \tag{1.5.5}$$

(4)等待时延。待传输数据分组从应用层产生到获取信道资源所需的时间，由组网技术决定。

无人机通信链路往往称为实时系统，对时延要求严格，但不同类型通信链路的实时性要求等级不同。例如：宽带通信链路图像传输的通信时延为分级；战术通信链路是准实时系统，其通信时延为秒级；而武器控制通信链路的实时性要求更高，其通信时延为毫秒级。

1.5.4　带宽

在模拟通信和数字通信中，带宽都是一个非常重要的概念。

(1)信号带宽。信号带宽指信号的频率范围，等于信号最高频率与最低频率之差，即信号频带宽度，单位为 Hz。信号带宽根据所研究的问题又分为三种：3 dB 带宽，即下降 3 dB 时的带宽；等效带宽，即等效为矩形时的带宽；90％带宽。

(2)信道带宽。信道分为模拟信道和数字信道。模拟信道带宽通常被称为“频段带宽”，它限定允许通过该信道的信号下限频率和上限频率，可以理解为一个频率通带，由信道的物理特性决定。数字信道的带宽决定了信道中能不失真地传输脉冲序列的最高速率，二者可通过香农定理互相转化。

根据电磁波的频率不同，无线信道被划分成多个频段，通信链路多采用短波、超短波和微波进行通信。无线信道的带宽并不是随意设置的，需要综合考虑传播方式(如电离层反射、视线定向、空间转发)的不同、信号的正确识别和还原以及不同信源之间的相互干扰等因素。

(3)线路带宽。在数字通信中，线路带宽指通信介质的线路传输速率，即传输介质每秒所能传输的数据量，它用来描述给定时间内有多少信息从某地传输到它地。通信系统的最大传输速率，即信道极限传输能力，称为信道容量。

传输二进制数据信号比传输等效模拟信号所需的带宽要大得多。带宽的大小与传输速率密切相关。无论采用何种物理介质，线路的带宽都是有限的，这是由传输介质的物理特性和技术现状共同决定的，码元速率或比特率增加，带宽变宽。

1.5.5 利用率

通信链路系统的有效性分析包括传输“速度”的快慢以及传输“效率”的高低。传输速率反映传输“速度”，而利用率反映传输“效率”。对于通信链路，原则上应该在满足可靠性和实时性要求的基础上，尽可能地提高通信效率。

(1) 频带利用率。频带利用率 η_B 指单位频带内的码元传输速率，即

$$\eta_B = \frac{R_B}{B} \tag{1.5.6}$$

频带利用率受通信链路波形技术的影响较大，它可反映通信链路的波形性能。

(2) 信道利用率。出于冲突等原因，网络各节点的信息存在传输失败的情况。信道利用率指一定时间内网络节点能够正确传输信息的时间比例，用以分析网络中多个节点对所共用通信资源的使用效率，是衡量通信链路组网技术性能的有效性指标。

(3) 功率利用率。功率利用率用保证比特差错率小于某一规定值所要求的最低归一化信噪比(E_b/N_0)来衡量。

1.5.6 吞吐量

吞吐量又称为通过量，表示在单位时间内通过某个网络(或信道、接口)的数据量，它是衡量通信链路网络性能的指标，受网络的带宽或传输速率限制。例如，一个 100 Mb/s 以太网的额定传输速率为 100 Mb/s，那么该数值为此以太网吞吐量的上限值。

通信链路的吞吐量分为单网吞吐量和多网吞吐量。当网络拓扑结构为单网时，其吞吐量(单网吞吐量)为全部网络节点成功传输的消息比特总数；当网络拓扑结构为多网时，其吞吐量为各个单网吞吐量的总和。

参考文献

[1] 中国民航局航空器适航审定司. 民用无人驾驶航空器系统适航审定管理程序[EB/OL]. (2020-03-30)[2021-01-15]. http://www.caac.gov.cn/HDJL/YJZJ/202003/t20200330_201794.html.

[2] 廖小罕，许浩. 无人机运行监管技术发展与应用[M]. 北京：科学出版社，2020.

[3] 工业和信息化部无线电管理局. 中华人民共和国无线电频率划分规定[EB/OL]. (2018-02-07)[2021-01-15]. http://www.srrc.org.cn/article23480.aspx.

[4] 柴霖，徐会忠. 天地一体化飞行器测控通信网络体系构建[J]. 飞行器测控学报，2013，32(6)：463-469.

[5] 黄智刚，郑帅勇. 无人机通信与导航[M]. 北京：北京航空航天大学出版社，2020.

[6] 孔德强，韩新文，严立. 宽带无线通信系统[J]. 兵工自动化，2013，32(3)：39-41，46.

[7] 陈洪军，苏爱国. COFDM 技术及其典型应用[J]. 移动通信，2012，36(3)：50-53.

[8] SRINIVASAN K，DUTTA P，TAVAKOLI A，et al. An empirical study of low-power wireless[J]. ACM Transactions on Sensor Networks，2010，6(2)：1-49.

[9] 刘琳岚，许江波，李越，等. 基于深度信念网络的 WSN 链路质量预测[J]. 通信学报，

2017,38(增刊 2):17－25.

[10] MOTTOLA L, PICCO G P, CERIOTTI M, et al. Not all wireless sensor networks are created equal: acomparative study on tunnels[J]. ACM Transactions on Sensor Networks, 2010, 7(2):1－33.

[11] SRINIVASAN K, JAIN M, CHOI J, et al. The k－factor: inferring protocol performance using inter-link reception correlation[C]// In Proc of the 16th Annual Int Conf on Mobile Com Puting and Networking(MobiCom, 10). New York, 2010.

第2章 无人机遥控器

遥控器是一种地面控制无人机的特殊数据链终端设备。本章首先介绍无人机遥控器的相关概念以及无人机遥控器原理。其中原理部分包含无人机遥控器常用控制信号频段、无人机常用图传频段、无人机遥控器通信协议和扩频通信在无人机遥控器中的应用。然后介绍无人机遥控器的组成,并详细阐述发射机和接收机的组成以及对应的参数。最后介绍乐迪、FUTABA 和天地飞等常用遥控器品牌,并对无人机遥控器的使用注意事项进行概述。

2.1 无人机遥控器原理

遥控器是一种用于从远处通过信号传输操作另一装置的电子设备。遥就是远距离,控就是可控制设备,器指的是一种电子装置。在消费类电子产品中,可以使用遥控器来操作的设备有电视机、DVD 播放器、民用无人机等。遥控器可以间接完成设备控制的操作,无人机遥控器一般是无线电链路遥控器,其传输信号效率往往与距离有关。

虽然无人机可以实现自主飞行,但是采用无线电遥控设备(通常缩写为 R/C 或 RC)手动控制无人机仍然在无人机运行中起着重要的作用。无人机遥控器就是像电视机遥控器、空调遥控器一样不用接触到被控设备,而是通过一个手持装置,使用无线电与被控设备进行通信,从而达到对设备的控制。一个无线电遥控系统包含发射机和接收机,发射机上有操纵杆和按键,通过它们来控制无人机。当移动操纵杆或者按下按键时,无线电发射机就会通过无线电信号向无人机上的接收机发送指令。接收机将收到的信号输出给自动驾驶仪,从而执行所要求的动作。

常见的遥控器发射机及接收机如图 2-1-1～图 2-1-4 所示。

图 2-1-1 Radiolink AT9S pro 遥控器发射机

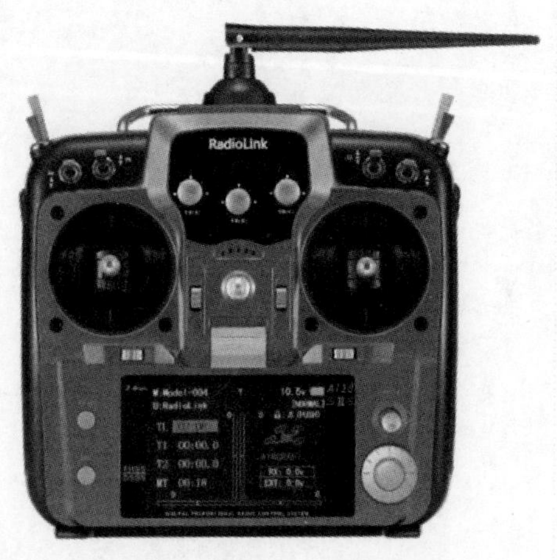

图 2-1-2 Radiolink AT10 遥控器发射机

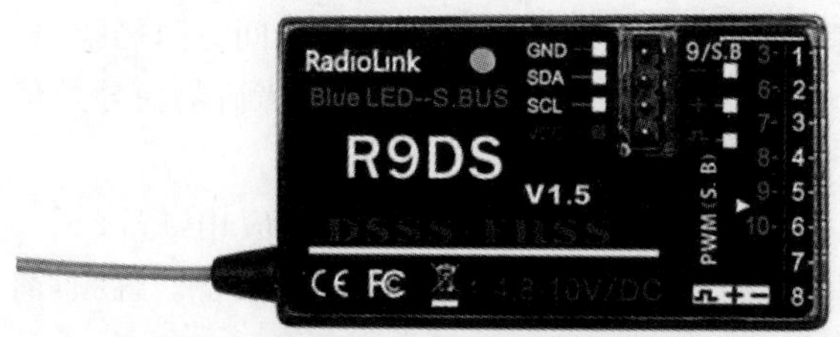

图 2-1-3 Radiolink R9DS 接收机

图 2-1-4 Radiolink R12DS 接收机

大多数无人机使用无线电进行远程控制以及交换视频和其他数据。无人机地面操作员通过遥控器天线发出无线电信号，无人机接收机收到无线电信号后，通过检测频率频道并解调，然后遵循通信协议的规则和约定将电信号传输至无人机不同的工作端口，完成遥控器发出的指令。

早期的无人机只有窄带上行链路和下行链路。这些双向窄带无线电链路将有关无人机系统状态相关的命令和控制(C&C)以及遥测数据传递给地面操作员。军用无人机还可以使用卫星链路进行远距离运行。

2.1.1 常用控制信号频段

2008 年以前，无人机遥控器多用 35 MHz、40 MHz 或 72 MHz 三个专属频段，每个频段使用带宽为 1 MHz，且各国规定不同，如日本不可以用 72 MHz。各家遥控器和接收机互相兼容，搭配不同频点可插拔晶体(如 72.180 MHz、72.890 MHz)用以区分。同一场地、同一波段最多 6 个人可以互不干扰地使用。由于 72 MHz 频率存在干扰情况，所以后期逐渐被 2.4 GHz所取代。该时期国外品牌主要是 FUTABA、JR、HITECH 等，国内品牌有深圳乐迪、深圳振华、易思凯、广州华科尔、西安孵化、环球飞、天地飞、东莞富斯、广州驰远、无锡日冠等。其中，无锡日冠的二次混频接收机性能在国际市场上享有盛誉。

目前用于民用无人机遥控器的主流无线电频率是 2.4 GHz，普通 2.4 GHz 遥控器与接收机的通信距离在空旷的地方大概在 1 km 以内。由于 2.4 GHz 频段是可以在全世界免申请使用的无线技术，所以如今已经成为了无线产品的主流传输技术。常见的 Wi-Fi、蓝牙、ZigBee 使用的都是 2.4 GHz 频段，只不过它们采用的协议不同，导致其传输速率和应用范围不同。同样是采用 2.4 GHz 频率作为载波，不同的通信协议衍生出的通信方式有很大的区别，仅仅在传输数据量方面，就有着从 1～100 Mb/s 的差别。2.4 GHz 无线电遥控技术具有以下特点：

(1)频率高，可以自动规划和设定频点，不需要通过更换晶体来设定频率；

(2)同频概率小，在多个遥控设备近距离同时工作的情况下，可以自动让频、跳频，以避免相互干扰；

(3)功耗低，因为没有控制频率的零件，所以功耗大大降低；

(4)体积小，控制波长很短，因此发射和接收天线都可以做得很短，从而缩小了遥控设备的体积；

(5)反应迅速、控制精度高。

尽管 2.4 GHz 遥控设备可以解决同频干扰问题,但仍存在一些问题,比如:2.4 GHz 无线电属于视距传播,其直线性很好,但其衍射性很差,如果在遥控设备和无人机之间有障碍物,控制信号则会变得很差。因此,发射天线和接收天线之间应该保持开阔,避免因障碍物而导致信号传输出现问题。

随着科技的发展,2.4 GHz 频段又具有了跳频通信方式,并且得到了广泛应用,解决了一定条件下的同频干扰现象,目前具备跳频通信方式的遥控器已经成为主流遥控设备。跳频,简单地说就是无线电设备不断地从一个频道跳到另一个频道,无线电设备通常以 1 000 次/s 的速度进行跳频、扩频,这就使得 2.4 GHz 无线电系统具有很强的抗干扰能力。即便如此,总还是会有一些潜在的干扰源,特别是当无人机飞得很远、信号变得越来越弱的时候。因此,在无人机上安装接收机时,要尽可能地远离其他发射源(如视频传输发射机)和电子设备(如电动机)。

不同厂商生产的 2.4 GHz 遥控器都有独立的跳频协议以及信号加密技术,一般只能使用原厂的接收机与之匹配。2.4 GHz 频段信号的波长很短,因此绕射性较差,安装接收机时需要保证接收机天线在非封闭的空间内。对于双接收天线的接收机,两根天线的有效接收部分要成 90°放置以避免信号极化问题,保证有效接收距离,接收机天线及安装角度如图 2-1-5 所示。

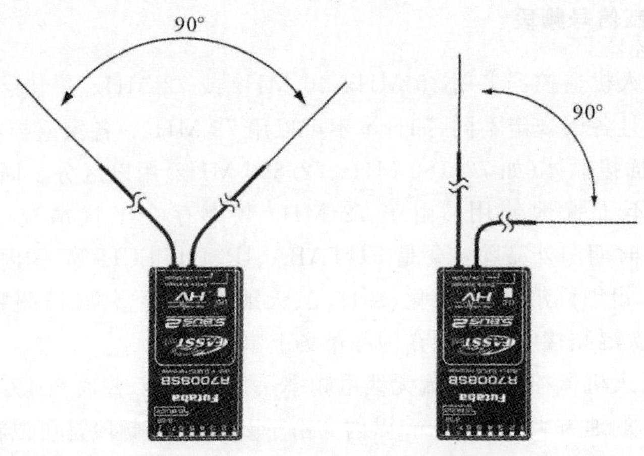

图 2-1-5 接收机天线及安装角度图

2.1.2 常用图传频段

当前有些无人机遥控器具备图传功能,典型的图传信号频段有以下 3 种。

(1)5.8 GHz:该频段广泛应用于航拍领域。

1)设备优点:体积轻、热量低、距离远,并且价位很透明,最大可释放出 32 个可选频道。在工业和信息化部的信号限制中,5.8 GHz 微波信号是消费级设备开放频段,无论是否经过许可,都可以使用 5.8 GHz 信号作为航拍器进行图传作业。在画质的处理上,优秀的5.8 GHz 视频传输器能够完全释放出 64 b 模拟色彩度,至今仍是航拍微波图传领域的首选。

2)设备缺点:波长较短问题导致其信号穿透力极差,易受外界因素干扰。

(2)2.4 GHz:该频段广泛应用于日常家用电器,其主要用途是陆地工业无线视频监控。

1)设备优点:特别廉价、频点容易把控、最多可释放出12个频道。2.4 GHz无线视频传输器的主要用途是解决地面无线监控问题,适合长时间超负荷作业,波长略长于5.8 GHz,有较好的穿透力和图像稳定性。功率可以通过信号放大器、信号增益模块释放出20 W以上的功率。

2)设备缺点:由于比较廉价,所以儿童遥控玩具、电视机遥控器、路由器等日常用品都会采用该频段,使用此类发射器特别容易被干扰,传出来的画面会有大雪花点、断频、串频等情况。容易受温差漂移干扰,即水蒸气上升时能看到扭曲的背景。工业和信息化部对2.4 GHz采取了一定的管制措施,只允许使用2.4 GHz内的某几个频道用于图像传输。

(3)1.2 GHz:穿透力较强,可覆盖所有进行无线视频传输的领域。

1)设备优点:市面上模块的最大功率可达8 000 mW,可处理64 b乃至更高的画质,发射器本身体积较小,可延伸设备功能。大多数1.2 GHz信号的发射器都不受温差相位漂移的影响,也是最适合地面传输应用的微波无线视频传输器。

2)设备缺点:1.2 GHz是工业和信息化部最早严令禁止在空中使用的频段。在国内,1.2 GHz信号频段可应用于军方和政府机构,但不能当作消费产品公开销售,导致1.2 GHz发射器价格较高。此外,很多不同厂家的发射器可以共用接收器,串频较为严重。

2.1.3　通信协议

关于无人机遥控器与接收机的通信协议较多,典型的通信协议有以下几种。

(1)脉冲宽度调制协议(Pulse Width Modulation,PWM)。在航模及无人机操控中主要用于舵机的控制。这是一种古老而通用的工业信号,也是一种最常见的控制信号。该信号的主要原理是通过周期性跳变的高低电平组成方波来进行连续数据的输出。PWM因为处理简单,所以仍然广泛用于驱动无人机的舵机和电调等。

(2)脉冲位置调制协议(Pulse Position Modulation,PPM)。PPM的频率通常是50 Hz,周期长度为20 ms,每一个周期中可以存放最多10路PWM信号,每一路PWM的周期为2 ms。PPM是将若干个控制信号(周期为20 ms)组合在一起,按固定周期发送所有通道PWM脉宽的数据格式。解析程序需要自行区分每一个通道的PWM时长。

(3)智能总线协议(Smart BUS,S.BUS)。该总线是日本FUTABA公司在遥控器和接收机上使用的一种专用总线协议,也是当前市面上商业飞控和开源飞控常用的遥控器和接收机上支持的通信协议,是遥控器控制飞控的标准协议。S.BUS其实是一种串口通信协议,采用100 000 B的波特率,数据位点8 b,停止位点2 b,偶效验,即8E2的串口通信。但是S.BUS采用的是反向电平传输,也就是说,在S.BUS的发送端高低电平是反向的,协议中的所有高电平都被转换成低电平,协议中的所有低电平都被转换成高电平。

(4)数字扩频调制协议(Digital Spread Spectrum Modulation,DSM)。DSM协议一共有三代:DSM、DSM2、DSMX。国内最常见的是DSM2协议,JR和Spectrum的遥控器都支持该协议。DSM2协议也是一种串行协议,但是比S.BUS更加通用,使用标准串口定义,因此市面上兼容的设备也更多,造价更加便宜。但是该协议并不是一种总线化的协议,要靠接收机把协议变为PWM来驱动舵机或电调。DSMX是DSM2的升级版,协议基本一致,但是速率加快了。DSMX协议可用于双向传输,即能够将飞机上的信息传回遥控器,并在液晶屏显示。

2.2 无人机遥控器组成

遥控器系统一般由发射机和接收机两部分组成。发射机一般由指令键、指令编码电路、调制电路、驱动电路、发射电路等几部分组成。指令编码电路产生相应的指令编码信号,指令编码信号通过调制电路对载体进行调制,再由驱动电路进行功率放大后,由发射电路向外发射经过调制的指令编码信号。接收机一般由接收电路、放大电路、解调电路、指令译码电路、驱动电路和执行电路几部分组成。接收电路将发射机发射的调制指令编码信号接收下来,并经放大电路进行放大后发送至解调电路。解调电路将已调制的信号进行解调,即还原为指令编码信号。指令译码电路将指令编码信号进行译码,最后由驱动电路和执行电路来驱动、执行,以实现各种指令的操作。

2.2.1 无线电遥控发射机

无线电遥控发射机就是无人机飞行时操作员手里的操纵装置。发射机一般分为两种类型,即遥控器和发射模块。发射机上的操纵杆主要用于控制无人机的油门、滚转、俯仰以及偏航。发射机上还有很多其他的按键和切换开关,用于实现其他的控制功能,比如控制襟翼、起落架以及与自动驾驶仪相关的一些操作,诸如改变飞行模式及控制机载相机等。

目前无线电遥控发射机有三种可能的操纵模式,通常称为模式 1、模式 2 和模式 3,其主要用于定义主操纵杆的顺序。可通过油门杆及方向舵的位置来简单区别三种模式:如果油门杆在左侧,则是模式 2(美国手);如果油门杆在右侧,则很可能是模式 1(日本手)和模式 3(中国手)。而模式 1 和模式 3 的区别在于方向舵左、右位置不同,方向舵在左为模式 1,方向舵在右则为模式 3。

模式 2 是较为流行的一种方式,通过左侧的操纵杆可以进行油门调节和左、右偏航的控制,即上、下移动为油门调节,左、右移动为偏航控制。右侧的操纵杆可以控制俯仰和滚转,即上、下移动为俯仰控制,左、右移动为滚转控制。模式 1 的油门/偏航及俯仰/滚转操纵杆位置恰好相反(油门/滚转用右手操纵杆,俯仰/偏航用左手操纵杆),这在远东地区更为常见。在国内,模式 3 也有人称作“反美国手”,因为其与“美国手”完全相反,遥控器的左摇杆负责无人机在水平位置上的前、后、左、右移动,遥控器的右摇杆负责无人机的上升、下降、原地顺时针/逆时针旋转。然而,选择哪种模式取决于操控手的偏好,多数发射机可以进行切换,但需要将发射机打开,并改变某些弹簧的位置。遥控器操纵模式图如图 2-2-1 所示。

三种模式不存在优劣之分,只是操作习惯不同。例如,英联邦国家的汽车主驾驶位为“右舵车”,其他大部分国家(包括我国)的汽车主驾驶位为“左舵车”。在选择遥控器时要根据自己的操作习惯而定。尽量不要选择本地区少有的操作模式和比较偏门的遥控器。如果遇到了和自己操作习惯相反的摇控器,可拆开遥控器后盖进行油门操纵杆弹簧的手动更换,并且在遥控器系统菜单内进行模式切换操作。下面对发射机的组成部分及相关参数进行简要介绍。

(1)遥控距离。遥控器的控制距离受限于功率。例如,MD-200 的有效操控距离可达 1 000 m。为了增加控制距离,一般需要使用大功率功放模块和大增益天线。

(2)油门。通常,遥控器的油门操纵杆不会自动回中,电机转速与耗油量正相关,油门杆最低时电机停转,油门杆最高时电机满转,这种模式被称为直接式油门控制。另一种模式是松手后油门会自动回中，油门杆超过中间位置时电机转速增加，油门杆低于中心位置时电机转速下降，称为增量式油门控制。松开或者紧固遥控器油门杆后的弹簧垫片，再配合特定的飞控算法，可以实现两种油门控制模式的切换。

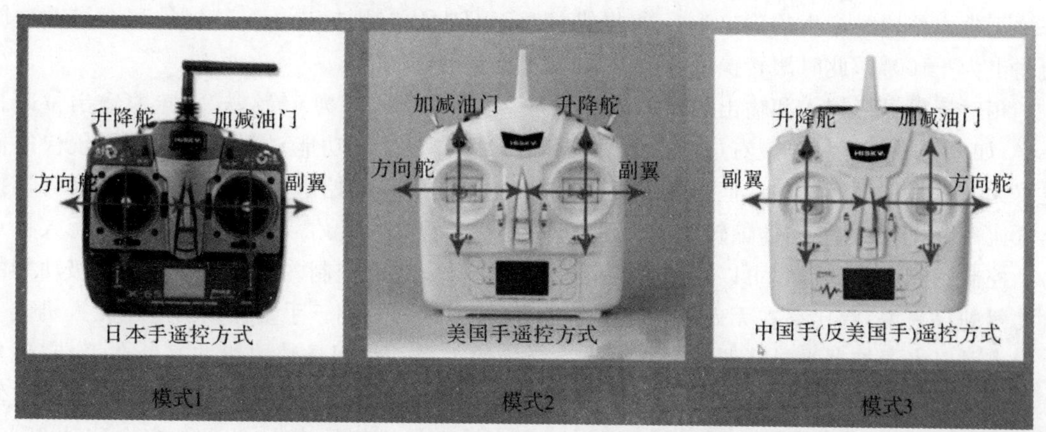

图 2-2-1　三种不同模式的遥控器操纵模式图

(3)通道。遥控器"通道"是指无线电遥控发射机能够独立控制的状态数量，或无线电系统所具有的输出数量。如油门、滚转、俯仰与偏航通道都是该系统上独立的通道。典型的无人机飞行需要至少 5 个通道，其中 4 个分别用于控制无人机的滚转、俯仰、偏航以及油门，最后 1 个用于进行自动驾驶仪飞行模式的切换。但有时候还需要更多的通道，以便增加一些其他的控制功能。

常见的无人机遥控器通道包括油门、方向舵、升降舵、副翼、襟翼、起落架、飞行模式切换、微调、熄火开关、失控保护、一键返航、定速开关、拉烟器、灯光开关、舵机微调、相机快门控制、FPV 模式等。另外还有一些为不同功能无人机设计的特殊功能通道，如抛投器开关、抛投箱开关、航线执行与暂停开关、水泵开关、开伞开关等。

在多数无线电遥控系统中，通道 1 对应的是遥控设备上的滚转操纵杆，通道 2 对应俯仰，通道 3 对应油门，通道 4 对应偏航。但是有的无线电遥控品牌设置有所不同，可以在无线电遥控设备中自行设置每个通道的作用。可以考虑将遥控发射机上的各个控制通道对应遥控无人机上的各个功能。对于一些高级的无线电遥控系统，可以通过混控模式来实现一个通道控制多个功能。通道数多少的选择可根据无人机实际应用需求而定。

(4)通道反相。检查每个通道的相位设置是否正确对无人机飞行非常重要，如将油门杆向下推(也就是收到最小)，无人机读取到这一信号也应当是逐渐减小的。由于无线电温控系统或自动驾驶仪不同，它们读取的无线电遥控信号也会有差异，所以所有的无线电遥控发射机都可以对各个通道进行反相设置。对于固定翼无人机，它们采用了舵机，设置不当可能会使得机翼上的操纵舵面向相反的方向偏转。这时，需要对发射机上的相应通道进行反相来解决这一问题。

(5)模型存储。有些高级的无线电遥控发射机自带屏幕和菜单功能，可以通过更改设置以改变其工作方式。多数无人机操控手采用同一个无线电遥控发射机来控制很多不同类型的无人机，这样模型存储就非常有用。通过该功能，可以有针对性地将每架无人机的一整套设置信息都保存下来，飞行前只需要加载相应的模型即可。只要对不同的模型做正确的设置，就可以使用同一个发射机来控制固定翼无人机、多旋翼无人机，甚至遥控汽车。

(6)双比率和指数曲线。双比率和指数曲线功能用于调节与操纵杆输入相对应的输出。为便于理解，先拿无线电遥控发射机上的滚转操纵杆(副翼控制)来举例说明：默认设置下操纵杆位于中立位置时产生的输出为0，将操纵杆移至最左边时则输出为－100%，移至最右边时则输出为＋100%，此时滚转操纵杆的输入、输出是线性的。

相对于操纵杆输入和输出之间的线性关系，可设置双比率为50%，这意味着输出量减少一半，如果将操纵杆移至最右边，则输出量减少50%。双比率功能对于飞行速度比较快的固定翼无人机是特别有用的。但当无人机飞得很快时，需要降低控制舵面的偏转量，此时可切换至低比率，由于控制舵面的偏转量仅为正常值的50%，所以降低了无人机的灵敏度，无人机更易于控制。双比率的设置可以通过发射机上的切换开关进行控制。对于一些具有高级功能的自动驾驶仪来说，双比率在无人机上并不是必要的，它通常只用于手动操纵的遥控无人机上。

也可以将遥控器操纵杆调节为指数曲线变化的关系。使用指数曲线的好处在于：它仍具有全范围的输出，但同时可以使中立点附近区域的控制更加精确。虽然将操纵杆移至最右侧时，输出量仍是＋100%，但在操纵杆移动的过程中输出的比例是变化的，例如向右移动25%，输出可能是10%。可以使在中立位置附近移动操纵杆时不过于敏感，这对于特技飞行非常有用。通常采用30%指数函数作为起始点，也有些竞速四旋翼无人机遥控器采用100%的指数设置，以获得中立区域最大可能的控制。

(7)混控。混控可以实现通过一个通道控制多个输出信号。这在很多大型的常规无线电遥控航模上比较常见。在特技遥控无人机上经常使用的一个混控是将滚转和襟翼进行混控，即当滚转操纵杆移动到最大位置时，副翼和襟翼就同时偏转，这样滚转的速度就会比只使用副翼要快一些。另一个常用的混控用在更基础的遥控模型无人机上，转弯时将副翼和方向舵进行混控，这样就只需要考虑移动副翼的操纵杆，无线电系统将会同时对方向舵进行控制，而不必担心再进行方向舵的辅助操纵。由于多旋翼无人机飞控系统可以实现混控功能，一般无须额外对遥控器进行混控配置。

(8)失控保护。当发射机电量耗尽或无人机飞出了无线电遥控发射机的工作范围等情况发生时会发生失控现象。一般无线电遥控发射机均可设置失控保护功能。失控保护定义了当无人机接收机与无线电遥控发射机关联运行时的飞行方式。可根据无人机的类型来设置失控保护模式。对于手动操纵的无线电遥控无人机，它在空气动力学上是稳定的，这样就能很自然地恢复到平直飞行状态，因此需要将失控保护设置为所有的控制通道回到中立位置，并保持较小的油门开度和偏航角度，这样无人机就可以在空中绕圈飞行，直到重新建立起遥控信号的连接。然而，这样做会与自动驾驶仪产生冲突，自动驾驶仪可能会认为它与遥控发射机之间的通信链路还存在。多数的自动驾驶仪通过油门通道来读取失控保护模式，因此一旦遥控信号丢失，则要将遥控发射机上的失控保护模式设置成将油门收到一个很低的位置，自动驾驶仪将会识别到这一状态，从而进入失控保护程序，如自动返航并着陆、悬停或盘旋在当前位置等。

2.2.2 无线电遥控接收机

无线电遥控接收机是安装在无人机上用来接收来自无线电遥控发射机信号的电子设备。接收机一般分为两种类型，即超再生和超外差接收方式。超再生解调电路也称为超再生检波电路，它实际上是工作在间歇振荡状态下的再生检波电路。超外差解调电路和超外差收音机相同，它是设置本机振荡电路产生振荡信号，将其接收到的载频信号混频后，得到中频信号，经中频放大和检波，解调出数据信号。无线电遥控接收机直接与自动驾驶仪的输入端连接，并通过自动驾驶仪为接收机提供电源。某型无线电遥控接收机如图2-2-2所示。

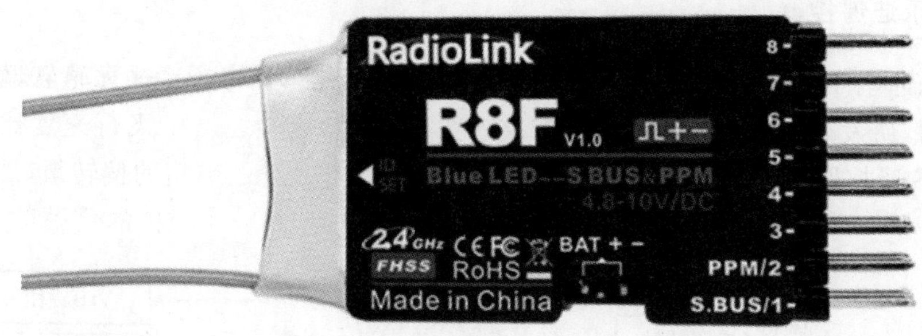

图2-2-2　Radiolink R8F 接收机示意图

下面对无线电遥控接收机的组成部分及相关参数进行介绍。

(1)通道。和无线电遥控发射机一样，接收机也有一定数量的通道，这些通道对应所能控制的输出信号。但这并不意味着接收机通道数量要与发射机的一样，如果操作的是一款入门级的无人机，只需要使用4通道的接收机进行滚转、俯仰、偏航及油门的控制，这样的接收机要比14通道的接收机便宜很多，也小很多。

(2)对频。对频就是将无线电遥控接收机与指定的遥控发射机进行连接，这类似于蓝牙设备与手机进行配对连接。对频的过程根据使用的无线电遥控系统品牌的不同而有所差异，有的采用对频线的方式，当第一次打开接收机时，它会自动与最近的遥控发射机进行连接；有的则有一个对频按钮，按下这个按钮进入对频模式。

(3)天线类型。在购买无线电遥控接收机的时候，首先需要考虑的一件事就是天线的类型，这决定了连接的稳定性和遥控距离。多数便宜的无线电遥控系统采用单根导线作为天线，但在无人机距离较远的情况下，这常常导致信号接收能力较弱，例如AM遥控器采用单根直线型天线(常见AM无人机遥控器如图2-2-3所示)。可通过“分集式天线”，即采用两根导线改进接收机的接收性能。由于具有更多根天线，所以其获取信号的能力得到了提高。还有一些接收机采用PCB天线，这种天线通常在较远的距离上有最佳的接收性能。

图2-2-3　RadioLink 乐迪 RC4GS v2

接收机天线在无人机上安装时，最好将其安装在远离其他电子器件的位置。如果采用双天线或分集式天线，建议天线之间间隔90°，以获得较好的信号接收范围。针对多旋翼无人机，碳纤维板能够阻碍大部分无线电信号的传输，因此为了获得最佳的接收性能，最好将天线安装在机架的侧面或底部，以便在天线与无线电遥控发射机之间实现视距通信。

2.3　典型无人机遥控器品牌

2.3.1　乐迪遥控器

深圳市乐迪电子有限公司成立于2003年9月15日，是一家电子产品完整软、硬件解决方案设计的公司，研发了一套无人机遥控器解决方案。

(1)AT9S遥控器(见图2-3-1)的功能特点如下。

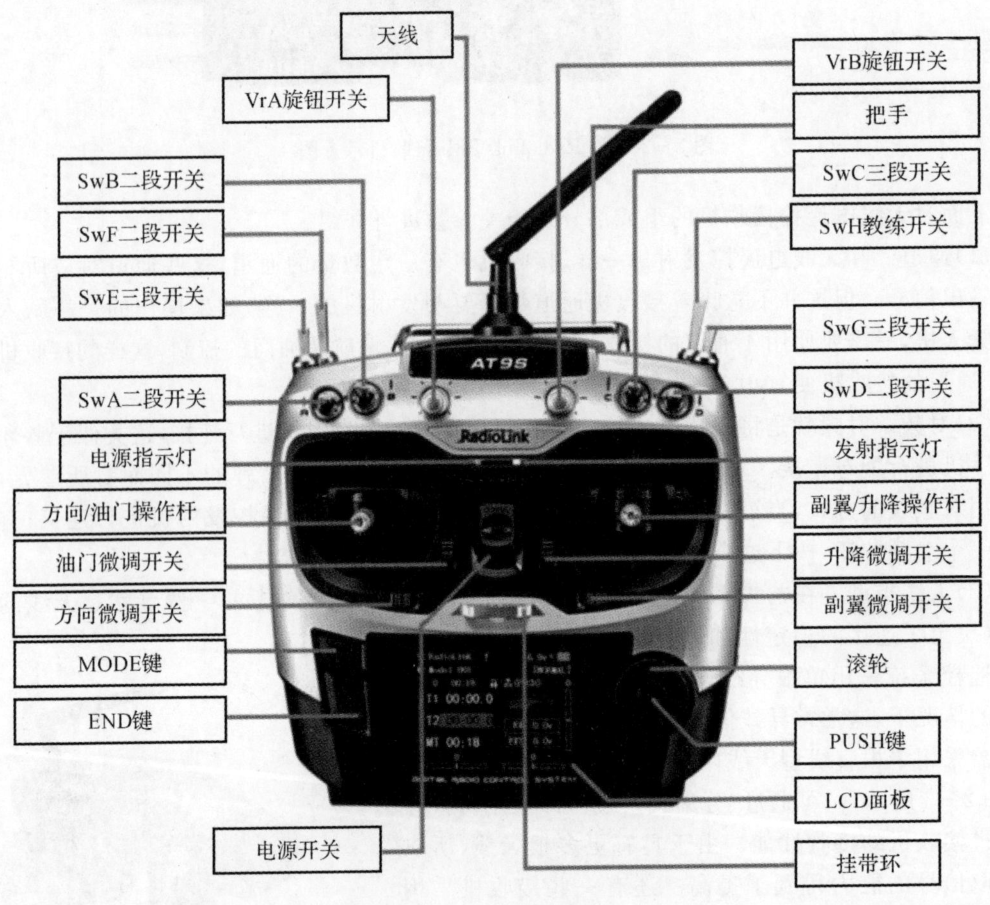

图2-3-1　AT9S遥控器示意图

1)怠速降低开关(用于固定翼机)、油门关闭/发动机关闭(用于固定翼机/直升机)和电机灭车(用于滑翔机)在滑翔和着陆时可准确控制油门/电动机。

2)拥有15架无人机的存储容量。

3)新的操纵杆设计改善了控制杆的触感、可调整长度和紧度，可以将3挡开关的双重比率设置为三重比率。

4)8个开关、3个滚轮和2个滑杆，在大多数应用中可以指定不同的功能。

5)教练系统包括功能(FUNC)设定，允许学生机使用 AT9S 混控功能、直升机和其他项目功能，即使 4 通道的遥控器连接也能使用(需要使用备用的教练线)。

6)AT9S 遥控器的特征之一是固定翼机的开关布局一目了然，教练开关在右边(弹簧开关 H)，并有一个带棘轮的油门操纵杆，将操纵方向舵时误触油门的概率减到最小。默认为固定翼模式。

7)AT9S 遥控器对于直升机的开关布局比较清晰，油门加速和油门锁定开关分别在左、右两边，一个光滑无弹簧的油门可实现完美的悬停。默认设置为直升机(H－1 倾斜盘类型)模式。

(2)AT10Ⅱ遥控器(见图 2－3－2)的功能特点如下。

图 2－3－2　AT10Ⅱ遥控器示意图

1)怠速降低开关(用于固定翼机)、油门关闭/发动机关闭 (用于固定翼机/直升机)和电机灭车(用于滑翔机)在滑翔和着陆时可准确控制油门。

2)拥有 15 架无人机的存储容量。

3)新的操纵杆设计改善了控制杆的触感、可调整长度和紧度，可以将 3 挡开关的双重比率设置为三重比率。

4)8 个开关、3 个滚轮和 2 个滑杆，在大多数应用中可以指定不同的功能。

5)教练系统包括功能(FUNC)设定，允许学生机使用 AT10Ⅱ混控功能、直升机和其他项目功能，即使 4 通道的遥控器连接也能使用(需要使用备用的教练线)。

6)AT10Ⅱ遥控器的特征之一是固定翼机的开关布局一目了然，教练开关在右边(弹簧开关 H)，并有一个带棘轮的油门操纵杆，将操纵方向舵时误触油门的概率减到最小。默认为固定翼模式。

7)AT10Ⅱ遥控器对于直升机的开关布局也很清晰，油门加速和油门锁定开关分别在左、右两边，一个光滑无弹簧的油门可实现完美的悬停。默认设置为直升机(H-1 倾斜盘类型)模式。

2.3.2 FUTABA 遥控器

FUTABA 是指日本双叶电子工业株式会社(FUTABA Corp)，由卫藤五郎和细矢礼二于 1948 年共同在千叶县创立，因此得名“双叶”。为了更好地服务于中国市场，后来又成立了双叶电子科技开发中国有限公司。公司的主要经营范围包括无线遥控传输设备、VFD 荧光显示装置及物流软件等电子工业产品的研发、生产和销售。下面介绍其生产的两款无人机遥控器。

(1)T14SG 是目前常见的一款 FUTABA 遥控器，如图 2-3-3 所示，其功能特点如下。

1)T14SG 采用长度仅约为 62 mm 的短天线。

2)T14SG 采用了 2.4 GHz 双向通信系统“STest”。

3)可通过发射机接收、确认从接收机传回的数据。

4)有两个模式可以选择：最多可使用 14 个通道进行遥测功能的“STest 14CH 模式”和反应速度优先的“FASSTest 12CH 模式”。另外，配合所使用的接收机，还可切换“FASST”和“S-FHSS”模式。

5)可对应 S. BUS/S. BUS 2 系统、FASSTest-2.4 GHz 方式的高反应速度接收机，拥有针对 S. BUS/S. BUS 2 系统的输出接口以及针对以往普通系统的输出接口。在使用 S. BUS/S. BUS 2 系统舵机陀螺仪、遥测传感器的同时，也可以和以往的普通舵机并用。

6)带有失控保护功能、电池失控保护功能。

7)用双向通信系统，使用遥测传感器可将飞行中机体的信息反馈至发射机并显示。通过发射机固有 ID 号码，可防止其他 FASSTest-2.4 GHz 系统的干扰。

8)采用分集式天线。

9)T14SG 遥控器可对应固定翼无人机、滑翔无人机以及直升机无人机三种类型的无人机。固定翼无人机、滑翔无人机类型中可选择各种翼型，直升机无人机类型中可选择各种倾斜盘类型，从而可达到混控和通道配合的最佳状态。

10)无人机数据可通过 SD 卡进行保存(SD 卡规格：32 MB～2 GB，SDHC 规格：4～32 GB，T14SG 本体可储存 30 台无人机数据记忆)。T14SG 发射机公布新版本时，可通过 SD 卡进行软件升级。

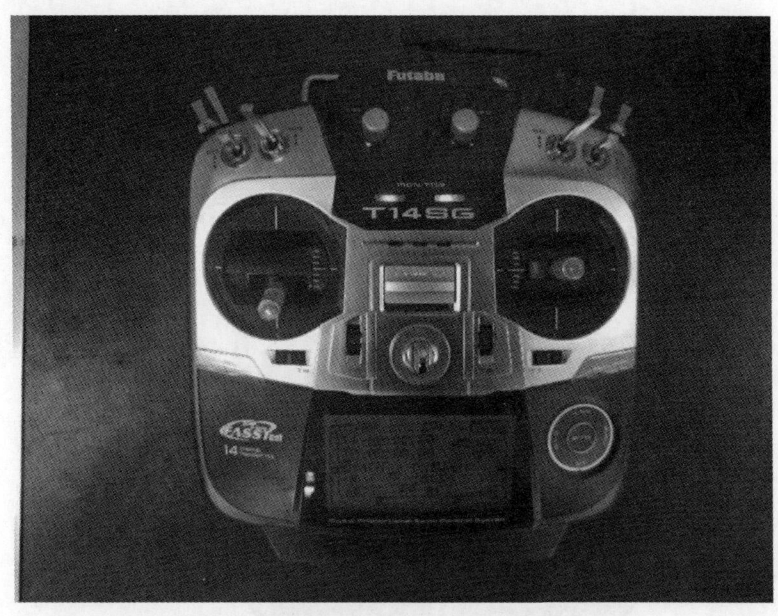

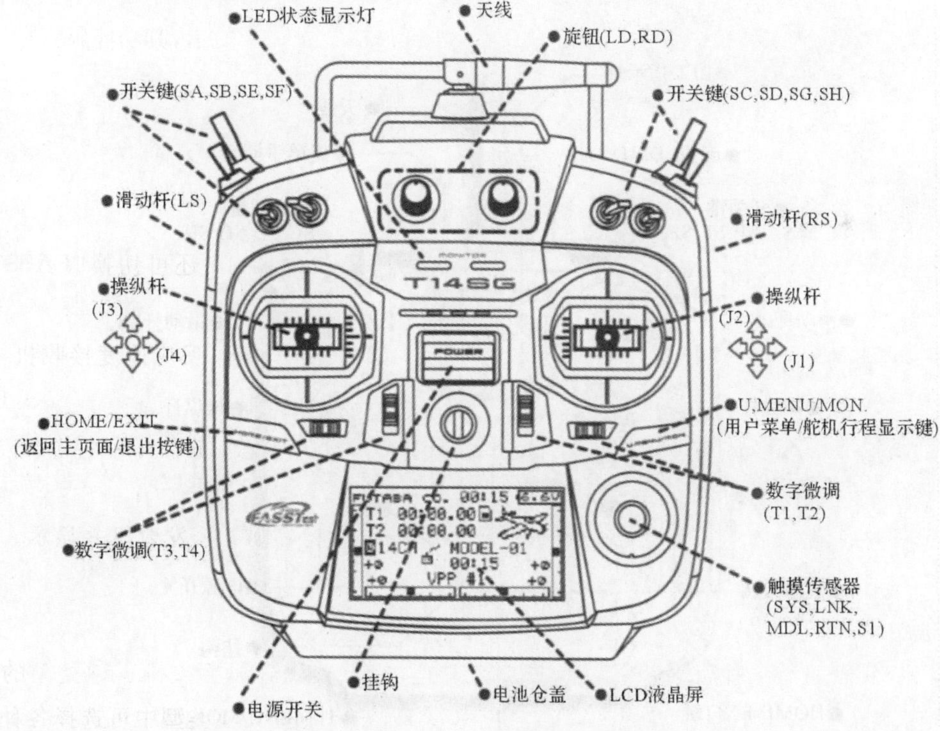

图 2-3-3　T14SG 遥控器示意图

(2)T18SZ 遥控器是 FUTABA 首款支持中文的遥控器,如图 2-3-4 所示,其功能特点如下。

1)T18SZ 采用了 2.4 GHz 双向通信系统“FASSTest”。

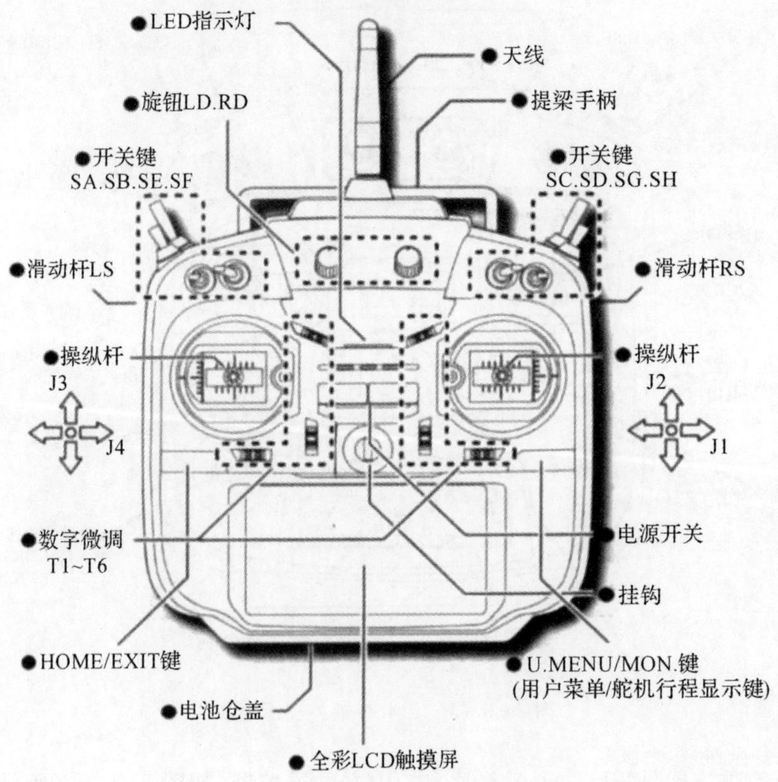

图 2-3-4 T18SZ 遥控器示意图

2)可通过发射机接收、确认从接收机传回的数据。

3)“FASSTest”系统有两个模式可供选择:各通道进行遥测功能的“FASSTest18CH”模式和反应速度优先的“FASSTest 12CH 模式”。另外,配合所使用的接收机,还可切换“FASST”和“S－FHSS”模式。

4)适用 S. BUS/S. BUS 2 系统、FASSTest－2.4 GHz 方式的高反应速度接收机,R7008SB 和 R7003SB 两款接收机拥有针对 S. BUS/S. BUS 2 系统的输出接口(与 T18SZ 搭配使用最多可达到 18 个通道),也适用于以往普通系统的输出接口。在使用 S. BUS/S. BUS 2 系统舵机、陀螺仪、遥测传感器的同时,可以和以往的普通舵机并用。

5)采用双向通信系统,使用遥测传感器可将飞行中机体的信息反馈至发射机。通过发射机固有 ID 号码,可防止其他 FASSTest－2.4 GHz 系统的干扰。

6)带有失控保护功能、电池失控保护功能。

7)T18SZ 遥控器适用于固定翼无人机、滑翔无人机、直升机无人机以及多旋翼无人机四种类型的无人机。固定翼无人机、滑翔无人机类型中可选择主翼、尾翼的翼型,直升机无人机类型中可选择各种倾斜盘类型。

8)T18SZ 遥控器电池采用 6.6 V/2 250 mA·h 大容量 Li－Fe 电池,并附带专用充电器 LBC－34DP。

2.3.3　天地飞遥控器

WFLY 天地飞科技开发有限公司自 2006 年开始进入无人机市场,先后研发并推出全中文显示高端遥控设备,并形成了从入门到高端、从整机到配件的一系列产品。经过多年的技术积累,该公司逐步掌握了核心技术,推出了具有自主知识产权的 Flaspeed、DSSS＋跳频技术,大大增强了产品的反应速度、操控性、抗干扰性等关键特性。下面介绍其研发的 2 款无人机遥控器。

(1)09SⅡ遥控器如图 2－3－5 所示,其功能特点如下:

1)具备 9 个通道;

2)配备有数据拷贝功能;

3)全面采用了高级数字微调,微调时伴有可变调提示音;

4)采用了可调整长度摇杆与弹性摇杆,让所有用户都能找到适合自己的操纵感;

5)可记录 WFT0911.15 组、WFT09SⅡ.85 组机型的全部资料;

6)可切换飞行模式,直升机、无人机、滑翔机皆可共用;

7)采用了高速、高分辨率、优化的 2.4 GHz PCMS 4096 制式;

8)基本配备有教练功能,配备有各式的计时器功能;

9)配备有 10 点曲线编辑功能。

(2)ET12 遥控器(见图 2－3－6)是天地飞 12 通道遥控器,其功能特点如下:

1)应用:直升机、固定翼、多旋翼、机器人、车、船;

2)分辨率:全通道 4 096 分辨率;

3)频段:2.4 GHz(双向);

4)跳频:全新 FHSS 跳频(64 点、3.6 ms);

5)储存:30 组机型;

6)编程:10 组编程混控语言,中英文升级,USB 在线升级;

7)显示:3.5 in 触摸,480×320,彩屏语音,支持语音播报接力飞行;

8)支持 80°/270°舵机;

9)支持无线拷贝无人机数据。

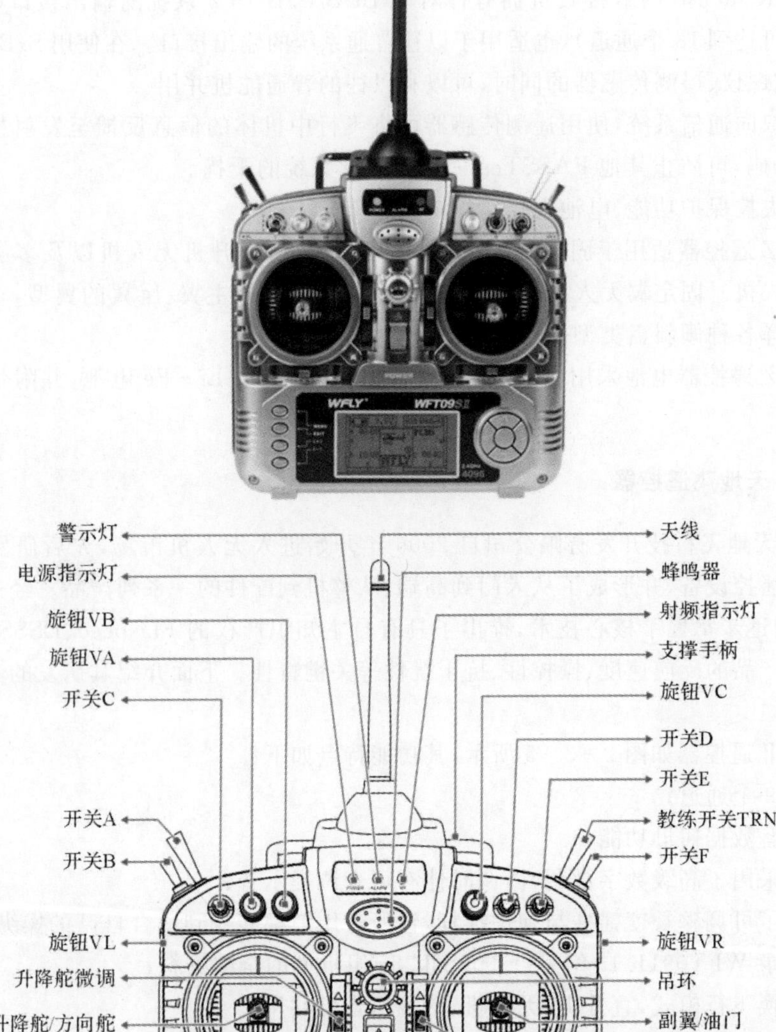

图 2-3-5 09SⅡ遥控器示意图

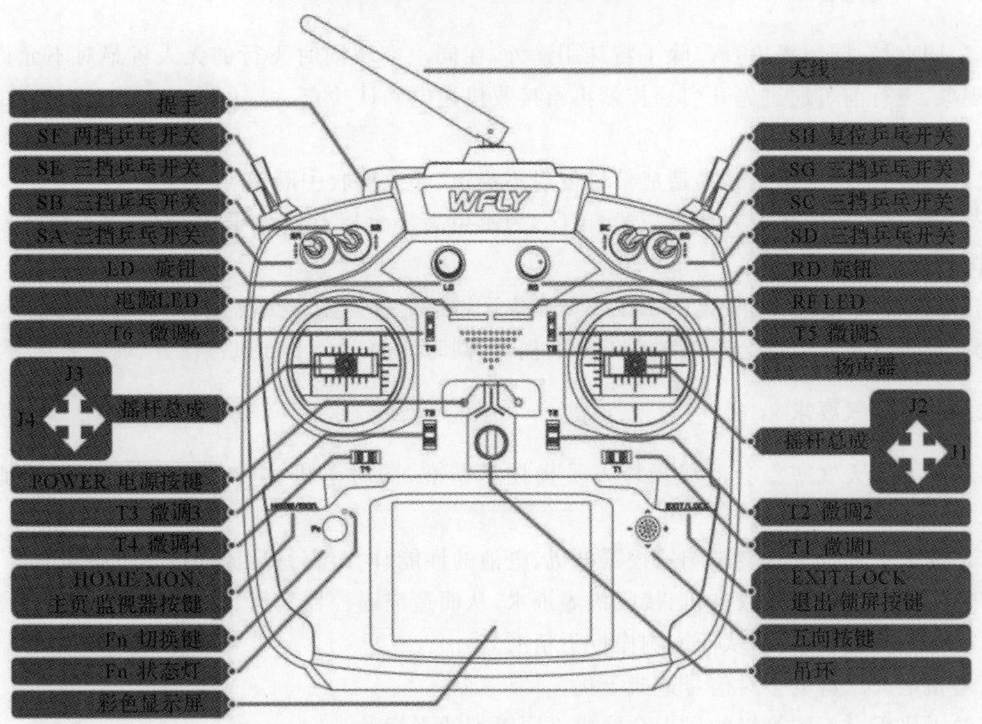

图 2-3-6　ET12 遥控器示意图

2.4 无人机遥控器使用注意事项

2.4.1 距离因素

影响遥控器通信距离的因素主要有以下几项。

(1)发射功率。同等条件下,发射功率大则通信距离远,但同时耗电也大,造价也会相应增加,且容易产生干扰。

(2)接收灵敏度。接收机的接收灵敏度提高,遥控距离增大,但容易受干扰造成误动或失控。

(3)天线。AM或FM遥控器采用直线型天线,在使用中需要把天线拉长、拉直才能增加遥控距离。随着无人机爱好者的增多,同一场地用户使用相同频率的概率也增大,造成无人机靠近谁的遥控器就会被就近的遥控器抢夺控制,更大带宽的数字调制成为无人机发展的趋势。

(4)高度。天线越高,视距传播越好,遥控距离越远,但由于天线架高导致遥控器操作有时不太方便。

(5)遮蔽。目前使用的无线遥控器使用国家规定的UHF频段,其传播特性和光近似,直线传播,绕射性能差,发射机和接收机之间如有墙壁遮蔽将大大缩短遥控距离,如果是钢筋混泥土的墙壁,由于导体对电波的吸收作用,影响将更加严重。

2.4.2 场地要求

(1)同空域、同频率检查。除了特殊用途外,在同一空域同时飞行的无人机绝对不允许有同频现象,飞行前可通过先开启遥控器再给接收机通电确认检查。

(2)禁用地点。

1)快速移动的场所。容易造成信号发射不稳定、导致接收中断等。

2)有信号障碍的场所。如高压线、市区,为避免高楼大厦有信号干扰,一般无人机飞行教学机构安排在偏远地区。

3)人群密集地区。一般无人机在人口密集区域运行安全隐患更加显著,如机械故障、遥控器失灵、坠机等突发情况会造成地面设施的损坏,同时地面也会干扰执行任务、训练教学等。

2.4.3 天气要求

(1)严冬。天气寒冷会造成操控人员操控不精准,同时电机、电池在过低温度下效能会变差。

(2)酷暑。天气炎热会影响遥控器电机、电池的性能,同时容易造成操控人员中暑。

(3)雨天。雨天会导致主机、接收机等进水,从而造成遥控器失灵、迟钝、跳舵。

(4)雾天。视线干扰,从而影响操控不精准。

(5)雷电天。雷电会对信号造成干扰。

(6)大风天。不同等级的风力会造成不同级别的干扰。

2.4.4　开机检查

(1)先开发射机,再开接收机,如果顺序发生错乱则应立即关闭重开。

(2)当发射机出现发热、触电等现象时应禁止使用,另外天气也对电池、电路板有影响。

(3)调试天线应成 45°设置,之后进行试舵,看频率是否与其他无人机发射机同频或存在干扰。

2.4.5　日常维护

(1)将遥控器、接收机擦拭干净存放于干燥、无腐蚀性气体的地方,此外接收机与伺服机的干净、连杆的牢固、天线的松紧度也要进行检查。

(2)舵机中心位置应保持一定的角度。

(3)检查接收天线平整度及各伺服机插孔有无污渍。

参考文献

[1]　朱曦尧,胡静,宋铁成,等. 基于蓝牙 5.0 的无人机遥控器系统设计与实现[J]. 信息化研究,2019,45(4):51-56.

[2]　李子园,胡静,宋铁成,等. 无人机通信多路并行自适应传输系统的设计与实现[J]. 信息化研究,2019,45(4):61-65.

[3]　全权. 多旋翼飞行器设计与控制[M]. 北京:电子工业出版社,2018.

[4]　埃利奥特. 无人机玩家 DIY 指南[M]. 徐大军,李俊,译. 北京:人民邮电出版社,2016.

[5]　杨宇,陈明. 无人机模拟飞行及操控技术[M]. 西安:西北工业大学出版社,2019.

第 3 章 地空通信链路

地空通信一直是载人航空中必不可少的技术，近几十年来取得了巨大进步，并且在载人航空地空通信的基础上逐渐形成了无人机地空通信链路。地空通信链路是无人机与地面进行信息传递的物理通道。一般情况下，受限于无人机性能差异，无人机通信与民航通信（也称为航空移动通信）的侧重点有所不同，无人机的通信方式更侧重于地面与飞行器之间的信息传输，借此实现对无人机的引导、调度以及飞行状态的认知。通过地空通信链路，地面控制中心能够切实地掌握无人机的飞行数据、航行位置和所处位置的环境数据，并根据这些信息的内容进行飞行引导和指令下发，对保障空域有序运行和飞行器的安全航行具有重要意义。无人机系统中的通信链路也常被称为数据链，当前民用无人机系统一般使用点对点的双向通信链路，也有部分无人机系统使用单向下传链路。本章将介绍无人机地空单向通信链路、地空双向通信链路以及地空通信组网技术，内容涵盖一次监视雷达、射频标签识别、射频指纹识别、二次雷达、遥控驾驶飞行器系统 C2 链路、地面无线宽带链路、远程识别技术、地空通信组网手段等。

3.1 地空单向通信链路

单向链路是指在由一组冗余通道所构建的点对点传输模式的信息网络中，本端设备可通过链路层收到对端设备发送的报文，但对端设备不能收到本端设备的报文的链路。无人机地空单向通信链路多应用于对无人机主动监视、个体识别等领域，常用地空单向通信链路有一次雷达、射频标签识别、射频指纹识别技术等。

3.1.1 一次监视雷达

一次监视雷达（Primary Surveillance Radar，PSR）是一种传统的雷达系统。一次监视雷达最早用于船舶防碰撞领域，当前在空域监视领域中仍占据较大份额。现在的一次监视雷达大多为两坐标脉冲雷达，可以测量目标的距离和方位信息，采用了脉冲压缩、频率分集和全相参等多种较为先进的技术。

一次监视雷达应用于无人机的地对空监视领域，是一种单向无人机识别链路。一次监视雷达使用一个大的定向天线来发射信号并监听接收到的回波，回波的延迟与飞行时间和无人机距离成函数关系。这种方法的一个巨大优势是，避免了在尺寸和质量都受限制的飞行器上安装设备，缺点是会探测到任何能引起足够强反射的物体，雷达容易将鸟类等与航空器混淆。除此之外，一次监视雷达的另一个缺点是它只能发现物体而不能识别物体。由于系统只能在水平面上平移天线，垂直波束图被天线的物理外形所固定，大部分一次监视雷达系统都无法确定飞行器的高度。

1. 一次监视雷达组成

一次监视雷达系统基本原理框图如图3-1-1所示，发射机产生的雷达信号（通常是重复的窄脉冲序列）由天线辐射到空间，收发开关用于天线的发射和接收控制，反射物或目标截获并反射一部分雷达信号，其中少量信号沿着雷达的方向返回。雷达天线接收回波信号，再经过接收机加以放大，如果接收机输出的信号幅度足够大，就说明目标已被检测。雷达通常测定目标的方位和距离，回波信号包含目标特性信息。显示器显示接收机的输出，信号处理器判断目标存在与否，并根据发现目标后一段时间内的检测内容建立目标的航迹。

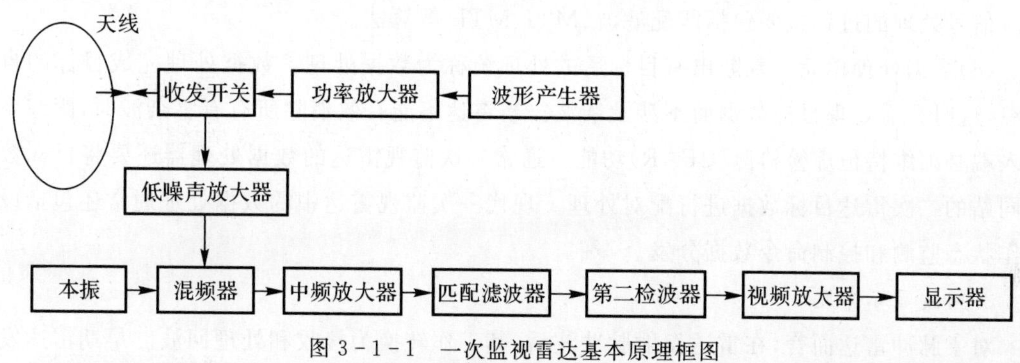

图3-1-1　一次监视雷达基本原理框图

(1)发射机。发射机是一个功率放大器，平均功率大且稳定性高。基本波形在送往功率放大器之前是由低功率电平产生的，雷达在工作时要求发射一种特定的大功率无线信号，发射机为雷达提供一个载波受到调制的大功率射频信号，经过馈线和收发开关由天线辐射出去。已知一次监视雷达的作用距离与该雷达发射机平均功率的四次方根成正比。为把作用距离提高一个数量级，发射机功率需要提高10 000倍。虽然已经有一些雷达的平均功率大于1 MW，但由于高功率发射机很重、体积大且消耗大量初级电功率或消耗发动机驱动的电动机燃料，所以不能无限制地增加其功率。

(2)天线。以一定速率在360°范围内旋转扫掠的一次监视雷达天线，把雷达发射信号以方向性很强的波束辐射出去，同时接收由无人机或其他目标反射回来的回波能量，以获取目标的距离、方位信息，监视空域中无人机的存在及活动情况。

发射机能量经由方向性天线聚焦为一个窄波束辐射到空中。天线主要分为机械扫描和电子扫描两种，对于绝大多数一次监视雷达来说，机械扫描足以完成探测任务。当波束必须快速扫描或者需要多波束扫描等灵活应用时，雷达可使用电扫描相控阵天线。电扫描相控阵天线的波束控制可以在微秒甚至更短时间内完成，而机械扫描天线完成一个全方向扫描往往需要数秒时间。天线尺寸部分取决于雷达的工作频率和工作环境，频率越低天线尺寸一般就越大。

(3)天线驱动装置。天线驱动装置包括驱动电机和变速齿轮箱等，主要用于驱动雷达天线在水平面内360°转动。为了提高可靠性，一次监视雷达的天线一般采用双电机配置，两台电机可以同步驱动，也可以独立驱动天线转动。雷达天线的转速根据使用情况可以进行调整，因此驱动电机大多采用变频器供电。

(4)接收机。天线收集的回波信号送往接收机,其主要用途分为两方面:①将所需回波信号从噪声与其他干扰信号中分离出来;②放大信号使其幅度足以被数字信号处理器自动处理。混频器将高频信号转换为中频信号。中频放大器的匹配滤波功能可以将输出信号的信噪比放大,放大系数与信号的时宽、带宽的积成正比。第二检波器是包络检波器,它滤除了中频载波,输出视频信号(信号包络),视频放大器将信号电平提高到便于显示其所含信息的程度。在视频放大器后端往往建立一个检测判断门限,如果电平高于该门限,则判定为有目标。

(5)信号处理单元。信号处理单元主要负责将回波中的有用信息从杂波与噪声中剥离出来。信号处理的过程主要包括匹配滤波、MTI、MTD 等算法。

(6)数据处理单元。判断出有目标后的处理统称为数据处理。数据处理完成目标的自动跟踪,这时只需处理目标数据而不涉及杂波。当雷达不能有效消除所有有害杂波时,跟踪系统输入端必须维持恒虚警检测(CFAR)功能。通常一次监视雷达的数据处理器还要将目标数据与同站的二次雷达目标数据进行配对处理。现代一次监视雷达中的数据处理通常还包括设备工作状态监测和控制命令数据分发。

2.回波显示单元

对于脉冲雷达而言,在雷达发射脉冲波后,其工作转换为接收和处理回波。早期雷达发现目标是将回波接收、转换为视频发送给显示器显示,采用人工判断方式。人工调整显示器的辉度便于观察,使目标的显示辉度区别于背景辉度,再辅以目标回波显示形状特征,识别出目标。

对于采用脉冲波的雷达而言,采用示波器将回波视频直观显示出来,人工就可以从示波器上看见对应于目标的散射回波,在示波器上需要同时显示时间基线及距离刻度、回波信号幅度起伏情况等,这种专用示波器称为 A 型显示器(简称为 A 显)。

为了能同时显示雷达站周围空中目标的位置分布情况,显示器须采用平面位置显示器(Plane Position Indicator,PPI,简称为 P 显)。在 P 显上,回波信号以辉亮形式显示,幅度越强的回波其辉度越亮,在 P 显上可以同时显示时间基线、距离刻度、方位刻度等,便于操作员观察天线旋转扫描过程及目标出现的距离/方位位置。回波的三维显示方式就是针对操作员选取的距离/方位局部范围开窗,以相邻重复周期回波幅度构成的图像。P 显的优点是:目标的点迹和航迹显示很清晰,显示了目标二次信息(录取后信息,即非原始回波),显示了在整个水平面范围中的所有目标,有利于判断所有目标的位置分布情况。P 显上还可以显示数字地图背景,将原始回波直接显示在 P 显上,同时还便于雷达工作参数的调整,如可观看到杂波处理前、后的影像,由此判断信号处理器对杂波的处理情况。图 3-1-2 为微波雷达 P 显局部照片,图 3-1-3 为米波雷达 P 显局部照片。这两个照片的主要差别是:图 3-1-2 中回波的点迹显示为“点”的形状,图 3-1-3 中回波的点迹显示为“眉毛”的形状。这是由于微波雷达天线水平波束宽度较窄,扫描空域点回波的驻留时间短,回波点数较少;而米波雷达天线水平波束宽度较宽,扫描空域点回波的驻留时间长,回波点数较多。

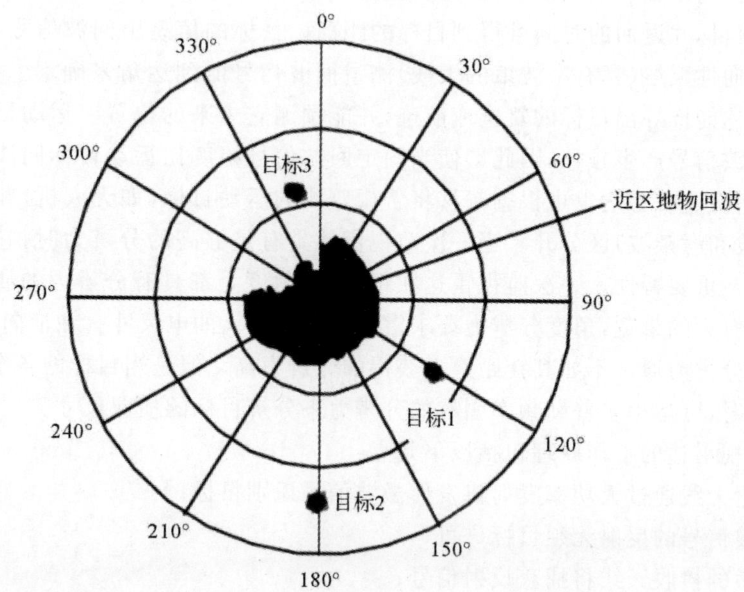

图 3-1-2　微波雷达 P 显局部照片

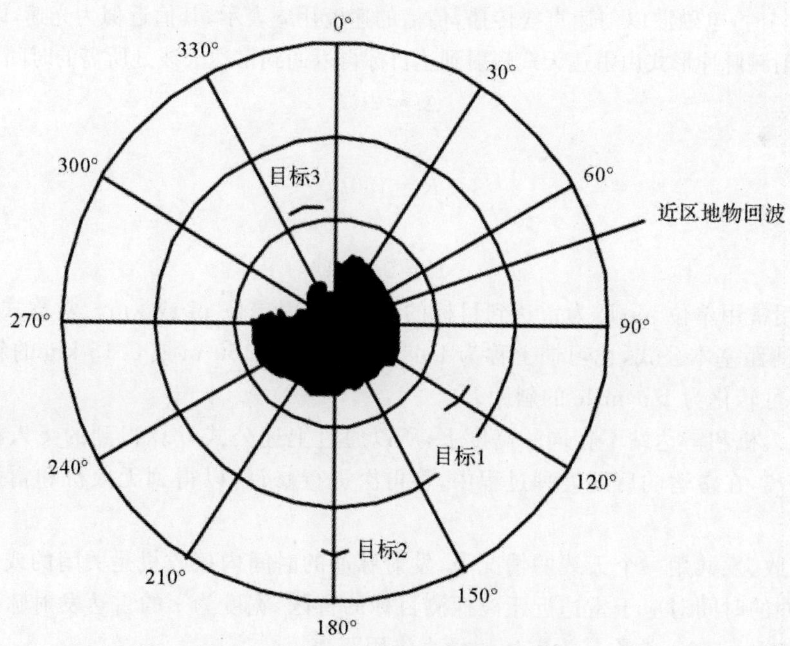

图 3-1-3　米波雷达 P 显局部照片

3. 一次监视雷达原理

一次监视雷达的基本原理相对简单，其工作方式与机载气象雷达相似，是通过被动接收回波来工作的。它以辐射电磁能量并检测反射体(目标)反射的回波的方式工作,通过测量辐射能量传播到目标并返回的时间可得到目标的距离。目标的信息由回波信号提供,目标的方位通过使用方向性天线(具有窄波束的天线)测量回波信号的到达角来确定。如果是运动目标,一次监视雷达能推导出目标的轨迹或航迹,并能预测它未来的位置。运动目标的多普勒效应使接收的回波信号产生频移,因此即使当固定回波信号幅度比运动目标回波信号幅度大多个数量级时,一次监视雷达也可根据频移将希望监测的运动目标(如无人机)和不希望的固定目标(如地杂波和海杂波)区分开。当一次监视雷达具有足够高的分辨力时,它能识别目标尺寸和形状的某些重要特性。一次监视雷达在距离上、角度上都具有分辨力的属性。距离分辨力要求雷达具有大的带宽,角度分辨力要求雷达天线具有大的电尺寸。在横向尺度上,一次监视雷达获得的分辨力通常不如其在距离上获得的分辨力高。但是当目标的各个部分与雷达间存在相对运动时,可运用多普勒频率固有的分辨力来分辨目标的横向尺寸。

一次监视雷达的工作原理包括以下几点:

(1)雷达天线通过大功率发射机发射微波信号识别目标;

(2)微波信号的反射无须目标许可;

(3)灵敏的接收天线将捕获反射信号;

(4)接收机捕获并处理电信号,以提取目标的位置信息(目标的方位和距离)。

(1)距离测量。

1)距离测量原理。电磁波在空中匀速、直线传播是雷达对目标测距的物理基础。当将大气介质视为均匀时,电磁波以匀速直线传播,传播的速度用 c 表示,其值近似为光速,即 3×10^8 m/s,则电磁波以射频脉冲形式由雷达天线辐射到达目标再返回到雷达天线处所需的时间 Δt 为

$$\Delta t = 2R/c \tag{3.1.1}$$

即

$$R = 150t_R$$

或

$$R = 0.15t_R \tag{3.1.2}$$

式中:t_R 采用常用单位 μs;R 为雷达到目标的斜距,采用单位 m 或 km。常称式(3.1.1)和式(3.1.2)为测距基本公式,也习惯上称为 1 μs 的时间对应 150 m 或 0.15 km 的斜距,12.35 μs 的传播时间可转化为 1 n mile 的斜距。

由于无人机和雷达站不在同一高度上,所以通过上述公式计算得到的无人机和雷达站之间的直线距离,在雷达的后期处理过程中,将再次进行修订,以得到无人机和雷达站之间的水平距离。

在采用收、发共用一个天线的情况下,发射脉冲的时间内接收机是关闭的或被保护的。因此,发射脉冲的时间对应于雷达近距离探测目标的盲区,宽度为 τ 的雷达发射脉冲对应雷达最小可探测距离为 150τ,常称其为雷达的最小作用距离。

在天线旋转扫描过程中,雷达周期性地发射脉冲和接收回波,在波束扫过目标的驻留时间内,同一个目标的多个回波脉冲陆续被雷达接收到。但是,若回波延迟跨越一个重复周期后才回到雷达处,显示的距离或读取的距离值就发生了偏差,这种现象称为距离模糊(Range Ambiguity)或测距模糊,这样的回波称为跨周期(Second Time Around,跨第二周期)回波。测距模糊示意图如图 3-1-4 所示,图 3-1-4(a)中回波没有出现测距模糊,而图 3-1-4(b)中回

波跨越了重复周期 T_r 出现在时间基线上的位置差了一个 T_r 所对应的距离值。测距模糊出现的特点是:每当重复周期改变时,回波出现在改变后的周期里时间基线上的位置与之前的位置会突变一个对应于重复周期改变的差值,而后续周期里回波出现的位置是稳定的。如果需要获取此种回波的距离,需要解距离模糊才能获得回波的正确距离值。有时出现的距离模糊可能是跨了几个重复周期的回波。因此,通常 T_r 的设计值要与雷达的最大作用距离相匹配,在空管雷达中一般直接将跨周期回波判断出来后丢弃。

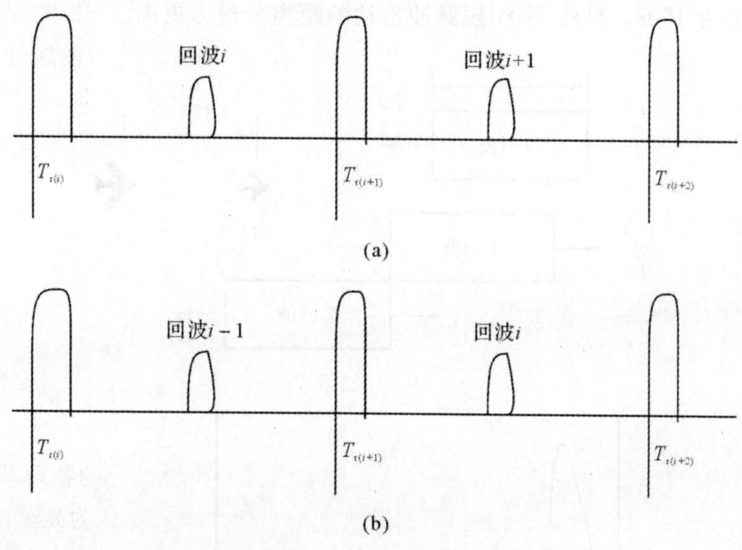

图 3-1-4　测距模糊示意图

(a)回波距离无模糊；(b)回波距离有模糊

一次监视雷达在录取器中设计了受触发脉冲同步的距离计数器,当雷达发射脉冲时,计数器被触发脉冲复位并从 0 km 开始计数,计数器输出的数据随着时间成正比例变化,人工操作 P 显按下“录取”按钮的动作就触发了录取器,并将当前计数器输出端的数据存入寄存器,该数据按照式(3.1.2)乘以适当系数就作为人工录取到的目标距离数据。这种计数器与寄存器的组合常称为距离编码器,其原理框图如图 3-1-5 所示。

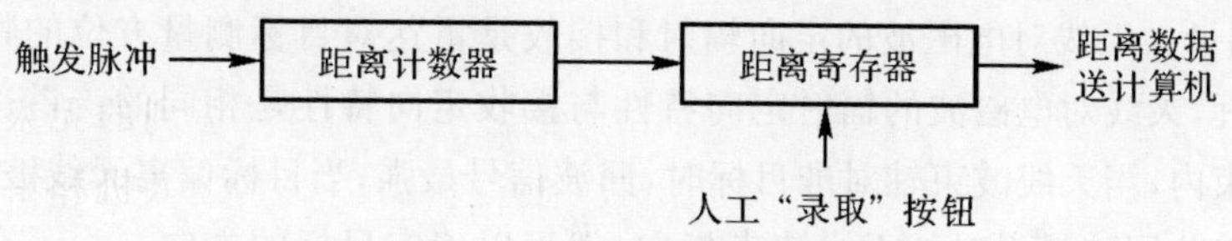

图 3-1-5　距离编码器原理框图

2)距离测量性能。距离编码器采用更密集的计数脉冲,可以实现距离精度控制的要求。当受到噪声干扰的影响时,回波脉冲的前沿时间有可能被提前或滞后,所带来的误差只有提高信噪比才能解决。现代雷达所采用的信号处理及数据处理方法都将空域范围按方位/距离单元量化细分,一个目标在多个重复周期里的回波有可能出现在相邻的几个细分单元中,目标可能被分裂为多个目标,回波的前沿也可能被误判,所带来的误差还与量化单元的尺度有关。精度可在数据处理器算法中进行判别,人工则在显示器上从显示的回波形状中判别。

分辨力这一概念被用来说明雷达对两个靠得很近的目标的分辨能力。为了便于比较不同雷达间分辨性能的差异，将距离分辨力定义为：当方位角相同时，两个目标在距离上可以区分的最小间距，常用 ΔR 表示。两个目标所对应的回波脉冲在距离上相邻界时就对应距离分辨力，距离分辨力示意图如 3-1-6 所示。图 3-1-6(a)画出了发射脉冲波，它在空中脉冲前沿至后沿占 300τ。假定两个目标距离间隔占 150τ，在这种情况下，目标 T_1 的回波与目标 T_2 的回波在空中间距将占 300τ，它们正好前、后相邻。图 3-1-6(b)为示波器（A 显）上两个回波显示为相邻界的情况。需要注意的是，显示器上回波的间距是按照式(3-1-1)表示的，即目标的距离分辨力为 150τ。显然，采用短脉冲雷达的距离分辨力更高。

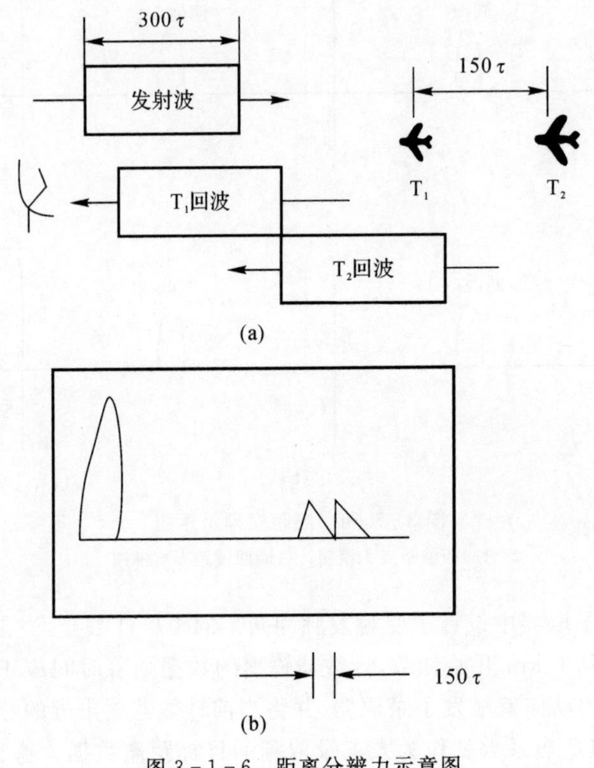

图 3-1-6　距离分辨力示意图

(2)方位测量。天线对电磁波的定向辐射和接收是雷达对目标测量方位的物理基础。根据天线的互易原理，天线对电磁波的辐射定向特性与接收定向特性是相同的。雷达天线将电磁能量汇集在窄波束内，当天线波束轴对准目标时，回波信号最强；当目标偏离天线波束轴时，回波信号减弱。根据接收回波最强时的天线波束指向，就可以确定目标的方向。为了在方位上对目标依次发现与定位，雷达天线采用宽口径天线的窄波束在方位 0°～360°范围内进行旋转扫描。

1)方位测量方法。P 显被设计为以时间基线作为圆的半径、以显示器中心作为圆心，时间基线按方位 0°～360°与天线指向同步旋转扫描，距离/方位刻度、回波信号及时间基线扫描出来的辉亮在显示器上留下余辉。在 P 显上，距离刻度线形成了同心圈，而方位刻度线形成了均匀分布的射状线。在回波信号出现后可以依据刻度人工读出其距离/方位值。

为了获得天线主波束实时指向的方位数据，雷达中设计了方位编码器，其原理框图如图 3-1-7所示。同步机模块将旋转角度转变为角度数据。同步机固定安装在天线旋转轴上，随着天线被驱动旋转，方位编码器能将天线口面法线指向的方位用对应脉冲——方位时钟脉冲

(Azimuth Clock Pulses,ACP)送出。当雷达天线正对正北方向时,还送出正北脉冲——方位参考脉冲(Azimuth Reference Pulse,ARP)。ACP 经过转换成为并行二进制数据,并经信号处理器处理形成目标点迹的方位数值,在 P 显中叠加到时间基线上形成方位刻度线。按照现代空管雷达的需求,实际雷达上采用的并行二进制方位码为 14 b,可以将全方位 360°按16 384 细分,提供给录取器方位标定的精度达到 0.022°。ARP 用于 P 显方位正北 0°的同步信号。人工操作 P 显按下"录取"按钮的动作就触发了录取器,然后将 ACP 的并行二进制数据输出作为目标方位数据。

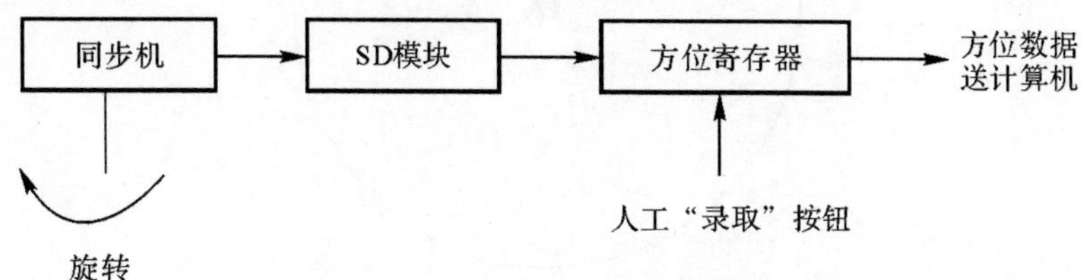

图 3-1-7　方位编码器原理框图

2)方位测量性能。在方位编码器中采用更密集的脉冲可以达到方位精度要求。而受到天线波束宽度及波束边沿特性的影响,以及回波信号幅度起伏变化的影响,所带来的误差很难消除。另外,现代雷达所采用的信号处理及数据处理方法都将空域范围按方位/距离单元量化细分。一个目标在多个重复周期里的回波沿方位有可能出现在相邻的几个细分单元中,目标可能被分裂为多个目标,P 显上回波"眉毛"的形状也可能被误判,所带来的误差还与量化单元的尺度有关。

方位分辨力定义为:当距离相同时,两个目标在方位上可以区分的最小角度,常用 $\Delta\beta$ 表示。两个目标所对应的回波"眉毛"在方位上相邻界时就对应方位分辨力。方位分辨力示意图如图 3-1-8 所示,由于天线波束边沿存在非突变性,一般以波束半功率点宽度作为方位分辨力,常用 $\beta_{0.5}$ 表示。图 3-1-8(a)画出两个目标在空中方位间隔为 $\beta_{0.5}$,图 3-1-8(b)为示波器(P 显)上两个回波显示为相邻界的情况,它们的方位间隔正好相邻界。需要注意的是,P 显上回波"眉毛"的辉亮受到回波距离及强度的影响,"眉毛"占据的方位宽度并非恰好为 $\beta_{0.5}$。显然,采用宽口径天线的窄波束雷达方位分辨力更高。但考虑到窄波束内回波脉冲数太少不适宜进行脉冲积累,一般中近程空管雷达采用了 1.45°的半功率点波束宽度。

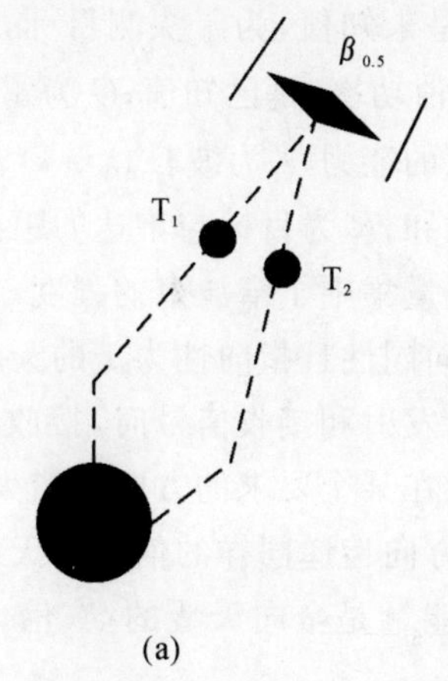

图 3-1-8　方位分辨力示意图

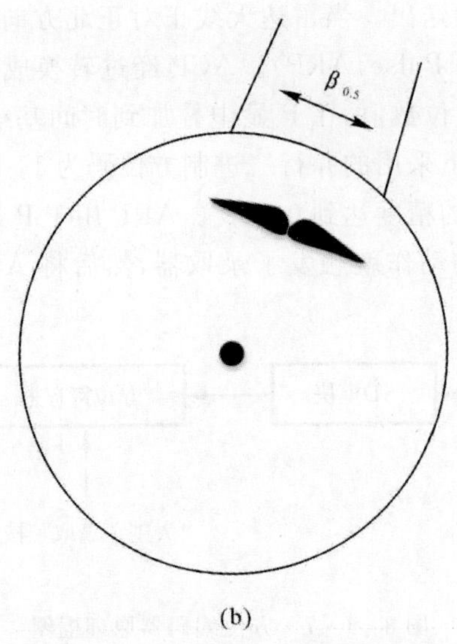

(b)

续图 3-1-8　方位分辨力示意图

(3)相对速度测量。当目标与雷达站之间存在相对速度时，接收到回波信号的载频相对于发射信号的载频将产生一个频移，这个频移叫作多普勒频移，它可以通过下式计算得到：

$$f_{\mathrm{d}}=\frac{2v_{\mathrm{r}}}{\lambda} \tag{3.1.3}$$

式中：f_{d} 为多普勒频移，Hz，有正、负值，分别表示目标朝向雷达或背离雷达运动；v_{r} 为雷达与目标之间的径向速度，m/s；λ 为载波波长，m。

当目标向雷达站运动时，$v_{\mathrm{r}}>0$，回波载频提高；反之，$v_{\mathrm{r}}<0$，回波载频降低。雷达只要能够测量出回波信号的多普勒频移 f_{d}，就可以确定目标与雷达站之间的相对速度。

(4) 一次雷达方程。一次雷达方程表示传输功率的物理依赖性，也能用来评估雷达性能。接收到的能量只是发射能量极小的一部分。一次雷达接收目标反射回来的能量可以用下式表示：

$$P_{\mathrm{r}}=\frac{P_{\mathrm{t}}G^{2}\lambda^{2}\sigma L_{\mathrm{s}}}{(4\pi)^{3}R^{4}} \tag{3.1.4}$$

式中：P_{r} 为目标反射信号的能量，是未知值，为了探测目标，该值必须大于接收器最小可探测信号的值；P_{t} 为雷达发射信号的峰值功率，是已知值；G 为雷达天线的增益，是已知值，用于衡量天线将发射能量集中于定向波束的能力；λ 为波长，$\lambda=c/f$；L_{s} 为损耗因子(线路损耗、大气损耗等)，是雷达所有损耗因素的总和；R 为目标与雷达的距离；σ 为目标物的雷达截面积。

天线增益描述了天线将电磁能量集中于窄波束的程度。与天线增益有关的两个参数是定向增益和方向性，相对于把具有各向同性且指向性为 1 的天线作为各向同性的来源，天线增益可以用数字表示。当天线同时用于发射和接收信号时，接收到指定目标反射的能量与天线增益的二次方直接相关。天线增益能在某个要求的方向上增大发射功率，图 3-1-9 显示的是以各向同性天线为参照物，它向任意方向传递同样的信号的天线增益示意图。例如，如果使用同样的发射器，定向天线聚焦的波束能量是全向天线的 50 倍，那么该定向天线的增益为 50(或 17 dB)。

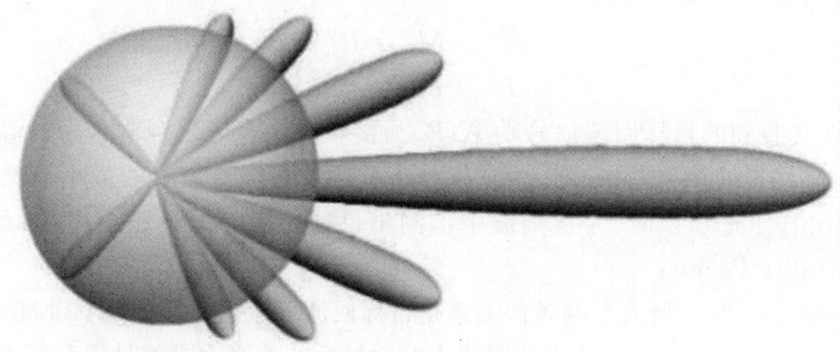

图 3-1-9　天线增益

雷达方程公式(3.1.4)可以转化为距离最大值的形式：

$$R_{max}^4=\frac{P_t G^2 \lambda^2 \sigma L_s}{(4\pi)^3 S_{min}} \tag{3.1.5}$$

式中：S_{min} 是雷达接收器的灵敏度，对应于最小可探测信号。雷达所能探测到最小的信号被称为最小可探测信号。比最小可探测信号还要小的信号无法使用，因为接收器和环境的噪声会将其覆盖。

(5)目标探测技术。

1)信噪比与信杂比。物体对电磁波散射是雷达发现目标的物理基础。当雷达发射的电磁波在传播中遇到金属等物体时，则在物体表面产生感应电流，此感应电流因频率极高会产生再辐射，通常称为散射。散射出来的能量有一部分返回雷达处，通常称为回波。雷达将天线接收到的回波经过接收机、信号处理后送至显示器或录取终端。从回波中判断出了对应空中目标的脉冲信号就称为检测到了目标。否则，即使目标回波进入了接收机，但不能被分离出来就称为没有检测到目标。在采用人工录取目标方式时，依据 A 显上的波形特征(如幅度和宽度)或 P 显上的辉亮特征(如辉度和“眉毛”)进行判决；在采用自动录取目标方式时，利用门限电压去对比回波信号的幅度进行判决。判决出目标后，接着就可对目标进行定位、分辨、跟踪等进一步分析和处理。

经对雷达在各种环境中探测目标的规律性分析发现：信噪比和信杂比是贯穿整个雷达系统的“主线”。限制雷达探测目标的主要因素是接收机中的噪声以及宇宙噪声。地物及气象微粒也散射电磁波，会在雷达显示器上产生大量杂波，杂波区会成为雷达的探测盲区，因此，杂波也成为雷达探测目标的主要障碍。此外，还有外界如城市内的有源干扰、邻近雷达站同频段脉冲信号或物体反射雷达信号的窜扰，可能形成比自然界的噪声和杂波更强的背景。

噪声和杂波都是限制雷达检测目标的背景，但噪声和杂波的不同特性使得雷达系统对它们抑制的原理也不相同。杂噪比是在处理或监测杂波时用到的概念。因为噪声是始终存在的，所以对杂波的最佳处理就是将杂波电平降低到与噪声电平一样即可，杂波抑制可以视作对杂噪比的降低。

雷达就是靠目标散射的微弱回波信号，在噪声背景中将其检测出来，从而发现空中的无人机等目标。天线波束在垂直面内为宽波束，辐射出去的脉冲信号会从山、建筑物等地物处散射，回到雷达天线的信号也被接收到，形成地杂波等。这种杂波的位置特点是离雷达几十千米的距离范围内，杂波比目标回波强得多，在有杂波的区域中，空中目标检测就更加困难。气象杂波的位置可能在雷达探测范围内的任何距离上。为了表示目标的检测能力，可将“发现目

标”这一物理概念用数学公式表示为

$$P_r \geqslant M_n \geqslant P_n \tag{3.1.6}$$

$$P_r \geqslant M_c \geqslant P_c \tag{3.1.7}$$

式中：P_r 为天线接收到的目标回波信号功率；P_n 为接收机噪声等效到输入端的等效噪声功率；P_c 为天线接收到的杂波信号功率；M_n 为从噪声中检测出目标所需要的最小信噪比，称为识别系数(Detectability Factor)；M_c 为从杂波中检测出目标所需要的最小信杂比，称为杂波中可见度因子(Visibility Factor)。

式(3.1.6)和式(3.1.7)所表示的条件关系是目标回波或点迹显示能够区别于该回波或点迹位置处的噪声和杂波显示。由此，从雷达回波中发现目标的重要手段就是提高信噪比与信杂比。

值得注意的是，在雷达中，既要使回波信号充分放大能使目标被发现，同时又要避免出现强杂波饱和使回波信号被限幅。接收机常设计为具有足够动态范围，即具有足够放大能力、抗饱和功能。在信号处理器中检测目标之前也要对回波幅度进行归一化处理。显示器辉度则由操作员调整到适合观察目标与背景差别的最佳状态。

2)发现概率与虚警概率。从回波信号中检测目标，常会用到发现概率与虚警概率的概念。当空域中有目标时雷达检测到了目标，称为发现，对应概率为发现概率或称检测概率(Probability of Detection)，记为 P_d。当空域中没有目标时雷达检测到了目标，称为虚警，对应概率为虚警概率(Probability of False Alarm)，记为 P_{fa}。显然，当回波信噪比和信杂比较大时，目标容易被发现或发现目标的概率较大；而当回波信噪比和信杂比较小时，容易将噪声或杂波误判为目标或虚警概率较大。发现概率和虚警概率是针对目标回波或点迹显示的判决而言的。为了获得较大的发现概率和较小的虚警概率，需要提高回波信噪比和信杂比，它贯穿了雷达信号流程，即从发射信号的产生到回波信号的显示或录取的整个过程。

3.1.2 射频指纹识别

无人机射频指纹识别是一种只需要单向搜集、监测无人机所使用的无线电信号即可完成无人机个体识别的新兴技术。无人机运行一般至少需要使用一种及以上的数据链来保障任务实施。以民用无人机为例，民用无人机主要分为遥控器远程控制和轨迹飞行两种模式，常用的通信信号有数传信号、图传信号、卫星导航信号和其他数据信号等，民用无人机无线电信号分类如图 3-1-10 所示。无人机射频指纹识别技术正是借助这些通信信号来对无人机进行个体识别的。下面从射频指纹识别技术及典型无人机射频指纹个体识别方法两个方面进行介绍。

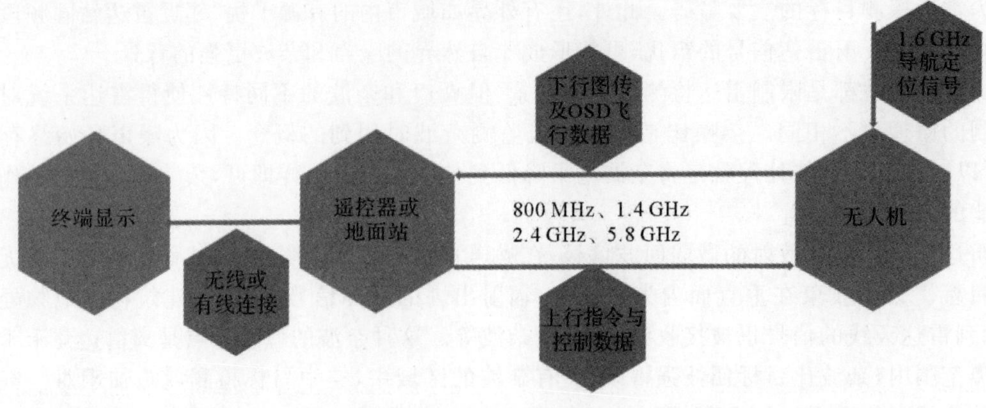

图 3-1-10 民用无人机使用的无线电信号

3.1.2.1　射频指纹识别技术概述

对无人机发射的无线信号进行识别被视为探测无人机的一种有效方式，根据目前研究成果，基于无线信号的无人机识别方法可以总结为以下几类，如图3-1-11所示。

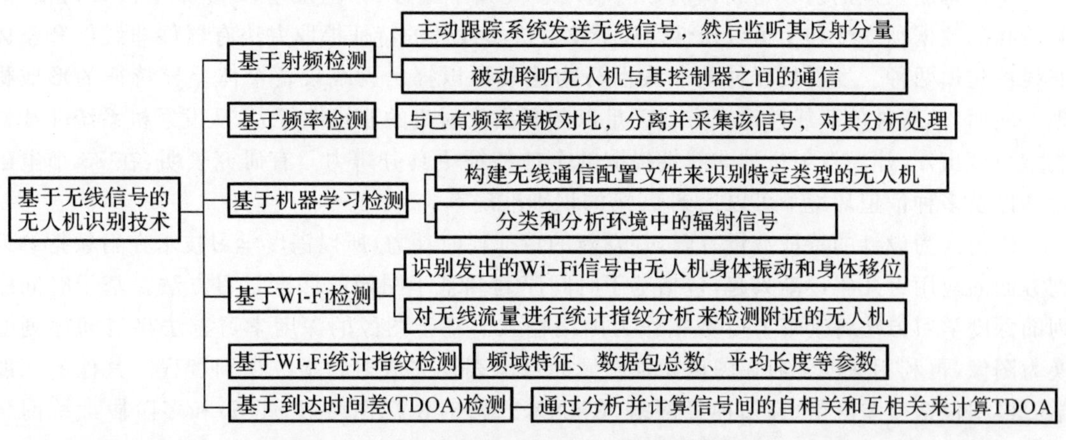

图3-1-11　基于无线信号的无人机识别方法

2003年“射频指纹”的概念被Hall等人首次提出，基于射频指纹的无线通信设备识别方法已经在许多无线平台(包括VHF FM发射器、蓝牙设备、GSM设备、IEEE 802.16 WiMAX设备、802.11b收发器、LTE设备、RFID设备、IEEE 802.11 Wi-Fi设备、IEEE 802.15.4 ZigBee设备、无人机、MIMO设备以及雷达设备等)上验证了可行性。在得到待识别信号后，可以通过对波形进行频域分析、时频分析、分形、高阶谱等各种变换域方法获取RFF，也可以在调制域提取RFF特征，当特征维数过高时还需要进行降维处理，最后利用分类器进行分类识别。此类方法需要翔实的信号类型和特征知识，可概括为特征工程的方法。此外，还可利用深度学习方法直接处理待识别信号，优点是特征提取和分类器设计集成在一起，不需要人工设计和选择特征。射频指纹识别方法的分类如图3-1-12所示。

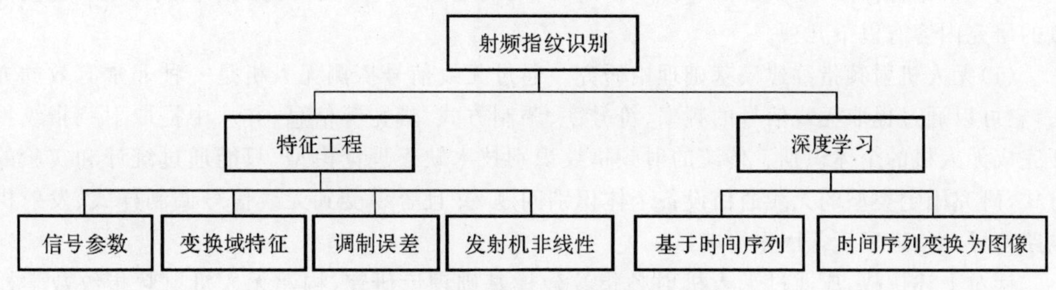

图3-1-12　射频指纹识别方法分类

特征工程的方法可以分为基于信号参数、基于信号变换域、基于调制误差和基于发射机非线性的方法。基于信号参数的识别方法提取信号的时域参数、频域参数、高阶矩和高阶谱参数等特征作为射频指纹，使用瞬态能量谱对8个Wi-Fi设备进行识别，可以在10 dB下达到95%的识别准确率。利用射频接收信号的指纹强度构建时间序列的相似性以实现对不同设备的分类。利用相位信息作为指纹可以对不同设备进行分类，且分类性能会因温度差异和信道距离差异而产生变化。

对于非平稳和非高斯信号，对其进行时域和频域分析已经不再有效。因此，学者们逐渐使用信号处理的方法，将待识别的信号转换为某些变换域进行处理和分析，包括时频分析、小波变换、希尔伯特黄变换、分形特征、经验模式分解变换和内在时间分解变换等变换域方法。

基于调制误差的射频指纹识别方法利用载波频率偏移、相位误差、I/Q 不平衡等特征，具有较高的数据独立性和信道鲁棒性。基于发射机非线性的特征提取方法有器件非线性和整体非线性建模两种。发射机器件的非线性行为建模可以揭示无线设备个体差异特征的形成机理。然而，单器件的非线性建模方式不足以刻画出发射机的非线性行为，从发射机系统非线性模型角度出发，建模发射机的非线性提取的个体特征更具分辨力。有研究表明，在 33 个电磁设备以及多种信道环境下可以达到 99%的识别准确率。

因为人为设计的特征数量有限，开发新的特征耗时耗力，所以深度学习技术在射频指纹识别方面的应用近几年逐渐兴起，包括基于时间序列和基于图像的深度学习方法。基于时间序列的深度学习方法将基带 I/Q 数据作为网络输入。基于图像的深度学习方法将时间序列变换为图像，再利用深度学习在图像识别领域的卓越表现完成射频指纹识别过程。其他的深度学习模型包括残差网络、递归神经网络（RNN）、长短时记忆网络（LSTM）和多阶段训练网络（MST）等。深度学习自动提取特征的效率高，但是可解释性差，是需要进一步解决的问题。

射频指纹识别技术是一种基于设备物理层硬件的无线通信设备识别技术，在许多领域都有着较广阔的应用前景，如检测网络攻击、故障诊断、设备健康监测等。随着当今复杂电磁环境下通信网络信息安全问题不断涌现，现代新型战争中不断涌现电子战及信息战，使得基于射频指纹的通信设备个体识别需求日益凸显，在军用和民用领域都发挥着重要作用。

3.1.2.2 典型无人机射频指纹个体识别内容及方案

1. 无人机射频指纹个体识别研究内容

射频指纹识别主要应用于未来无人机监管场景。针对无人机个体辨识难、信道环境鲁棒性差、响应速度慢和自适应能力不足等问题，可从无人机射频指纹建模基础理论出发，研究无人机鲁棒射频指纹特征提取和高效内隐知识发现等方法，构建高质量的无人机个体数据集和全面的评价指标体系，形成准确、可靠、稳定、高效的复杂环境下无人机个体识别模型。当前热点的研究内容有以下几项。

（1）无人机射频指纹建模基础理论研究。通过无线信号探测无人机是一种非常有效的方法，它可以通过提取无线信号的频率、符号率、调制方式、带宽等信息，并从中提取射频指纹特征完成无人机的个体识别。传统的射频指纹识别技术缺乏理论模型，只能通过统计和实验的方式，研究固定类型的无线通信设备个体识别问题，并且容易受到无线信号调制样式、发射机电路差异和信道环境等因素影响。

针对上述挑战，应通过无人机射频指纹建模基础理论研究，构建无人机射频指纹数学模型，从整体上分析无人机无线信号发射机射频组件和无线信号信道传播环境对射频指纹的影响，深刻揭示无人机射频指纹产生机理，分析其影响因素，为接下来的无人机射频指纹特征提取提供理论依据。

（2）无人机射频指纹提取与内隐知识发现技术研究。在复杂多变的电磁环境下，传统特征提取技术容易受到信噪比、多径、衰落、多普勒频移等因素的影响，导致无人机个体辨识难、识别精度有限。针对上述挑战，应通过开展复杂电磁环境下无人机射频指纹特征提取技术研究，提取高精度、高稳定和高鲁棒性的无人机射频指纹特征，实现无人机个体特征的精细化描述。同时，可根据无人机I/Q数据的特点，设计高效的深度复数网络，利用深度复数网络强大的特征表达能力，精确地捕捉隐藏的I/Q数据内在结构，实现无人机无线信号的内隐知识发现，最终解决复杂电磁环境下无人机个体辨识难和识别精度有限的难题。具体研究内容有以下两个方面：

1)引入多种信号分析工具进行研究，通过提取无人机的信号特征、调制特征和器件特征，构建具有噪声免疫性、信道鲁棒性、数据独立性的无人机射频指纹特征矢量，最大限度地表征无人机个体之间的差异；

2)根据信号复数域具有更丰富的表达能力，复数网络的复数权重具有更小的自由度等特点，研究复数卷积操作、复数全连接层、复数批归一化和复数权重初始化策略，搭建适用于无线信号I/Q数据的深度复数网络，实现无人机无线信号的内隐知识深度发现。

(3)构建高质量无人机无线信号数据集。高质量的无人机无线信号数据集能够为无人机监视识别提供良好的数据环境，有效减少数据干扰因素带来的算法识别不确定性。因此，设计高质量的无人机无线信号数据集获取方案、研究无人机无线信号采集共性技术、遴选优质数据集并存储、形成数据集优选评价方法，是无人机射频指纹识别顺利实施的基础。研究人员将分析无人机、民航飞机(ADS-B、ACARS)和船舶(AIS)等移动电磁目标无线信号采集的共性技术，重点研究无人机无线信号的自动标注技术，实现无线信号采集样本与无人机个体自动关联；研究分布式数据采集、数据集自动标注和数据云存储技术，搭建高质量的数据集云存储及计算环境，进而构建高质量的开源无人机无线信号数据库；基于该数据库，研究无人机射频指纹的评价指标体系，为相关领域的研究提供有价值的基准参考。

以上研究内容及其逻辑关系如图3-1-13所示。

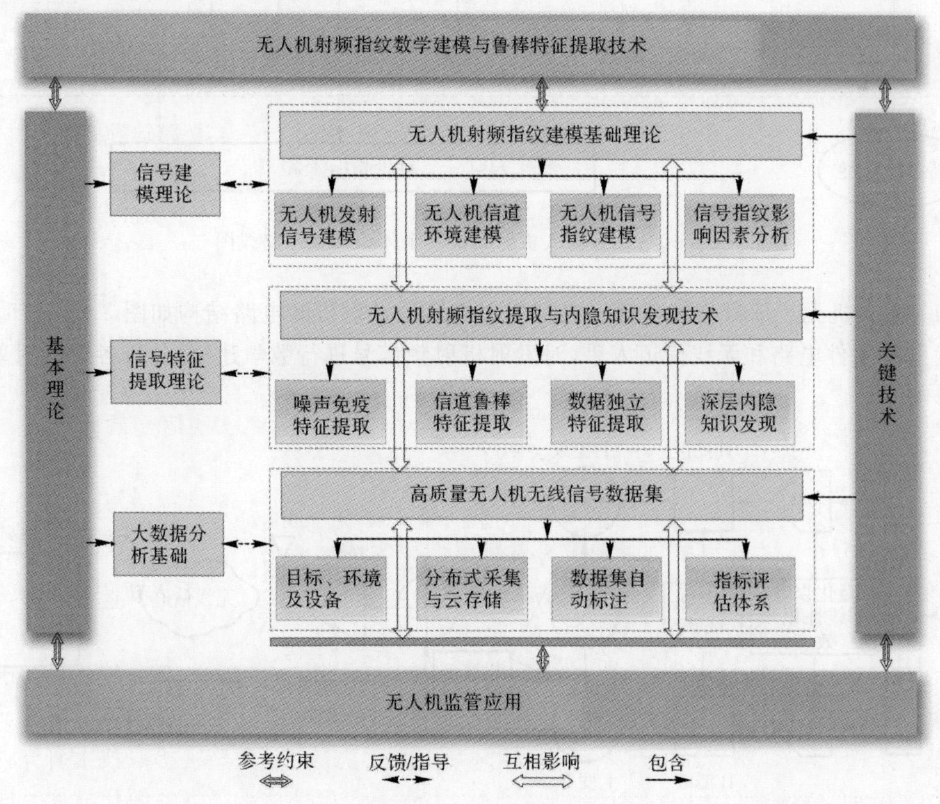

图3-1-13　无人机射频指纹个体识别技术研究内容逻辑关系图

2. 无人机射频指纹个体识别技术路线

针对上述无人机射频指纹个体识别所需要研究的内容，以下构建如图 3-1-14 所示的技术路线图。

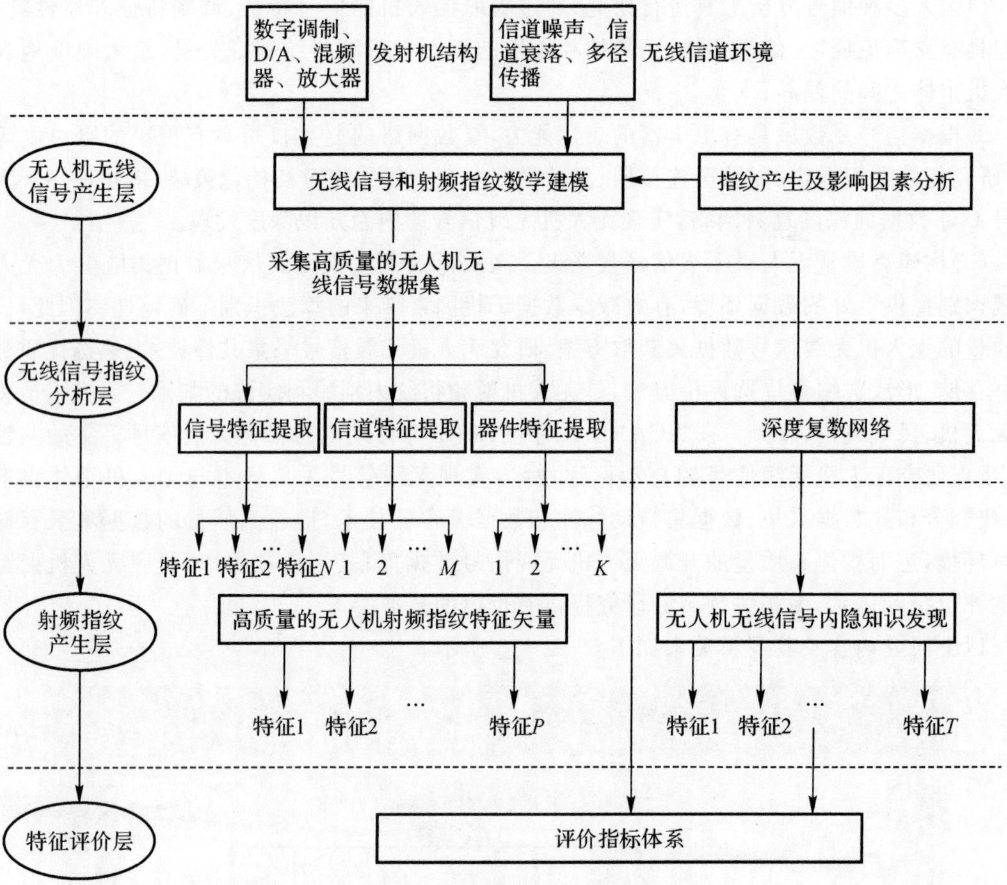

数字调制、D/A、混频器、放大器
发射机结构
信道噪声、信道衰落、多径传播
无线信道环境
无人机无线信号产生层
无线信号和射频指纹数学建模
指纹产生及影响因素分析
采集高质量的无人机无线信号数据集
无线信号指纹分析层
信号特征提取
信道特征提取
器件特征提取
深度复数网络
特征1 特征2 … 特征N
1 2 … M
1 2 … K
射频指纹产生层
高质量的无人机射频指纹特征矢量
无人机无线信号内隐知识发现
特征1 特征2 … 特征P
特征1 特征2 … 特征T
特征评价层
评价指标体系

图 3-1-14　无人机射频指纹个体识别技术路线图

(1) 无人机无线信号指纹建模。典型无人机信号发射机的电路结构如图 3-1-15 所示，可从发射机硬件电路和无线信道入手，对发射机射频信号进行数学建模，分析各环节对射频指纹的影响。

基带信号
数字信号处理
I
Q
D/A
量化误差非线性积分效应
IF滤波
滤波器噪声
上变频
RF本振
0°
90°
载波频率偏移
功放
非线性
天线
无线信道
路径损耗多径衰落
接收机

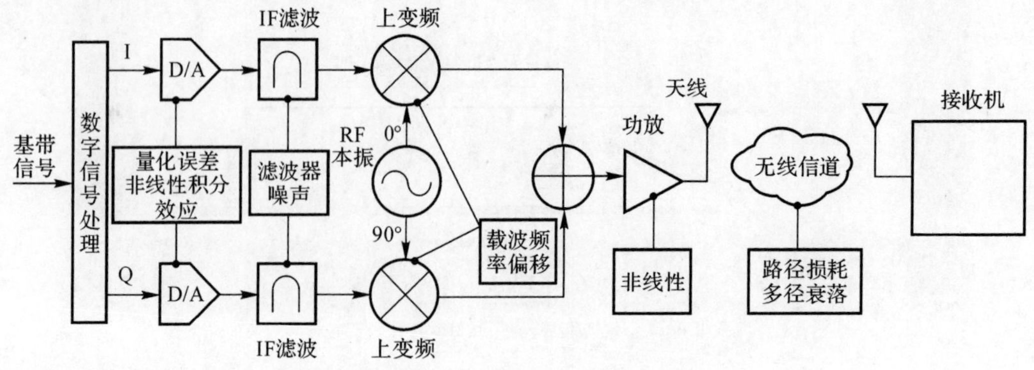

图 3-1-15　无人机无线信号产生模型

1)数字信号处理阶段。数字信号处理阶段包括对信号进行调制和成型滤波。具体的调制方式和成型滤波方式由设备所遵循的通信标准而定。在数字信号处理阶段,由于时钟电路存在缺陷,所以符号的持续时间与理想状态下存在差异,称为时钟电路的时间间隔误差 $\sigma_{\mathrm{TIE}}^{m}$,则第 m 个符号的实际持续时间为

$$T_m = T_{\mathrm{symbol}} + \sigma_{\mathrm{TIE}}^{m} \tag{3.1.8}$$

时钟电路缺陷导致的时间间隔误差 $\sigma_{\mathrm{TIE}}^{m}$ 是影响无线信号指纹的第一个因素。

2)DAC 数模转换器。经过数字信号处理单元的输出信号被移动到数模转换器(DAC)。由于存在量化误差 Δn 和非线性积分效应 Δ_{INL},所以实际输出模拟基带信号 $y_u(t)$ 为

$$\left.\begin{aligned} y_u(t) &= \sum_{n=-\infty}^{\infty} [u(n)+\Delta n]\, g\left(\frac{t-nT_g}{T_g}\right) + \Delta_{\mathrm{INL}} \\ g(\theta) &= \begin{cases} 1, & 0 \leqslant \theta \leqslant 1 \\ 0, & \text{其他} \end{cases} \end{aligned}\right\} \tag{3.1.9}$$

式中:$u(n)$ 是 DAC 输入信号;T_g 是 DAC 的转换时间。因此,DAC 数模转换器的量化误差 Δn 和非线性积分效应 Δ_{INL} 是影响无线信号指纹的第二个因素。

3) 混频器。基带信号在经过混频器上变频的过程中,由于本地振荡器的缺陷,所以会产生频率偏移,若定义偏移量为 ξ,则混频器实际输出射频信号 $z(t)$ 为

$$\begin{aligned} z(t) = & \frac{1}{2}\{\mathrm{Re}[y_u(t)]\mathrm{e}^{\mathrm{j}\xi/2} + \mathrm{Im}[y_u(t)]\mathrm{e}^{\mathrm{j}\xi/2}\}\,\mathrm{e}^{\mathrm{j}\omega_c t} + \\ & \frac{1}{2}\{\mathrm{Re}[y_u(t)]\mathrm{e}^{\mathrm{j}\xi/2} - \mathrm{Im}[y_u(t)]\mathrm{e}^{\mathrm{j}\xi/2}\}\,\mathrm{e}^{-\mathrm{j}\omega_c t} \end{aligned} \tag{3.1.10}$$

因此,混频器的载波频率偏移是影响无线信号指纹的第三个因素。

4) 滤波器与射频功率放大器。信号在经过滤波器和功率放大器的过程中,滤波器的噪声和放大器的非线性特性会加载到射频信号中,则射频放大器实际输出信号为

$$w(t) = h_{\mathrm{PA}}[z(t), \tilde{a}_{\mathrm{tx}}] \otimes h_{\mathrm{BP}}(t) \tag{3.1.11}$$

式中:$h_{\mathrm{PA}}[z(t),\tilde{a}_{\mathrm{tx}}]$ 为射频功率放大器的非线性函数,$\tilde{a}_{\mathrm{tx}}$ 为射频功率放大器的非线性幂级数;$h_{\mathrm{BP}}(t)$ 是实际带通滤波器的响应函数。因此,滤波器的影响和射频功率放大器的非线性是影响无线信号指纹的第四个因素。

5) 无线信道。由于无人机的巡航能力、信道参数会随着时间和空间的变化而频繁变化,所以需要考虑多径衰落、多普勒频移和信道类型的影响。接收端的无线信号可以表示为

$$r(t) = w(t)\alpha_{\mathrm{m}}\alpha_{\mathrm{d}}\alpha_{\mathrm{c}} + N_{\mathrm{AWGN}} \tag{3.1.12}$$

式中:N_{AWGN} 是信道背景噪声。

因此,无线信道的多径衰落 α_{m}、多普勒频移 α_{d} 和信道类型 α_{c} 是影响无线信号指纹的第五个因素。

6) 无线信号指纹建模。无线信号在产生和传播过程中会受到多种因素的影响,另外将发射机硬件缺陷和信道的多种影响考虑在内,无线信号指纹可以建模为如下模型:

$$f(\cdot) = A_0^{r}[1 + h_{\mathrm{PA}}(\tilde{a}_{\mathrm{tx}})] \times \exp\{\mathrm{i}\Theta + h_{\mathrm{t}}(\sigma_{\mathrm{TIE}}^{m}) + h_{\Delta}(\Delta n, \Delta_{\mathrm{INL}}) + h_{\mathrm{m}}(\xi) + h_{\mathrm{c}}(\alpha_{\mathrm{m}}, \alpha_{\mathrm{d}}, \alpha_{\mathrm{c}})\} \tag{3.1.13}$$

式中：A_0^r 和 Θ 为接收信号幅度和相位信息，受到多径衰落信道、多普勒频移和信道类型等因素的影响；$h_t(\sigma_{TIE}^m)$、$h_\Delta(\Delta n, \Delta_{INL})$、$h_m(\xi)$、$h_{PA}(\widetilde{a}_{tx})$、$h_c(\alpha_m, \alpha_d, \alpha_c)$ 分别为数字信号处理阶段、DAC、混频器、放大器和无线信道引入的非线性参数。将发射机整体建模为一个非线性函数模型，并将模型参数作为射频指纹。可通过利用上述公式分析发射机器件非线性对射频指纹的影响，并指导射频指纹特征提取技术的研究，实现准确有效的无人机射频指纹识别。

(2) 无人机无线信号指纹特征。

1) 基于特征融合的无人机射频指纹特征提取技术研究。应研究挖掘多层次、多维度、多尺度和多粒度的无人机射频指纹特征，以实现无人机的有效识别，图 3-1-16 为一种无人机指纹特征提取方法流程示意图。

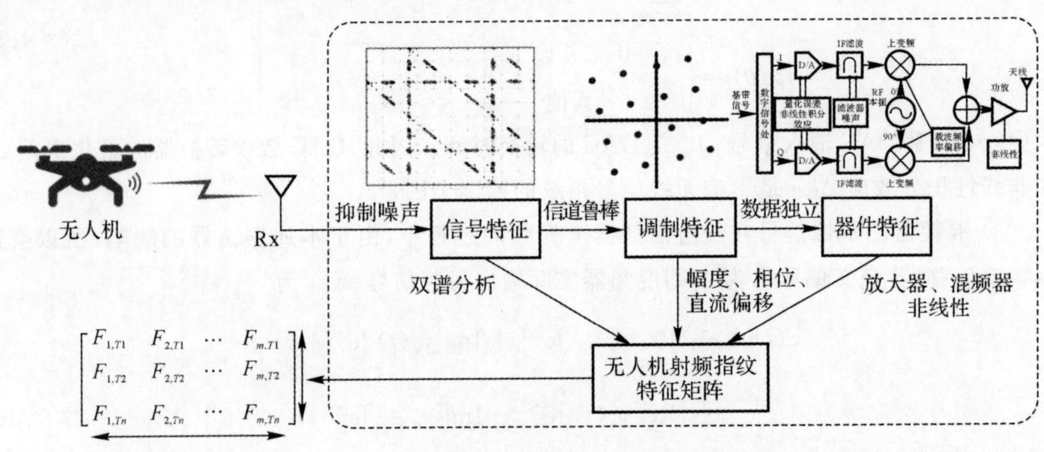

图 3-1-16　无人机指纹特征提取方法流程示意图

在接收到无人机的无线信号后，应分析其时域波形的特征。以能够抑制一定信道噪声的双谱分析方法为例，信号 $x(t)$ 的双谱函数如下式所示，进而可得到具有噪声免疫性的指纹特征：

$$B_x(\omega_1, \omega_2) = \sum_{\tau_1=-\infty}^{\infty} \sum_{\tau_2=-\infty}^{\infty} C_{3x}(\tau_1, \tau_2) \mathrm{e}^{-j(\omega_1 \tau_1 + \omega_2 \tau_2)} \tag{3.1.14}$$

其中

$$C_{3x}(\tau_1, \tau_2) = \int_{-\infty}^{+\infty} x^*(t) x(t+\tau_1) x(t+\tau_2) \mathrm{d}t = E[x^*(t) x(t+\tau_1) x(t+\tau_2)] \tag{3.1.15}$$

再提取具有信道鲁棒性的调制误差特征，该类型的指纹特征可通过 I/Q 两路信号的变换计算得到，以 16QAM 调制为例，调制误差示意图如图 3-1-17 所示，那么 I/Q 偏移可由下式表示，并作为无人机无线信号的指纹特征：

$$\boldsymbol{M}_I = \sum_{n=1}^{16} (\boldsymbol{M}_n \cos \angle \boldsymbol{M}_n) \tag{3.1.16}$$

$$\boldsymbol{M}_Q = \sum_{n=1}^{16} (\boldsymbol{M}_n \sin \angle \boldsymbol{M}_n) \tag{3.1.17}$$

之后对无人机信号发射器进行器件建模，由于通信系统的物理硬件并不会随着传输数据的改变而发生变化，所以仅依靠少量信号样本即可提取模型的参数信息，得到具有数据独立性的无人机指纹特征。根据式(3.1.13)，可以依据 $h_t(\sigma_{TIE}^m)$、$h_\Delta(\Delta n,\Delta_{INL})$、$h_m(\xi)$、$h_{PA}(\tilde{a}_{tx})$、$h_c(\alpha_m,\alpha_d,\alpha_c)$ 等数字信号处理阶段、DAC、混频器、放大器和无线信道引入的非线性参数，作为无人机无线信号的指纹特征。以上特征共同构成无人机的射频指纹特征。

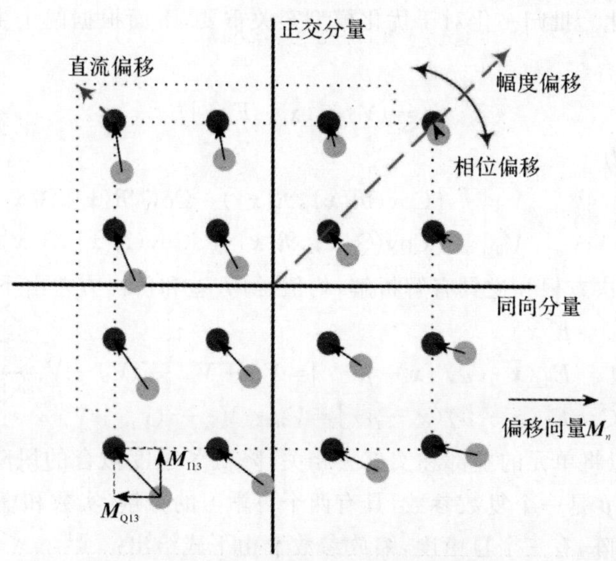

图 3-1-17　16QAM 调制信号的调制误差

2)基于深度学习的无人机射频指纹内隐知识发现技术研究。当前，主流的用于波形特征的深度学习技术和体系结构都是基于实数操作和表示的，但经最近的理论分析表明，复数具有更丰富的表达能力。另外，电磁信号通常以 I/Q 复数形式出现，相位信息也可以表征电磁信号上的时域特征，具有表达和处理复数形式的网络对于提高电磁信号识别率有一定帮助。因此，为更好地发现无人机射频指纹，可研究复数网络中的复数卷积核、复数全连接层、复数批归一化层以及复数权重初始化，搭建深度复数网络，通过大量数据驱动，自动学习无人机信号内隐知识。基于深度复数神经网络的无人机内隐知识提取流程如图 3-1-18 所示。

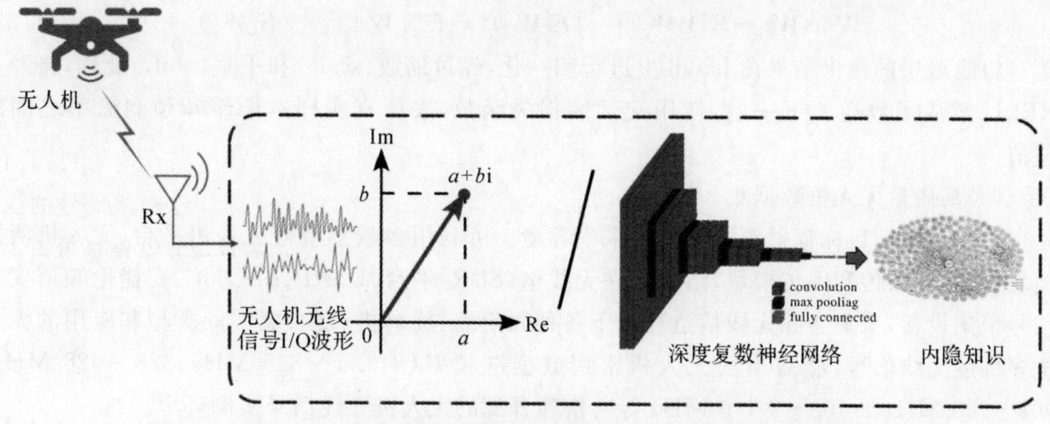

图 3-1-18　基于深度复数神经网络的无人机内隐知识提取流程

A. 复数卷积核。下面通过复数向量 $\boldsymbol{h}=\boldsymbol{x}+\mathrm{i}\boldsymbol{y}$ 对复数滤波器矩阵 $\boldsymbol{W}=\boldsymbol{A}+\mathrm{i}\boldsymbol{B}$ 进行卷积，并使用实数来模拟复数的运算，其中，$\boldsymbol{A}$ 和 $\boldsymbol{B}$ 是实矩阵，$\boldsymbol{x}$ 和 $\boldsymbol{y}$ 是实向量。卷积算子是分布式的，则滤波器 $\boldsymbol{W}$ 对向量 $\boldsymbol{h}$ 进行卷积：

$$\boldsymbol{W}*\boldsymbol{h}=(\boldsymbol{A}*\boldsymbol{x}-\boldsymbol{B}*\boldsymbol{y})+\mathrm{i}(\boldsymbol{B}*\boldsymbol{x}+\boldsymbol{A}*\boldsymbol{y}) \tag{3.1.18}$$

B. 复数批归一化。批归一化对于优化模型至关重要，下面根据两个主分量方差二次方根来缩放数据：

$$\tilde{\boldsymbol{x}}=(\boldsymbol{V})^{-\frac{1}{2}}(\boldsymbol{x}-E[\boldsymbol{x}]) \tag{3.1.19}$$

协方差矩阵 $\boldsymbol{V}$ 为

$$\boldsymbol{V}=\begin{bmatrix}V_{\mathrm{rr}} & V_{\mathrm{ri}}\\ V_{\mathrm{ir}} & V_{\mathrm{ii}}\end{bmatrix}=\begin{bmatrix}\mathrm{Cov}(\Re\{\boldsymbol{x}\},\Re\{\boldsymbol{x}\}) & \mathrm{Cov}(\Re\{\boldsymbol{x}\},\Im\{\boldsymbol{x}\})\\ \mathrm{Cov}(\Im\{\boldsymbol{x}\},\Re\{\boldsymbol{x}\}) & \mathrm{Cov}(\Im\{\boldsymbol{x}\},\Im\{\boldsymbol{x}\})\end{bmatrix} \tag{3.1.20}$$

2×2 矩阵的二次方根和逆具有解析解，均值、协方差和伪协方差由下式给出：

$$\left.\begin{aligned}&\mu=E[\tilde{\boldsymbol{x}}]\\ &\Gamma=E[(\tilde{\boldsymbol{x}}-\mu)(\tilde{\boldsymbol{x}}-\mu)^{*}]=V_{\mathrm{rr}}+V_{\mathrm{ii}}+\mathrm{i}(V_{\mathrm{ir}}-V_{\mathrm{ri}})\\ &C=E[(\tilde{\boldsymbol{x}}-\mu)(\tilde{\boldsymbol{x}}-\mu)]=V_{\mathrm{rr}}-V_{\mathrm{ii}}+\mathrm{i}(V_{\mathrm{ir}}+V_{\mathrm{ri}})\end{aligned}\right\} \tag{3.1.21}$$

归一化过程可以将单元的虚部和实部去相关，降低了过度拟合的风险。与实数批归一化算法相似，移位参数 $\boldsymbol{\beta}$ 是一个复数参数，具有两个可学习的分量(实数和虚数均值)。缩放参数 $\boldsymbol{\gamma}$ 是 2×2 半正定矩阵，有三个自由度，缩放参数 $\boldsymbol{\gamma}$ 由下式给出：

$$\boldsymbol{\gamma}=\begin{bmatrix}\gamma_{\mathrm{rr}} & \gamma_{\mathrm{ri}}\\ \gamma_{\mathrm{ri}} & \gamma_{\mathrm{ii}}\end{bmatrix} \tag{3.1.22}$$

则复数批归一化表示为

$$\mathrm{BN}(\tilde{\boldsymbol{x}})=\boldsymbol{\gamma}\tilde{\boldsymbol{x}}+\boldsymbol{\beta} \tag{3.1.23}$$

C. 复数权重初始化。在通常情况下，尤其是在不执行批归一化的情况下，正确的初始化对于降低梯度消失或爆炸的风险至关重要。复数权重既具有极性形式又具有矩形形式：

$$\boldsymbol{W}=|\boldsymbol{W}|\mathrm{e}^{\mathrm{i}\theta}=\Re\{\boldsymbol{W}\}+\mathrm{i}\Im\{\boldsymbol{W}\} \tag{3.1.24}$$

式中：θ 和 $|\boldsymbol{W}|$ 是 $\boldsymbol{W}$ 的相位和幅度。

方差定义为二次方值的期望与期望值的二次方的差：

$$\mathrm{Var}(\boldsymbol{W})=E[\boldsymbol{W}\boldsymbol{W}^{*}]-(E[\boldsymbol{W}])^{2}=E[|\boldsymbol{W}|^{2}]-(E[\boldsymbol{W}])^{2} \tag{3.1.25}$$

将隐藏层的输出结果在 batch 上进行归一化，经过缩放(scale)和平移(shift)处理，再经过 RELU 激活函数送入下一层，使用交叉熵损失函数，表征真实样本标签和预测概率之间的差值。

(3)高质量无人机数据集。

1)搭建移动目标辐射源射频指纹采集环境。可利用多款多型号无人机平台、无人机测控模块、无人机数传和图传模块，结合软件无线电(SDR)平台、USRP、BBC60C、安捷伦频谱仪等信号采集设备，采集实际无线信道环境下各种固定翼、旋翼机、复合翼不同类型和应用的无人机多维度无线信号，涵盖当前无人机常用数据链频率(840.5～845 MHz、828～928 MHz、902～928 MHz、2 408～2 440 MHz 等)，搭建开源的无人机无线信号实测环境。

2)建立无人机射频指纹自动标注模型。将每一架试验的无人机进行独立标识命名并实现空地数据链传输。地面辐射源射频指纹采集环境通过解译协同标注的信号，可实现无人机个体的协同监视。构建无人机射频指纹自动标注模型,可实现无人机协同标注信号与射频指纹数据集自动挂牌匹配,为无人机射频识别的成功判别提供高效的验证手段。

3)实现射频指纹数据集云存储及计算。采集不同环境下的多型号无人机多维度射频指纹,包括城市、机场、雷达发射场、不同天气等多种场景下的射频信号,并分类存储。为解决不同距离、不同速度、不同型号、不同环境下的射频信号采集及存储问题,拟采用阿里云平台通过网络(4G、5G、有线网络)获取无人机射频信号分布式采集点的数据,将采集到的数据实时同步到阿里云端服务器,为无人机射频指纹识别提供云存储及计算服务。数据集采集和存储示意图如图 3-1-19 所示。

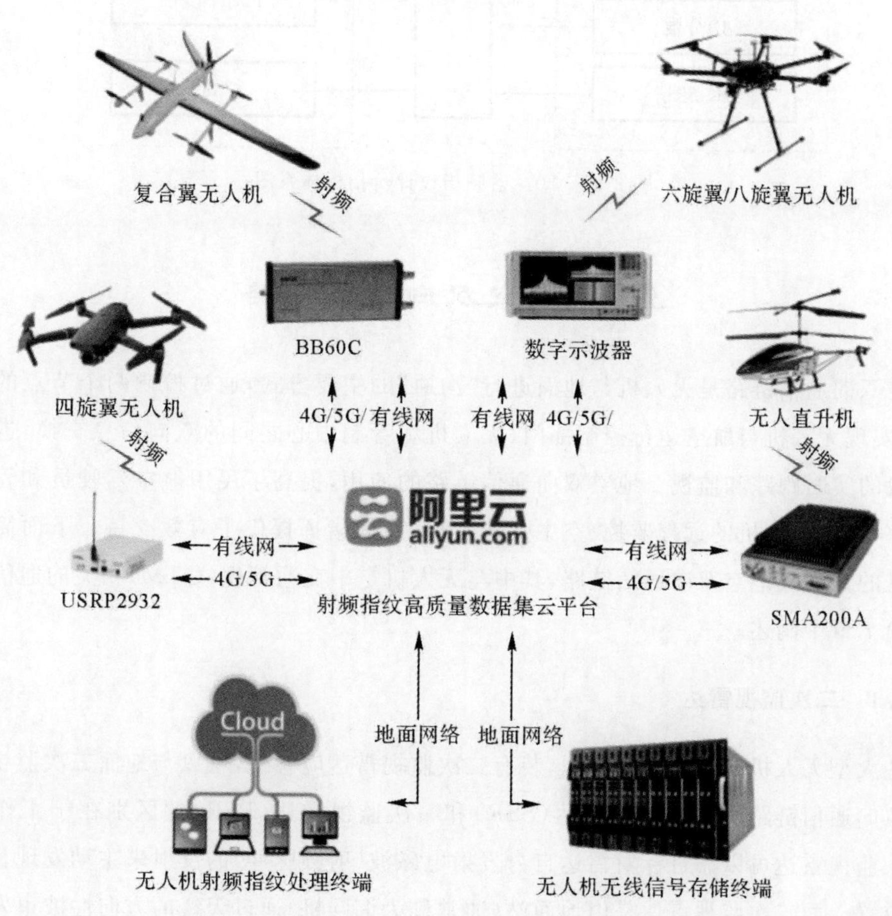

图 3-1-19　数据采集与存储流程图

4)构建高质量射频指纹数据集评价标准。为了给无人机射频指纹识别提供统一的、无干扰的参考,拟采用多尺度评价方法全面地评价射频指纹的性能。多尺度评价方法可从识别率、ROC 曲线、曲线下面积(AUC)、混淆矩阵、F1 分数、K-S 图等指标来综合评价,使得射频指纹能够满足唯一性、通用性、独立性、长时不变性和稳健性的特性。射频指纹评价指标体系图如图 3-1-20 所示。

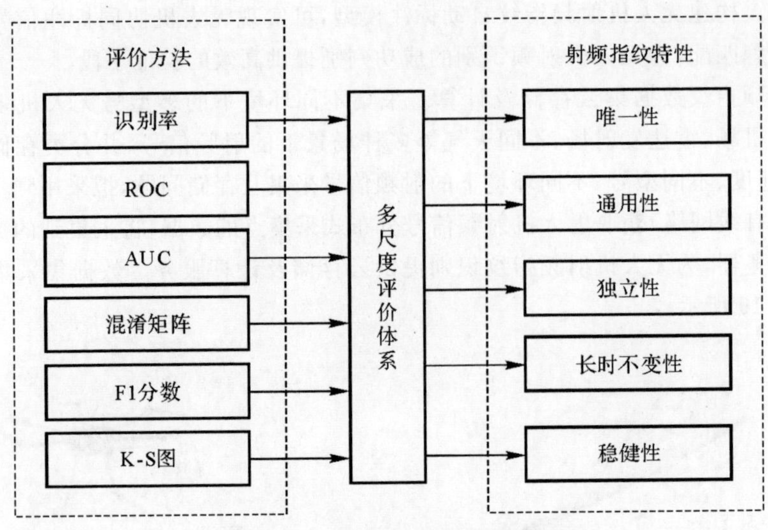

图 3-1-20　射频指纹评价指标体系图

3.2　地空双向通信链路

地空双向通信链路是无人机与地面进行“沟通”的主要方式，通过控制两个节点的信息交流，从而实现无人机与航空运行控制部门、无人机和管制中心之间的双向信息交换，进而实现对无人机的实时跟踪和监视。地空双向通信链路的使用，提高了民用航空驾驶员和管制员的工作效率，并对无人机的远程监控、空中交通管理、地面指挥提供了有效支持。下面简要介绍几种常见的无人机地空双向通信链路，其中与无人机空中交通管理(UTM)相关的通信链路将重点在第 7 章中阐述。

3.2.1　二次监视雷达

某些大型无人机与民航客机相似，装有二次监视雷达应答机，可以与地面二次监视雷达基站形成双向通信链路。二次监视雷达(SSR)和一次监视雷达(PSR)的区别在于工作方式不同。一次监视雷达可以靠目标对雷达自身发射电磁波(射频脉冲)的反射来主动发现目标并且确定其位置。而二次监视雷达是由地面站(通常称为询问机)通过天线的方向性波束发射频率为 1 030 MHz 的一组询问编码脉冲来实现航空器监视的。当天线的波束指向装有机载应答机的航空器时，机载应答机的天线接收该组询问，通过应答机接收系统检测这组询问编码信号并判断编码信号的内容，然后由机载应答机发射频率为 1 090 MHz 的一组应答编码脉冲信号。地面询问机接收这组回答编码，通过地面雷达基站检测并由视频录取器处理，完成对目标的距离、方位以及应答机编码等内容的测量，最后将形成目标的点迹报告送到后续设备。图 3-2-1为空管二次监视雷达的工作原理示意图。

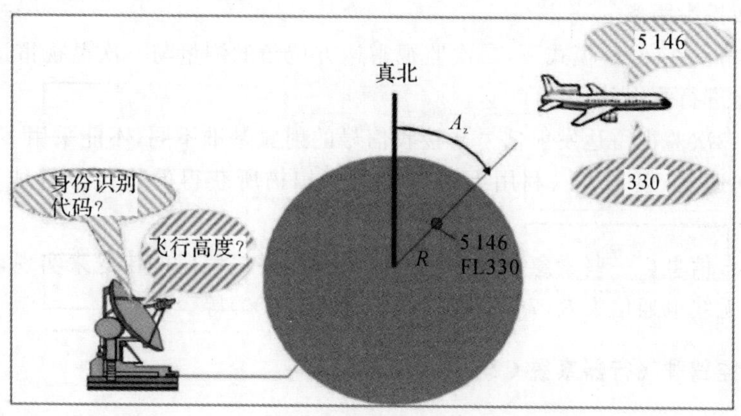

图3-2-1　空管二次监视雷达工作原理示意图

当前，民航和大型无人机空中交通态势数据的获取主要依赖于二次监视雷达系统。二次监视雷达系统将所获取的飞机呼号、高度、距离、方位等信息传送到空中交通管制中心，经管制自动化系统处理后显示在终端显示器上。二次监视雷达工作于L波段，作用距离与配合工作的一次监视雷达相适应，但发射功率远低于一次监视雷达。下面对二次监视雷达的工作方式和功能进行简要介绍。

1.二次监视雷达工作方式

二次监视雷达的工作方式与一次监视雷达的工作方式不同，属于合作式监视设备。地面二次监视雷达发射机产生询问脉冲信号，机载应答机在接收到有效询问信号后产生相应的应答信号，地面二次监视雷达接收机接收这一应答信号，再进行一系列处理后获得所需的飞机代码等信息。可见，二次监视雷达系统必须经过二次监视雷达发射机与机载应答机的两次有源辐射(询问与应答各一次)，才能实现其功能。

在同时装备有二次监视雷达与一次监视雷达的空中交通管制系统中，通常总是使二次监视雷达与一次监视雷达协同工作。二次监视雷达的条形天线安装在一次监视雷达的天线上方，二者同步扫掠。二次监视雷达与一次监视雷达共用定时电路与显示终端，以实现同步监视空域。

2.二次监视雷达功能

(1)识别。识别飞机是二次监视雷达的基本功能。在A/C模式下，雷达主要通过询问飞机应答机代码实现飞机的识别。在实际环境下，二次监视雷达会遇到多飞机同步串扰及多径干扰，对应的识别及解码过程要复杂得多。在S模式下，二次监视雷达可以实现双向数据链的功能。

(2)测距。当一架飞机接收到二次监视雷达的询问信号时，机载应答机须按照国际民航组织推荐规范，在延迟3.0 μs后进行应答。目标距雷达站的斜距R可以通过下式进行计算：

$$R=\frac{c(\Delta t-3)}{2} \tag{3.2.1}$$

式中：c为光在真空中的传播速度；Δt为发射脉冲和应答脉冲的时间差。

(3)测高。在A/C模式下，二次监视雷达高度的测量是通过C模式下的应答来实现的，其高度信息来自于飞机上的全静压系统。因此，在应用二次监视雷达后，管制员屏幕上就可以显示出飞机的地面投影距离。

(4)测方位角。在 A/C 模式下,二次监视雷达方位角的测量与一次监视雷达类似,是通过天线旋转编码器进行测得的。

(5)测速。二次监视雷达发射信号与接收信号的射频基准不同,不能采用多普勒原理精确测量飞机的径向速度,但是可以利用天线相邻两次扫描所获得的飞机位置估算飞机的平均速度。

(6)紧急警告信息。一些紧急警告信息可以通过应答机编码的传送来实现,如飞机发生紧急故障(7700)、无线电通信失效(7600)或飞机被劫持(7500)等。

3.2.2 遥控驾驶飞行器系统 C2 链路

近年来提出的遥控驾驶飞行器系统(Remotely Piloted Aircraft Systems,RPAS)是无人机进行超视距飞行的主要系统之一,该系统必须具备与当前空域用户交互的功能。RPAS 的主要特点就是由驾驶员远程遥控(Remote Pilot,RPIL)无人机,另一个特点是某些自动化功能只需要设备与设备默认通信,而无需 RPIL 的激活或确认。C2 链路具备支持 RPAS 机载系统和地面系统进行交互的功能,C2 链路还可以在空中交通服务(Air Traffic Services,ATS)和 RPIL 之间传输信息。在第 1 章讲述的图传和数传等均可以应用于 C2 链路,本节将简要讲述通用功能内容。

C2 链路的全称为控制与通信链路(Control and Communication Link,C2 Link),其中控制功能链路主要为 RPIL 提供修改 RPAS 行为的功能,具体功能如下:

(1)控制无人机的飞行、推进、起落架等;

(2)控制无人机上的感知和规避(SAA)系统,如应答器、ADS - B、雷达等;

(3)支持不同地区驾驶员或地面站在无人机飞行过程中的控制权移交、飞行数据记录交互传输等。

(4)向 RPIL 提供无人机系统运行状况和速度、姿态、警告等信息。

C2 通信功能链路主要为不同主体之间提供通信连接,具体功能如下:

(1)提供 RPIL 与 ATC、其他 RPIL 之间的语音或数据通信功能;

(2)某些无人机可以通过其他无人机中继传输语音或数据。

遥控驾驶飞行器系统 C2 链路一般有以下几种情况。

(1)无线电视距链路。通常把无线信号无遮挡地在发信端与接收端之间直线传播的情况称为无线电视距(Radio Line Of Sight,RLOS)。无人机和地面驾驶员或地面站通过地面设备收、发无线电进行通信,如图 3 - 2 - 2 所示。

(2)超无线电视距链路。无人机和驾驶员或地面站无法直接通信,因为它们之间的距离与地球曲率比非常大,这种情况称为超无线电视距(Beyond Radio Line Of Sight,BRLOS)链路。BRLOS 信号延迟明显大于 RLOS,但可以利用卫星作为中继站支持 C2 链路进行通信,如图 3 - 2 - 3所示。

(3)无人机 RLOS 中继通信链路。对于空中交通管制(Air Traffic Control,ATC)来说,无人机就像一架有人驾驶的无人机。在无人机上使用标准 VHF ATC 设备,并没有改变空中交通管制程序或基础设施的运行规则,因此可以通过无人机的 RLOS 设备进行信号中继,如图 3 - 2 - 4所示。

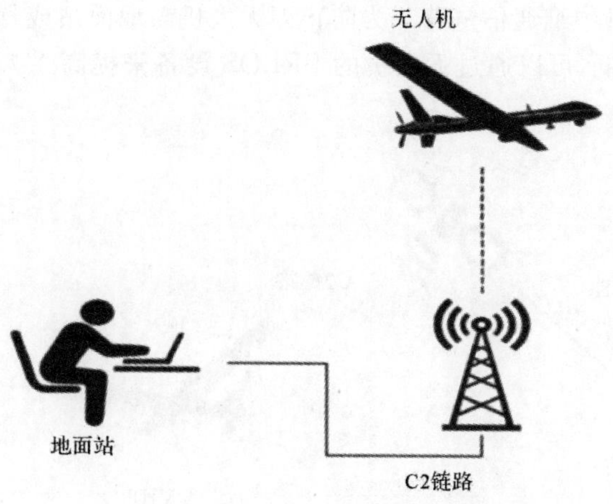

图 3-2-2　RLOS C2 链路体系

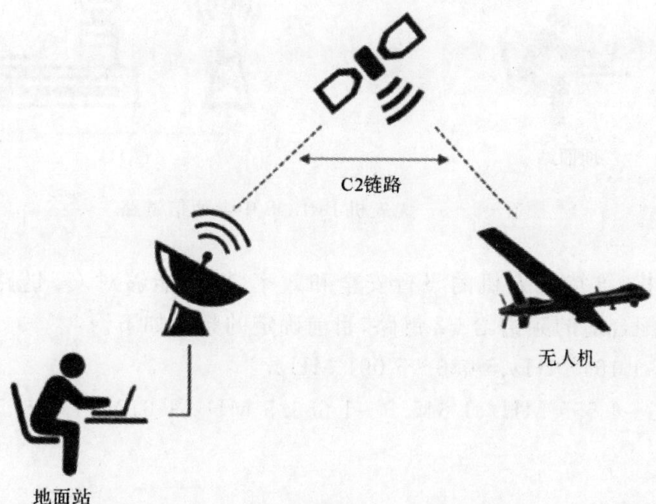

图 3-2-3　BRLOS C2 链路体系

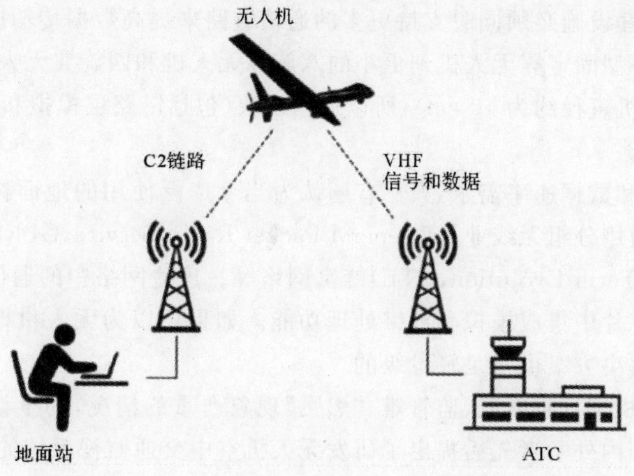

图 3-2-4　无人机 RLOS 中继通信链路

(4)无人机 BRLOS 中继通信链路。为防止因无人机与地面站或驾驶员距离过远,而导致的 C2 链路通信质量降低,可以通过无人机的 BRLOS 设备来提高无人机通信链路范围,如图 3-2-5 所示。

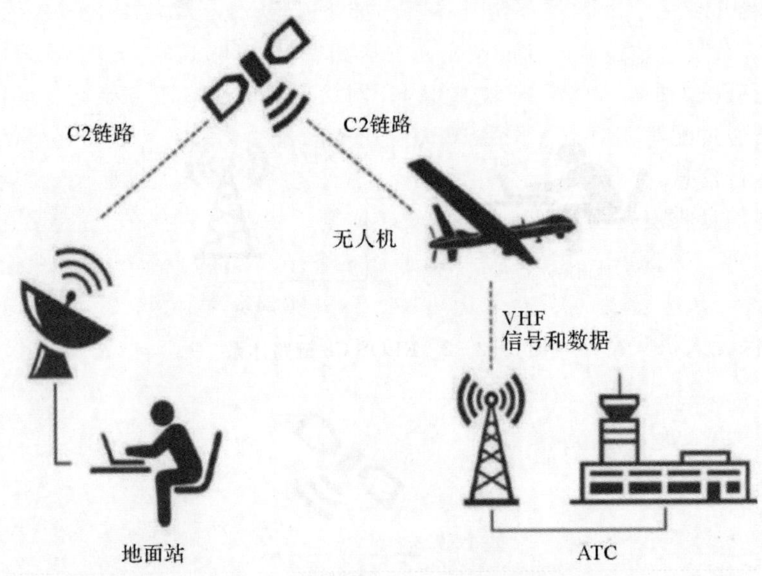

图 3-2-5　无人机 BRLOS 中继通信链路

为防止有害干扰、维持无人机的飞行安全和效率,以及能够对 C2 链路预算进行有效计算,需要由 ITU 分配合适的频谱给 C2 链路,目前确定的频段如下。

(1)地面:960～1 164 MHz、5 030～5 091 MHz;

(2)卫星:1 545～1 555 MHz、1 645.5～1 656.5 MHz、1 610～1 626.5 MHz 和 5 030～5 091 MHz。

3.2.3　地面无线宽带链路

随着无人机系统广泛地应用于军事和民用领域,未来无人机在空中网络中的密度会很大,无人机及其相关配套设施必须同时支持更多的通信链路来提高数据传输速率。由于无人机框架通常很小(从中小型固定翼无人机到更小的八旋翼无人机和四旋翼无人机,迄今为止发现的最小的四旋翼无人机直径约为 10 cm),所以通信模块(包括链路层模拟和数字处理以及天线)的质量必须非常小。

为了满足质量和数据速率需求,人们普遍认为当今广泛使用的地面移动宽带通信适用于无人机系统,比如通用分组无线业务(General Packet Radio Service,GPRS)、IEEE802.11a、长期演进技术(Long Term Evolution,LTE)蜂窝网络等。这些网络中的通信节点通常使用芯片组,有时也在单个芯片中集成模拟和数字处理功能。如果可以为无人机框架制造出小而优的天线,相应的通信解决方案也将是轻量级的。

针对当前无人机监视程度低、监管难、"黑飞"现象严重的情况,为了让无人机飞行达到规范化和可监视化,国内外学者先后提出了研发无人机空中交通监视系统的意愿,即通过借鉴民航运行经验,建立由航空器、运控、空管三者相互协调运行的管理体制。基于 SIM7100C 模块的4G地面无线宽带链路网络技术，结合北斗/GPS定位技术、CPDLC（管制员飞行员数据链通信系统）通信技术，设计了一套基于4G网络的综合空管监视系统。其总体框图如图3-2-6所示。

基于4G网络的综合空管监视系统具体流程如下：①无人机操作员在操控无人机飞行过程中，一方面无人机通过数据链向地面站自动发送相关信息（如高度、速度、位置、航向等）；另一方面装载在无人机上的网络监视模块利用4G网络实时向云端服务器发送运行状态信息。②管制中心人员通过配置相应服务器的IP即可在空管自动化系统上接收到储存在云端服务器里的无人机运行信息，并在管制界面上显示。③管制中心与无人机地面站都装有CPDLC无人机空管监视信息收发软件。当无人机将要飞入划定"禁区"空域或与其他飞行目标有冲突时，空管运行人员可以通过CPDLC与无人机地面站进行联系，及时通知无人机操作员改变飞行航线。通过无人机、空管、地面站三者之间数据的相互传输及云存储，可实现对无人机的实时监控，从而确保无人机安全可靠地飞行。

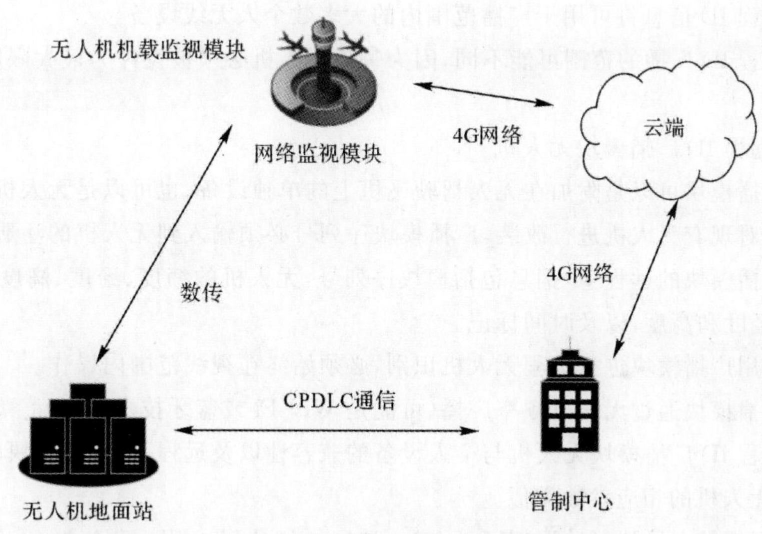

图3-2-6 基于4G网络的综合空管监视总体框图

3.2.4 远程识别技术

无人机或无人机系统（UAS）正在从根本上改变航空业，美国联邦航空管理局（FAA）正致力于将无人机完全整合到国家空域系统（NAS）中。安全和安保是FAA的首要任务，无人机的远程识别（Remote ID）对保证NAS工作至关重要。2020年12月28日，FAA宣布了无人机系统的相关规章，其中包含《无人驾驶飞机远程识别》的相关标准规范。规章要求对无人机进行远程识别，并制定了小型无人机的操作人员在特定条件下，无人机在人群密度较大地区和夜间的飞行条件。

《无人驾驶飞机远程识别》规定了在美国领空运行无人驾驶飞机的远程识别及地空双向通信的要求。远程识别是飞行中的无人机向地面人员和其他空域用户提供可以接收的特定识别、位置和性能信息的能力。无人机的远程识别是确保公共安全和领空安全的必要条件。远程识别为FAA、美国国家安全机构、执法实体和其他政府机关提供空域感知信息。该信息可用于区分符合要求的空域用户和可能构成安全风险的用户。随着无人驾驶飞机在各种空域的数量增加,远程识别将在世界各国变得越来越重要。

远程识别是飞行中的无人机提供可被其他各方接收的识别和位置信息的能力。远程识别的最终规则将要求大多数在NAS中操作的无人机具有远程识别能力。远程识别应提供关于飞行中的无人机的信息,如身份、位置、无人机的高度及其控制站或起飞位置。无人机驾驶员可以通过以下3种方式满足远程ID规则的识别要求。

(1)标准遥控ID无人机。

1)通过无线电频率广播(可能是Wi-Fi或蓝牙技术)直接从无人机广播远程ID消息,广播将与现有的个人无线设备兼容。

2)标准的远程ID消息包括无人机ID(无人机的序列号或会话ID),无人机的纬度、经度、高度、速度,控制站的纬度、经度、高度、紧急状态、时间标记。

3)远程ID信息将可用于广播范围内的大多数个人无线设备。

4)远程ID广播的范围可能不同,因为每架无人机必须被设计为最大限度地扩大广播及传播范围。

(2)远程ID广播模块无人机。

1)广播模块可以是附加在无人驾驶飞机上的单独设备,也可以是无人机的内部功能。

2)可对现有无人机进行改装,广播模块序列号必须输入到无人机的注册记录中。

3)广播模块的远程ID消息包括模块序列号,无人机的纬度、经度、高度和速度,起飞地点的纬度、经度和高度,以及时间标记。

4)使用广播模块进行远程无人机识别,必须始终在视线范围内操作。

5)广播模块通过无线电频率广播(可能是Wi-Fi或蓝牙技术)。

6)远程ID广播模块无人机与个人设备的兼容性以及远程ID广播模块的消息范围与标准远程ID无人机的相应参数类似。

(3)联邦航空局认可的识别区(FAA-Recognized Identification Areas,FRIA)。

1)FAA认可的地理区域,允许未配备远程ID的无人机飞行。

2)有资格申请建立FRIA的组织包括由管理者认可的社区组织、小学和中学教育机构、职业学校、学院和大学。

3)必须在视线范围内操作,且只能在FRIA范围内操作。

远程ID识别的3种方式如图3-2-7所示。

无人机驾驶员可以通过互联网连接到远程ID无人机服务供应商平台注册远程ID消息。无人驾驶飞机远程识别规定,无人机驾驶员可以注册一次,并将这个唯一的注册号码应用到多架无人机上。在注册时,必须列出所注册的任何标准遥控ID无人机(包括无人机、航模)的序列号。如果使用远程ID广播模块,则必须在注册时列出模块序列号,只要该无人机在相同的注册号上,就可以将模块从该无人机移动到另一架无人机。远程ID广播模块可以为移动网络、ADS-B、FLARM等,这些技术将在第7章讲述。

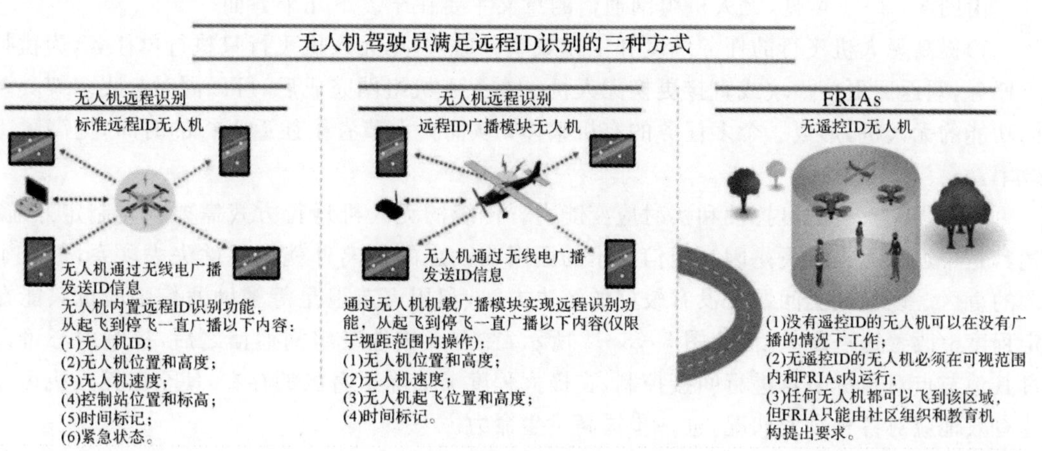

图 3－2－7　远程 ID 识别的 3 种方式

3.3　地空通信组网技术

3.3.1　地空通信组网应用需求

1. 地空通信组网应用需求及意义

(1)地空通信组网应用需求。当无人机在执行任务时，需要满足无人机实时跟踪定位、遥控遥测、实时任务规划与协调和任务信息传输等功能，所有这些功能都需要稳定、可靠的通信网络。

1)信息高速传输的需求。无人机相比有人机具有低成本、行动灵活等优点，但其使用方式决定它必须将感知信息实时传输回地面控制中心。随着中、大型无人机装备的载荷种类及数量越来越多，各种类型的图像、视频等多媒体信息占用了绝大多数地空通信带宽，为满足高速数据链实时信息交互的任务需求，信息实时传输必定要求进一步提高强化。

2)实时跟踪定位的需求。随着地空通信组网规模的增加，对无人机实时连续的位置测量将成为新的挑战。精确的无人机定位方式、最小程度的数据延迟、链路中大量的数据传递，是实现实时跟踪定位的关键。

3)实时任务规划与协调的需求。无人机需要将任务规划和变动实时传输至目标，使无人机作业具有合理的布局和协同控制，以便实现更大的经济效益。

(2)地空通信组网意义。无人机通信技术中的点对点通信已经有了多年的研究积累，但是无人机通信网络的研究还处于起步阶段，无人机通信组网将成为无人机和无线通信领域的研究热点。无人机地空组网通信的主要意义是通过无线通信技术手段实时共享网络中每架无人机的数据信息，使单个无人机更好地利用所获得的数据资源，以便提高单个无人机处理信息的速度，完善对突发特殊情况的应急响应，增强无人机的工作效率和生存能力。

在无人机地空通信组网模式中，其通信方式与功能模块与以往的单机工作存在很大差异，从而形成了截然不同的工作方式。地空通信组网主要借助多个地空网络将无人机并入到一个大网络里。

由图 3-3-1 可见，无人机组网通信的意义主要在于以下几个方面。

1）提高无人机飞行的任务维度和工作效率。通常，单无人机飞行只执行单任务，为执行下一任务，须返回更换模块或直接更换无人机。在无人机组网完成后，可以同时起飞多架具备不同功能的无人机，形成一个多任务的有机整体，从而大大节省了往返飞行的时间，提高了工作效率。

2）增强无人机的可控性和实时应变能力。传统的无人机运行方式需要预先制定好航线，尤其是中远程无人机更是因为通信技术的原因在一定的距离外就和基站失去联系，进入了所谓的盲区。以前此类问题并没有较好的解决方案，利用人造卫星等辅助通信手段也只能在一定程度上改善这一现状，而如图 3-3-1 所示，在无人机地空组网通信之后，控制中心可以通过其他节点对目标节点进行间接控制，在极大程度上消除了盲区的存在，使全体无人机可以快速有效地应对各种突发状况，进一步提高了生命力。

3）改善无人机的抗毁性和抗干扰性。单机状态下，无人机采用链状通信模式，每一个节点的损坏都会造成系统的整体故障。在无人机组网之后，采取了网状的通信结构，每一个节点对于整体而言都不是不可或缺的，其他节点可以经备用路由重新组网并弥补其功能，提高了系统的抗毁性。同样，即使无人机因遭受干扰而无法直接获取某项信息（如经纬度）时，亦可由其他节点传送数据进行补充，保证其稳定运行。

4）扩展无人机的发展潜力。在无人机组网通信之后，终端间的互联互通带来了一些额外的功能，可以拓宽无人机的应用范围，例如可以将所得信息反馈给地面移动目标，为其提供中继服务。

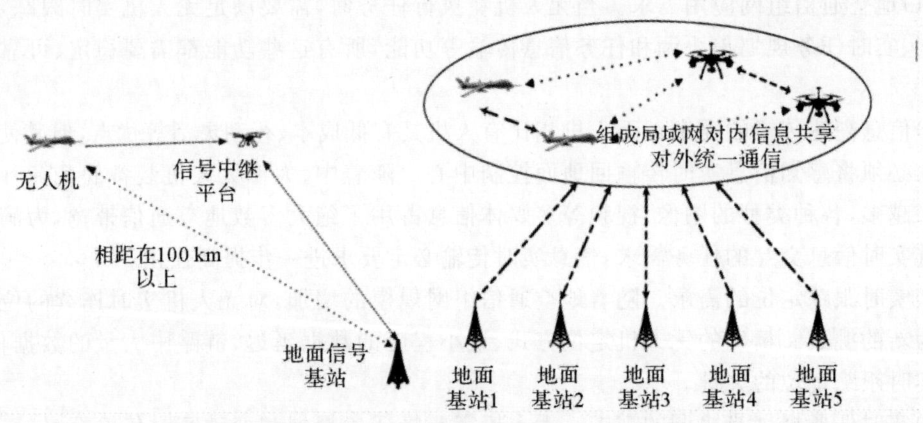

图 3-3-1　无人机单机（左）及组网（右）工作方式

2. 特殊场景下无人机组网通信需求

（1）军用无人机对通信组网的需求。

1）迅速自组网能力。由于战场态势的变化会导致网络拓扑结构的迅速调整，所以军用无人机系统需要具备短期自组网的能力，可以重新配置路由来保证数据链路的实时通信，具备高度的自主性和自适应能力。

2）极低的路由开销。战场的时间就是生命，过多的路由开销会占据无线信道，严重影响网络速率，须具备相较于民用场景更多的节点数目，并开发高性能、低开销的路由协议。

3）良好的数据格式。网络传输的数据量是制约无人机战场反应速度的关键因素，须开发良好的数据格式，以最低的数据量存储最多的信息，实现快速的数据交换。

4)健壮性。战时对抗极为激烈，不能因单一节点的损毁破坏整个系统，须具备分布式的网络结构和节点冗余，使其他节点可以迅速填补特定节点的空白，维护网络的鲁棒性和生存性。

5)安全及保密。军用无人机网络一旦采用无线信道，极易受到窃听和干扰，因此必须对传输信息进行加密，并不定期更换密钥，对全部节点进行通信检查，识别筛选敌人的伪装节点，预防来自各方的攻击。

(2)搜救无人机对通信组网的需求。野外远程搜救是无人机组网通信应用的特殊场景，适用于无人搜救机组的移动中继通信模型，可以有效减轻抵近观测的搜救节点与地面基站进行通信的压力，可以将其自身资源专用于现场搜救，不定期向中继节点回传结果即可，极大地提高了搜救机组的灵活性和效率，可以使移动中继通信更广泛地应用于环境监测和灾害应急响应等方面。可根据任务无人机与中继无人机的数量关系，研究同步通信的阈值，改进通信及数据运算模块，提高并发连接中继的节点数量。

3.3.2　地空通信组网技术手段

1.通信组网关键技术概述

(1)无人机认知无线电技术。由于无人机集群组网作业时高速的移动性和任务实时的变化，所以无人机集群内部和外部之间通信链路和质量会发生改变，这就需要解决隐藏、暴露终端和协调多节点有限频谱共享的问题。认知无线电技术是频谱共享的关键技术之一。无人机网络集群可自我学习周围无线电环境，感知并利用周围空闲的频谱资源，并通过节点间认知信息的共享来有效解决隐藏、暴露终端的问题。同时，认知无线电本身具有可重构性的功能，在组网环境发生变化的情况下，可进行系统重构和动态的频谱共享，为功率受限的无人机集群网络提供更大的系统容量和更宽的覆盖范围。

(2)大规模高动态无人机组网路由技术。在大规模无人机集群应用中，无人机节点的高速移动造成了网络拓扑高动态变化、链路质量频繁波动，这些都对组网路由技术提出了更高的要求和挑战。传统针对固定和机动通信网络设计的组网路由技术难以满足大规模、高动态无人机组网需求，在组网路由的设计方面需要克服网络节点多、移动速度快、多跳远距离传输等造成的不利影响，能适应拓扑剧烈变化、链路寿命短暂等问题，建立具有快速组网、抗摧毁、自愈合、安全可靠等特点的路由机制，这对有效支撑无人机多样化任务起到了关键作用。

(3)物理层安全传输技术。由于无线信道的开放性及衰落特性，所以无人机通信安全容易受到威胁。目前用于改善物理层安全的常见方法主要包括多输入多输出技术、人工噪声技术及中继协同技术。这些方法较为成熟，可以有效运用到无人机集群组网通信中。

(4)能量有效通信技术。无人机的主要能量供给是依靠自身携带的电池，尽管在过去一段时间内电池技术有了明显的提高，但仍无法解决能量受限的问题。为此，可采用能量有效通信技术提高能量使用效率，其主要包括两种方法：优化功率分配和能量采集技术。在系统硬件组成大部分采用轻量化、低功耗设计的条件下，在无人机节点间选择最佳的数据传输轨迹进行合理地功率分配，在节点设备功率一定和高信噪比情况下，通过协调源节点和中继路由节点的发射功率，使得系统性能提升。另外能量采集可以缓解无人机能量供给紧张的问题，能量的来源可以是太阳能、风能或周围无线电信号中的能量。

(5)增强中继传输技术。无人机与地面控制站之间的信息传输，主要依托超短波进行通信。当无人机的飞行距离超过地面控制站的作用范围时，数据链必须采用中继的通信方式，其主要中继方式包括地面中继、空中中继和卫星中继等。因此，无人机数据链中继技术在很大程度上影响了无人机远程控制、数据传输中转和远程协同作战的能力。为了克服地形障碍，提高信息中转效率，要大力发展空中和天基中继平台和技术，以进一步拓展无人机的侦察活动范围，同时提高中继信号的质量。

2. 无人机通信组网技术发展趋势

(1)安全化趋势。无人机集群组网规模越来越大、业务数据越来越重要，通过利用物理信道的物理特征，有望从根本上解决无人机通信过程中遭受非法攻击的问题。

(2)小型化低功耗趋势。无人机因其作业需要，会采用外形尺寸较小的机体，限制了自身携带能量，采用能量有效的通信方式可以有效缓解功耗问题，为机群续航和功能多样化提供保障。

(3)通用化和标准化趋势。无人机集群需要统一协调控制和作业载荷多样化，需要无人机具备统一的标准化接口和兼容的系统体制，降低系统复杂度，提高通用性。

(4)智能化趋势。无人机集群引入认知通信技术，使机群系统协同作战的能力大大增强，认知周围复杂环境能力的构建，增强了系统的自适应及抗毁性能力。在测控通信一体化上，通信组网能融合多种类型、多种功能的传输手段，合理分配网络资源，形成一体化、综合性的信息处理体系，实现一体化协同作业系统的目标。

参考文献

[1] 张召悦. 空管监视技术[M]. 北京：国防工业出版社，2017.

[2] DING G，WU Q，ZHANG L，et al. An amateur drone surveillance system based on the cognitive internet of things[J]. IEEE Communications Magazine，2018，56(1)：29 - 35.

[3] 何煦. 对低空小型无人机的对抗方法研究[J]. 中国新通信，2016(15)：147 - 149.

[4] HAYAT S，YANMAZ E，MUZAFFAR R. Survey on unmanned aerial vehicle networks for civil applications：a communications viewpoint[J]. IEEE Communications Surveys & Tutorials，2016，18(4)：2624 - 2661.

[5] LI T，MA J，PEI Q，et al. Privacy - preserving verification and root - cause tracing towards UAV social networks[C]. Shanghai：2019 IEEE International Conference on Communications (ICC)，2019：1 - 6.

[6] 资晓军，谢丹，杨剑波. 通信辐射源指纹特征提取算法研究[J]. 舰船电子工程，2017，37(3)：63 - 65.

[7] LI Q，FAN H，SUN W，et al. Fingerprints in the air：unique identification of wireless devices using RF RSS fingerprints [J]. IEEE Sensors Journal，2017，17(11)：3568 - 3579.

第4章 空中通信链路

空中通信链路是无人机实现自主感知与避撞的主要手段,也是无人机实现空中组网的基础,具有很强的视线传播特性。本章主要介绍无人机自主感知与规避数据链、无人机空中通信组网技术。

4.1 自主感知与规避数据链

随着军民领域对无人机的需求日益强烈以及空域的进一步开放,未来空域将日趋拥挤,呈现无人机、有人机空域共享的复杂空中交通态势。由于无人机系统在任务应用、操作方式等方面与现有的空中交通系统中的飞行器存在较大的差异,所以现有空管体系下的空中交通安全保障技术难以确保大量无人机应用后的空域安全。无人机的操作方式决定了其难以通过飞行员的看见并规避(See And Avoid,SAA)实现安全保障,而是必须具备自主的空域环境感知、碰撞威胁估计、规避路径规划与机动控制能力,即无人机的SAA功能。SAA功能是未来无人机空域集成应用的重要安全保障,也是无人机自主化、智能化的核心标志之一。相比于有人机的看见并规避功能,无人机系统的感知与规避功能依靠感知与规避智能算法设计以及传感器、平台、通信配置实现碰撞威胁的感知、评估和规避控制等功能,具有更高的技术难度和更复杂的系统集成度。

SAA技术难度主要体现在以下三个方面。

(1)感知信息不精确。在基于传感器信息进行目标检测和跟踪过程中,传感器的属性对感知信息的精度、质量具有决定性作用。无论是地基传感器还是空基传感器,往往存在着测量信息不精确,甚至信息缺失等问题。感知信息不精确会大大增加态势理解和威胁评估的不确定性,进而导致发生错误的规避决策和机动控制。

(2)遭遇模型不确定。随着无人机应用领域的不断扩展,飞行运行空域不断扩大,无人机在任务操作过程中与环境的交互将日趋复杂。无人机的遭遇模型将由单平台、单目标的简单遭遇模型发展为多平台、有/无人机混合飞行中运动、静止等多种动态模型目标并存的复杂遭遇模型。复杂的遭遇场景将大大增加无人机系统的态势感知与威胁评估难度,降低其自主决策能力。

(3)机动规划多约束。无人机感知与规避的路径规划控制受限于平台动态模型、飞行空间操作规则、碰撞威胁以及任务属性等多种约束。在进行最优路径规划与机动控制的过程中,要充分考虑多种约束条件,而这些条件往往表现为非凸、非线性等特点,这无疑增加了机动规划优化过程的难度。

SAA系统集成的复杂性体现在以下两个方面。

(1)无人机感知与规避系统配置。无人机的感知与规避系统设计须充分考虑无人机的平台属性、传感器的功能特点,以及相关的政策法规和监管规则约束下的传感器参数选择优化和安装设计,以达到与有人机“看见并规避”等价安全(Equivalent Level Of Safety,ELOS)的环境感知能力。

(2)在未来共享空域飞行过程中,无人机感知与规避系统须通过合适的操作规程和技术手段实现与现有空中交通管理系统的有效交互,从而实现空域集成和共享的目的。

实现协同式SAA要求空中飞行的其他航空器也要携带协同式传感器和数据链,以完成目标探测过程。当前广泛应用的协同式无人机及有人机空对空数据有蓝牙、IrDA、HomeRF、IEEE802.11、IEEE802.16、热点和Mesh网络、空中交通防撞系统(Traffic Collision Avoidance System,TCAS)和广播式自动相关监视系统(Automatic Dependent Surveillance - Broadcast,ADS - B),由于前面的数据链较为常见,所以下面仅简要介绍后两种数据链。

4.1.1 TCAS数据链

TCAS能够探测在数据链覆盖范围内装有机载应答机的任何航空器,若目标航空器也装有TCAS,则其还可以对冲突进行协调避让,从而提高飞行的安全性,其最初是为载人飞行设计的,现也可用于无人机。TCAS由TCAS处理机、大气数据机、S模式应答机、S模式天线、控制面板、高度计、雷达高度计天线、TCAS显示单元、语音告警单元等组成。TCAS有TCAS Ⅰ、TCAS Ⅱ、TCAS Ⅲ,TCAS Ⅳ,目前广泛应用的为TCAS Ⅱ。TCAS Ⅱ不断观察航空器周围空域,借助ATC应答机,搜索来自附近其他航空器的应答。应答机回答后被TCAS跟踪,基于这些跟踪,可预测闯入者的飞行轨迹。TCAS公布那些预计会穿过TCAS Ⅱ航空器碰撞区的飞行轨迹。TCAS产生两类通告:交通告警信息(TA)、决策信息(RA)。TCAS提供一种基于时间的告警,因此,告警区的实际距离将随接近速度改变而改变。TCAS的工作过程如图4-1-1所示。

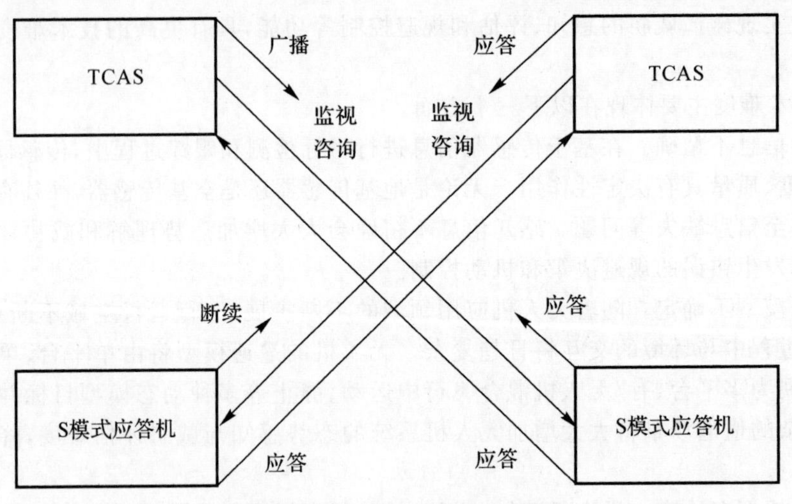

图4-1-1 TCAS的工作过程

TCAS主要具有监视邻近空域中的航空器、获取所跟踪航空器的数据、进行威胁评估计算、产生交通咨询或解脱咨询等功能。TCAS的上、下方向性天线可实现与相遇航空器的询问和应答,并获取目标的方位信息。TCAS天线内部设有4个辐射单元,这4个辐射单元互成90°,分别指向航空器的前、后、左、右。4个辐射单元的方向性是相同的,均为约90°的波瓣。它工作于L波段,接收频率为1 090 MHz,发射频率为1 030 MHz。两部S模式应答机与应答机的上、下天线用于与TCAS协调工作,采用“接收—问询—应答”的方式获取监视空域中其他航空器的信息、识别码和气压高度。ATC 应答机和 TCAS 共用的控制盒可以选择第一部或者第二部应答机工作，以及 TCAS 工作方式。EFIS 用于显示 TCAS 的监视信息。音响警告系统用于产生 TCAS 的音频信息。

在 TCAS 相遇事件中，每一架航空器都通过 S 模式向对方发出询问以保证互补决策选择。协调询问与监视询问使用同一频段 1 030/1 090 MHz，并在 RA 时每架航空器每秒进行一次通信，即只要某架航空器触发 RA，各航空器就会向其每秒发出一次协调询问。协调询问包含有关航空器准备进行的垂直机动或针对该威胁的“意图”等信息。在 TCAS 相遇中指向选择的基本逻辑规律如下：在选择方向前，各 TCAS 必须先查看是否从威胁航空器收到其意图，如果收到，TCAS 就选择反方向；如果没有收到，TCAS 则会根据相遇的几何形势选择一个方向。在绝大多数情况下，两架航空器将对方视为威胁有一个很小的时间差。协调过程可以直接由第一架航空器选择并播报其方向(基于几何形势)，随后第二架航空器选择并播报相反方向，如图 4-1-2 所示。

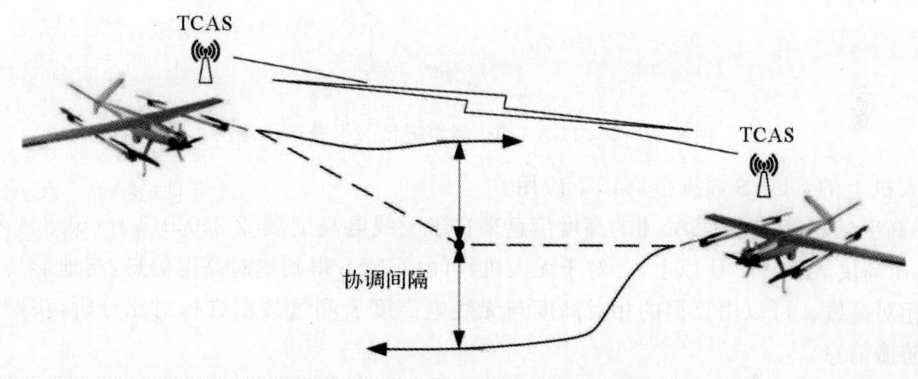

图 4-1-2　无人机 TCAS 工作示意图

S 模式应答机是 TCAS 重要的信号收、发载体，其数据发射的频率大约在 1 Hz，浮动的时间间隔可以避免出现与其他 S 模式应答机、地面站信号的同步干扰。如果 S 模式应答机出现故障，TCAS 性能监视器将检测到此故障，并自动将 TCAS 置于待机状态。

正常工作中，TCAS 会自动监听本机附近空域中其他航空器发射的 S 模式信号，无论是否接收到询问信号，每隔 1 s，TCAS 都会在 S 模式应答机的配合下，向外发射 S 模式编码信号，该信号包含本机的 ICAO 24 b 地址码等信息。在另一架航空器的 TCAS 收到该信号后，会将该机的 24 b 地址码加入询问列表中，稍后进行逐个询问。对于 A、C 模式应答机，TCAS 可以自动做出判断主动询问，并采用相应的译码器进行译码，以获得入侵航空器的高度、高度变化率等信息。A、C 模式的应答信号中没有 24 b 地址码，只有航空器应答机编码或飞行高度等信息。因此需要通过测量询问信号从发出到接收到应答信号的时间间隔，计算出入侵航空器的距离。并通过方向性天线的定向性，获得入侵航空器的方位信息。这样就计算获得了入侵航空器轨迹的全部所需信息，为进一步的计算做好准备。同时，本机的其他机载系统会连续地向 TCAS 计算机提供本机的飞行参数，如位置、俯仰角、横滚角、飞行高度、最大空速等信息。TCAS 计算机在对入侵航空器的参数和本机的参数进行综合计算后，得到本机与入侵航空器的相对高度和速度。进一步通过计算判断出本机与入侵航空器的飞行轨迹是否具有相互冲突的可能。根据入侵航空器对本机的威胁状况，将入侵航空器分为一般航空器、邻近航空器、TA

和 RA 这 4 种威胁等级。TCAS 将闯入者划分为碰撞区、报警区、警戒区，如图 4-1-3 所示。

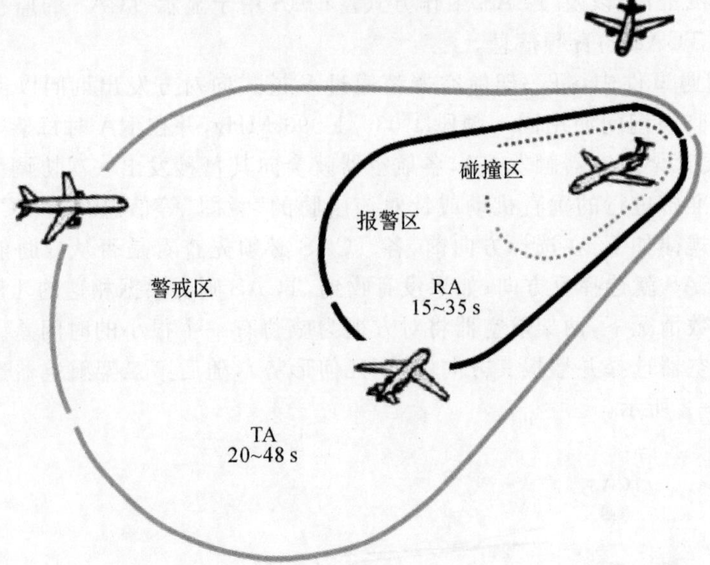

图 4-1-3　TCAS 闯入者警戒区与报警区示意图

无人机上的 TCAS 数据链有以下应用。

(1)高度信息使用。TCAS Ⅱ的高度信息来自于无线电高度表[2 350 ft(1 ft=0.304 8 m)以下]和气压高度表(2 350 ft 以上)。对于无人机，可由 GNSS 得到绝对高度信息，与地形高度相减以得到相对高度。可以由算得的相对高度与无线电高度表测量数据进行对比分析，获得航空器的近地防撞信息。

(2)告警显示。TCAS 中的机载设备能够显示 TA 和 RA 指示。对于无人机，该显示应由机载改为地面站显示。通过数据链将数据发送至地面站进行显示，由操作手进行决断。

(3)语音告警。有人机中 TCAS 会根据决断对飞行员进行语音告警，以做出相对应的飞行规避。在无人机上安装 TCAS 后，可将 TCAS 告警指令发送给无人机飞控系统，由无人机飞控系统发出规避执行指令，执行规避。

当无人机与无人机在同一空域中飞行时，无人机与无人机之间的规避工作流程如图 4-1-4所示。

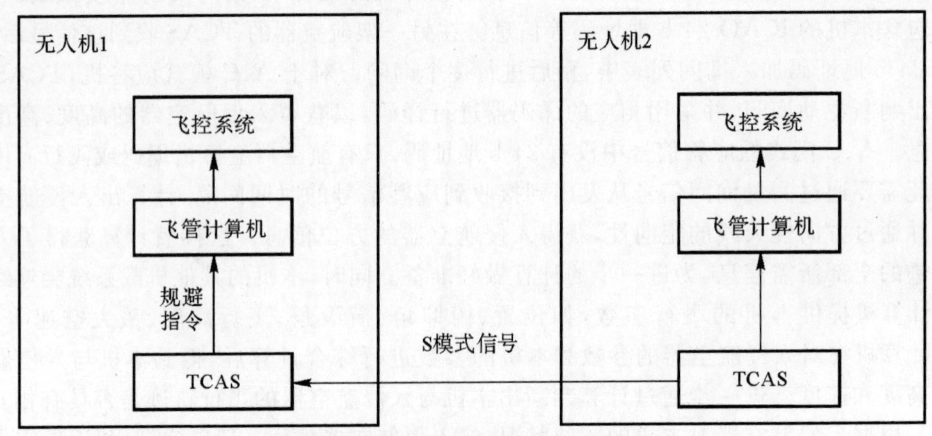

图 4-1-4　无人机与无人机规避流程

无人机与无人机之间存在安装TCAS与未安装TCAS的情形。对于都安装TCAS的无人机，在无人机与无人机的规避逻辑中，由于两架无人机之间是平级关系，所以，双机之间直接采用TCAS数据链通信，按照TCAS进行规避。对于一架无人机安装TCAS、另一架无人机未安装TCAS的情形，安装TCAS的无人机规避未安装TCAS的无人机。

4.1.2　ADS－B数据链

ADS－B是一种放置在飞行器上的相关监视系统，利用卫星导航技术定期向空中交通管制中心和其他范围内的飞行器发送重要信息并接收信息。ADS－B在飞行器冲突探测和飞行器监视方面有很大优势，包括增强了飞行器的态势感知能力，为飞行器监视提供了更精准的监视精度和丰富的监视信息等。ADS－B提供两种服务，分别是ADS－B OUT和ADS－B IN。ADS－B OUT向外广播飞行器的信息，包括飞行器识别信息、实时位置、高度和速度。ADS－B IN接收覆盖范围内的飞行器信息和环境信息。由于ADS－B所具有的技术优点，所以ADS－B系统被广泛应用于有人机和无人机中。

在无人机应用中，ADS－B是一种相对较新的技术，为防撞提供了巨大技术支持。它不仅限于空-空监视，而且在空-地通信及监视中具有取代二次监视雷达的潜力。与传统雷达相比，ADS－B的一个重要且明显的区别在于其信息交换的类型丰富，其系统工作描述如图4－1－5所示。每架航空器实时播报自己的身份、三维位置、速度、航向和意图，这些信息对于防撞系统是非常有价值的。随着ADS－B设备的小型化，该系统在未来会逐步应用于无人机运行。ADS－B是支撑未来无人机空中交通的关键技术，有关ADS－B的详细内容会在第7章展开讲解。

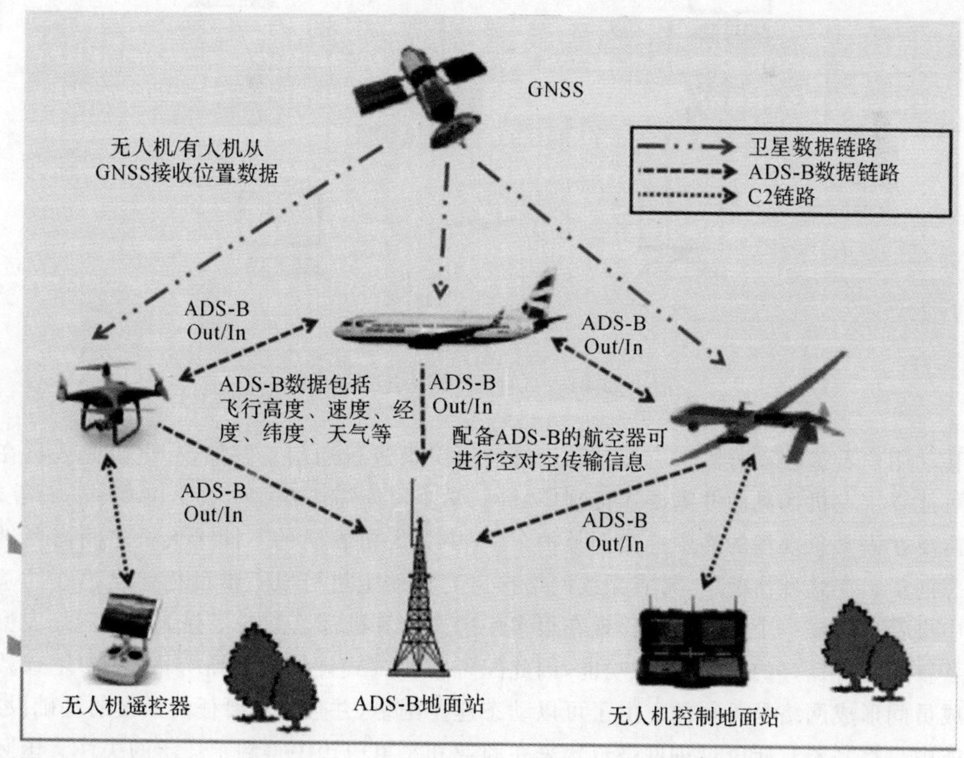

图4－1－5　ADS－B系统工作描述

4.2 空中通信组网

4.2.1 自组网络概述

自组网络是通信组网的核心技术，自组网络的英文简称为 Ad Hoc 网络。一个 Ad Hoc 网络是一些无线移动节点(或路由器)的集合，它们不使用任何现有的网络基础设施或中央管理，而是动态地形成一个临时网络。蓝牙、IrDA、HomeRF、IEEE802.11、IEEE802.16、热点和 Mesh 网络都可以是 Ad Hoc 网络的组网技术基础。路由器能够自由地随机移动，并任意地将它们自己组织起来。因此，网络的无线拓扑结构可以进行快速的、不可预测的变化，一个网络可能以独立的方式运行，也可能连接到互联网运行。多跳、移动性和较大的网络规模、设备异构性、频带宽度以及电池供电性能使得设计合适的路由协议成为重大的挑战。在这样的环境中，某种形式的路由协议是有必要的，因为希望交换分组的两个主机可能无法进行直接通信，无线自组织网络(Mobile Ad hoc NETwork, MANET)的网络连接示意图如图 4-2-1 所示。

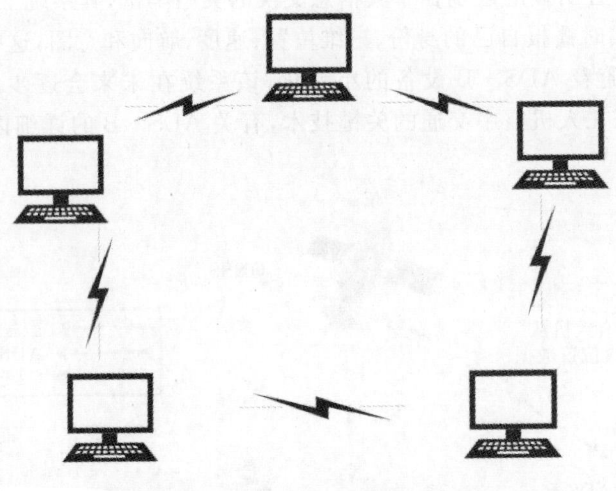

图 4-2-1 MANET 网络连接示意图

移动用户希望在没有固定有线基础设施的情况下进行通信。例如，一组研究人员在会议途中可能要求在机场见面并需要连接到广域网；学生可能需要在一个线上讲座中进行互动；消防员需要在去紧急现场的途中连接到救护车；空中无人机编队的不同无人机之间需要进行刚体姿态同步。在这种情况下，带有无线网络接口的移动主机可以不借助任何已建立的基础设施或中央管理组成一个临时网络。现在很多便携式计算机都已配备了强大的 CPU、大型硬盘驱动器以及具备良好的声音、图像功能，因此配备了便携式计算机的研究人员、学生或救援小组的成员间形成网络是可行的。由于可以动态建立网络，并且不需要任何预设的基础设施(如基站或中央控制器)，所以这种网络近年来在商业和军事应用中得到了广泛的关注。国际互联网工程任务组(Internet Engineering Task Force, IETF)成立了 MANET 工作组。这个工作组主要的关注点是发展和改进 MANET 规范，并将规范引入互联网标准。其目标是支持有数以百计路由器的移动 Ad Hoc 网络建设，并解决这类网络中的问题。Ad Hoc 网络面临的挑战有无线传输距离限制、隐藏终端问题、由于传输错误引发的丢包、机动带来的路由变化及电池约束等。

移动 Ad Hoc 网络可以扩大访问网络的服务区域，为以前覆盖较差或没有覆盖的区域(如蜂窝边缘)提供无线连接。使用多个不同功能和效能的网关，可以提供与有线网络设施的连接。为了改善性能，移动主机应该有能力适应性能和覆盖率的变化，并在有需要时转换网关。在预测最好整体性能方面，网络层指标能更好地描述网络性能。Ad Hoc 网络有连接便捷、动态多跳网络结构和直接对等通信等特点。Ad Hoc 网络的多跳特征需要一个通向有线主干网的网关进行桥接。网关必须在两类网络上都有网络接口，它是全球路由和本地 Ad Hoc 路由的一部分组成。用户可从多方面受益于无处不在的网络。用户移动性使得用户能够切换设备并进行迁移，且能够得到同样的个性化服务。主机移动性使得用户设备能够在网络周围移动并保持连接和可达性。

4.2.2　空中自组网络技术

空中自组网是指利用航空器活动的平台构建的无线网络，可实现航空通信、导航、监视、商用等功能。如利用布设在航空器航线沿线或指定空域的地面基站对空发射的无线电信号以及地面基站接收空中航空器所返回信息，对其进行转发，形成空中通信网络；或利用卫星通信技术，通过机载卫星通信子系统(机载站)和车载卫星通信子系统(车载站)组成，预留增加地面站卫星通信子系统(地面站)及网络管理系统接口形成空中通信网络。

空中自组网可以根据空中的节点(航空器)情况，自行组建网络。若节点在源节点(须发送信息的节点)通信半径之外，则可以通过其他节点(中继)转发该消息，直至消息送达目的节点。空中自组网络应用示意图如图 4-2-2 所示。

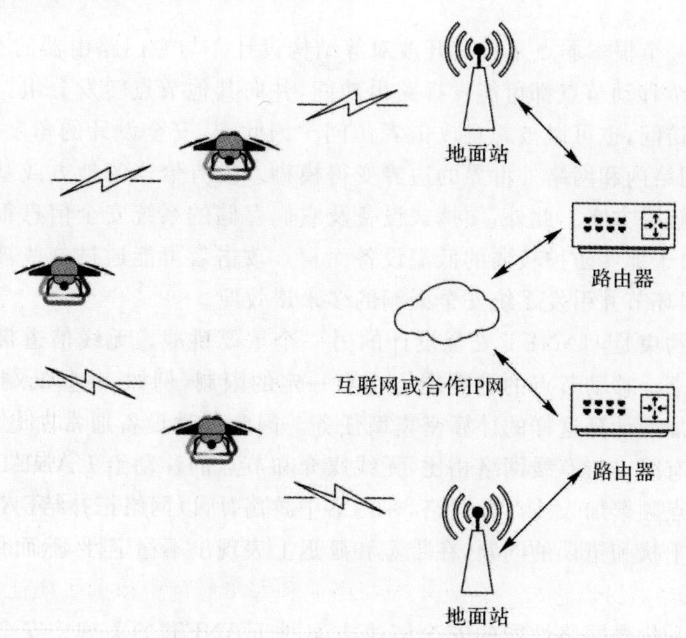

图 4-2-2　空中自组网络示意图

1. 无人机空中自组网面临的挑战

无人机自组网(Unmanned Aerial vehicle ad hoc NETwork,UANET)是将无人机作为网络节点,各节点间相互转发控制指令、自身状态、数据报文等信息,从而自动连接建立起一个完整的移动网络,其通信无须借助地面控制站或卫星等基础通信设施。

UANET 的结构有很多优点,首先自身具有可重构能力,并在电源、信道传输、通信量分配和负载平衡等方面可满足快速变化和高速移动的要求。但是,同时也带来了新的挑战,如节点的移动性和本地广播能力、无人机高速率特性以及网络拓扑结构的不可预测等导致 UANET 通信系统设计的一系列问题。目前,研究人员为解决这些问题提出了分布式 MAC、动态路由、无线服务定位协议、无线动态主机配置协议、分布式数字控制、基于服务质量的无人机路由技术等许多方法。

安全问题是在充满敌意的环境中提供移动节点间保护通信的关键。与有线网络不同,UANET 的独特性给安全设计带来了许多挑战,如开放对等网络结构、共享无线媒介、严格的资源约束和高动态的网络拓扑结构等。这些挑战显然为构建多重防护安全解决方案提出了充分理由,这种解决方案应该既能获得广泛保护又能提供令人满意的网络性能。各层可采取的安全措施见表 4-2-1。

表 4-2-1 UANET 各层可采取的安全措施

层	安全措施
应用层	探测和阻止病毒、“蠕虫”、恶意代码和应用泛滥
传输层	通过数据编码认证和保护端对端通信
网络层	保护 Ad Hoc 路由和前向协议
链路层	保护无线 MAC 协议并提供链路层安全支持
物理层	阻止信号干扰拒绝服务攻击

UANET 的一个根本弱点来自其开放对等结构设计。与专门路由器的有线网络不同,Ad Hoc 网络中的每个移动节点都可能发挥路由功能,并向其他节点转发分组。无线信道可以被合法的网络用户访问,也可以被恶意攻击者访问。因此,从安全设计的角度来看,UANET 没有明确的防线,网络内和网络外世界的边界变得模糊。没有恰当的地方或基础设施可供部署一个单一的安全解决方案。此外,便携式设备及它们存储的系统安全信息很容易被损坏或物理捕获,尤其是对于那些防护较弱的低端设备而言。攻击者可能通过这些被攻陷的节点潜入网络,威胁最薄弱环节并引发系统安全漏洞的多米诺效应。

严格的资源约束是 UANET 安全设计的另一个重要挑战。无线信道带宽有限并在多个网络实体之间共享。移动节点的计算能力也有一定的限制,例如:一些低端设备(PDA 等)很难执行像非对称加密计算这样的计算密集型任务。因为移动设备通常由电池供电,它们的能量资源可能非常有限。与有线网络相比,无线媒介和节点的移动给 UANET 带来了更多的动态特性。因为节点频繁加入或离开网络,在网络中游荡,所以网络拓扑结构是高度动态的。无线信道也面临着干扰和错误的问题,在带宽和延迟上表现出不稳定性,然而移动用户随时随地要求安全的服务。

构建多防护和优异网络性能的安全解决方案是 UANET 的关键。安全解决方案应该具备以下特征：

(1)每个设备采用的安全方案必须工作在自己的资源限制内，如计算能力、内存、通信能力和能源供应；

(2)由于没有一种单层的解决方案可以阻止所有潜在的攻击，所以跨越不同层协议栈，每个层都应有其防线；

(3)可阻止来自外界和内部的威胁，外界威胁是指从无线信道和网络拓扑发动攻击，内部威胁是指攻击单元通过受损设备偷偷溜进系统，并获得一定的系统信息；

(4)包含所有预防、检测和反应，协调这些工作以保护系统免于崩溃；

(5)在高动态和有资源限制的网络情况下可用且高效。

2. 无人机空中自组网络关键技术

(1)无人机空中组网技术。无人机在执行任务时，需要满足无人机实时跟踪定位、遥控遥测、实时任务规划与协调和任务信息传输等功能，所有这些功能都需要稳定、可靠的通信网络，这些都可以由 UANET 完成。UANET 需要满足以下 3 个基本功能。

1)实时跟踪定位：对无人机实时连续位置的测量。

2)遥控遥测：对无人机飞行状态和设备状态参数的控制及测量。

3)实时任务规划与协调：对无人机任务载荷传感器进行实时信息的传输。

无人机的通信方案由单机控制点对点地空通信方案，发展到一站多机的点对多点的地空通信组网方案，再到满足无人机集群节点间各种任务信息协同协调自组网和宽带通信组网方案。无人机 Ad Hoc 无线网络主要有以下 3 种组网模式。

1)星型组网。星型组网的构建是以地面中心站为中心基站，空中无人机通信终端为节点，所有节点直接连接到地面中心站，实现地面中心站与所有网络节点间直通，无人机间以地面站为中心进行交互通信。当无人机集群组网节点数目相对较少、无人机执行任务作业的覆盖区域较小，且无人机任务作业相对简单时，星型组网模式比较合适。星型网络的结构比较稳定，采用的路由算法较简单，且规模较小，信息传输的时延小，能够节省网络信道资源，降低能源消耗。星型组网结构如图 4-2-3 所示。

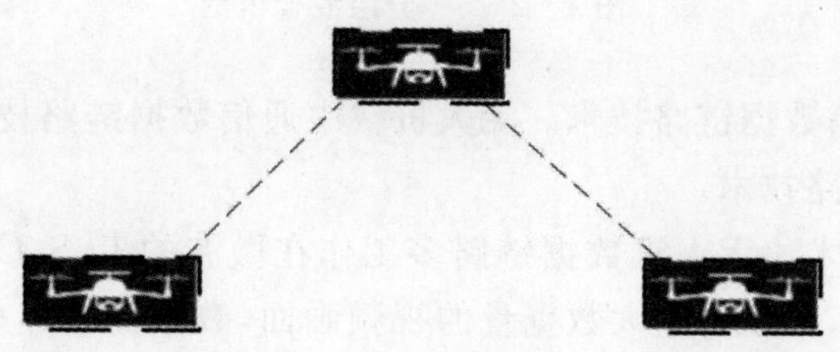

图 4-2-3 星型组网

2)网状自组网。无人机集群网状自组网由地面控制站和空中无人机节点组成，所有节点设备功能相同，都具备终端节点和路由功能。当空中无人机节点不能一跳连接到地面中心站时，可以通过多跳路由连接到中心站实现全网所有节点的互联互通。当执行任务较为复杂，无人机集群规模比较大，网络拓扑多变，任务复杂，无人机间协调通信频繁、作业半径大，自主协同完成任务为主时，适合采用网状自组网。由于无人机集群网络较复杂，节点间相互通信较为频繁，路由时延要求很小，所以在远距离节点间进行通信时采用按需路由技术，能有效降低路由维护开销，提高网络鲁棒性。网状自组网的结构如图 4-2-4 所示。

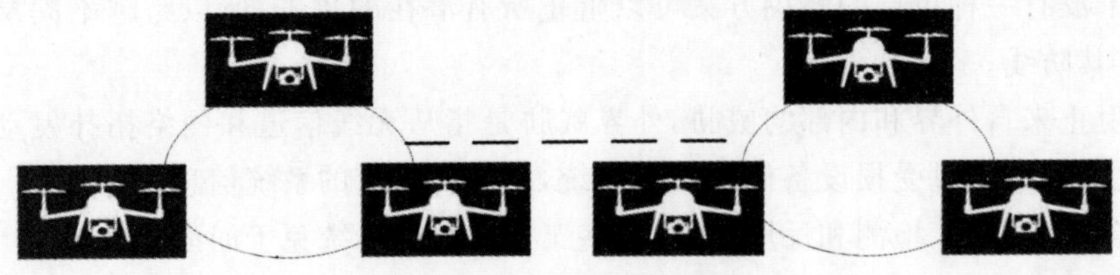

图 4-2-4　网状自组网

3)分层混合组网。分层混合组网采用地面站为星型网络中心站，无人机机载通信终端具备与地面中心站直通和无人机间自组网功能。当无人机集群作业任务非常复杂时，执行任务的无人机数量庞大，网络拓扑多变，无人机节点之间通信频繁、信息量大，此时适合采用分层网络结构。当执行作业任务的无人机数量发生变化时，分层结构的网络拓扑结构可以快速完成无人机节点的退出或增加，快速实现网络重构，无人机节点维护的路由表相对简单，网络稳定性强，分层混合组网结构如图 4-2-5 所示。

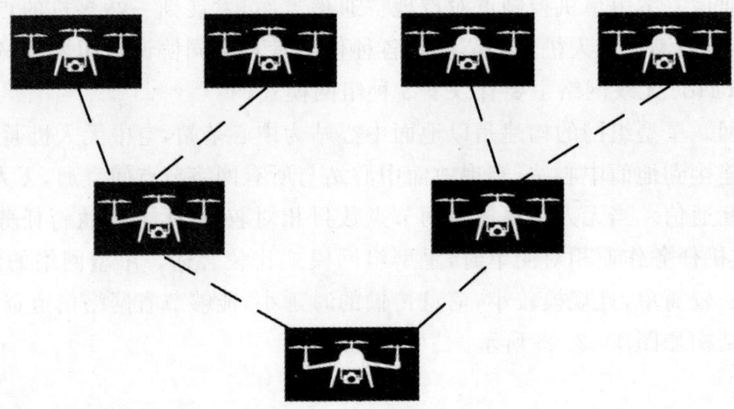

图 4-2-5　分层混合组网

(2)无人机空中通信数据链路技术。无人机空中通信数据链路技术主要有视距数据链路技术和卫星通信数据链路技术。

1)视距数据链路技术。无人机数据链路多工作在微波的 L、S、C 和 Ku 波段。微波数据链路有更高的可用带宽，可以传输大数据量的视频画面，数据传输速率比较高。同时，微波设备体积小，质量轻，有利于设备小型化，减小无人机任务设备质量。但是，由于受到地球曲率的影响，所以微波链路只能采用无线电视距传播方式。视距距离与无人机的飞行高度有直接的联系，这种联系可通过下式表示出来：

$$R=3\ 750(\sqrt{h}+\sqrt{H}) \tag{4.2.1}$$

式中：h 为地面天线高度；H 为无人机飞行高度；R 为视距距离。按此计算，假设地面天线高 3 m，如果要使视距达到 200 km，则无人机的飞行高度必须在 3 000 m 以上。

2)卫星通信数据链路技术。大中型无人机飞行能力强，留空时间长，飞行距离远，然而由于无线电视距的限制，所以视距数据链路的作用距离一般小于 200 km，难以满足长距离飞行的测控需求。因此，大中型无人机都需要一个中继平台来转发无人机的遥控指令和遥测信息，以实现无人机的超视距测控和信息传输。目前有利用中继机转发和利用卫星转发两种中继方式。利用中继机转发方式的效费比不高，因为这种方式还需要额外起飞一架中继无人机。因此国内外的大中型无人机系统基本都采用地球同步通信卫星作为中继平台的方式搭建中继数据链路。

卫星通信数据链路上行遥控指令的传输过程如下：由地面控制站发送的遥控指令进行扩频处理，以提高抗干扰能力，之后进行调制、变频和功率放大等操作，再由地面卫星天线发向卫星；卫星收到后，再进行放大和变频，发向无人机机载天线。首先信号传送到机载设备，然后再进行放大、变频、解扩、解调等恢复成遥控数据流，最后数据传送到飞控的计算机等相关设备。

下行遥测和任务数据的传输过程如下：由无人机机载设备经卫星发向地面站，其传输过程与遥控信息传输过程类似，只是传输方向相反。地面卫星通信设备恢复出遥测数据和图像信息，通过有线设备传输给地面控制站。

卫星通信数据链路主要利用了地球同步轨道的通信卫星进行信息传输，只要是在卫星天线的波束范围之内，通信就不受距离和地理条件的限制。同时，因为通信卫星的轨道高度较高，所以波束的地面覆盖范围很大，就中国而言其可以覆盖整个中国大陆及周边地区。利用卫星中继实现地面控制站和无人机之间的双向信息传输足以覆盖大中型无人机的飞行距离要求。如美军“捕食者”无人机系统采用 Ku 波段卫星中继数据链，作用距离为 900～3 700 km；“全球鹰”无人机系统也采用 Ku 波段卫星中继数据链，其机载天线尺寸和功率都较大，作用距离可达 5 500 km。

(3)空中自组网络数据通信关键技术。空中自组网络数据通信关键技术主要包括调制解调技术、信道编码技术、抗干扰传输技术、压缩编码技术、终端认知通信技术、组网路由技术、物理层安全传输技术和能量有效通信技术等。

1)调制解调技术。调制就是按调制信号的变化规律去改变载波某些参数的过程，从频域上看，调制是在发送端把基带信号频谱搬移到给定信道通带内。经过调制后的已调波应该具有两个基本特性：一是携带指定消息，二是适合于信道传输。调制按照被调制信号的形式可分为连续波调制和脉冲调制；按调制信号的形式可分为模拟调制和数字调制。解调是调制的逆过程，是在通信系统的接收端从已调信号中恢复基带信号的过程，从频域上看，解调就是将调制时搬移到载频附近的调制信号频谱搬回到原来的基带范围内的过程。常用的解调方法有相干解调法、非相干解调法(包络解调法)、鉴频法、过零检测法和差分检波法。

调制和解调在一个通信系统中总是同时出现的，因此往往把调制和解调统称为调制解调模块。调制解调模块在无人机数据通信分系统中是一个极为重要的组成部分，在很大程度上决定了系统的性能。

2)信道编码技术。在数字信号传输时，各种干扰、噪声、衰落的影响使得在接收数据中不可避免地会产生差错。当信道的差错率超过了用户对信息要求的准确度时，就必须采取适当的措施来减少这种差错。在某些情况下，通过改进整个信道的性能，如增大系统增益，选择抗干扰、抗衰落性能较好的调制解调方式，采用信道均衡、分集接收技术等就可能使信息达到要求的准确度。但在大部分情况下，这种改进信道性能的方式是不经济的，通常需要采用信道编码的方式来解决差错率高的问题。

信道编码是指为提高通信性能而把消息变换为适合于信道传输信号的过程，以便使所传输的信号更好地抵抗噪声、干扰及衰落等各种信道损伤的影响。信道编码的实质就是增加监督码元，即增加冗余度，以提高信息传输的可靠性。对于无人机来说，特别是对于遥控信道和遥测信道，通信的可靠性尤为重要。可靠性的要求有两个方面：①要保证当接收机信噪比较小时不能中断通信；②如果接收数据中存在错误，接收端需要至少能识别出这些差错，甚至要能够进行纠正。

3)抗干扰传输技术。无人机大多数工作在复杂的电磁环境之下，因此需要具备较强的抗干扰能力，以保障无人机运作的畅通性。目前常使用的抗干扰技术主要有扩频抗干扰技术、自适应干扰抑制技术、信源与信道编码技术。扩频抗干扰技术采用高速率的扩频码以达到扩展待传输信息带宽的目的，具有功率谱密度低、隐蔽性好、抗干扰能力强等优点。自适应干扰抑制技术又可分为自适应天线技术、自适应跳频与自适应信道选择技术、自适应功率控制技术。采用自适应干扰抑制技术能够有效对抗不同形式的干扰，克服干扰带来的影响并及时采取相应的措施保证正常通信。信源与信道编码技术分别针对信源和信道进行编码，信源编码把信源输出符号序列变换为最短的码字序列，使后者的各码元所载荷的平均信息量最大。信道编码是在信息码中增加一定数量的多余码元，使码字具有一定的抗干扰能力。信源与信道编码技术易于实现数字加密，有较好的抗干扰和抗截获能力。

4)压缩编码技术。由于图像、视频数据带宽较宽，所以如果不进行处理就直接传送数字信息，要求的数据传输速率会非常高。例如，640×480 的视频画面，按照 25 帧/s(fps)、16 b/像素(BPP)表示，要求的数据传输速率将达到 122.88 Mb/s。虽然表示图像需要大量的数据，但图像数据是高度相关的，一幅图像内部以及视频序列中相邻图像之间有大量的冗余信息。在一般的图像数据中，通常有空间冗余、时间冗余、信息熵冗余、结构冗余、知识冗余和心理视觉冗余等各种冗余信息。因此，图像的压缩有很大的潜力。但是图像的压缩并不是没有极限的，当压缩比达到一定的极限时，图像的还原性就比较差。信息论给出了图像压缩的理论极限：当平均码长大于信源的熵时，译码错误概率将可能任意地小；当平均码长小于信源的熵时，译码错误概率将趋于 100%。

图像压缩编码有各种分类方法，从压缩的本质区别可以分为有损压缩和无损压缩两类。有损压缩又叫有失真压缩，即解码后无法不失真地恢复原图像。它的目标是在给定数据传输速率下使图像获得最逼真的效果，或者在给定的逼真度下使数据传输速率达到最小。有损压缩的算法可以达到较高的压缩比。无损压缩又叫无失真压缩，即解码后可以无失真地恢复原图像。它的目标是在图像没有任何失真的前提下使数据传输速率最小，它可精确地恢复出原图像，其压缩限度就是信源的信息熵。数字压缩编码的基本原理如图 4-2-6 所示。

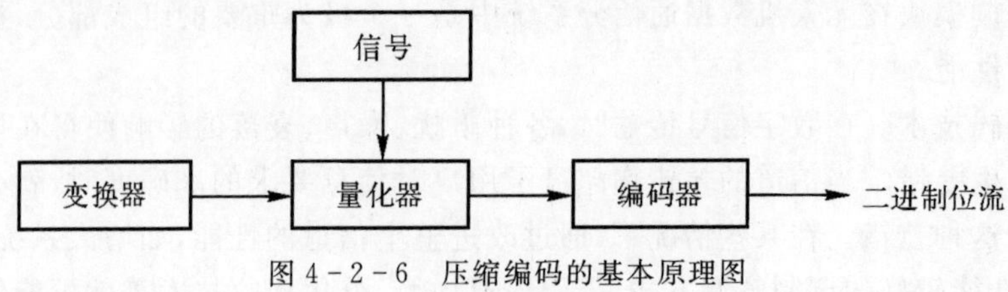

图 4-2-6　压缩编码的基本原理图

变换器对信号进行一对一变换，经过变换后所形成的数据比原始数据更有利于压缩。量化器生成一组符号，编码器给量化器输出的每个符号指定二进制位流，该二进制位流代表压缩编码后的视频信息。采用的编码方式不同，得到的视频的清晰度以及信息容量也不同。例如，作为目前比较常见的视频图像编码技术，MPEG4 编码对图像按内容进行分块，将图像的场景、画面上的对象分割成不同的子块，可将感兴趣的对象从场景中截取出来进行编码处理。这种编码方式具有较高的压缩效率，支持具有不同带宽、不同存储容量的传输信道和接收端。

5)终端认知通信技术。当无人机集群组网作业时，由于高速的移动性和任务实时的变化，所以无人机集群内部和外部之间的通信链路和质量会发生剧烈变化，需要解决隐藏、暴露终端和协调多节点有限频谱共享的问题。认知无线电就是频谱共享的关键技术之一，无人机集群自组网络可自我学习周围无线电环境，感知并利用周围空闲的频谱资源。节点间认知信息的共享可以有效解决隐藏、暴露终端的问题。同时，认知无线电本身具有可重构性，即在组网环境发生变化的条件下，可进行系统重构，动态的频谱共享可为功率受限的无人机集群网络提供更高的系统容量和更宽的覆盖范围。

6)组网路由技术。在大规模无人机集群应用中，由于无人机节点的高速移动造成了网络拓扑高动态变化、链路质量频繁波动，这些都对组网路由技术提出了更高的要求和挑战。传统针对固定和机动通信网络设计的组网路由技术难以满足大规模、高动态的无人机组网需求，在组网路由的设计方面需要克服网络节点多、移动速度快、多跳远距离传输等造成的不利影响，能适应拓扑剧烈变化、链路寿命短暂等问题，建立具有快速组网、抗摧毁、自愈合、安全可靠等特点的路由机制，这对有效支撑无人机多样化任务起到了关键作用。

7)物理层安全传输技术。无线信道的开放性及衰落特性容易受到不利的影响，无人机通信安全容易受到威胁。目前用于改善物理层安全的常见方法主要包括多输入多输出技术、人工噪声技术及中继协同技术。这些方法比较成熟，可以有效运用到无人机集群组网通信中去。

8)能量有效通信技术。大部分无人机的能量主要供给是依靠自身携带的电池，尽管在过去一段时间内电池技术有了明显的提高，但仍无法解决能量受限的问题。采用能量有效通信技术能够提高能量使用效率，其主要包括优化功率分配和能量采集技术两种方法。在系统硬件组成大部分采用轻量化、低功耗设计的条件下，可在无人机节点间选择最佳的数据传输进行合理地功率分配，在节点设备功率一定和高信噪比情况下，可通过协调源节点和中继路由节点的发射功率，使得系统性能得到提升。另外能量采集可以缓解无人机能量供给紧张的问题，能量的来源可以是太阳能、风能或周围无线电信号中的能量。

3. 无人机空中自组网络设计

无人机空中自组网络设计主要需要确认无人机活动空间的网络状况、大气环境、无人机数量以及无人机性能等，在上述因素确认之后，主要考虑以下几种因素。

(1)流动性。无人机网络的特点是节点高度机动化和机动性模型多样化。节点的高移动性和高速度导致了网络拓扑结构和网络划分的变化。无人机网络中的节点具有高度的移动性，这将会导致通信设计更具有挑战性。无人机的机动性程度完全取决于应用。例如，当地震发生或无人机将飞越作业区域时，需要通过慢速链路或动态链路提供通信。然而，在农业或森林监测等应用中，无人机的飞行范围更大，连接更具有动态性。

由于无人机分布在空中，所以无人机之间的距离一般比较大。因此，无人机网络的节点密度(节点密度为单位面积内的平均节点数)很小。然而，节点密度取决于应用场景和用例。无人机可以随机或有组织(蜂群)地在二维或三维空间中移动，位置变化迅速。在某些应用节点中,移动性不是完全随机的,节点可能正在访问一些已知的位置。在这些应用中,大量协议使用随机移动性模型并不可靠。无人机访问某些地方的概率将会增加数据包的发送概率。由于无人机的机动性程度较高以及可能存在链路中断等情况,所以无人机网络拓扑结构将会频繁变化,无人机的相对位置有可能会发生变化,无人机可能进行错误工作,无法被网络覆盖,链路可能会消失。当无人机链路发生故障时,其他无人机必须在不中断用户会话的情况下完成操作。主要的挑战是如何选择有效的邻居节点安排来提高网络的性能。

(2)适应性。许多无人机网络参数会在任务期间发生变化。无人机网络必须适应变化,并有足够的能力承受这种动态变化。在这种网络中最显著的变化是无人机的位置变化、无人机与航线之间的距离变化。此外,无人机网络还受到诸如天气等环境条件的影响,从而导致数据链路中断。在许多应用中,无人机系统必须根据上述变化或故障进行调整。

(3)可靠性。无人机网络在运行过程中可能会遭受到各种网络的攻击,从而降低网络性能。无人机网络模型应具有容错性、健壮性及可靠性。可靠性的强弱取决于与任务相关的各种参数。高度可靠的网络需要各种延迟容忍功能、恢复算法和网络预分析功能。无人机网络的可靠性程度因任务差异而不同。例如,当地震发生时,对数据传输的可靠性要求较高,而在某些应用中,图像和视频的转发可靠性较低。

(4)可扩展性。为了降低重新规划和重组的成本,无人机网络应当具备允许增加新的无人机进入的能力,因此,它必须具有高度的可扩展性。事实上,无人机网络的可扩展性不仅仅与网络节点有关,还与资源有关。性能和能量管理是评估无人机网络最突出的参数。近年来,许多研究致力于扩展多无人机系统的可扩展性。目前研究人员已经提出了一种扩展无人机网络范围的解决方案。采用无人机链路中的多跳通信来扩展作战区域。此外,作业区内的障碍物会影响基础设施的通信覆盖范围。障碍物可以是山脉、建筑物等,这些障碍物可能会阻挡地面基站和无人机之间的无线电信号。因此,无人机网络必须通过穿透障碍物和增加中继节点来扩展其可扩展性。

(5)延迟。无人机网络必须减少延迟和避免不可预测的延迟。延迟主要取决于无人机所使用的应用程序。例如,在军事监测中,链路上的任务必须尽可能减少延迟。此外,减少延迟可以避免多无人机网络中的碰撞,保障无人机网络正常工作。在无人机网络中,平台的约束要大得多。其中有两个重要的限制:硬件的质量和空间尺寸限制,特别是小型无人机。硬件的质量将会对网络性能产生重大的影响。当硬件较轻时,有效载荷较轻。此外,当硬件较轻时,可以增加无人机和其他外围设备上的传感器数量。空间尺寸限制,特别是小型无人机,对于通信硬件来说是非常关键的。

(6)带宽和频谱分配。高传输速率的无人机应用程序必须具有高带宽,选择合适的网络带宽是基于能量效率和带宽效率之间的权衡。例如,使用无人机从不同区域的分布式数据源收集数据并将收集到的数据中继到地面基站的应用需要高带宽。采用先进的传感器技术应用以极高的分辨率采集数据,这就要求带宽更高。此外,无人机之间的协作与协调需要额外的带宽资源,高效的安全性也需要大量的带宽。然而,高带宽的有效利用受到通信信道容量、无人机速度、无线链路易出错结构和广播通信安全性的限制。

(7)功耗与网络寿命优化。无人机网络电源是以无人机的能源为基础的。然而,小型无人机在执行任务时通常没有足够的动力飞行和通信,也没有续航能力。因此需要设计有效的结构来控制和降低功耗。功耗配置会影响网络寿命,当无人机的功率耗尽时,没有传输信号,链路会变得断断续续。因此，为了延长网络的生命周期，需要开发节能的通信协议。

(8)定位。当无人机网络考虑多个无人机节点时，定位精度非常重要。协作网络利用对定位的估计和近似来完成复杂的任务。GPS 是最著名的定位技术之一，然而，无人机具有速度快的特点，因此需要在较小的时间间隔内进行精确定位。GPS 对于某些应用来说是不够的，因为它更新位置信息的时间间隔有限。GPS 必须配备一个测量单元(Inertial Measurement Unit，IMU)，以便随时提供位置信息。定位信息必须通过可靠的无线链路进行交换，以避免无人机发生碰撞和保障设备的安全。

(9)连接性覆盖。网络连接需要考虑区域覆盖和网络覆盖这两种类型的空间覆盖。在区域覆盖方面，无人机系统提供来自环境的一些信息，如监视和绘图等。在这种情况下，使用无人机是为了减少成本和时间，同时确保人员安全。而在网络覆盖方面，无人机作为通信中继，可提供地面客户端之间的连接或从地面无线传感器网络节点收集数据。影响覆盖算法的因素有无人机的机动性、障碍物、能量和区域大小等。覆盖问题最重要的因素是覆盖能力，即覆盖面积所占区域面积的比例大小。一些覆盖算法无法覆盖给定的全部区域，在这些区域中，无人机的使用数量不足以保证完全覆盖。因此，需要根据无人机的运动情况，开发一个合适的无人机覆盖方案。当无人机作为静态节点时，应保证静态覆盖。然而，当无人机在任务时间内飞行时，应考虑动态覆盖策略。通过估算区域分解模型和路径规划模型可以确保有效的覆盖。因此，无人机的机动性可以提高覆盖网络的能力，但是无人机的高机动性使得覆盖算法非常复杂。此外，无人机的能量不足是覆盖任务的主要问题。为了延长无人机网络的使用寿命，减少覆盖漏洞，需要设计有效的配置方案。无人机飞行的区域中存在建筑物、树木、山脉等障碍物，无人机必须具备探测障碍物的能力，或者必须考虑一条安全的飞行路径，从而避免与散布在飞行区域中的物体发生碰撞。飞行高度的变化是避免与障碍物发生碰撞的一种解决办法，但是无人机飞行高度的变化会同时导致一些飞行参数的变化。无人机飞行高度控制需要综合考虑，确保无人机安全飞行。

(10)安全和隐私。无人机网络系统可以被看作一个网络物理系统(Cyber Physical Systems，CPS)。物理域是通过传感器、执行器、通信设备等与网络域进行交互的。网络域主要由感知、通信、计算和控制四部分组成，这表示无人机网络系统为闭环系统。因为任何组件的安全问题都会使系统瘫痪，所以组件的多样性容易导致无人机网络受到多种外部的攻击。

1)感知：无人机装备有多个遥感设备，将来自物理世界的数据引入无人机网络。传感器欺骗攻击主要针对车载传感器，如 GPS 接收器、视觉、激光雷达、雷达、声呐和红外传感器。敌方可以使视觉传感器失效，或者通过 GPS 信道发送错误信息。由于无人机自动驾驶仪是通过对传感器信息进行处理之后进行制导，所以传感器损坏后会非常危险。传感器的欺骗攻击可以通过黑客攻击造成模式混乱和覆盖增益。

2)通信：通信允许数据在无人机网络内部流通，它保证了数据的分发和共享。无人机网络易受攻击的主要特点如下。

A. 无线链路的链路攻击包括被动窃听、消息误用、主动干扰、秘密信息泄露、消息重放、数据篡改和拒绝服务等。

B. 不受控制的环境可以从外部以及内部进行链路攻击。如果攻击者在无人机信号传输范围内，它可以通过发送和接收数据包进行攻击。

C. 动态拓扑结构使得异常节点的检测变得异常困难。此外，在路由发现的过程中，无人机在没有注意接收者的情况下广播数据包,不能保证生成的路径没有攻击节点。

3)计算:利用所获得的所有数据进行计算分析和决策。无人机的存储和计算能力有限,攻击者可以发起类似设备的睡眠剥夺攻击,试图耗尽无人机电池。此外,攻击者可以发起洪水攻击,耗尽网络带宽,消耗无人机和地面军事系统资源。

4)控制:控制将决策转化为物理世界执行器的指令。攻击者可以通过修改无人机执行器中的指令,充当无人机的飞行控制器来启用所注入的信息。

4.2.3 空中通信自组网络协议

不同类型的终端构成了空中通信自组网络的主体,如无人机、有人机、双向寻呼机等,这些终端在最大功率传输、能量可用性、机动模式和服务质量(Quality of Service,QoS)要求等方面具有不同性能。空中通信自组网络从终端到提供的服务来说通常是异构的。网络协议是网络上所有设备(网络服务器、计算机及交换机、路由器、防火墙等)之间通信规则的集合,它定义了通信时信息必须采用的格式和这些格式的意义,它是无人机间沟通的重要依据。网络协议一般具有以下三要素。

(1)语义。语义是解释控制信息每个部分的意义。它对需要发出何种控制信息,完成什么样的动作以及做出什么样的响应都有具体的定义。

(2)语法。语法是用户数据与控制信息的结构与格式,以及数据出现的顺序。

(3)时序。时序是对事件发生顺序的详细说明,也可称为“同步”。

人们形象地把这三个要素描述为语义表示要做什么,语法表示要怎么做,时序表示做的顺序。

空中通信自组网络继承了无线通信和无线网络的以下传统问题:

(1)无线媒介缺乏明确的边界,在边界外节点就不能接收网络数据;

(2)无线信道是脆弱、不可靠和不受外部信号保护的,这可能会给网络节点带来很多问题;

(3)无线信道有随时变更和非对称传播的特性。

因此空中通信自组网络更需要协议的保护和约束,通过各类协议制定规则,避免通信设备互相干扰,确保空中自组网络安全有序运行。

1. MAC 层协议

在空中通信自组网络中,发射机使用无线信号进行通信。一般来说,每个节点在某时刻只能作为发射机或接收机使用。移动节点共享相同的频带,它们之间的通信被限制在一定的传输范围内。在此范围内,只有一个传输信道覆盖整个带宽。不同于有线网络,在移动空中通信自组网络中,造成分组延迟的因素不仅有节点处的通信负载,还有邻近节点的通信负载,这叫作“业务冲突”。

MAC 协议对空中自组网络的性能有重要的影响。MAC 协议定义了每个移动单元如何以一种有效的方式共享有限的无线带宽资源。源和目的地可能很远,在多跳方式中分组每次都需要从一个节点转发到另一个节点,要实现这一过程肯定需要访问媒介。要正确地访问媒介,需要通知传输范围附近的节点。MAC 协议控制对传输媒介的访问,其目的是有序并有效率地使用公用频谱。这些协议负责每条链路的连接建立(获取媒介)和连接取消(释放媒介)。

在 UANET 研究中,一个基本的挑战是如何提高整个网络的吞吐量,同时保持分组处理和通信的低能耗。吞吐量低的原因是恶劣的无线信道和 UANET 中常用 MAC 协议的竞争本性。

对于无线移动空中通信自组网络的 MAC 协议,应考虑以下性能指标。

(1)吞吐量和延迟。吞吐量通常用单位时间内成功传送无线电链路级数据帧的比例来度量。传输延迟定义为发射机 MAC 层的数据帧到达时间与发射机识别到该帧已经成功地被接收机收到的时间间隔。

(2)公平性。一般来说,公平性主要用于衡量不同移动节点间数据信道分配是否公平。节点移动性和不可靠的广播信道是影响公平性的两个主要因素。

(3)能量效率。一般来说,能量效率由有用的能量消耗(成功的帧传输)与总能量消耗的比值来衡量。

(4)多媒介支持。MAC 协议按照不同服务需求协调通信业务的能力,如吞吐量、延迟和丢帧率。

MAC 层(有时也称为数据链路层的子层)具有在网络中的两个或更多节点间传递数据的必要功能和程序。MAC 层的职责是对发生在物理层的异常进行误差校正,这一层为组帧、物理寻址、流和误差控制执行特定活动,它负责解决不同节点间的信道访问冲突问题。因为 MAC 层直接关系到网络中两节点间的传输路径上的数据传输是否高效、可靠,所以它会影响网络的 QoS。MAC 协议设计还应该解决节点移动性和不可靠信道产生的问题。

MAC 协议的设计目标包括以下几点:

(1)分布式操作;

(2)为实时业务提供 QoS 支持;

(3)访问延迟必须保持较低的值,访问延迟指的是任何分组传播所经历的平均延迟;

(4)有效地利用可用带宽;

(5)应该确保向节点公平地分配带宽;

(6)保持尽可能低的控制开销;

(7)应该最小化隐藏和暴露终端问题的影响;

(8)可扩展到大型网络;

(9)应该有功率控制机制;

(10)应该有自适应数据速率控制机制;

(11)应尽量使用定向天线;

(12)应该提供节点间的同步。

UANET 需要考虑移动模型、编队划分、信道接入、路由维护等问题,并根据自身特点进行相应的分层设计。UANET 的无线信道是多跳共享信道,MAC 协议控制节点接入无线信道,对网络性能起着至关重要的作用。目前 UANET 采用的典型 MAC 协议包括战术数据链系统(Tactical Targeting Network Technology,TTNT)的统计优先级多址(Statistical Priority - based Multiple Access,SPMA)协议和其他大多数项目的时分多址协议(Time Division Multiple Access,TDMA)。以 SPMA 协议为例,SPMA 协议的核心是基于信道占用状态统计的优先级接入技术,即对一段时间内信道中截获的突发数进行计数,并与信道接入门限进行比较。SPMA 协议处理状态流程图如图 4 - 2 - 7 所示,每个节点都是独立的,遵循相同的状态转移策略。接入协议解决"信号冲突"的方法是根据信道拥塞程度的统计,并将其与分组的信道接入门限进行比较,控制不同优先级数据包的传输,保证高优先级业务的低时延、高可靠性传输,同

时充分利用基于退避算法的信道传输容量,最大限度地保证低优先级业务的传输。

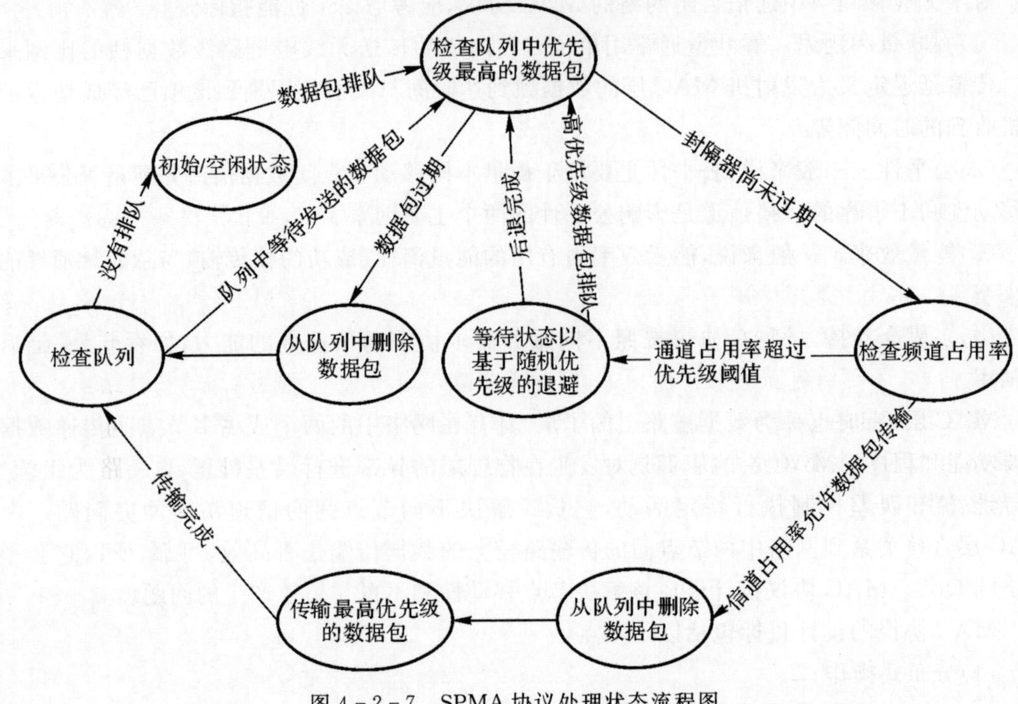

图 4-2-7 SPMA 协议处理状态流程图

2.路由协议

自组织网络的路由结构既可以是分层的,也可以是不分层的。在大多数自组织网络中,主机是独立的路由器,这意味着路由结构在概念上是不分层的,也就是说每个地址仅作为标识符,而不传送任何关于主机登录并访问拓扑上其他节点的信息。在一个不分层的自组织网络中,所有节点都可以通过路由协议相互访问,没有必要对节点的移动性进行管理。例如,目的序列距离矢量路由协议(Destination Sequenced Distance Vector,DSDV)和无线路由协议(Wireless Routing Protocol,WRP)是不分层路由算法,自组织网络的路由表包含到达所有主机的条目。

在不分层路由算法中,当网络规模增大时,路由开销以更快的速度增加。因此,为了控制信道的空间复用(根据频率、时间、扩频码),降低路由信息开销,可以采用一些分层设计方案。最常用的路由结构分层技术是分簇,这种路由分析方法把自组织网络的主机划分为许多重叠或分离的簇,对于每个簇都选择一个节点作为簇头,这个簇头包含簇的成员信息,簇中的其他节点为普通节点。当要发送这些节点时,节点向簇头发送指向目的节点的路由信息。簇头网关交换路由(Cluster head Gateway Switch Routing,CGSR)和基于簇的路由协议(Cluster-Based Routing Protocol,CBRP)就属于这种类型的路径选择方案。分层路由包括簇管理和地址移动性管理。

过去,大部分路由协议以跳距来度量优化程度。对于数据报业务,有这个参数就足够了。但是空中自组网络作为动态的、无线自组织网络,在这样的环境下可能难以实现有效的资源利用或执行关键的实时应用。基于这些理由,有必要提供 QoS 路由支持,以有效控制遍及整个网络的总流量。在 QoS 路由中，根据网络资源的有效性和流量的 QoS 需求建立节点间的路由。对于所有的请求，不可能有相同的 QoS 参数。这样，QoS 路由可以根据不同通信的 QoS 需求，考虑多约束条件，在不同的路径上分配流量来提供更好的负载平衡。

目前研究人员提出了很多针对 UANET 的路由协议。这些协议可以分为三类：主动式路由协议、反应式路由协议以及二者的混合协议。

(1)主动式路由协议。主动式路由协议也称为表驱动路由协议，它是一种基于表格的路由协议。网络中每个节点都维持一张或多张到其他节点相对稳定的最新路由表。这些表包含到达网络中其他所有节点的路由信息。当检测到网络拓扑结构发生变化时，节点在网络中发送更新消息。收到更新消息的节点更新其表格，以维护一致的、及时的、准确的路由信息。表驱动路由协议不断地检测网络拓扑和链路质量的变化，根据变化更新路由表，不仅要更新本节点的路由信息，还要将更新信息传播出去，因此路由表可以准确地反映网络的拓扑结构。当某个节点需要给某目的节点发送信息时，该源节点只需要查找自己储存的路由表即可得到目的节点的路由。不同表驱动路由协议的区别在于路由表的种类、数量、内容以及更新路由信息使用的方法。图 4－2－8 列出了现有的一些表驱动路由协议。

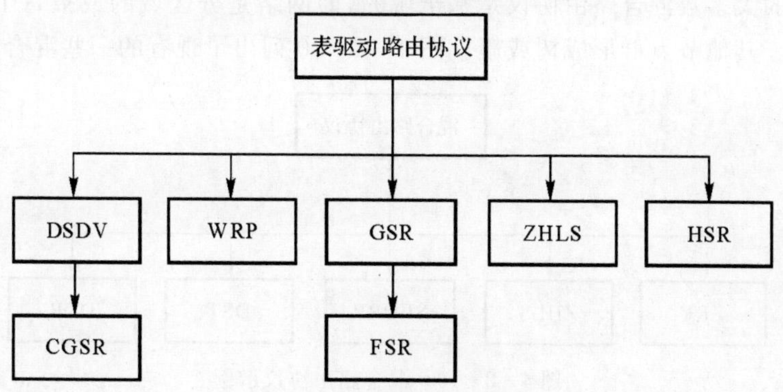

图 4－2－8　表驱动路由协议示例

在使用主动式路由协议时，移动自组网络中的节点不断计算到达所有可达节点的路由并努力维持最新的、一致的路由信息。因此，源节点在需要时能立即获得路由路径。此外，在主动式路由协议中，所有节点都需要维持最新的网络拓扑结构信息，当任何链路出错或任何拓扑结构发生改变时，信息能够传播到相关节点。

(2)反应式路由协议。反应式路由协议又称为随选型路由协议或者按需路由协议，是专门针对 UANET 环境提出来的。与表驱动路由协议相反，该类协议并不事先生成路由，而是仅在源节点需要时才生成。因此，路由表信息是按需建立的，它可能仅仅是整个拓扑结构信息的一部分。

反应式路由协议是一种当需要时才查找路由的路由选择方式。当源节点向目的节点发送报文时，源节点在网络中发起路由查找过程，找到相应的路由后，才开始发送报文。为了提高效率，节点可以将找到的路由保存一定时间供后续发送使用，不需要一直维持路由。按需路由包括 3 个过程：路由发现过程、路由维持过程和路由拆除过程，各个算法的不同也体现在这 3 个过程中。图 4－2－9 列出了现有的一些反应式路由协议。

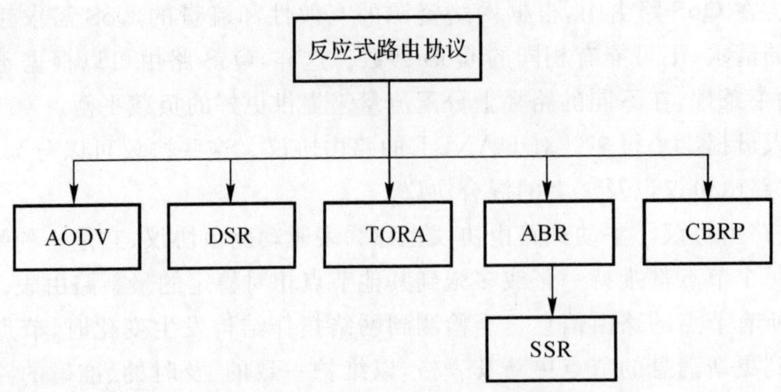

图 4-2-9　反应式路由协议示例

(3)混合路由协议。混合路由协议是新一代路由协议,在现实中既是主动式的也是反应式的。这种协议允许紧邻节点协同工作形成骨干,以减少路由发现的开销,增加可扩展性。在混合路由协议中,使用主动式方法维持附近节点的路由,反应式方法或路由发现方法用于远处节点。目前提出的大多数混合路由协议是基于域的,即网络是分区域的或被每个节点都看作一定区域的组合。其他节点群形成树或簇。图 4-2-10 列出了现有的一些混合路由协议。

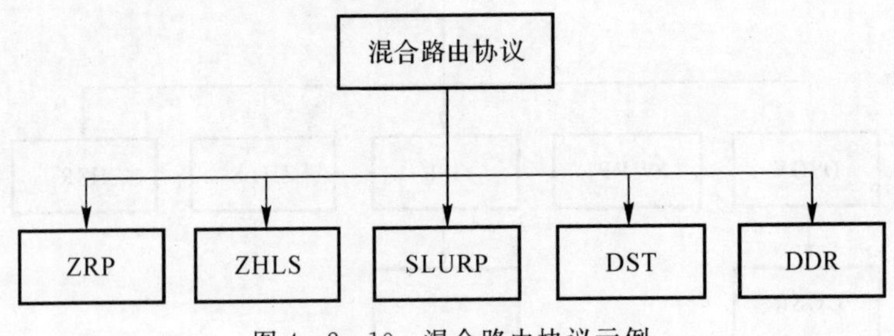

图 4-2-10　混合路由协议示例

(4)GPSR 协议。研究 UANET 路由协议成为建立更加可靠的通信网络领域的重要课题之一。由于无人机具有定位功能,所以基于地理位置的路由协议被广泛应用于 UANET 中。贪婪周边无状态路由(Greedy Perimeter Stateless Routing,GPSR)协议是一种应用在无线网络方面的路由协议。该协议通过其一跳邻节点的位置信息找出下一跳转发节点,无须维护路由表,是一种无状态的路由协议。GPSR 协议通过周期性的 HELLO 机制使每个节点都维护一个邻居列表,当节点要发送或转发数据分组时,根据邻居列表选择下一跳节点。GPSR 协议将贪婪转发和周边转发相结合。在通常情况下,GPSR 协议采用贪婪转发模式进行数据转发,下一跳节点是距离目的节点最近且比自身距离目的节点更近的节点。如果找不到合适的节点,即出现路由空洞现象,则贪婪转发失效,此时,切换到周边转发模式。该模式借助平面图和右手法则绕过空洞,直至找到比空洞节点更接近目的节点的下一跳节点,才会再次切换到贪婪转发模式。依此反复,直到将数据分组传送到目的节点。

GPSR 协议虽然简单、高效,但仍存在以下问题:

1)在贪婪转发时,没有考虑路由空洞问题,仅在遇到路由空洞时采取措施,路由效率低;

2)周期性的 HELLO 机制使网络在高动态环境下维护的邻节点信息不够精确,影响下一跳节点的选择;

3)在贪婪转发时,仅将邻节点与目的节点的欧式距离作为判断依据,考虑较单一,导致链路断裂的风险较高;

4)GPSR 协议使用右手法则绕过空洞,虽避免了协议的失效,但该法则较随意且路由代价大,所选路由非最优路由。

为使基于地理位置的 GPSR 协议适应高动态的 UANET,研究人员对 GPSR 协议做了大量改进。当节点运动速度过大时,GPSR 协议维护的邻居列表难以准确反映邻节点的位置信息。自适应信标方案(ABPP)可以动态调整信标频率,预测无人机的位置。GPSR - TA 协议采用两跳自适应信标算法,对通信范围边缘的邻节点移入与移出进行感知。GPSR - TAMP 协议在 GPSR - TA 协议的基础上使用邻节点移动预测算法,对邻节点位置进行实时更新。MP - GPSR 协议在预测邻节点位置的同时考虑链路生存时间,以提高链路稳定性。但这些协议在遇到路由空洞时,数据转发效率急剧下降。为此,EA - GPSR 协议在选择下一跳节点时,会同时考虑节点位置、剩余能量和能量收集能力,防止空洞继续变大。MPGR 协议通过 2 跳周界转发,降低路由空洞的影响。NEW - GPSR 协议采用一种新的空洞处理算法,将空洞节点作为树根,对空洞树进行拆分,有效地降低了空洞节点的通信量。但以上协议大多是在遇到路由空洞时做出改进,或者是仅考虑了路由空洞而忽略了邻节点位置信息的精确度。

3. 传输协议

传输层是上层协议与下层协议之间的通信中介。为了实现这种分离,传输层协议是独立于物理网络的。传送协议(Communications Protocol,CP)在通信中,是指在任何物理介质中允许两个或多个在传输系统中的终端之间传播信息的系统标准,也是指计算机通信或网上设备的共同语言。通信协议定义了通信中的语法学、语义学和同步规则,以及可能存在的错误检测与纠正。通信协议在硬件、软件或两者之间皆可实现。为了交换大量信息,通信系统使用通用格式(协议)。每条信息都有明确的意义使得预定位置给予响应,并独立实现回应指定的行为,通信协议须参与实体都同意才能生效。传输层协议的任务包括以下内容:完整信息的端到端交付、寻址、可靠交付、流量控制和多路技术。

用户数据报协议(User Data - gram Protocol,UDP)和传输控制协议(Transport Control Protocol,TCP)是两种不同的传输层协议。UDP 为应用层提供不可靠的非面向连接的服务,而 TCP 则为应用层提供更多的服务。TCP 是一种面向连接的、可靠的、基于字节流的传输层通信协议,由 IETF 的 RFC 793 定义,其是旨在适应支持多网络应用的分层协议层次结构。连接到不同但互连的计算机通信网络的主计算机成对进程之间依靠 TCP 提供可靠的通信服务。原则上,TCP 应该能够在从硬线连接到分组交换或电路交换网络的各种通信系统之上进行操作。通过流量控制、序列号、确认和计时器,TCP 可以确保数据从发送进程到接收进程的可靠、正确且按序传输。因此,TCP 可把 IP 所提供的终端系统间不可靠的服务转换为进程间可靠的数据传输服务。

TCP 采取了拥塞控制措施,它通过调节网络数据发送方向的速率来实现允许多个 TCP 平等地连接共享一个链路带宽,以便使它们通过一个拥挤的网络链路。而 UDP 的发送速率则是任意的,一个应用程序可以通过 UDP 以任意的速率、任意长的时间来传输数据。

4.2.4　空中通信自组网典型应用

空中自组网络在维持无人机飞行之间通信的同时,也实现了大量的物联网的应用服务。

该领域的研究集中在以数据为中心的飞行网络辅助物联网应用。以无人机为中心的空中网络市场前景日益增长，先进的技术手段是无人机空中自组网络的基础。

目前主要的无人机通信系统组成部分包括卫星通信、地空通信、空空通信，如图 4-2-11 所示。三种通信系统在无人机空中自组网络中的作用各不相同，本章将着重介绍无人机空空通信的实际应用。

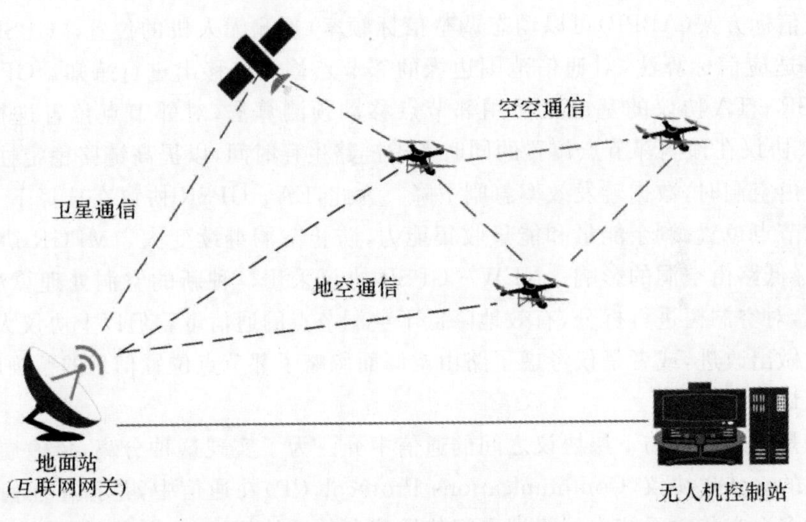

图 4-2-11　无人机通信系统

1. 无人机集群协同作战网络

无人机集群自组织网络是指多架无人机在协同执行任务过程中，单架无人机作为独立通信的网络节点，依靠自身通信载荷，根据内外部环境实际需求，所构建的可动态调整的复杂通信链路网络。其具备分布式、自组织、动态性、智能性和抗毁性等特点。无人机集群采用无线自组网技术，依靠局部连接和多跳路由进行通信，无人机个体的通信高度依赖于周围个体网络结构，因此在集群重要节点的识别中应当考虑网络局部结构信息。

无人机在集群执行任务时需要彼此间进行通信和数据交换，信息交互是实现无人机集群的必要条件。信息交互有两种方式，一种是个体利用环境作为媒介进行间接信息交互，另一种是个体通过无线广播、灯光等手段向其邻居个体传递信息的直接信息交互。在无人机集群研究中，一般都通过无线广播实现直接信息交互。随着对无人机集群作业自主性和多任务方面的要求不断提升，信息交互会遇到数据传输量增加、网络架构和拓扑结构发生变化等问题，若要保障无人机集群系统有效地执行任务，可靠的无人机集群通信组网模式和通信节点硬件就显得十分必要。此外当集群中的个体遭遇威胁时，会发出告警信息，其周围的无人机会对告警信息做出应答，根据威胁类型和等级，集群无人机在队列结构上可能会进行重构，以规避威胁，集群中单个无人机重新定位的全局影响示意图如图 4-2-12 所示。

无人机集群是由众多可移动的个体构成的集群，如果将各个个体看作通信节点，则这些个体就构成了一个无线网络，其通信节点具有空间分布性。网络中的节点都可能具有移动性，网络中新节点的加入或原节点的退出以及外界环境的干扰，会导致传感器网络拓扑结构动态变化，这些都使得网络具有很强的动态性。由于个体节点数量众多，无法预先定义通信网络结构，个体的可移动性又要求能够对动态变化的网络进行实时重构，以便网络任务的执行，因此无线网络必须具有自组织能力。综上，无人机集群通信具有网络节点分布性、网络结构动态性和网络形式自组织性 3 个基本特点。

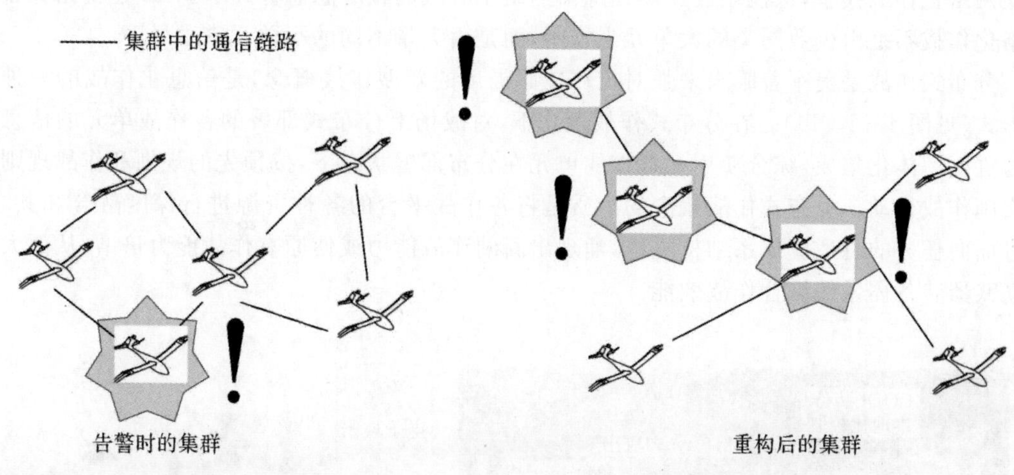

图 4-2-12　集群中单个无人机重新定位的全局影响示意图

2016 年，美国国防部科学委员会在发布的《关于自主技术的夏季研究》中界定了诸多协同任务所需的潜在要求，通信可使得内部智能体在严酷的对战环境下相互协同，而现有的军事和商业网络协议尚无法达到该要求。在美空军可以成功执行未来基于集群的自主任务之前，需要首先建立新网络模式。因此，从这一角度来说，允许使用现有的网络优化点对点数据链路技术。该技术将主要涉及开放式系统互联通信参考模型(Open System Interconnection，OSI)三层及更高层级的协议组合，并同时包含分布式波束成形技术，OSI 模型如图 4-2-13 所示。该项目的研究成果预期可用于解决美空军未来自主集群任务的网络连接问题，包括自主集群网络的功能、方案、理论和应用程序。

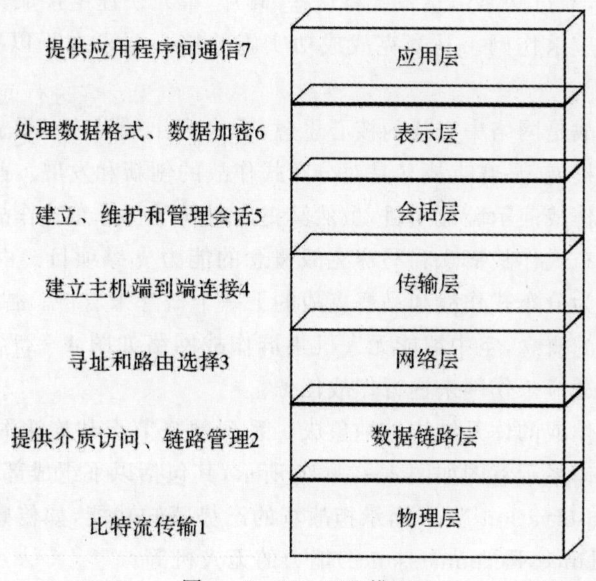

图 4-2-13　OSI 模型

OSI 模型目前主要应用于美军分布式作战(Distributed Warfare)。分布式作战早期可追溯至 1997 年美国海军提出的网络中心战(Networked Centric Warfare,NCW)概念。2005 年,Jeff Cares 出版了《分布式网络化作战——网络中心战基础》一书,第一次以数学形式定义了分布式网络化作战模型,该模型进一步提炼出网络中心战的核心思想。Jeff Cares 还指出分布式网络化作战不是由少数同类的大单元来控制,而是由大量不同的小单元来主导。

分布式作战是美军着眼未来强对抗环境而提出的新型作战概念,是信息化作战的一种高级形式(见图 4-2-14)。在分布式作战概念下,对战场上分布式部署的各作战单元的信息和火力进行一体化集成,综合使用。各作战单元在分布部署状态下,按预先的规划和作战规则自主实施作战行动。分布式作战概念的本质是将各作战平台的各种资源进行深度融合和共享,通过面向任务的自适应体系结构重组,涌现出新的作战能力或使原有作战能力倍增,从而大幅提高武器装备体系的综合作战效能。

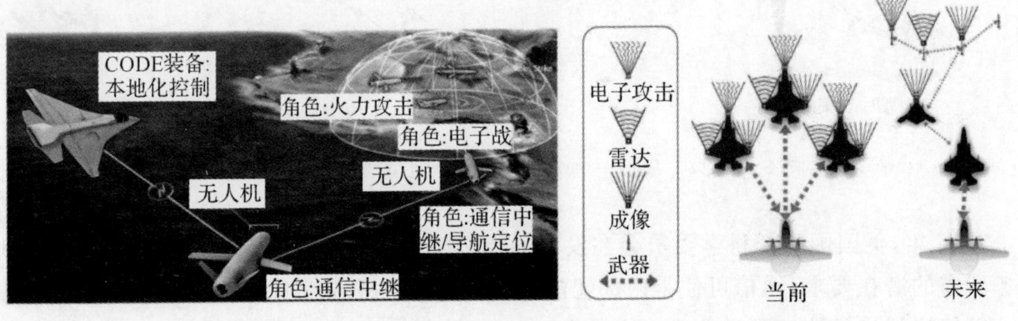

图 4-2-14　分布式作战网络体系

美国战略技术办公室(Strategic Technology Office,STO)于 2017 年提出了最新的作战概念:马赛克战。马赛克战是一种基于技术的作战愿景,利用动态、协调和高度自治的可组合系统的力量,就如同拼装"马赛克拼图"一般,从功能角度将各种感知、决策、控制、打击等作战单元视为"马赛克组件",通过网络信息系统将这些"碎片"单元快速链接成具有组合性、互操作性和适应性的动态自适应杀伤网。马赛克战成功实施的核心要素在于以决策为中心的指挥与控制。

分布式网络化作战是网络中心战的核心思想,后来提出的分布式作战是在网络中心战的基础上进行了延伸和扩展,马赛克战又是对分布式作战的创新和发展。此外,美军已经开展的多个智能无人机集群作战演示验证项目,虽然其提出时间早于分布式作战概念,但后期已被作为具体技术纳入到分布式作战概念和马赛克战概念的能力支撑项目。由此可见,智能无人机集群作战概念应当作为分布式作战和马赛克战的下一个概念来看待。智能无人机集群作战是类似于空中马赛克战的概念,空中智能无人机集群作战网络如图 4-2-15 所示,即由智能无人机集群构成动态自适应杀伤网来遂行作战任务。

智能无人机集群作战的体系结构被抽象成一系列网络节点和连边的有机组合,智能无人机集群作战的网络化体系示意图如图 4-2-16 所示,其包括以下组成部分。

(1)观察节点(Observation Node),承担战场的态势感知功能,如传感器、雷达或具有 ISR (Intelligence,Surveillance,Reconnaissance)能力的无人机等。

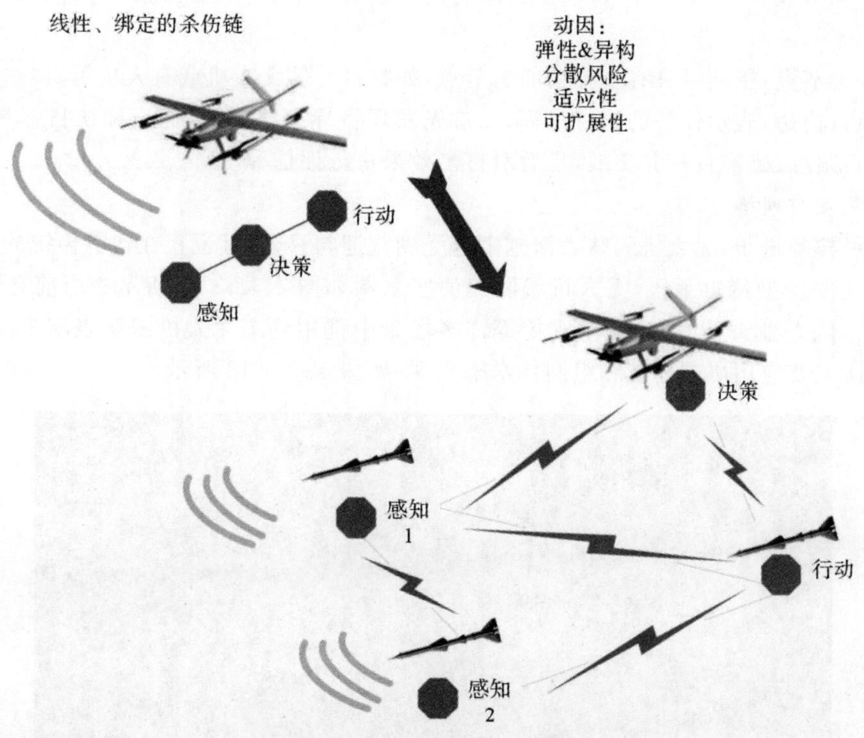

图 4-2-15　空中智能无人机集群作战网络

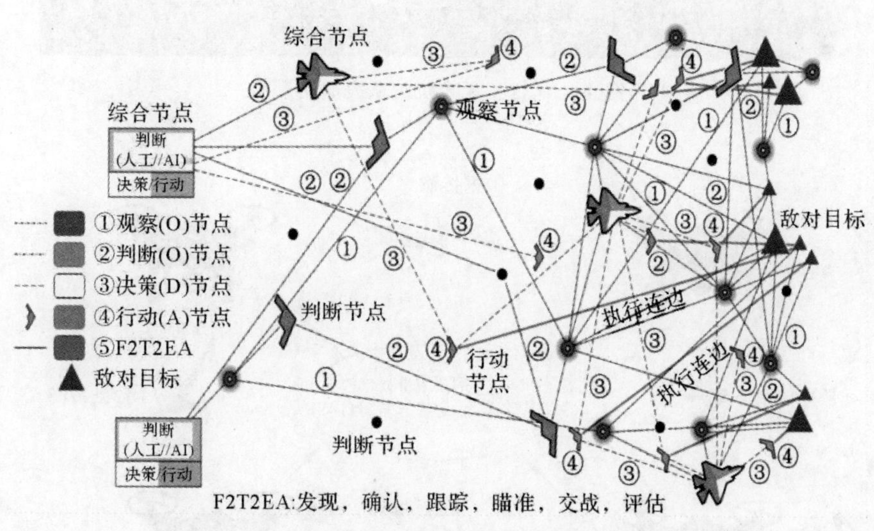

图 4-2-16　智能无人机集群作战的网络化体系示意图

(2)判断节点(Orientation Node)，对观察节点感知到的信息进行处理，也是进行态势认知的过程，如具有判断能力的无人机或其他数据处理平台等。

(3)决策节点(Decision Node)，如能够根据战场态势做出决策的无人机、预警机或其他指挥控制平台等。

(4)行动节点(Action Node),承担具体的任务执行,如具有火力打击、压制干扰能力的无人机等。

(5)综合节点,指同时具有多种功能的节点,如察打一体无人机或有人机等。

(6)执行连边,表示任务的执行过程,如首先发现目标概略位置,而后确认目标具体坐标,对目标进行跟踪,瞄准目标并交战,最后对打击效果进行评估等。

2.编队表演网络

随着科技的进步,无人机编队表演越来越受到欢迎与喜爱,其也正在代替传统的烟花成为一种多元化的新型传媒手段,无人机编队表演实景图如图 4-2-17 所示。当前在节假日活动、景区宣传、企业宣传、展会活动宣传等许多场景中都用到了无人机编队表演来聚集人气。无人机编队主要应用协同导航和组网技术来实现,如图 4-2-18 所示。

图 4-2-17　无人机编队表演实景图

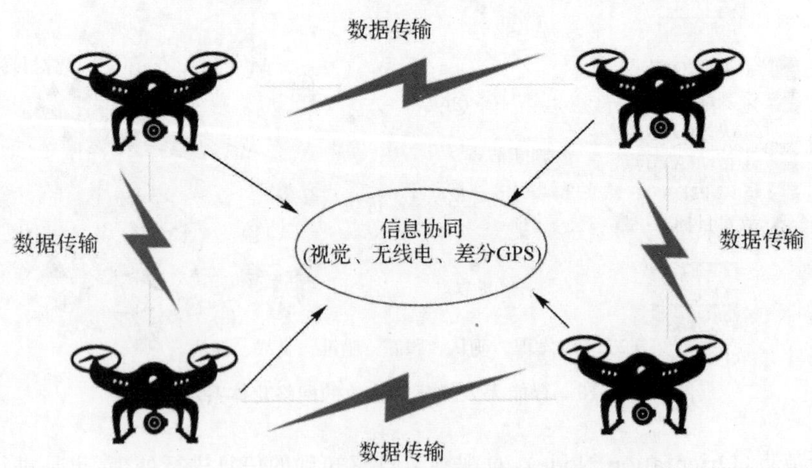

图 4-2-18　无人机编队协同导航与组网网络

多无人机协同导航方式通常分为主从式和平行式两种,如图 4-2-19 所示。

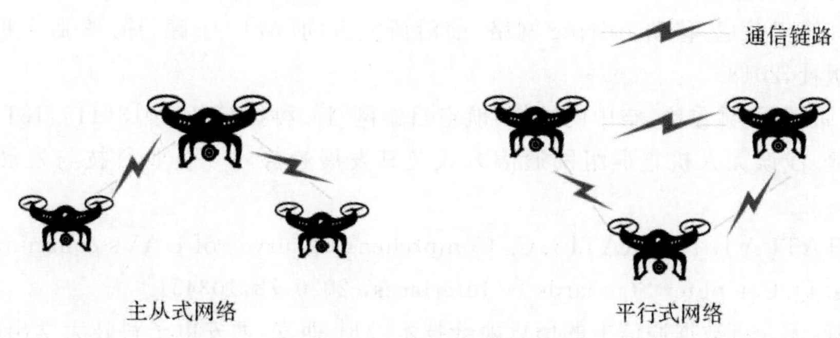

图 4-2-19　无人机编队网络结构

主从式多无人机的编队包括单主、多主等结构，通常主从式结构的无人机编队通过主机配置高精度的传感器信息与配备低精度传感器的僚机进行信息共享。僚机利用主机的导航信息并通过相对位置测量对自己的位置进行估计，从而提高无人机编队的整体定位精度。平行式结构则是通过多无人机直接信息广播，实现信息共享，通过相互距离测量进行自身位置更新。

目前，4G 网无线传输是无人机编队表演的主流空中传输链路。4G 数传模块是针对无人机飞行控制模块开发的基于 4G 网络的无线数据传输系统，可将移动数据网络应用到无人机数传系统。其有效解决了传统无线数传系统传输距离短、传输质量差的问题，更适用于城市运行环境。4G 数传模块通过双路 TTL 串口输出数据，在 4G 网络制式中，能够将输出的两路数传数据发送到地面电脑端上，之后可以通过地面站软件连接地面电脑的 TCP 网络端口建立与飞行控制系统的通信链路。同时所设计的模块还支持编队联网，没有传输距离的限制，抗干扰能力较强，信号稳定，支持多机连接。

无人机编队网络具有无线移动自组网、无基础设施、多跳、移动等特性。一方面，无人机节点高速运动造成节点间距离快速变化，致使链路状态变化比普通的移动自组织网络更加快速和频繁，进而影响网络可靠性。另一方面，无人机编队网络通常采用某种编队控制方式，节点间的运动并不是漫无目的的随机运动，节点运动状态的变化是根据控制系统的反馈逐步完成的，链路状态的变化是一个渐进的过程。

在无人机编队表演网络中，所有节点共享信道，周围环境复杂，影响链路状态的因素很多。从任务需求而言，首先是确保链路通信的成功，其次才是链路的带宽、时延等，可以链路的投递率(信息传输成功率)来量化表征链路状态。链路中的某次通信，可能因偶然因素导致失败，不能代表链路的状态，应以某个时段的总体投递率表示链路状态，投递率越高，链路状态越好。未来无人机编队表演将广泛应用，空中组网技术的鲁棒性是表演效果、效率的基石，新型的空中组网技术将不断涌现。

参考文献

[1]　刘焕松，陈思，刘晶. 自由飞行：无人机感知与规避系统研究[J]. 轻兵器，2013(17)：18-20.

[2]　廉佳. TCAS 防撞系统空中故障分析[J]. 西安航空学院学报，2013，31(5)：31-33.

[3] 张召悦.空管监视技术[M].北京:国防工业出版社,2017.
[4] 斯特凡诺巴萨尼.移动 AdHoc 网络:前沿研究方向[M]. 于鹏,译. 2 版. 北京:电子工业出版社,2018.
[5] 李颖,张鹏明,魏俊淦.空中的网络:航空自组网[J].科技信息,2013(11):181,209.
[6] 周奕捷.浅谈无人机集群组网通信方式及其发展趋势[J].企业科技与发展,2019(7):130-132.
[7] HENTATI A I, FOURATI L C. Comprehensive survey of UAVs communication networks[J]. Computer Standards & Interfaces, 2020,72:103451.
[8] 杨森斌.无人机数据通信中的信息隐蔽技术[M].西安:西安电子科技大学出版社,2019.
[9] 付伟伊. 基于联盟博弈的飞行自组网中信息共享方法研究[D]. 天津:天津大学,2017.
[10] 梁青,上官艺伟,张文飞,等.无人机自组网中基于邻节点筛选的 GPSR 协议[J].计算机工程,2019,45(10):96-100,109.
[11] 邹立岩,张明智.马赛克战视角下的智能无人机集群作战概念研究[J].战术导弹技术,2020(6):67-74,86.

第 5 章　星基通信链路

星基通信链路是用于解决无人机跨地基信号差或薄弱区运行时的主要通信链路。本章将介绍星基通信链路系统的概念、特点、分类、发展趋势，并对两种应用范围较广的卫星通信链路：北斗通信链路和铱星通信链路进行阐述。从通信技术研究现状、短报文通信、相关应用等几个方面对北斗通信链路进行阐述。从基本体系架构、信号体制、通信原理以及实际应用中存在的优势和劣势等几个方面对铱星通信链路进行讲解。此外，本章还将简要介绍海事卫星、Globalstar 系统等其他星基链路计划，最后列举无人机星基通信典型运行场景。

5.1　卫星通信系统概述

5.1.1　概念

卫星通信是指利用人造地球卫星作为中继，实现两个以及多个地球站之间或其他卫星通信终端之间的无线通信。卫星通信系统由卫星端、地面端、用户端三部分组成。卫星端包括两大子系统：星载设备和卫星母体，可作为中继站将地面站发送的电磁波放大返送至另一地面站。地面端包括地面卫星控制中心及其跟踪、遥测和指令站，是卫星系统与地面的公网接口。地面用户可通过地面站连接卫星系统形成链路。用户端即各种用户终端设备。

整个通信卫星占据微波频带的宽度仅为 500 MHz，为了便于放大、发射并减少变调干扰，目前的卫星通信多采用频分多址（Frequency Division Multiple Access，FDMA）技术，不同的地面站占用不同的频率，即采用不同的载波，适用于点对点大容量的通信。近年来，时分多址技术也在卫星通信中得到了较多的应用，即多个地球站占用同一频带，但占用不同的时隙。与频分多址方式相比，时分多址技术不会产生互调干扰、不需用上下变频把各地球站信号分开、适合数字通信、可根据业务量的变化按需分配传输带宽，使实际容量大幅度增加。另一种多址技术是码分多址（Code Division Multiple Access，CDMA），即不同的地球站占用同一频率和同一时间，但利用不同的随机码对信息进行编码来区分不同的地址。CDMA 采用了扩展频谱通信技术，具有抗干扰能力强、保密通信能力好、可灵活调度传输资源等优点，适合于容量小、分布广、有一定保密要求的系统使用。

5.1.2　特点

卫星通信是现代通信技术、航空航天技术、计算机技术相结合的重要成果。卫星通信在国际通信、国内通信、国防、移动通信以及广播电视等领域，均得到了广泛应用。与电缆通信、微波中继通信、光纤通信、移动通信等通信方式相比，卫星通信系统更适宜无人机远距离作业，其具有以下特点。

(1)下行广播，覆盖范围广：对地形情况如高山、海洋等不敏感，适用于在业务量比较稀少的地区提供大范围的覆盖，在覆盖区内的任意点均可以进行通信且成本与距离无关。

(2)广播方式工作，便于实现多址连接：卫星通信系统类似于一个多发射台的广播系统，每个有发射机的地球站都可以发射信号，在整个卫星覆盖区内都可以收到所有广播信号。因此只要同时具有收发信机，就可以在几个地球站之间建立通信连接，提供了灵活的组网方式。

(3)通信质量好：卫星通信中电磁波主要在大气层以外传播，电波传播非常稳定。虽然在大气层内的传播会受到天气的影响，但仍然是一种可靠性很高的通信系统。

(4)网络建设速度快、成本低：除建地面站外，无须地面施工，运行维护费用低。

(5)通信容量大，业务种类多：由于卫星采用的射频频率在微波波段，所以可供使用的频率带宽大，加上太阳能技术和卫星转发器功率越来越大，随着新体制、新技术的不断发展，卫星通信容量越来越大，传输的业务类型也越来越多。

(6)信号传输时延大：高轨道卫星的双向传输时延有时会达到秒级，用于话音业务时会有非常明显的中断，这是卫星通信的劣势之一。

(7)控制复杂：控制方式有星间协商和地面集中控制两种。由于卫星通信系统中所有链路均是无线链路，而且卫星的位置还可能处于不断变化中，所以控制系统也较为复杂。

(8)需要采用先进的空间电子技术：由于卫星与地面站的距离较远，电磁波在空间中的损耗很大，所以需要采用高增益的天线、大功率发射机、低噪声接收设备和高灵敏度调制解调器等。并且空间的电子环境复杂多变，系统必须要承受高低温差大、宇宙辐射强等不利条件，因此卫星设备的材料必须是特制的、能适应空间环境的。此外，卫星造价高，系统还必须采用高可靠性设计。

5.1.3　分类

按照通信范围区分，卫星通信系统可分为国际通信卫星、区域性通信卫星、国内通信卫星；按照用途区分，卫星通信系统可分为综合业务通信卫星、军事通信卫星、海事通信卫星、电视直播卫星等；按照转发能力区分，卫星通信系统可分为无星上处理能力卫星、有星上处理能力卫星；按基带信号类型区分，卫星通信系统可分为模拟通信卫星系统和数字卫星通信系统。

卫星通信系统按照工作轨道一般分为以下三类。

(1)低轨道(LEO)卫星通信系统。距地面 500～2 000 km，传输时延和功耗都比较小，但每颗星的覆盖范围也比较小，典型系统有 Motorola 的铱星系统。低轨道卫星通信系统由于卫星轨道低、信号传播时延短，所以可支持多跳通信。LEO 卫星通信链路损耗小，可以降低对卫星和用户终端的传输要求，一般采用微型/小型卫星和手持用户终端，但 LEO 卫星通信系统也为这些优势付出了较大的代价：由于轨道低，每颗卫星所能覆盖的范围小，所以需数十颗卫星完成全球组网，如铱星系统由 66 颗卫星组成、Globalstar 由 48 颗卫星组成、Teledisc 由 288 颗卫星组成。同时，由于低轨道卫星的运动速度快，对于单一用户来说，卫星从地平线升起到再次落下的时间较短，卫星间、载波间切换频繁，所以低轨道卫星通信系统的构成和控制复杂，技术风险大，建设成本也相对较高。

(2)中轨道(MEO)卫星通信系统。距地面 2 000～20 000 km，传输时延比低轨道卫星大，但覆盖范围也更大，典型系统是国际海事卫星系统。中轨道卫星通信系统可以说是同步卫星系统和低轨道卫星系统的折中，兼有这两种方案的优点，同时又在一定程度上克服了这两种方案的不足之处。中轨道卫星的链路损耗和传播时延较小，仍可采用简单的小型卫星，且传输时延比低轨道卫星低。由于其轨道比低轨道卫星系统高，所以每颗卫星所能覆盖的范围更大。例如，当轨道高度为 10 000 km 时，每颗卫星可以覆盖地球表面的 23.5%，因而只要几颗卫星就可覆盖全球。中轨道卫星通信提高了系统的可靠性，同时降低了系统投资，是建立全球或区域性卫星移动通信系统较为优越的方案。然而，中轨道卫星通信系统在为地面终端提供宽带业务时存在一定困难，而利用低轨道卫星的多媒体卫星通信系统的性能更优。

(3)高轨道(GEO)卫星通信系统。距地面 35 800 km，即同步静止轨道。理论上，用 3 颗高轨道卫星即可实现全球覆盖。传统的同步轨道卫星通信系统的技术较为成熟。自从同步卫星被用于通信业务以来，用同步卫星来建立全球卫星通信系统已经成为了建立卫星通信系统的传统模式。但是，同步卫星较长的传播时延和较大的链路损耗是其不可克服的问题，严重影响到它在某些通信领域的应用，特别是在卫星移动通信方面的应用。首先，同步卫星轨道高，链路损耗大，对用户终端接收机性能要求较高。这种系统难以支持手持机直接通过卫星进行通信，或者需要采用 12 m 以上的星载天线(L 波段)，这就对星载通信有效载荷提出了较高的要求，不利于卫星技术在移动通信中的使用。其次，由于链路距离长，传播延时大，所以单跳的传播时延就会达到数百毫秒，加上语音编码器等的处理时间消耗，单跳时延将进一步增加，当移动用户通过卫星进行双跳通信时，时延甚至达到秒级，这是用户，特别是话音通信用户难以忍受的。为了避免这种双跳通信时延就必须采用星上处理，使得卫星具有交换功能，但这必将增加卫星的复杂度，不但增加系统成本，也有一定的技术风险。目前，同步轨道卫星通信系统主要用于甚小口径终端(Very Small Aperture Terminal，VSAT)系统、电视信号转发等，较少用于个人通信。

5.1.4　工作频段

星基通信主要包括三种类型的业务，分别是固定卫星业务(Fixed Satellite Service，FSS)、移动卫星业务(Mobile Satellite Service，MSS)和广播卫星业务(Broadcast Satellite Service，BSS)。

(1)固定卫星业务是指固定通信站之间进行的卫星通信业务，是目前绝大多数常规通信卫星提供的业务类型，特别是对地静止卫星广泛提供了 VSAT 通信、电视直播到户、电视节目传输、应急通信等卫星通信服务。固定卫星业务主要使用 C、Ku 频段资源，随着国际移动通信系统(International Mobile Telecom system，IMT)对 C 频段的大量使用，Ku 频段已成为固定卫星业务拓展频谱资源的主要频段。目前从全球范围来看，常规固定卫星业务在 Ku 频段的频率资源已经趋于饱和。

(2)移动卫星业务是指地球表面上移动地球站或移动用户使用手持终端、便携终端、车(船、民航机、无人机)载终端，通过由通信卫星、关口站、系统控制中心组成的卫星移动通信系统实现用户或移动体在陆地、海上、空中的通信业务。

(3)广播卫星业务是指利用卫星发送，为公众提供的广播业务。卫星广播有两方面的业务应用，分别是广播业务和供作节目传送用业务。广播业务是指大众能够直接收听卫星广播节目的业务。一般用于个体接收，国际上多用直接到户(Direct To Home，DTH)或直播卫星(Direct Broadcast Satellite，DBS)表示。在该业务中，因为卫星转发器功率较大，多在 100～200 W，所以接收天线可用小型天线(如口径较小的抛物面天线)就可接收高品质的多频道卫星电视广播。供作节目传送用的业务多利用通信卫星传送电视节目内容，以供 CATV 台或地面电视台转播使用。由于通信卫星转发器功率较小,多在 10 W 至数十瓦之间,所以地面站的接收天线很大,多采用 2～5 m 的抛物面天线。卫星广播中除了卫星电视广播之外,还有卫星数字音频广播。卫星数字音频无线电业务(Satellite Digital Audio Radio Service,SDARS)的典型应用有美国 World Space 公司利用 3 颗卫星覆盖全球的数字无线电广播系统、美国的 Sirius 和 XM 公司覆盖全美的 Satellite Radio 系统。

卫星通信工作频段很宽,覆盖 UHF、L、S、C、Ku、Ka、EHF 等频段。国际电信联盟(International Telecommunications Union,ITU)早在 20 世纪六七十年代就曾多次召开世界无线电行政大会,制定了分配空间应用频率的无线电规则,详细地划分了从特高频(Ultra High Frequency,UHF)一直到极高频(Extremely High Frequency,EHF)为各类卫星通信业务使用的工作频段。ITU 定义用于卫星通信的频段如下:①UHF 频段,频率范围为 300 MHz～3 GHz,该频段对应于 IEEE 的 UHF(300 MHz～1 GHz)、L 频段(1～2 GHz)以及 S 频段(2～4 GHz)。UHF 频段无线电波接近视线传播,易被山体和建筑物等阻挡,室内的传输衰耗较大。②超高频(Super High Frequency ,SHF)频段,频率范围为 3～30 GHz,该频段对应于 IEEE 的 S(2～4 GHz)、C(4～8 GHz)、Ku(12～18 GHz)、K(18～27 GHz)以及 Ka(27～40 GHz)频段。③EHF 频段范围为 30～300 GHz,该频段对应于 IEEE 的 Ka(27～40 GHz)、V(40～75 GHz)等频段。发达国家已开始计划,在 Ka 频段资源也趋于紧张后,高容量卫星固定业务(HDFSS)的关口站将使用 50/40 GHz 的 Q/V 频段。1～2 GHz 频段称为 L 频段,该频段主要用于卫星定位、卫星通信以及地面移动通信。

根据 ITU 的划分,卫星移动业务可使用以下频段。

(1)带宽为 34 MHz 的 1 626.5～1 660.5 MHz/1 525～1 559 MHz 上、下行频段,其中,1 525～1 559 MHz上行频段占据优先地位,下行频段为卫星移动业务专用。

(2)带宽为 7 MHz 的 1 668～1 675 MHz/1 518～1 525 MHz 上、下行频段,优先地位低于地面固定和移动业务。

(3)带宽为 16.5 MHz 的 1 610～1 626.5 MHz 上行频段,占优先地位,其对应的下行频段为 S 频段(2 483.5～2 800 MHz)。根据 ITU 的划分,卫星广播业务可使用带宽为 40 MHz 的 1 452～1 492 MHz 下行频段,其优先地位低于地面固定、移动和广播业务。Inmarsat 等使用 1 525.0～1 646.5 MHz 频段,Thuraya 使用 1 525～1 661 MHz 频段,铱星系统使用 1 616.0～1 626.5 MHz频段。很多国家将 1 452～1 492 MHz 频段分配给数字声音广播业务,World Space 卫星声音广播系统使用其中的 1 468～1 492 MHz 频段。地面移动通信系统多工作于 800～900 MHz 以及 1 800～1 900 MHz 频段。此外,L 频段还被广泛应用于地面和航空等业务中。

2～4 GHz 频段称为 S 频段,该频段主要用于气象雷达、船用雷达以及卫星通信。根据 ITU 的划分,卫星移动业务可使用以下频段。

(1)带宽为 30 MHz 的 1 980～2 010 MHz/2 170～2 200 MHz 上、下行频段。

(2)带宽为 16.5 MHz 的 2 483.5～2 500 MHz 下行频段,其优先地位均低于地面固定和移动业务。根据 ITU 的划分,卫星固定和移动业务可使用带宽为 20 MHz 的 2 670～2 690 MHz/2 500～2 520 MHz 上、下行频段,其优先地位低于地面固定和移动业务。根据 ITU 的划分:①卫星固定和广播业务可使用带宽为 15 MHz 的 2 520～2 535 MHz 下行频段,其优先地位低于地面固定和移动业务;②卫星固定和广播业务可使用带宽为 120 MHz 的

2 535～2 655 MHz 下行频段，其优先地位低于地面固定和移动业务；③卫星固定和广播业务可使用带宽为 15 MHz 的 2 655～2 670 MHz 下行频段，其优先地位低于地面固定和移动业务。Inmarsat 和 Eutelsat 将 1.98～2.01 GHz/2.17～2.20 GHz 频段用于卫星移动业务，NASA 将 S 频段用于航天飞机和国际太空站与地面的卫星中继业务，FCC 将 231～236 GHz 频段用于卫星声音广播。

在卫星通信常用工作频段中，一般前边表示卫星地球站向卫星传输的上行频率，后边表示卫星向地球站传输的下行频率。例如，C 频段 6/4 GHz，表示上行频率为 6 GHz，下行频率为 4 GHz。同时，实际工作频段与划分的频率范围略有出入。

卫星通信中使用 Ka 频段与 Ku 频段，与其他较低的频段相比，具有一些显著优势。Ka 频段不仅具有更多的可用带宽，而且与同类尺寸的低频段天线相比，Ka 频段的天线具有更高的增益。

尽管频谱资源在不断地向更高频段扩展，但有限的频谱资源始终是限制卫星通信发展的关键性因素。可以预见，随着越来越多的业务和应用在 Ka 频段广泛使用，频谱拥挤将使未来的 Ka 频段的业务发展变得十分困难。

卫星通信业务有卫星固定通信业务(FSS)和卫星移动通信业务(MSS)之分，它们所分配的频段也不同。FSS 使用 C 频段和 Ku 频段，MSS 使用 L 频段。工作在 Ku 频段建设的转发器原来大多是点波束的，20 世纪 90 年代，国际通信卫星组织(INTELSAT，简称为 IS)开始的 Ku 星叫 ISK，提供较广的区域波束以适应需求。FSS 的 C、Ku 频段的频率划分如下。

(1)C 频段(MHz)。

1)上行：5 925～6 425 MHz，带宽为 500 MHz。

2)下行：3 700～4 200 MHz，带宽为 500 MHz。

为扩展 FSS 使用的频谱，C 频段的频率划分自 1984 年 1 月 1 日开始调整如下：

1)上行：第 1 区为 5 725～7 075 MHz(带宽为 1 350 MHz)；第 2、3 区为 5 850～7 075 MHz(带宽为 1 225 MHz)和 3 400～4 200 MHz(带宽为 800 MHz)。

2)下行：第 1、2、3 区为 4 500～4 800 MHz(带宽为 300 MHz)。

(2)Ku 频段(GHz)。

1)上行：第 1、2、3 区为 14.0～14.25 GHz(带宽为 250 MHz)和 14.25～14.5 GHz(带宽为 250 MHz)。

2)下行：第 1、2、3 区为 10.95～11.20 GHz(带宽为 250 MHz)和 11.45～11.7 GHz(带宽为 250 MHz)；第 2 区为 11.7～11.95 GHz(带宽为 250 MHz)，11.95～12.2 GHz(带宽为 250 MHz)；第 3 区为 12.2～12.5 GHz(带宽为 300 MHz)；第 1、3 区为 12.5～12.75 GHz(带宽为 250 MHz)。

根据 1992 年国际无线电行政大会(WARC－92)的频率分配，国际通信卫星组织于 2000 年 1 月 1 日可启用新分配的 13.75～14.0 GHz(上行)频段，带宽为 250 MHz，以适应发展的需要。

C 频段的传输比较稳定，设备技术也成熟，但容易和同频段的地面微波系统相互干扰。卫星通信的上行链路干扰 6 GHz 微波系统，下行链路受 4 GHz 微波系统的干扰，因此需要预先协调并采取相应的屏蔽措施加以解决。规划频段与非规划频段之间的关系如图 5－1－1 所示。Ku 频段传输受雨雾影响衰减较大，不如 C 频段稳定，尤其雨量大的地区更是如此。如在上、下行链路的计算中留有足够余量,配备上行功率调节功能,也可获得满意效果。Ku 频段的频谱资源较为丰富,与地面微波系统的相互干扰小,应用前途较好。

(3)目前,C 和 Ku 频段已出现拥挤,FSS 将开发 Ka 频段(20～30 GHz)的业务,其频率如下。

1)上行:29.5～30 GHz,带宽为 500 MHz。

2)下行:19.7～20.2 GHz,带宽为 500 MHz。

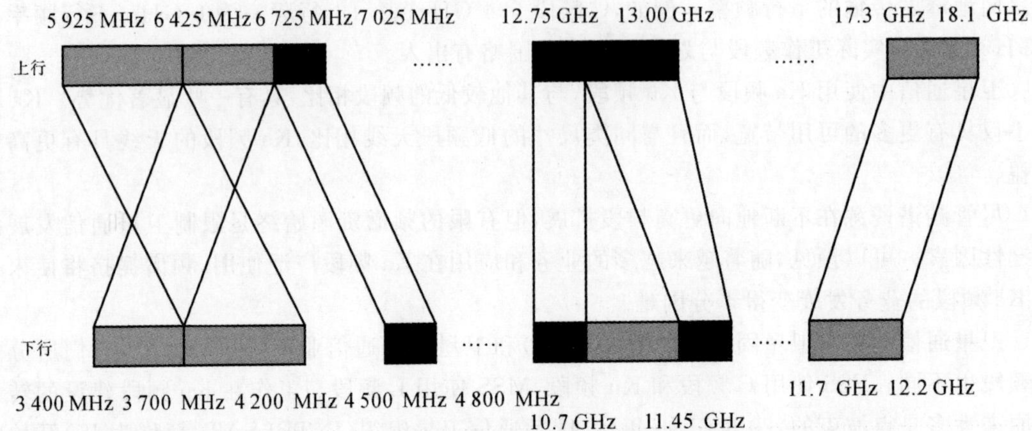

图 5-1-1 规划频段与非规划频段之间的关系

现阶段卫星通信发展的主要限制因素是频谱资源无法满足日益增长的新业务需求,造成了频谱拥塞和卫星干扰越来越严重。同时,卫星通信系统与地面移动通信系统之间对频谱资源的竞争也越来越激烈。

为了适应不断增加的带宽和数据速率需求,卫星通信系统需要从目前普遍使用的 C/Ku 频段(各有 500 MHz 带宽)向频率更高的 Ka 频段(2.5 GHz 带宽)、Q/V 频段(各有 10 GHz 带宽)甚至更高的频段扩展。近几年,卫星通信频谱资源扩展使用最广泛的是 Ka 频段,目前国际电信联盟将 Ka 频段的频谱使用划分为三个区:17.3～17.7 GHz、17.7～19.7 GHz 和 27.5～29.5 GHz。

5.1.5 发展趋势

随着空间技术的发展及应用需求的激增,出现了各种用途的卫星和航天器,其中绝大部分与信息有关,例如光学遥感卫星、微波遥感卫星、军事侦察卫星、气象卫星、海洋卫星、通信卫星、通信星座、深空探测卫星、科学实验卫星和 GPS 导航卫星等。卫星(包括各种航天器)之间、卫星与地面站之间的通信手段目前主要采用微波,由于受无线电载波频率的限制,所以数据传输速率大约在 150 Mb/s,基本可以满足图像信息的传输,但是不能满足合成孔径雷达数据的实时传输,例如德国 TerraSAR 卫星的 X 波段合成孔径雷达数据率约为 5.6 Gb/s。因此,发展新的通信手段,实现高码率传输是十分必要的。

地球轨道通信卫星相对于传统的高地球轨道卫星,具有轨道多样化、微型生产批量化、终端小型化、时延低、频率复用率高、能够覆盖全球等特点。从全球高通量卫星容量供应来看,2009 年之前,全球只有北美洲和亚洲地区部署高通量卫星。2010 年以来,高通量卫星系统开始加速发展，目前已经成为卫星容量供应量增量的主要推动因素。高通量卫星容量供应量在2018年达到1.8 Tb/s，到2021年可用供应量达到3.8 Tb/s。多个低轨宽带星座全面投入运营的时间均设在2022年前后，因此预计2022年的可用供应量将大幅增加，会达到10.8 Tb/s。从高通量卫星运行轨道来看，当今可用的高通量卫星容量供应量的绝大部分(超过90%)来自于地球同步轨道(GEO)卫星。在非地球同步轨道(NGSO)卫星星座方面，只有O3b(隶属于欧洲卫星公司，SES)目前正在运营；“星链”和“一网”(OneWeb)等其他星座均处于部署期。随着低轨通信星座全面开展部署，NGSO高通量卫星供应量预计将大幅增加，预计到2024年将达到16.7 Tb/s，占到总供应量的72%。未来高通量容量供应增长迅速，未来低轨高通量卫星或成主流。

卫星通信链路包括高轨静止卫星之间的链路(GEO－GEO：距离约为80 000 km)、低轨卫星和高轨卫星之间的链路(LEO－GEO：距离最长为45 000 km)以及低轨卫星之间的链路(LEO－LEO：距离约为数千千米)，其中非静止卫星也可能是中轨卫星(MEO)和空间站等。此外，也包括卫星与光学地面站、深空航天器与卫星或地面站的链路。相关的卫星可以组成一个局域网络，或者构成一个全球性的网络，这就是国际上出现的天基网的基本概念。卫星通信的进一步发展需要实现高码率的传输，通信终端也需要适合于空间平台应用，即必须小型化、轻量化和低能耗。此外，随着更高通信吞吐量需求的增长，具备高带宽、大容量、窄波束和低成本等优势的Q/V频段被认为是下一代甚高通量通信系统(VHTS)的首选频段，在对地静止轨道(GEO)与非静止轨道(NGSO)高通量宽带卫星通信系统中发展迅速。随着GEO卫星向大容量、星座化发展，众多NGSO星座开始部署，卫星通信应用也将愈加广泛，从传统的固定卫星通信业务向船载、机载等宽带移动通信业务发展，并融合地面移动通信，实现全球无缝覆盖的移动互联网接入以及M2M物联网等新兴服务的发展。而作为具备高带宽、大容量、低成本等突出优势的Q/V频段，将会更加广泛地用于GEO－HTS与NGSO－HTS，提供星间链路通信、关口站链路通信、地面移动网络回传、热点信息广播推送、个人互联网接入和超高速率宽带接入等高速信息传输服务。

未来的卫星通信系统主要将呈现以下的发展趋势：

(1)地球同步轨道通信卫星向多波束、大容量、智能化发展；

(2)低轨卫星群与蜂窝通信技术相结合，实现全球个人通信；

(3)小型卫星通信地面站将得到广泛应用；

(4)通过卫星通信系统承载数字视频直播(DvB)和数字音频广播(DAB)；

(5)卫星通信系统将与IP技术结合，用于提供多媒体通信和因特网接入，即包括用于国际、国内的骨干网络，也包括用于提供用户直接接入；

(6)微小卫星和微纳卫星将广泛应用于数据存储转发通信以及星间组网通信；

(7)无缝覆盖全球服务，构建多技术融合的智慧天地一体化网络。

5.2　北斗通信链路

5.2.1　北斗卫星通信技术现状

在北斗卫星通信技术方面，我国北斗卫星导航系统一直沿用了GEO双向通信功能。与国际上其他卫星导航系统相比，北斗短报文通信是北斗卫星导航系统的亮点和特色。北斗卫星通信技术在国防、民生和应急救援等领域，都具有很强的应用价值。在 2008 年的汶川地震期间，进入重灾区的救援部队就利用北斗卫星通信技术突破了通信盲点，与外界取得联系，通报了灾情，供指挥部及时做出决策。2018 年 11 月 1 日 23 时 57 分，我国西昌卫星发射中心发射了“北斗三号”系统首颗地球静止轨道卫星，这是北斗卫星导航系统的第 41 颗北斗导航卫星，也是“北斗三号”系统的第 17 颗组网卫星。该卫星极大地提升了北斗短报文服务能力，在全面兼容“北斗二号”系统短报文服务的基础上，使短报文通信容量提升 10 倍。截至 2021 年 3 月，“北斗三号”全球卫星导航系统自正式开通以来，运行稳定，持续为全球用户提供优质服务，系统服务能力步入世界一流行列。

北斗一代导航卫星与北斗二代导航卫星以及北斗三代导航卫星在工作原理上有明显不同之处，见表 5-2-1。

表 5-2-1 北斗导航系统各代特点

名　称	导航定位方式	特　点
北斗一代	RDSS	属于主动定位方式，兼具短报文通信业务，定位前需要用户向卫星发送定位申请。定位需要卫星数量少，具有导航定位、发短报文和精密授时等多种功能，但其定位精度不高，系统用户容量有限
北斗二代 北斗三代	RNSS 与 RDSS	属于主动定位和被动定位相结合的方式，定位时无须用户向卫星发送定位申请

北斗一代采用 RDSS 即卫星无线电测定业务来进行导航定位，只要 2 颗卫星就能进行定位。北斗二代和三代采用了 RNSS 与 RDSS 即卫星无线电导航业务与卫星无线电测定业务相结合的方式进行定位，需要至少 4 颗卫星才能进行定位。北斗二代和三代系统在设计时同样具有短报文通信功能，相应的模组已经完成研发工作，未来北斗短报文业务将以北斗三代为主。

5.2.2 北斗短报文通信

北斗卫星系统(BDS)的主要功能包括定位、通信、授时，并具有其他特定功能。我国非常重视自主卫星导航系统的建设和发展，从 20 世纪 80 年代就开始寻找与国情相符的卫星导航系统发展路线，制订了“三步走”发展计划：①2000 年完成“北斗一号”系统的建设，为中国地区用户提供定位服务；②2012 年完成“北斗二号”系统建设，为亚太区域用户提供定位和短报文服务；③2020 年，“北斗三号”最后一颗全球组网卫星在西昌卫星发射中心点火升空，发射成功，完成“北斗三号”系统的建设，为全球用户提供无源定位服务。

BDS 由用户端、地面端和空间端组成。空间端由 5 颗地球同步轨道卫星(GEO)、7 颗倾斜地球同步轨道卫星(IGSO)和 21 颗中圆地球轨道卫星(MEO)组成。GEO 分别处于东经 160°、140°、110.5°、84°和 58.78°的地球同步轨道上；IGSO 运行在 3 个倾角为 55°的倾斜同步轨道上，距离地面 35 768 km；MEO 运行在 3 个倾角为 55°的中圆地球轨道上，距离地面 21 528 km。空间端如图 5-2-1 所示。

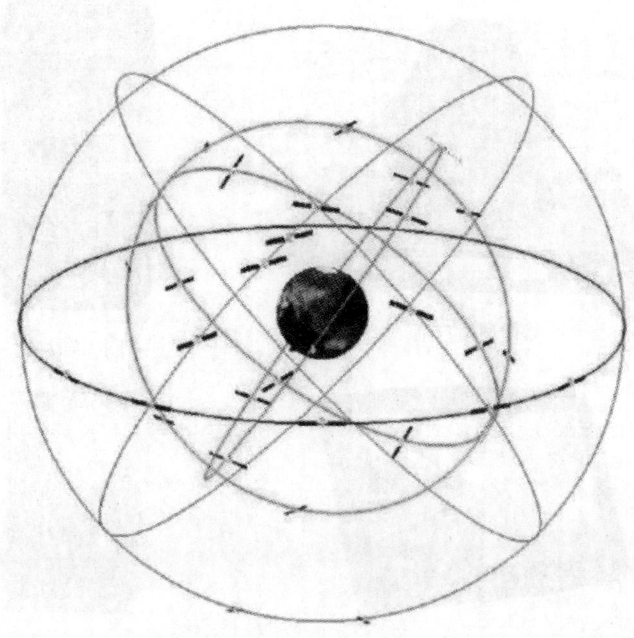

图 5-2-1　空间端

地面端包括主控站、监测站和注入站。主控站的主要任务是收集数据,推算编制导航电文,制定时间基准,控制监测站和注入站,修正卫星运行姿态等。监测站的任务是连续不断地追踪卫星,将收集的伪距观测值、气象资料等数据进行处理、保存并发送给主控站。注入站在收到主控站的控制指令后,将卫星星历、钟差信息、导航电文等控制信息发送给卫星,使卫星能够播发精度更高的信号,满足用户的需求。地面端如图 5-2-2 所示。

图 5-2-2　地面端

用户端是用户用于定位、导航和通信的各种设备,它分为多个级别,可兼容其他 GNSS。接收机结构包括天线、信号接收处理模块、存储模块、电池和显示模块。根据使用目的和使用场景,可以分为普通型、测量型、授时型、通信型和指挥型。图 5-2-3 为用户端部分产品的示意图。

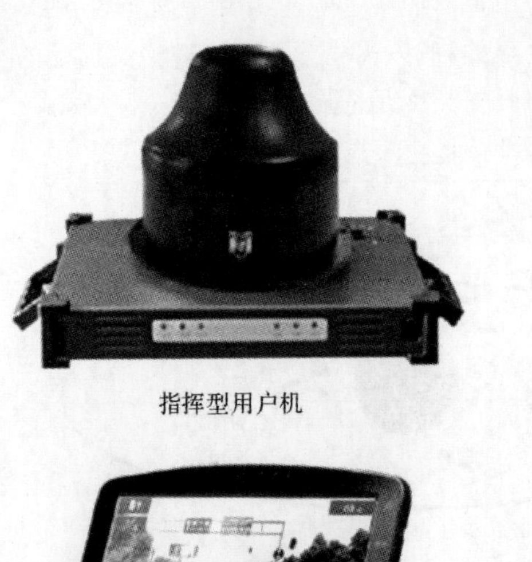

指挥型用户机

手持接收机

北斗板卡

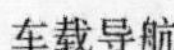

车载导航

图 5-2-3　用户端部分产品示意图

BDS 现阶段的导航服务区域为全球，提供水平 10 m、垂直 10 m 的定位精度(95%)，测速精度为 0.2 m/s(95%)，授时精度为 20 ns(95%)，在亚太区域提供水平 5 m、垂直 5 m 的定位精度(95%)。此外，北斗短报文通信与卫星导航的融合使得北斗通信具备全球无缝覆盖、可在恶劣环境中使用等优点。

短报文功能是我国北斗系统所独有的，这项功能的实现解决了复杂环境下的通信问题，在军事、救援、搜索等各方面有很大的推广作用。

北斗卫星导航系统是首个集定位、授时和报文通信为一体的卫星导航系统，比美国的 GPS 和俄罗斯的 GLONASS 系统多了一项短报文功能，方便了位置报告及导航信息的交换。该系统在短报文通信上有以下三个优点：

(1)具有双向数字报文通信能力，大大简化了指挥信息的互通；

(2)可进行多点对多点、一点对多点的信息传输，便于调度与控制，为系统平台提供了极大的便利；

(3)实现了实时传输，各项指令通过卫星转发传输，信号传输不受地域和空间限制，可以随时机动通信，这种通信方式的优势在于能够为突发情况的处置赢得宝贵时间。

1. 通信内容

北斗短报文服务按用户类型分为一类用户机、二类用户机、三类用户机。其中通信电文服务长度最高为 1 680 b，最低为 108 b。同时通信频度最高为 1 s/次，最低为 60 s/次，紧急服务为两个服务周期。

北斗双模型用户机在进行短报文通信时，两次通信之间要有一段的时间间隔，该时间间隔叫作北斗短报文服务频度，是系统对该用户授权短报文工作参数中的一项重要内容。

北斗短报文服务为有源模式，地面用户需要中心站处理用户数据。由于卫星和中心站通信带宽有限，北斗短报文服务资源是受限的，所以需要限制用户短报文通信的频度。根据用户等级进行区分，每个短报文授权用户的服务频度是固定的(见表 5-2-2)。

表 5-2-2　北斗短报文服务频度

用户机类型	服务频度/s
三类	1～9
二类	10～60
一类	＞60

北斗双模型用户机在进行短报文通信时，用户的通信报文长度是由通信等级规定的。目前北斗短报文服务的非加密用户分为 4 个等级，通信等级与报文长度的规定见表 5-2-3。

表 5-2-3　短报文通信等级和报文长度

通信等级	报文长度
1	7 个汉字/108 b
2	29 个汉字/408 b
3	44 个汉字/628 b
4	60 个汉字/828 b

如果用户在短报文通信中超出了本等级限定的报文长度，中心站对于超出长度的报文不予处理。

在短报文通信协议中，报文格式见表 5-2-4，其中，电文内容为用户用于通信的内容，本机地址为用户自己的短报文地址，目标用户地址为短报文接收方地址。

表 5-2-4　短报文格式

报头/b	本机地址/b	帧头/b	目标用户地址/b	电文内容/b	校验和/b
20	24	8	24	最长 1 680	8

2.通信链路

北斗短报文通信链路示意图如图 5-2-4 所示。北斗用户机中安装有北斗 IC 卡，北斗 IC 卡的卡号具有唯一性，即用户机的地址。

北斗用户机 A 的扩频调制方式为码分多址(CDMA)直接序列(DS)，扩频地址至北斗卫星。北斗卫星将信号转换为 C 波段后转发给地面中心站。地面中心站接收到的通信申伪码为周期性伪随机码(PN)序列，北斗用户机 A 以 L 波段频率发送通信申请(包含发信方地址和收信方申请)后，地面网关中心执行解密和再加密等操作，并由地面中心站广播该信号。北斗卫星再次接收到该信号后，将信号转换为 S 波段并广播给北斗用户机 B。北斗用户机 B 解调解密信号，即完成了一次北斗用户机间的点对点通信。

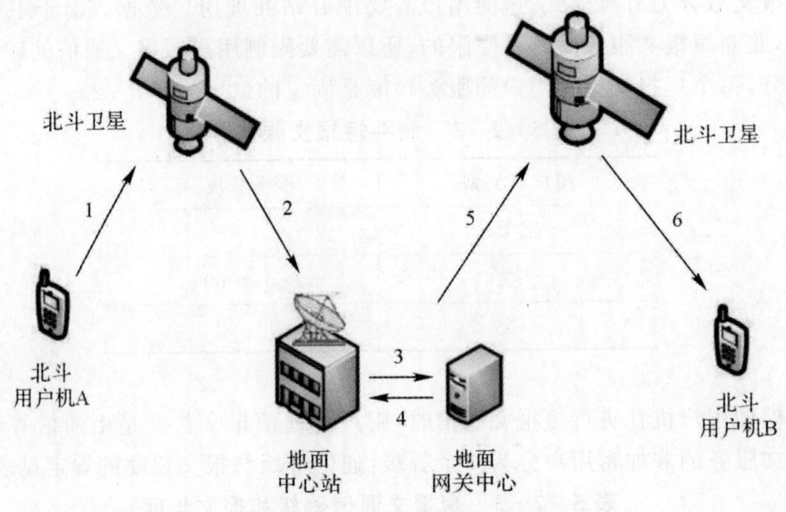

图 5-2-4　北斗短报文通信链路示意图

3. 通信技术的优点

(1)覆盖面积广。目前,北斗系统已经具备服务于全球用户的能力。

(2)保密性强。北斗是我国自主可控的技术。我国对北斗系统的使用不受国外势力的影响,在任何时候都能确保通信的安全性和保密性。

(3)抗干扰能力强。北斗卫星信号采用 L/S 波段,雨衰影响小;采用码分多址 CDMA 扩频技术,有效地减少了码间干扰。

(4)通信可靠性高。数据误码率$<10^{-5}$,系统阻塞率$<10^{-3}$。

(5)响应速度快。点对点通信时延为 1~5 s。

4. 通信技术的缺点

(1)服务频度有限。北斗 IC 卡决定了用户机的服务频度,民用北斗 IC 卡的服务频度通常为 60 s/次,即用户机连续发送通信申请的时间间隔至少为 60 s,否则信息发送失败;接收数据的服务频度无限制。

(2)单次通信容量有限。北斗 IC 卡的类型同时决定了单次通信报文的长度,民用北斗 IC 卡的报文长度通常为 78.5 B,即当发送数据超过 78.5 B 时,78.5 B 之后的数据将发送失败。

(3)民用北斗通信链路没有通信回执。北斗用户机 A 在发送消息后,不能确定该消息是否被北斗用户机 B 成功接收。

虽然具有以上通信限制,北斗短报文通信技术仍然在很多领域拥有重要的应用价值,例如,在自然灾害频发的地域,北斗短报文通信是一种有效的应急通信方案。地面无线通信网络的实现需要架设足够多的地面基站,而地面基站等基础通信设施很容易被地震、滑坡、泥石流、台风、洪水等灾害破坏。北斗短报文通信基本上不会受自然灾害的影响,依然可以有效保证通信的可靠性。

另外,在偏远地区或极端地形(如山谷、陡坡、森林、沙漠、海洋等)中,北斗短报文通信是一种具有较低成本的通信解决方案。在这些地区,无线通信基站或光纤等有线线路的建设和维护成本都是十分高昂的，并且需要耗费大量的人力、物力和财力。北斗系统的一大特点为覆盖范围广，完全可以覆盖到这些极端地形，且设备价格低廉。

5.3　铱星通信链路

铱星系统是全球移动个人通信卫星系统（Global Mobile Personal Communications by Satellite System，GMPCS）。它支持全球无线数字通信，用户可以使用铱星手机通过铱星系统进行语音、数据、寻呼和短信等通信。

铱星系统又称铱星计划，是美国摩托罗拉公司提出的第一代真正依靠卫星通信系统提供联络的全球个人通信方式，旨在突破现有基于地面的蜂窝无线通信的局限，通过太空向任何地区、任何人提供语音、数据、传真及寻呼信息。铱星系统是由 66 颗无线链路相连的卫星外加 6 颗备用卫星组成的一个空间网络。设计时原定发射 77 颗卫星，因铱原子外围有 77 个电子，故取名为铱卫星通信系统。后来又对原设计进行了调整，卫星数目改为 66 颗，构成了最终的铱星系统网络（见图 5-3-1），但仍保留原名称。它是世界上第一个大型低轨卫星通信系统和全球最大的无线通信系统，也是第一代真正依靠卫星通信系统提供全球个人联络的通信方式。

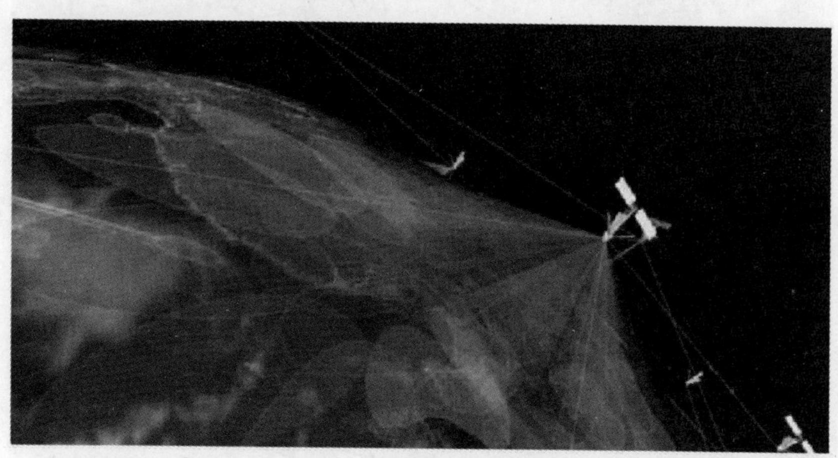

图 5-3-1　铱星系统网络

铱星系统有星上处理器，且采用星际链路（星际链路是铱星系统有别于其他卫星移动通信系统的一大特点），因而系统的性能较为先进，但也因此增加了系统的复杂性，提高了系统的投资费用。

铱星系统的市场主要定位于商务旅行者、海事用户、航空用户、紧急援助、边远地区。铱星系统设计的漫游方案除了解决卫星网与地面蜂窝网的漫游外，还可解决地面蜂窝网间的跨协议漫游，这是铱星系统有别于其他卫星移动通信系统的又一特点。

铱星系统的馈线链路使用 Ka 频段，关口站到卫星上行链路使用 29.1～29.3 GHz 频段，卫星到关口站下行链路使用 19.4～19.6 GHz 频段。铱星系统的星际链路使用 23.18～23.38 GHz 频段 。铱星系统的用户链路使用 L 频段，用户终端到卫星上行链路使用 1 621.35～1 626.5 MHz 频段，卫星到用户终端下行链路使用 1 616～1 626.5 MHz 频段。

5.3.1　铱星系统架构

1.铱星系统基本体系结构

铱星系统的基本体系结构如图 5-3-2 所示，主要由卫星星座、用户终端设备和网关（地球站）组成。卫星星座为用户终端和网关地球站提供通信线路。网关作为交换中心，建立所有与地面网络连接的通信线路，如公共交换电话网络，网关也能定位、识别和跟踪用户，以便实现对移动用户的管理，记录用户通信情况并进行计费。铱星用户终端类似于现在人们使用的移动电话。铱星系统是唯一采用交连卫星星座的移动卫星系统，在交叉连接架构（见图 5-3-3）内，卫星通过卫星间链路连网在一起。为了接入网络，用户和网关不需要在同一卫星覆盖范围，用户的通信链路可以通过星际链路被转送到地面上该用户归属的网关结构。

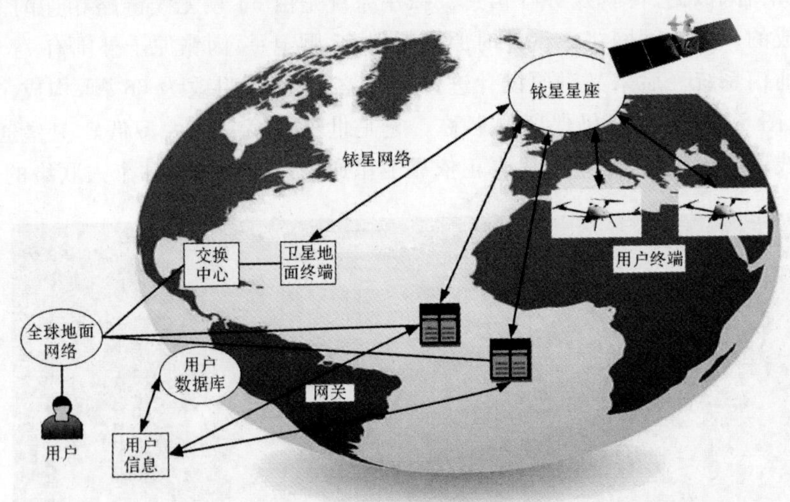

图 5-3-2　铱星系统结构图

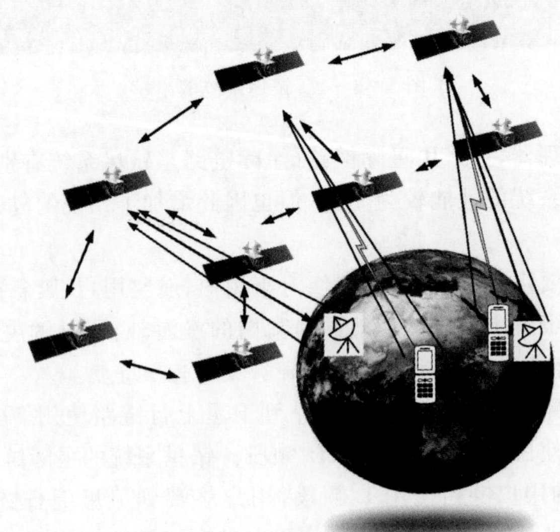

图 5-3-3　铱星交连结构图

2. 铱星系统的轨道和星座特性

铱星系统的轨道为近极圆轨道，最终实际运行的系统为了减少成本以及简化系统结构，将轨道数降为6条，轨道高度大约为780 km，轨道倾角为86°，每条轨道上有11颗卫星。铱星卫星绕地球一圈约为100 min，运行速度为277 088 km/h，具有从南极到北极无缝的全球覆盖能力。铱星系统中的每颗卫星不只承担转发任务，同时也是整个通信网络中的交换与路由节点，可以实现信息的星上处理与交换。铱星系统具有星间链路，这也是其作为一个卫星通信系统最大的特点。

铱星系统的每一颗卫星拥有3个相控阵天线用于与地面用户通信，每个天线发射16个波束，共形成48个波束。整个星座的66颗卫星可以形成3 168个波束，为避免信号之间的相互干扰，卫星在运动到两极附近时会关闭部分波束。单个波束大约可以覆盖一个直径为667 km的圆形区域，单颗卫星共有48个波束，大约可以覆盖直径为4 700 km的圆形区域。铱星系统的波束配置如图5-3-4所示，由图中可以发现，48个波束覆盖的区域可以分成4层，由外到内分别有21个、15个、9个、3个圆形小区。

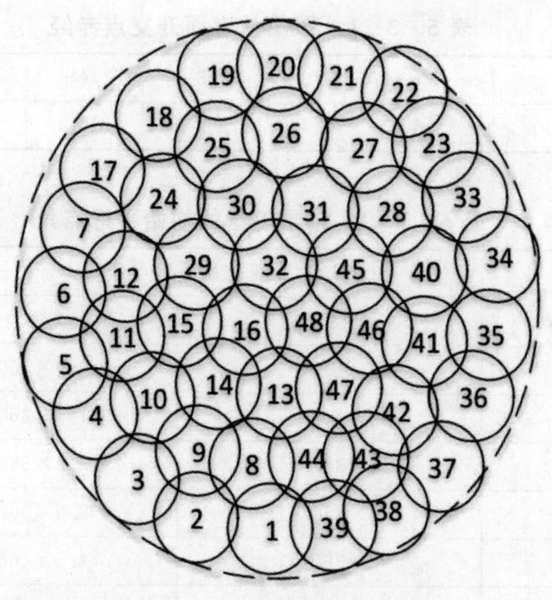

图5-3-4　铱星波束配置

铱星的轨道高度较低，因此其信号的传播时延及信号衰减都比较小，有利于通信质量的提高。铱星系统的轨道大致沿南北方向，轨道倾角为86°，相邻轨道间的夹角为31.6°，但其中第一条轨道与最后一条轨道之间的夹角仅为22°。由于相邻轨道上的卫星运动方向都相同，只有第一条轨道和最后一条轨道相邻但卫星运行方向相反，所以也称铱星系统的同向轨道面夹角为31.6°，反向轨道面夹角为22°。每条轨道上均匀分布有11颗卫星，同时在部分轨道上有备用卫星。铱星系统的轨道排列结构如图5-3-5所示。每个轨道面的升交点赤经见表5-3-1，每颗卫星的初始平近点角见表5-3-2。

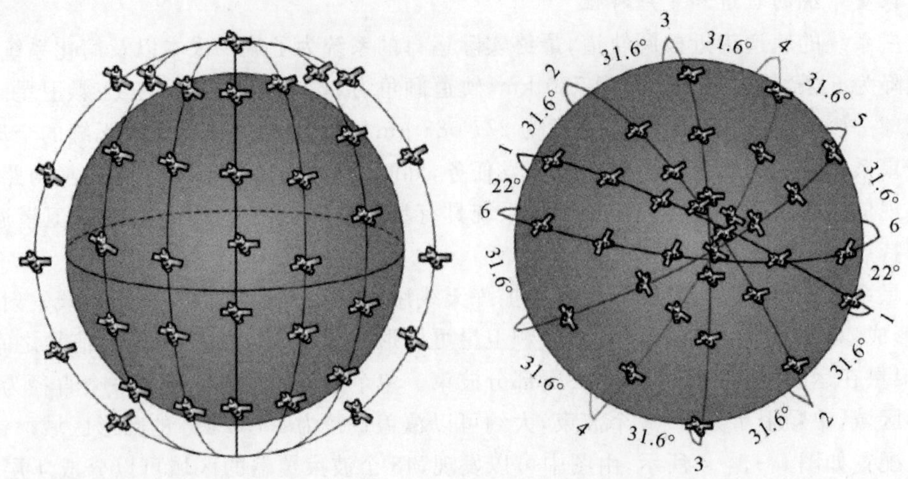

图 5-3-5 铱星轨道分布示意图

表 5-3-1 铱星轨道面升交点赤经

轨道面	1	2	3	4	5	6
升交点赤经/(°)	31.6	63.2	94.8	126.4	158	189.6

表 5-3-2 铱星卫星的初始平近点角

卫 星	卫星初始平近点角/(°)	
	奇数轨道	偶数轨道
1	0	0.5×360/11
2	360/11	1.5×360/11
3	2×360/11	2.5×360/11
4	3×360/11	3.5×360/11
5	4×360/11	4.5×360/11
6	5×360/11	5.5×360/11
7	6×360/11	6.5×360/11
8	7×360/11	7.5×360/11
9	8×360/11	8.5×360/11
10	9×360/11	9.5×360/11
11	10×360/11	10.5×360/11

铱星支持三种类型的通信链路:卫星到卫星、卫星到网关、卫星到用户。铱星卫星结构图如图 5-3-6 所示。

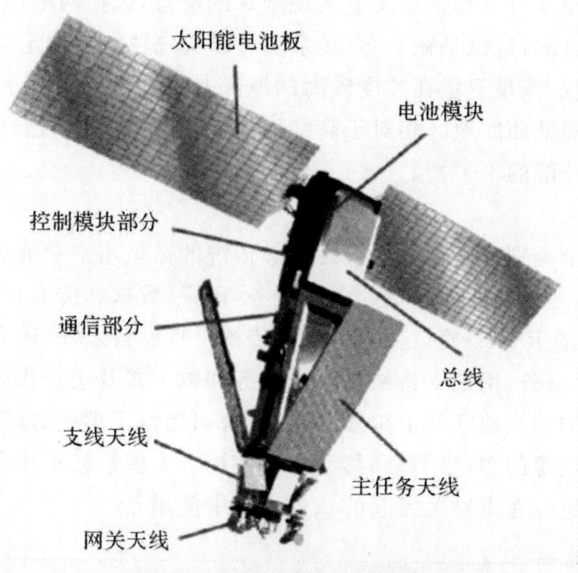

图5-3-6　铱星卫星结构图

每颗卫星可与在同一轨道平面上前面和后面的卫星以及在相邻轨道平面上最近的卫星进行通信联系。每颗卫星上的遥测跟踪控制装置(控制模块部分)跟踪卫星的轨道以及邻近的卫星轨道。遥测到的这些信息用于操作东/西卫星间链路的支线天线。

卫星到网关链路使用网关天线。网关具有独立的地面设施,包括巨大的卫星天线、功放设备和与地面通信系统相连的程控交换机等,具有开启呼叫、终止呼叫和遥测、跟踪以及控制功能。

卫星到用户链路使用3个L波段天线,形成了主任务天线系统。这个阵列天线在地球上构成了48个点波束或者蜂窝区,每个波束直径大约为400 km。虽然这些点波束类似于陆地上的蜂窝覆盖,但是它们与基于陆地系统的工作态势相反,铱星点波束是横跨天空移动的,而陆地移动用户则停留在一个相对固定的位置。必要时,在大城市地区可以动态分配无线电信道,以提供更大的通话容量。随着卫星快速地横跨天空移动,覆盖用户的蜂窝区也快速变化。大约1次/min,同一卫星为用户就会提供不同的波束覆盖;大约一次需要9 min,蜂窝区就要改变到不同卫星的点波束上。为满足网络通信的需要,波束和卫星之间会经常重新分配无线电信道,呼叫也可能从同一波束内的一个信道转移到另一个信道。单颗卫星的覆盖直径大约为4 500 km,并可以同时处理大约1 100个话音线路。

铱星系统在L频段(1 616～1 626.5 MHz)上传送卫星语音和数据信号,而星际链路、地面上行和下行链路则使用Ka频段的频率。每颗卫星上的处理系统提供了卫星控制和通信路由。卫星控制包括遥测控制、温度控制、电源控制、推进和指向控制以及故障管理功能。通信控制是铱星系统分组交换网络的路由器。

铱星系统使用专有的铱星传输模式(Iridium Transfer Mode,ITM)传输信息包。为了把数据包传送到目的地,每个ITM包都带有一个包头,包头含有信息包必要的信息。每颗卫星把ITM包由馈线线路、交叉链路或者用户链路传递。为了避免路由延时,ITM包路由采用门阵列技术。

铱星系统的星座使其可以真正意义上实现全球的覆盖，包括两极地区，这是在此之前的卫星通信系统没有实现过的，这也是铱星 STL 系统可以实现独立全球定位的基础之一。但是从其轨道的排布可以发现，铱星卫星在纬度较高的地区尤其是两极附近分布较为密集，在低纬度地区分布较为稀疏。而低纬度地区相对于高纬度地区的人口更多，这样的星座结构在一定程度上造成了系统资源分配的不平衡。

3. 铱星用户终端

铱星系统支持几个类别和类型的用户终端。传统的铱星用户单元(ISU)主要是一个移动电话手机，能够提供到地面上任何一点的电话服务(语音、数据和传真)。传真和数据通信是由内置到每个 ISU 标准的 RS232 接口提供的。除传统手持设备之外，还有专门的海事机构给船舶、航空终端提供铱星服务，用来支持铱星航空服务和数字式及字符式寻呼服务。为了支持缺乏地面通信基础设施的偏远地区的卫星服务，铱星公司提供了扩展口解决方案，以便于那些从事商业或使用太阳能电源的固定用户和移动用户使用。大多数铱星用户设备使用 SIM 卡，能够存储有关用户的信息并在由网关发起的认证过程中使用。

4. 铱星网关

作为交换中心，网关提供了从铱星系统到所有陆地网络的连接。每个网关控制着系统的接入、呼叫设置、移动性管理、计费、跟踪和维护所有有关注册用户的信息，如用户身份和地理位置信息等。网关天线不是定点指向某一颗地球同步卫星，而是可以转动跟踪移动的铱星，计算机和机械伺服系统可保证天线正确跟踪运转的铱星。

系统的卫星网络运营中心(SNOC)控制卫星星座，并提供整个铱星系统的网络管理。SNOC 通过遥测跟踪控制站(Telemetry Tracking And Control，TTAC)与卫星进行通信，并从它们跟踪的卫星中接收遥测数据。

5.3.2 铱星信号体制

铱星系统采用了时分多址(TDMA)与频分多址(FDMA)的混合多址方式，双工方式为时分双工(TDD)。用户信道分配包括一个载波频率和一个时隙，信道可以在不同的地理位置处复用。铱星的信道分为双向信道与单向信道，两者采用不同的频率划分，同时两者的 TDMA 帧结构是相同的。

铱星信道的频率范围为 1 616～1 626.5 MHz。在 FDMA 结构中，基本单元为间隔 41.667 kHz接入频率，每个信道使用一个频率接入。双向信道中每 8 个接入频率组成 1 个子频带，每个子频带占据 333.333 kHz(8×41.667 kHz)的带宽。铱星系统总共拥有 30 个双向通信的子频带，共包含 240 个接入频点，表 5-3-3 为这 30 个子频带的边界。双向信道主要用于广播、同步以及语音和数据业务。

表 5-3-3 铱星系统双向子频带频率分配

子频带	下边界/MHz	上边界/MHz	子频带	下边界/MHz	上边界/MHz
1	1 616.000 000	1 616.333 333	16	1 621.000 000	1 621.333 333
2	1 616.333 333	1 616.666 667	17	1 621.333 333	1 621.666 667
3	1 616.666 667	1 617.000 000	18	1 621.666 667	1 622.000 000

续表

子频带	下边界/MHz	上边界/MHz	子频带	下边界/MHz	上边界/MHz
4	1 617.000 000	1 617.333 333	19	1 622.000 000	1 622.333 333
5	1 617.333 333	1 617.666 667	20	1 622.333 333	1 622.666 667
6	1 617.666 667	1 618.000 000	21	1 622.666 667	1 623.000 000
7	1 618.000 000	1 618.333 333	22	1 623.000 000	1 623.333 333
8	1 618.333 333	1 618.666 667	23	1 623.333 333	1 623.666 667
9	1 618.666 667	1 619.000 000	24	1 623.666 667	1 624.000 000
10	1 619.000 000	1 619.333 333	25	1 624.000 000	1 624.333 333
11	1 619.333 333	1 619.666 667	26	1 624.333 333	1 624.666 667
12	1 619.666 667	1 620.000 000	27	1 624.666 667	1 625.000 000
13	1 620.000 000	1 620.333 333	28	1 625.000 000	1 625.333 333
14	1 620.333 333	1 620.666 667	29	1 625.333 333	1 625.666 667
15	1 620.666 667	1 621.000 000	30	1 625.666 667	1 626.000 000

有 12 个接入频率被保留给单向信道，这些单向信道仅用于下行通信。这些信道位于连续的 500 kHz 频带，频率范围在 1 626～1 626.5 MHz。单向信道的频率分配见表 5-3-4，总共包含 4 个消息信道和 1 个振铃警报信道。这些单向信道主要用于振铃警报以及广播信息。

表 5-3-4　铱星系统单向信道频率分配

信　道	中心频率/MHz	作　用	信　道	中心频率/MHz	作　用
1	1 626.020 833	保护信道	7	1 626.270 833	振铃警报信道
2	1 626.062 500	保护信道	8	1 626.312 500	保护信道
3	1 626.104 167	第四消息信道	9	1 626.354 167	保护信道
4	1 626.145 833	第三消息信道	10	1 626.395 833	第二消息信道
5	1 626.187 500	保护信道	11	1 626.437 500	第一消息信道
6	1 626.229 167	保护信道	12	1 626.479 167	保护信道

TDMA 结构中的基本单元为时隙，多个时隙组成 1 个 TDMA 帧。铱星系统的 TDMA 帧结构如图 5-3-7 所示。每 1 个帧包含 1 个时长为20.32 ms的单向时隙、4 个时长为 8.28 ms 的上行时隙以及 4 个相同时长的下行时隙。时隙与时隙之间包含保护时间，每个帧的总时长为 90 ms。在这些时隙中，单向时隙仅在单向信道频率工作，其他的时隙在双向信道频率工作。

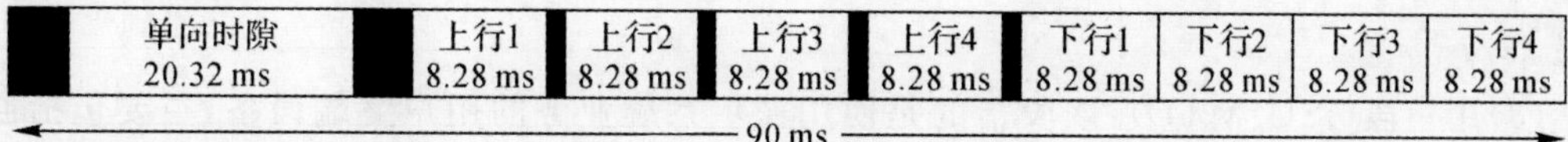

图 5-3-7　铱星 TDMA 帧结构

5.3.3 铱星系统通信原理

一次完整的铱星通信需要涉及以下 4 个环节：铱星网络段(GSS)、系统控制段(SCS)、用户段(ISU/MTD)、关口站段(GW)。铱星通信的基本原理是指各个环节之间通过特定接口建立数据通信链路，将用户段(ISU/MTD)需要传输的数据传送给另一个用户段或者其他环节的过程。具体接口说明和数据链路通信原理如图 5-3-8 所示。

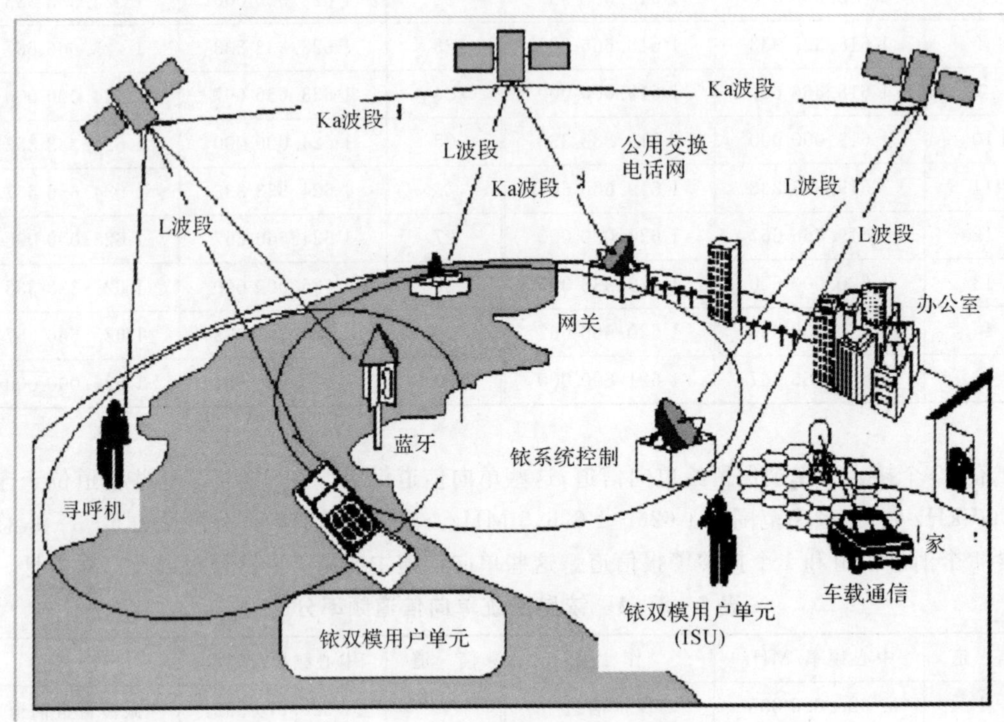

图 5-3-8 铱星通信原理示意图

(1)铱星网络段(GSS)：GSS 是由分布在 6 个极地圆轨道面的 72 颗星(6 颗备用星)组成的空间铱星网络。铱星系统星座网提供 ISU 到关口站的接入信令链路、关口站到关口站的网路信令链路、关口站到系统控制段的管理链路。每个卫星有 4 条星际链路，一条为前向，一条为反向，另两条为交叉连接。星际链路速率高达 25 Mb/s，在 L 频段 10.5 MHz 频带内按 FDMA方式划分为 12 个频带，在此基础上再利用 TDMA 结构，其帧长为 90 ms，每帧可支持 4 个 50 kb/s 用户连接。

(2)系统控制段(SCS)：SCS 是铱星系统的控制中心，它提供卫星星座的运行、支持和控制，把卫星跟踪数据交付给关口站，利用寻呼终端控制器(MTC)进行终端控制。SCS 包括三部分：遥测跟踪控制(TTAC)、操作支持网(OSN)和控制设备(CF)。SCS 有三方面功能：空间操作、网络操作、寻呼终端控制。SCS 有两个外部接口，一个接口到关口站，另一个接口到卫星。

(3)用户段(ISU/MTD)：该段指的是使用铱星系统业务的用户终端设备，主要包括通信模块(ISU)和寻呼机(MTD)。ISU 是铱星通信模块，包括多种型号，它可向用户提供话音、数据(2.4 kb/s)、传真(2.4 kb/s)。MTD 类似于目前市场上的寻呼机,分为数字式和字符式两种。

(4)关口站段(GW):关口站是提供铱星系统业务和支持铱星系统网络的地面设施。它提供移动用户、漫游用户的支持和管理,通过 PSIN 提供铱星系统网络到其他电信网的连接。一个或多个关口站提供每一个铱星系统呼叫的建立、保持和挂断,支持寻呼信息的收集和交付。关口站由以下分系统组成:交换分系统(SSS)(如西门子 D900 交换机)、地球终端(ET)、地球终端控制器(ETC)、消息发起控制器(MOC)、关口站管理分系统(GMS)。关口站有 4 个外部接口:关口站到卫星、关口站到国际交换中心(ISC)、关口站到铱星系统商务支持系统(IBSS)、关口站到系统控制段(SC)。

与使用的静止轨道卫星通信系统相比,铱星主要具有以下两方面的优势:

(1)轨道低,传输速度快,信息损耗小,通信质量大大提高;

(2)不需要专门的地面接收站,每部卫星移动手持电话都可以与卫星连接,这就使用户在地球上人迹罕至的不毛之地、通信落后的边远地区、自然灾害现场的通信都变得畅通无阻。

铱星系统的复杂、先进之处在于采用了星上处理和星间链路技术,相当于把地面蜂窝网倒置在空中,使地面实现无缝隙通信;另外一个先进之处是铱星系统解决了卫星网与地面蜂窝网之间的跨协议漫游。铱星系统开创了全球个人通信的新时代,被认为是现代通信的一个里程碑,使人类在地球上任何“能见到的地方”都可以相互联络。其最大特点就是通信终端手持化,个人通信全球化,实现了 5 个“任何”(5W),即任何人(Whoever)在任何地点(Wherever)、任何时间(Whenever)都可与任何人(Whomever)采取任何方式(Whatever)进行通信。

但目前铱星通信仍然存在以下问题。

(1)铱星电话在建筑物内无法接收信号,是其最重要的缺陷。

(2)铱星电话过于笨重,使用不方便。

(3)铱星系统与蜂窝电话网络相连,必须适应不同的区域传输标准,由此产生的转换成本给用户带来较大的不便。

(4)在语音质量和传输速度方面,铱星电话远远比不上蜂窝电话。铱星所采用的 MF-TDMA(多频时分多址)通信体制的话音质量不如 CDMA(码分多址)。另外,铱星系统的数据传输速率仅有 2.4 kb/s。

5.4　其他星基链路

5.4.1　海事卫星

1. 海事卫星移动通信及终端技术现状

海事卫星移动通信主要是依托国际海事卫星组织(简称 Inmarsat)建设的。海事卫星通信系统可实现全球无缝覆盖的卫星网络通信。国际海事卫星组织成立于 1979 年,原本是一个政府间合作机构,但随着业务的不断扩大,在 1999 年完成体制改革,更名为国际移动卫星组织,经营性质变更为国际商业机构,但在习惯上仍简称为海事卫星。海事卫星成立之初主要以解决海上通信严重受限的问题为宗旨,但随着通信技术的发展,近几年正在向高通量宽带发展,并已成为全球个人通信中不可或缺的部分。

海事卫星移动通信系统是当前世界上发展最快、影响广泛以及技术先进的全球卫星通信系统，也是唯一成为写入全球海上遇险安全通信标准(GMDSS)的移动卫星通信系统。从1979年至今，随着无线通信技术的发展，海事移动通信卫星经历了不断的技术升级与发展，已经从第一、第二代模拟卫星通信时代发展到第三、第四代数字卫星通信时代。在2005—2009年期间，国际海事卫星组织Inmarsat发射了三颗地球同步轨道海事宽带通信卫星，并且完成了宽带卫星通信系统地面端的接入和部署，正式宣布向全球用户提供无缝隙的卫星移动宽带通信服务，同时也标志着第四代海事卫星宽带通信系统的成功建设。

第四代海事卫星宽带通信系统相对于第三代海事卫星通信系统而言，采用了全新体系结构的网络设计，并且利用先进的技术保障了系统的高可靠性。该系统将卫星通信技术和第三代蜂窝移动通信技术(UMTS)进行了资源整合，构建了一个全新体系架构的卫星宽带通信领域，从而使海事卫星移动通信的带宽从窄带迈向了可传输数据的宽带通信时代。卫星陆地地面站从第三代陆地地球站升级为了第四代卫星接入地面站，陆地地面站数量从30个减少到了4个。第四代卫星接入地面站的技术实现不同于第三代技术，它融合了蜂窝移动通信核心技术，使系统具有先进、稳定以及更大的扩展空间。

第四代海事卫星宽带业务服务按用户类型可以分为陆地宽带业务、海上宽带业务和航空宽带业务三大类。不同的业务类型对应不同的Class接入等级，在用户终端形态和服务类型上也有所不同。第四代海事卫星系统继承了以往卫星系统的通信频段，采用具有强抗雨、雪衰减能力的L波段作为用户链路通信的频段，为用户链路提供了可靠的数据和语音通信，数据通信带宽最高可达492 kb/s，并且融合蜂窝移动通信技术，采用了分组交换和网络技术，根据卫星通信特点进行功能定制化开发，提高了海事卫星通信系统在公众信息通信方面的能力。

海事卫星通信系统具有覆盖范围广、通信能力强、可靠性高等显著优势，可以保证终端用户在全球(除南、北极点外)任何一个地点，尤其是在处理应急险重任务时能得到高性能和高稳定的通信服务，同时提高应急抢险救助效率和能力。海事卫星通信广泛应用于应急救灾、应急通信、旅游探险、石油物探、野外作业等多个领域。

海事卫星宽带通信终端能通过指向并跟踪卫星，建立终端-卫星-地面站间的双向通信链路，用户通过连接该终端就可以实现数据传输、互联网接入、语音通信、SMS短信等业务功能。近年来，随着通信技术的快速发展，卫星终端也在向小型化、低功耗、低成本、多用途等方向发展，旨在提供快速便携的用户使用体验，提升可靠、可信的通信服务。

根据海事卫星宽带终端用户的使用特点和不同应用需求，终端可划分为机载、船载、车载、便携式、固定式共5大类型终端。以海事卫星便携式宽带终端为例，目前主要以国外Hughes、Add Value、COBHRM等厂家生产的终端设备为主。便携式海事卫星宽带终端具有搜星快、入网快、信号稳定、体积小、质量轻、方便携带等特点，适合政府、急救人员、公共安全、移动健康护理以及远程作业人员(如石油天然气、林业、电缆、电信)使用，以高性能满足最苛刻用户和极端环境条件下的稳定性要求。

2.系统组成及功能

第四代海事卫星宽带通信系统主要由空间分系统、地面分系统以及用户分系统组成。其中空间分系统包括3颗同步轨道卫星，地面分系统包括卫星接入站、卫星测控中心、跟踪遥测中心等，用户分系统由机载、船载、便携等各种类型的终端组成。

(1)空间分系统。海事卫星宽带通信系统的空间分系统由3颗高轨道地球同步轨道(简称

GEO)卫星组成,该卫星由欧洲 EADS(European Aeronautic Defense and Space)公司设计开发,该卫星主体尺寸为 7 m×2.9 m×2.3 m,太阳能翼展宽度为 45 m,在轨质量约为 3 000 kg,并运行于赤道上方 35 786 km 的地球同步轨道,负责卫星通信信号的转发,第四代海事宽带通信卫星如图 5-4-1 所示。

图 5-4-1　第四代海事宽带通信卫星

空间分系统中的地球同步轨道卫星分别为以下 3 颗。

1)亚太卫星(Inmarsat Ⅰ-4 Asia-Pacific):位于东经 143.5°(澳大利亚北部赤道上空),覆盖亚洲和西太平洋区域,卫星在中国东南方向。

2)欧非卫星(Inmarsat Ⅰ-4 EMEA):位于东经 25°(刚果赤道上空),覆盖欧洲、中东和非洲区域,卫星在中国西南方向。

3)美洲卫星(Inmarsat Ⅰ-4 Americas),位于西经 98°(美国德克萨斯州正南赤道上空),覆盖美洲、大西洋和东太平洋区域,卫星未覆盖中国区域。

卫星空间分布如图 5-4-2 所示。通过 3 颗 GEO 卫星基本覆盖了全球南纬 78°至北纬 78°之间的区域,覆盖范围如图 5-4-3 所示。

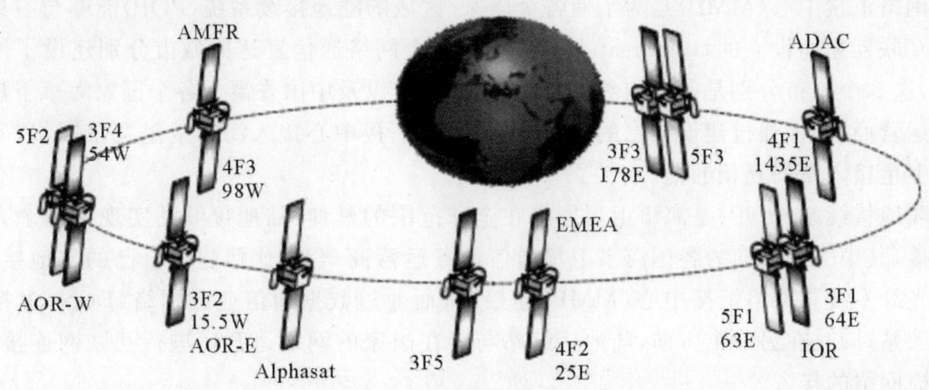

图 5-4-2　海事宽带卫星空间分布图

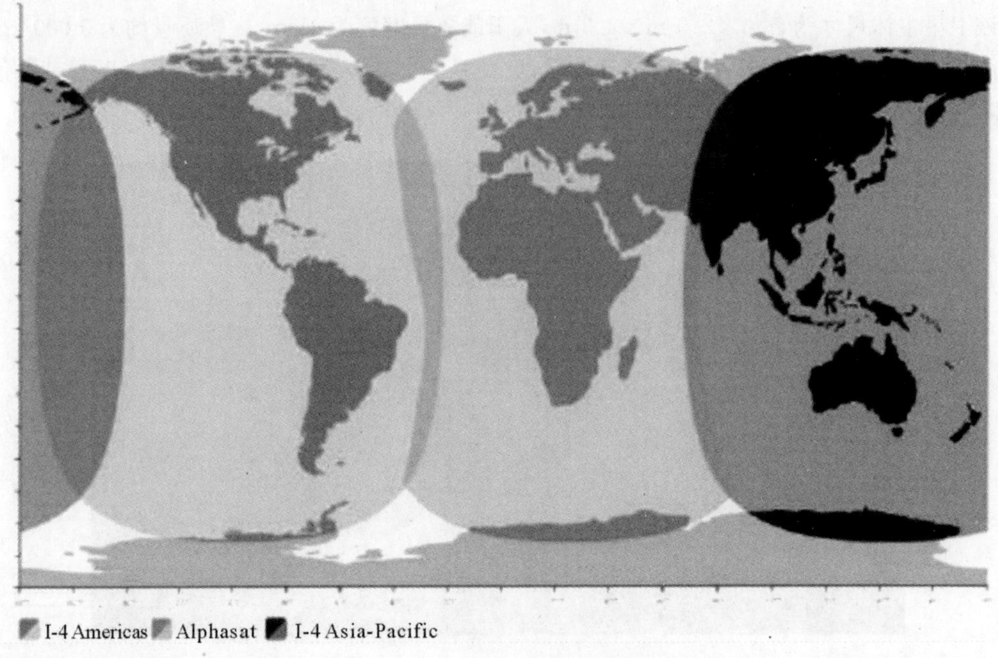

图 5-4-3 海事宽带卫星覆盖图

(2)地面分系统。海事卫星宽带通信系统的地面分系统主要由卫星接入站(SAS)、网络汇接中心(MMP)和陆地接续站(POP)组成。

1)卫星接入站(SAS)是海事卫星和地面移动网络之间通信的重要节点,主要负责完成用户终端的业务申请、业务交换、分配用户资源、分配数据容量等,同时为用户提供话音通信、数据传输业务的建立。目前全球已设立的卫星接入站共有 4 座,分别部署在欧洲、美洲和亚洲,其中位于荷兰的 Burum 卫星接入站负责 Inmarsat I-4 EMEA 业务接续,位于美国的 Hawail 卫星接入站负责 Inmarsat I-4 Americas 的业务接续,位于意大利的 Fucino 卫星接入站是第四代海事卫星宽带业务实验站和 Burum 卫星接入站的备份站,位于中国的北京卫星接入站负责 Inmarsat I-4 Asia-Pacific 覆盖范围内中国区域的海事宽带通信业务的对接。

2)网络汇接中心(MMP)是为了使各个国家/区域的陆地接续系统(POP)能够与卫星接入站实现互联互通而设立的,Inmarsat 公司选择了 3 个网络通信发达的城市分别建设了网络汇接中心,这 3 个城市分别是美国纽约、荷兰阿姆斯特丹以及中国香港。各个国家海事卫星通信业务的运营商/伙伴通过建设自己的 POP 利用网络汇接中心接入海事卫星宽带网络,实现地区网与卫星接入站的互相通信。

3)陆地接续站(POP)是海事卫星网络在全球范围的延伸,陆地接续站实现了两个方向的数据连接,其中一个方向为各国海事卫星通信业务运营商/合作伙伴建设自己的陆地接续站,并通过光纤专线与网络汇接中心(MMP)连接,从而通过数据通信业务网络(DCN)连接各个卫星接入站,同时在另一个方向,陆地接续站与所在国家的网络运营商进行互联网连接,提供本地便捷网络的接入。

卫星接入站、网络汇接中心和陆地接续站之间通过光纤专用线路相互连接,形成了完整的卫星宽带数据通信网络(DCN),海事宽带卫星系统的地面分系统组成如图 5-4-4 所示。

Inmarsat通过位于伦敦的网络操作中心(NOC)实现整个海事卫星宽带网络的控制管理,同时通过卫星控制中心(SCC)实现宽带卫星在轨道上位置的保持和星上有效载荷的正常运作。卫星的状态数据通过 4 个遥感遥测控制中心(TTC)负责传递给卫星控制中心,并通过不同系统之间的协调工作,向用户提供稳定可靠、质量良好和应用丰富的海事卫星宽带通信服务。

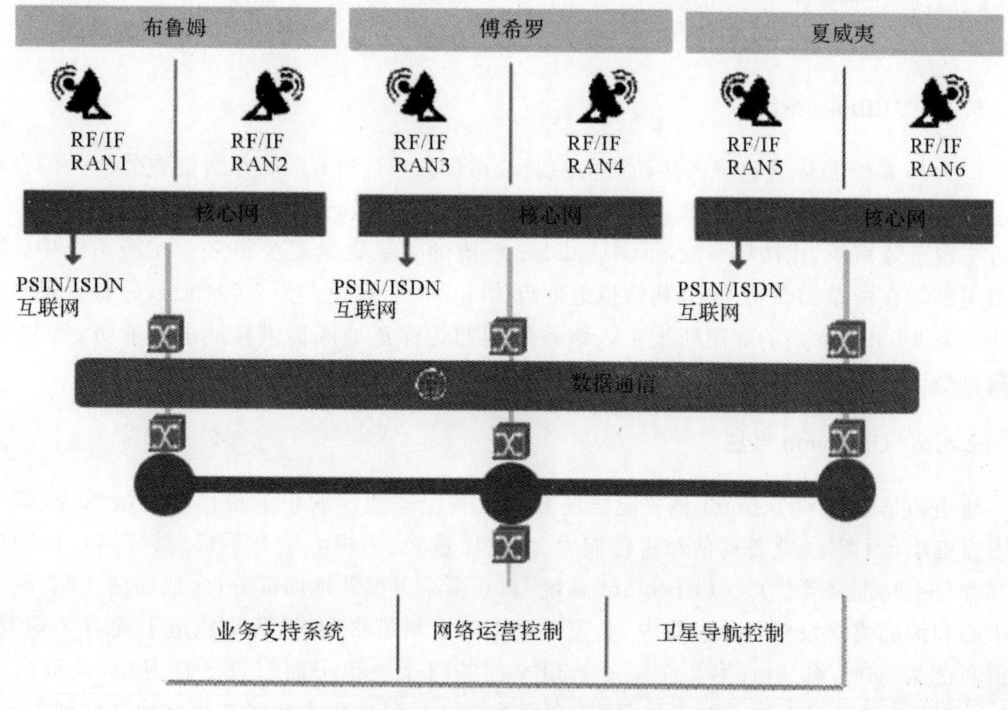

图 5-4-4　海事宽带卫星系统的地面分系统组成

(3)用户分系统。海事卫星宽带通信系统的用户分系统主要是针对不同用户的各种形态终端,随着卫星系统的服务提升,这些用户终端设备也在不断地发展和改进,逐渐向以实现更小、更先进、更标准化、多业务、高速率带宽为研制目标,并且能够在复杂多变的外界环境下也能稳定地通信的方向发展。

海事卫星宽带用户终端作为海事移动卫星通信的重要组成部分,可实现卫星信号的接收和发射,并建立终端和卫星之间的双向通信链路,提供全球卫星通信服务。卫星终端根据不同的使用环境、应用场景以及用户需求可以分为车载终端、船载终端、机载终端、便携式终端、固定式终端等多种物理形态。

5.4.2　Globalstar 系统

Globalstar 系统设计简单,既没有星际链路,也没有星上处理和星上交换功能,仅仅定位为地面蜂窝系统的延伸,从而扩大了地面移动通信系统的覆盖,因此降低了系统投资,也减少了技术风险。GIobalstar 系统由 48 颗卫星组成,均匀分布在 8 个轨道面上,轨道高度为 1 389 km。它有 4 个主要特点:①系统设计简单,可降低卫星成本和通信费用;②移动用户可利用多径和多颗卫星的双重分集接收,提高接收质量;③频谱利用率高;④地面关口站数量较多。

5.4.3 ICO全球通信系统

ICO系统采用大卫星，运行于10 390 km高度的中轨道，共有10颗卫星和2颗备份星，布置于2个轨道面，每个轨道面有5颗工作星和1颗备份星。其提供的数据传输速率为140 kb/s，但有上升到384 kb/s的能力。其主要为非城市地区提供高速数据传输，如互联网接入服务和移动电话服务。

5.4.4 Ellipso系统

Ellipso系统是华盛顿特区移动通信控股公司(MCHI)和美国联邦通信委员会(FCC)联合建造的LEO移动卫星服务系统。Ellipso系统是一种混合轨道星座系统。它使用17颗卫星便可实现全球覆盖，比铱星系统和Globalstar系统的卫星数量要少得多。在该系统中，有10颗卫星部署在两条椭圆轨道上，其轨道近地点为632 km，远地点为7 604 km，另有7颗卫星部署在一条8 050 km高的赤道轨道上。该系统起初为赤道地区提供移动电话业务，2002年开始提供全球移动电话业务。

5.4.5 Orbcomm系统

轨道通信系统Orbcomm是只能实现数据业务全球通信的小卫星移动通信系统，该系统具有投资小、周期短、兼备通信和定位能力、卫星质量轻、用户终端为手机、系统运行自动化水平高和自主功能强等优点。Orbcomm系统由36颗小卫星及地面部分(含地面信关站、网络控制中心和地面终端设施)组成，其中28颗卫星在5个轨道平面上：第1轨道平面有2颗卫星，轨道高度为736/749 km；第2至第4轨道平面的每个轨道平面布置8颗卫星，轨道高度为775 km；第5轨道平面有2颗卫星，轨道高度为700 km，主要为增强高纬度地区的通信覆盖；另外8颗卫星为备份。

5.4.6 Teledesic系统

Teledesic系统是一个着眼于宽带业务发展的低轨道卫星移动通信系统。由840颗卫星组成，均匀分布在21个轨道平面上。由于每个轨道平面上另有备用卫星，备用卫星总数为84颗，所以整个系统的卫星数量达到924颗。经优化后，投入实际使用的Teledesic系统已将卫星数量降至288颗。Teledesic系统的每颗卫星可提供10万个16 kb/s的话音信道，当整个系统处于峰值负荷时，可提供超出100万个同步全双工E1速率的连接。因此，该系统不仅可以提供高质量的话音通信，同时还可支持电视会议、交互式多媒体通信以及实时双向高速数据通信等宽带通信业务。

5.5 无人机星基通信典型运行场景

5.5.1 无人机侦察应用

美国出口的大型无人机(见图5-5-1)越来越多，如捕食者和死神等。由于跨区域运行的需要，最新型的捕食者B、MQ-9B天空卫士大量使用卫星链路。这些重达5.6 t无人机的传感器更多,摄像机的分辨率越来越高,要把所有这些高分辨率视频传回无人机指挥舱,需要大量的带宽以满足数据传输需求,这超过了美国军用卫星系统的处理能力。解决的办法是寻找能够处理高带宽和低延迟数据传输的商业通信卫星,以便获得最佳性能。美国建立了一个军事通信网络,专门优化了无人机和有人机向地面或其他飞机或船只发送视频和雷达数据。

图 5-5-1　美国大型无人机

虽然美国军方确实有多余的带宽,但是其主要是为紧急情况下保留的,战时会与盟友分享部分带宽。即便如此,对于大型无人机,尤其是那些进行海上巡逻的无人机来说,高性能带宽总是会有短缺。这些无人机,如海上护卫无人机,拥有高分辨率的摄像头和雷达,无论海平面上多么阴暗,都能搜索到目标,高分辨率摄像机对分辨船只性质非常重要。

仅仅制造一架装有传感器的无人机是远远不够的,还必须将这些数据近乎实时地反馈给操作人员。自 20 世纪 90 年代以来,美国军方一直是通信卫星的主要用户,并且越来越多。不仅使用军方卫星的带宽,还从商业卫星上租赁带宽。早在 2010 年,美国军方就担心在战时可能没有足够的商业带宽可供租赁。事实证明,由于高带宽服务(如流媒体视频)的商业用户数量迅速增长,所以这个问题比预测的要小。现在,美国军方认为战时短缺的可能性较小,因为在国家紧急状态下,商业卫星被迫向军方租赁带宽,而且现在商业带宽的增长速度非常快,2020 年的带宽是 2016 年的 10 倍以上。

2013 年,美国国防部发射了第 6 颗 WGS(宽带全球卫星通信系统)通信卫星,到 2019 年,第 10 颗 WGS 卫星发射升空。WGS 卫星是 1 颗 6 t 重的卫星,流量处理能力为 3.6 Gb。第 1 颗 WGS 卫星在 2007 年升空,已经延迟了 6 年。WGS 卫星将会进行重大升级,第 11 颗为全新升级版卫星,将于 2023 年发射。作为对 WGS 的补充,还有新的 ESS(进化型战略卫星通信),这些卫星的首批原型机将在 2025 年之前准备好。

WGS 卫星针对军事用途进行了优化,比民用通信卫星更好用。WGS 卫星最初的意思是宽带空口卫星,实际上是波音 702 通信卫星的改进型。最初美国国防部希望建造 6 个 WGS 卫星,每个成本约为 2.2 亿美元。WGS 卫星的吞吐量是 DSCS Ⅲ通信卫星的 10 倍(3.6 Gb),第 1 颗在轨的 WGS 卫星就将美国国防部卫星系统的传输能力提高了一倍多。

近几十年来，美国对通信卫星的需求不断增长。在2000—2002年期间，美国国防部的卫星带宽增加了一倍，此后每18个月增加一倍以上。早在2000年，美国国防部约60%的卫星容量必须从商业公司租赁。虽然美国国防部有自己的通信卫星网络（MILSAT），但在设计时低估了使用需求。

互联网和侦察机以及使用摄像机的无人机迅速用完了MILSAT的容量，迫使美国军方租赁商业卫星的容量。直到1990年，美国武装部队才大举转向卫星通信。部队经常要在偏僻的地方安营扎寨，需要一种可靠的方式与附近的陆上和海上部队以及回到美国的基地和总部保持联系。在1991年海湾战争时，波斯湾的卫星军事通信能够满足约1 300个移动终端同时通话，通信带宽可达12 Mb/s。到了20世纪90年代末，美国军方的卫星容量越来越多，但需求增加得更快。

无人侦察机使用了大量卫星容量，尤其是在2001年9月11日之后。全球鹰无人机需要500 Mb/s，捕食者和收割者大约需要一半，主要消耗是现场视频。仅仅是为美国驻中东和阿富汗的部队服务，数据传输能力已经从2001年底的46 Mb/s发展到2007年的近10 Gb/s。在接下来的10年里，需求增加得更多，这也解释了为什么急于让那些WGS卫星飞起来。

5.5.2 无人机监管应用

我国幅员辽阔，地形复杂，人口众多，而且分布又很不均匀，如果完全依赖传统的地面无线传输方式解决广播电视覆盖率低的问题是极其困难的。利用北斗卫星传输广播和电视节目，作为一种提高广播电视人口覆盖率，改进传输质量的最有效、最经济、最先进的手段，在过去的十几年得到了蓬勃的发展和广泛应用。

北斗卫星导航系统融合了数据通信功能，通过近20年的技术积累，使这些宝贵的技术在国家的地理测绘、海洋渔业、水文水利、交通运输、森林防火、减灾救灾和国家安全等诸多领域得到了应用和体现，取得了良好的经济和市场效益，特别是在四川、青海抗震救灾中发挥了十分重要的作用。

此外，作为我国自主建设、独立运行的卫星导航系统，北斗卫星导航系统不仅与世界其他卫星导航系统兼容共用，而且在全球范围内，全天候、全天时为各类无人机用户提供高精度、高可靠的定位、导航和授时服务。与GPS相比，北斗导航系统还提供了GPS所不具备的短报文通信服务。因此，北斗卫星通信是目前国内无人机运行管理系统（UAS Operation Management System，UOMS）的一种主要监控和通信技术。

天津凌智皓越航空科技有限公司提出了一套基于北斗卫星通信的无人机监控解决方案（见图5-5-2）。该方案基于“北斗＋互联网＋云计算＋蓝牙”技术，搭建低空空域监管云平台，根据监控业务的需求将北斗收发信机安装在无人机（或通航有人机）上，实时采集飞行数据，将采集的数据进行本地缓存、压缩和打包，通过北斗一代卫星通信链路传至地面，经互联网到达云服务器。无人机运行相关人员可以直接通过PC机的网页、手机软件、微信等访问无人机位置信息，并可根据业务需求建立多级、多渠道的无人机运行风险预警方案；负责空中交通管理的工作人员可以直接通过云平台实现与无人机驾驶员的短信通信。下面简要介绍其主要功能模块。

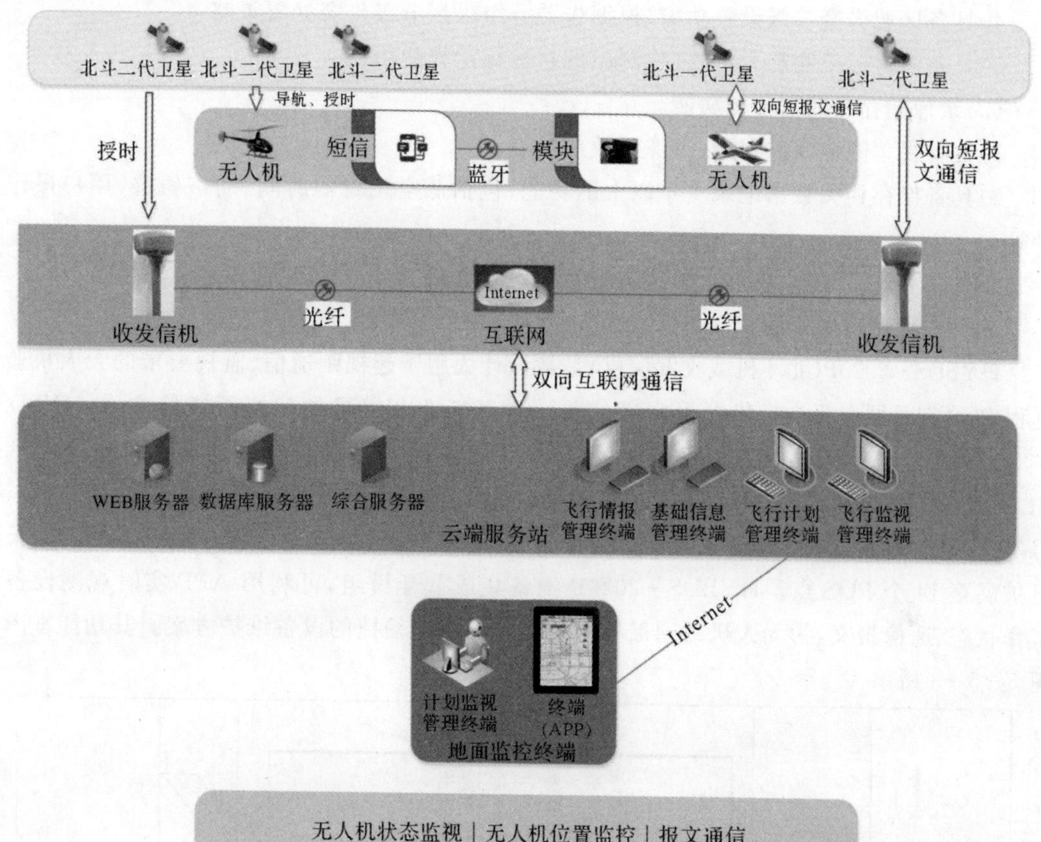

图5-5-2　基于北斗卫星通信的无人机监控解决方案

1.低空空域监管云平台

作为低空监管系统的“大脑”，云平台主要针对无人机、大型无人机、通航有人机、直升飞机等低空监管目标，结合中国民航运行环境特点，量身定制技术实施方案，构建“管理”“监视”与“反制”为一体的三维立体监管体系。基于B-S架构构建低空空域监管云平台，集主被动式于一体的低空实时监管系统，通过ADS-B、光电跟踪、北斗卫星短报文通信监控、4G/5G互联监控模块等多种手段，利用多元信息融合、人工智能以及机器学习等方法，从而实现对限定空域内飞行器的探测发现、识别确认、实时追踪和预报警，防止重大恶性事故的发生，提升快速反应能力和突发事件应对能力，形成科学管理和高效指挥新机制。该技术可在未来推广应用于无人机企业、全国通航机场、通航运营企业、飞行服务站以及局方、军方等管理方等，具有重大的经济和社会效益。基于北斗卫星通信系统的低空空域监管云平台具备以下功能。

(1)监测预警功能。

1)具备ADS-B数据接收能力，能够监视民航飞机动态，具备无人机、热气球、孔明灯、鸟类等低空目标雷达探测的功能；

2)具备飞手定位功能；

3)具备发现目标后进行声光电报警，并联动光电设备进行确认、追踪的功能；

4)具备区域告警等级设置功能，根据告警分级采用分级告警处置策略；

5)具备多目标检测能力，并将检测出的目标标记提醒用户。

(2)录像储存及数据分析功能。

1)具备视频图像实时存储、录像回放的功能；

2)具备保存相关数据记录1年以上的功能，包括低空飞行器时间、动态轨迹、用户操作记录等；

3)具备通过多维度、多显示方式进行数据统计分析，为用户提供决策依据的功能。

2. 北斗机载收发信机

HYBDS-2020P(北斗机载收发信机)是被设计为用于超视距通信、监视要求的无人机监管远程POS记录器。北斗一代短报文通信是一种基于北斗卫星的超视距通信方式，HYBDS-2020P集成北斗分钟卡，且数量可扩展至6张，以满足不同通信间隔需求。定位模组采用U-BLOX的M8N(可与国产北斗二代芯片兼容)，提供可靠、准确的POS点(经纬度、时间戳、呼号等)信息。自主数据压缩算法极大地提升了北斗单次发送的POS点数量，78 B的数据长度可扩展至14个POS点。HYBDS-2020P配备集成蓝牙模组，可利用APP实时观测设备的工作状态、通信报文，为无人机或通航有人机用户提供了便捷的设备维护方案。其功能框图如图5-5-3所示。

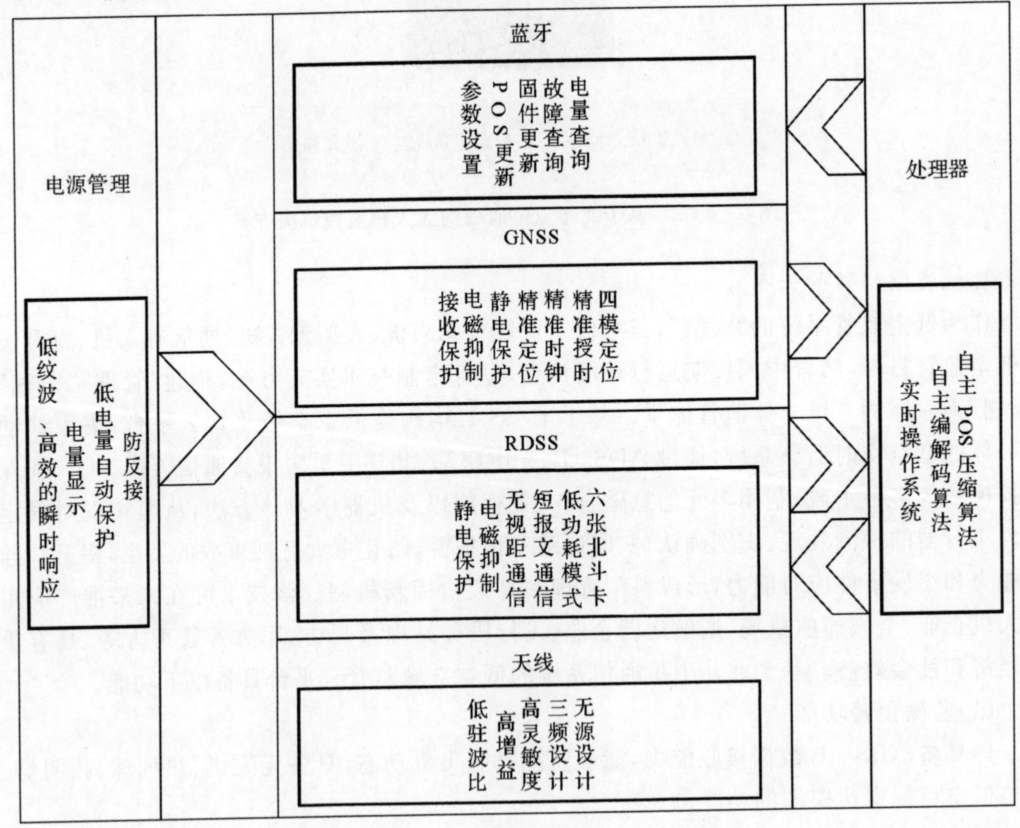

图5-5-3　北斗机载收发信机功能框图

5.5.3　应急保障应用

当自然灾害发生时，通信中断，灾区与外界无法实现互联互通，应急通信保障系统可以为人民群众生命财产提供有力的安全保障。但现有传统应急通信手段往往受到一些制约因素的影响。当突发灾害事件发生时，往往出现“断路”“断电”“断网”的情况，造成人员、物资无法到达现场，设施设备无法供电，应急通信车受交通和道路影响，短时间内无法到达；系留式无人机高空站依赖于地面电力，也存在供电时间短、覆盖范围小等问题。另外，传统的应急系统已无法满足当前大带宽、低延迟的实时通信需求。因此需要一种更为有效的应急通信保障系统，以建立具备通信面积大、覆盖范围广、恢复能力强的应急通信保障体系。

针对现有的应急保障通信系统在自然灾害发生时，存在覆盖范围小、因道路受阻无法到达灾区、供电时间短等问题，可采用基于卫星的网联无人机覆盖优化技术，利用大型固定翼无人机搭载无线通信基站，采用卫星传输，构建应急空天基站，实现任何时间、地点、全天候提供大面积覆盖的应急通信保障，具有更高效率、更长续航、更广覆盖、更大载荷等优势。基于卫星的网联无人机应急保障场景图如图 5-5-4 所示。

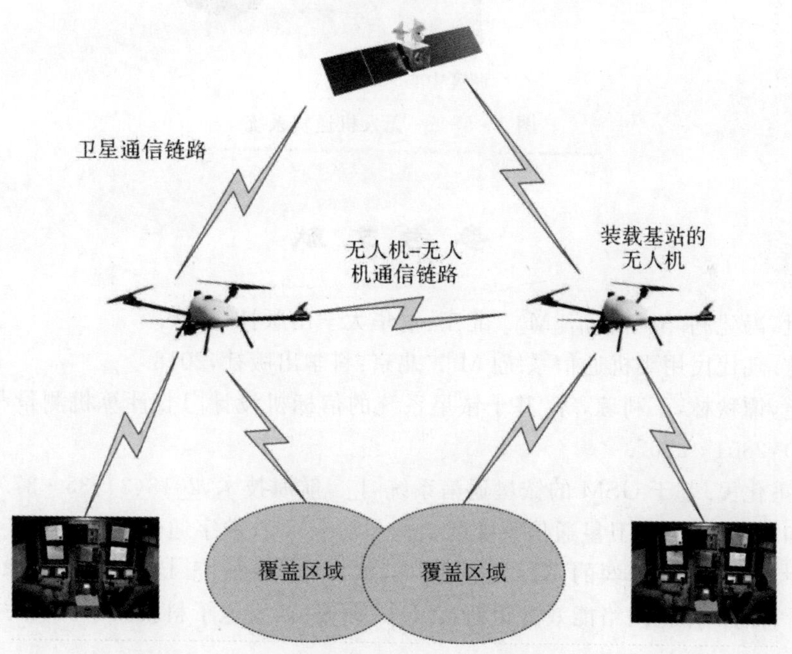

图 5-5-4　基于卫星的网联无人机应急保障场景图

5.5.4　快递服务应用

终端配送是快递业务中的重要环节，以无人机在终端配送中的应用为契机，可构建基于无人机作为载体的快递系统(见图 5-5-5)。快递服务都在抢占“最后 1 km”的服务，尤其偏远村庄或交通不便利的区域更难实现终端直达配送。卫星导航链路是解决无人机跨区域、偏远地区送货的重要技术，但是要想实现无人机送货的智能控制，仍需要对无人机飞行路线进行规划，按照实际需求约束进行调度。

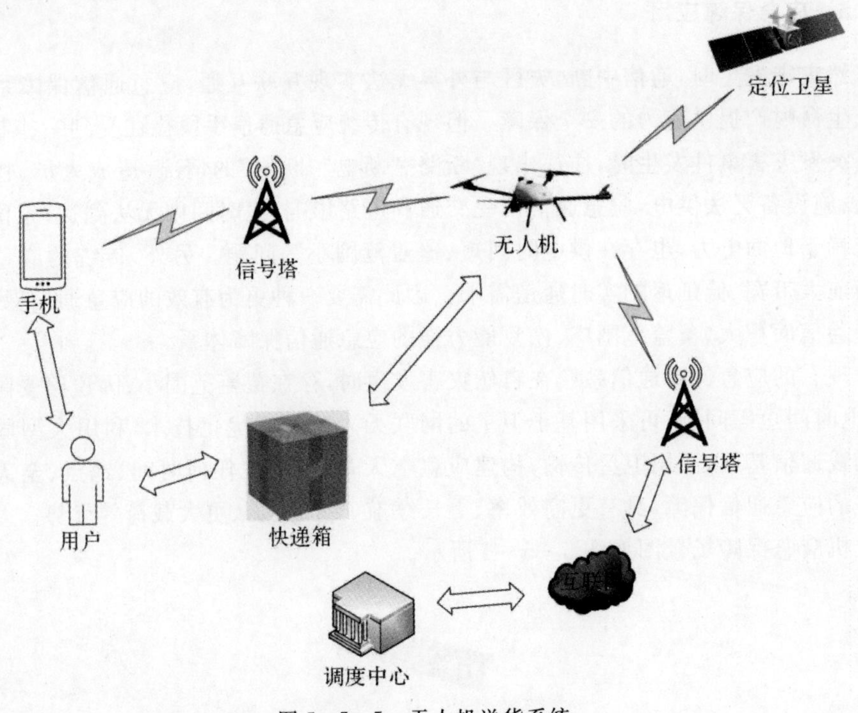

图 5-5-5 无人机送货系统

参考文献

[1] 雒明世,冯建利.卫星通信[M].北京:清华大学出版社,2020.

[2] 钱小燕.现代民用飞机通信系统[M].北京:科学出版社,2018.

[3] 张献生,谭秋林,丁利琼,等.基于铱星系统的信标机设计[J].计算机测量与控制,2013,21(10):2804-2807.

[4] 张颖,王化民.基于GSM的铱星通信系统[J].航海技术,2013(3):35-37.

[5] 刘荣和.第四代海事卫星通信系统的结构与功能[J].数字通信世界,2016(10):1-5.

[6] 付伟伊.基于联盟博弈的飞行自组网中信息共享方法研究[D].天津:天津大学,2017.

[7] 苏卿.空地一体化网络能效理论研究[D].西安:西安电子科技大学,2015.

第6章　通信链路安全与隐私

无人机群的通信网络具有独立组网、自组织、动态、多跳路由等网络技术特点。在军事应用领域，基于信息安全、保密等，对无人机通信链路的安全性提出了极高要求，提升无人机通信的安全性、高效性显得尤为迫切。此外，在建立快速移动的无人机之间的通信时，路由链路和路径在本质上是不稳定的，在一些应用领域，易受黑客攻击的安全问题较为突出。无人机通信链路安全与隐私保护是保障无人机安全运行的前提条件。本章将分别对无人机通信链路安全、隐私、认证和安防等技术方面进行阐述。

6.1　通信链路安全与隐私目标

无人机集成到空域以及实际应用场景需要考虑安全、安防和隐私方面带来的诸多挑战，这三个关键维度是限制大量无人机在有限空域内运行的关键因素。这三个维度之间并不是完全独立的，因为任意一个维度都会对其他两个产生影响。无人机通信安全的目的在于保证信息的保密性、完整性、可用性、可认证性、可控性和可靠性等。

(1)保密性(Confidentiality)是指阻止非授权的主体阅读信息。保密性是信息安全最根本的特性，也是信息安全的前提和关键。通俗地讲，保密性就是使未授权的用户不能够获取敏感信息。对纸质文档信息，只需要保护好文件不被非授权者接触即可。而对无人机通信链路中的信息，不仅要制止非授权者对信息的阅读，还要阻止授权者将其访问的信息传递给非授权者，以致信息被泄漏。常用的保密手段如图6-1-1所示。

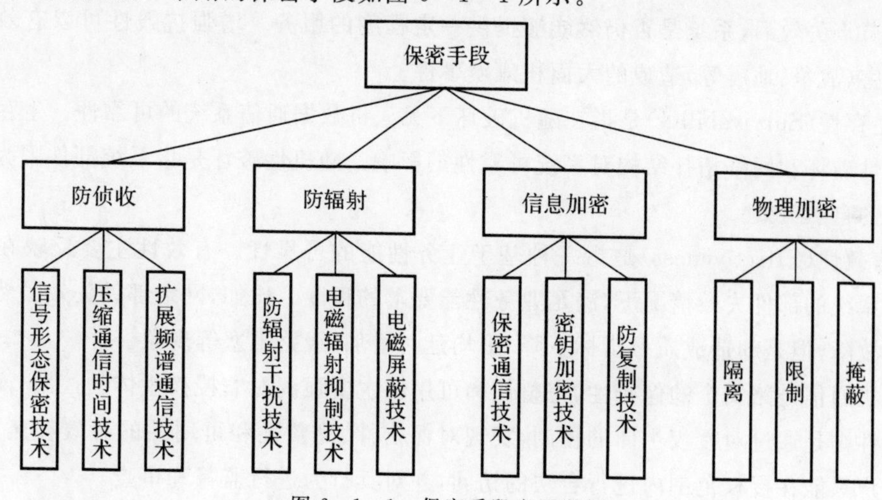

图6-1-1　保密手段应用举例

(2)完整性(Integrity)是指防止信息被未经授权的用户篡改。完整性是使信息保持原始的状态,保持其真实性,保证真实的信息从真实的信源无失真地到达真实的信宿。如果无人机通信链路中的信息被蓄意修改、插入、删除等,所形成的虚假信息将带来严重的后果。

完整性与保密性不同,保密性要求信息不被泄露给未授权的人,而完整性则要求信息不受到各种原因的破坏。影响无人机通信链路信息完整性的主要因素有设备故障、误码(传输、处理和存储过程中产生的误码,定时的稳定度和精度降低造成的误码,各种干扰源造成的误码)、人为攻击、计算机病毒等。

(3)可用性(Availability)指授权主体在需要信息时能及时得到服务的能力。可用性要求无人机通信链路必须防止由于计算机病毒或其他人为因素造成的系统拒绝服务,或者在部分受损时,仍能为授权用户提供有效服务。

无人机数据通信系统最基本的功能是向用户提供服务,而用户的需求是随机的、多方面的,有时还有时间要求。可用性一般用系统正常使用时间和整个工作时间之比来度量。可用性还应该满足以下要求:身份识别与确认、访问控制(对用户的权限进行控制,只能访问相应权限的资源,防止或限制经隐蔽通道的非法访问)、业务流控制(利用均分负荷方法,防止业务流量过度集中而引起网络阻塞)、路由选择控制(选择那些稳定可靠的子网中继线或链路等)、审计跟踪(把系统中发生的所有安全事件情况存储在安全审计跟踪之中,以便分析原因,及时采取相应的措施)。

(4)可认证性(Non - repudiation)也称为不可抵赖性,是指在无人机通信链路中,信息交换的双方不能否认其在交换过程中发送信息或接收信息的行为。

(5)可控性(Controllability)是指无人机数据通信系统信息的传播范围和传播内容可被合法监控,实施全监控管理防止其被非法利用。

(6)可靠性(Reliability)是指无人机数据通信系统能够在规定的条件下和规定的时间内完成规定功能的特性。可靠性主要表现在硬件可靠性、软件可靠性、人员可靠性、环境可靠性等方面。可靠性测度主要有三种:抗毁性、生存性和有效性。

(7)抗毁性(Invulnerability)是指无人机数据通信系统在人为破坏下的可靠性。比如,部分线路或节点失效后,系统是否仍然能够提供一定程度的服务。增强抗毁性可以有效地避免因各种灾害(战争、地震等)造成的大面积瘫痪事件。

(8)生存性(Survivability)是指在随机破坏下无人机数据通信系统的可靠性。生存性主要反映随机性破坏和网络拓扑结构对系统可靠性的影响。随机性破坏是指系统部件因为自然老化等造成的自然失效。

(9)有效性(Effectiveness)是指一种基于业务性能的可靠性。有效性主要反映在无人机数据通信系统的部件失效情况下,满足业务性能要求的程度。比如,网络部件失效虽然没有引起连接性故障,但是却造成质量指标下降、平均延时增加、线路阻塞等现象。

无人机通信链路安全的保密性、完整性和可用性主要强调对非授权主体的控制,而可控性和可认证性则是通过对授权主体的控制,实现对保密性、完整性和可用性的有效补充,主要强调授权用户只能在授权范围内进行合法的访问,并对其行为进行监督和审查。

6.2　通信链路安全要求

无人机数据通信系统必须保证在抵抗诸多威胁的同时，还可以帮助无人机更好地完成任务，与其他通信数据链相比，具有以下安全要求。

(1)抗干扰能力。抗干扰能力是无人机数据通信系统在被蓄意干扰的情况下保持正常工作的能力，该能力是在恶劣干扰条件下仍能对通信链路提供完全保护的能力。干扰主要来自三个方面：①无人机数据通信系统是一个移动通信系统，存在着多径干扰；②无人机使用环境中存在大量其他通信和电磁设备产生的干扰信号；③来自第三方有意的电磁干扰。为提高抗干扰能力，目前无人机数据通信系统普遍采用以下三种方法。

1)提高发射功率。这是提高抗干扰能力的最基本途径，然而，在无人机上提高发射机功率的方法是很有限的，发射机功率不可能太大。另外，增加发射功率就增大了被第三方定位的机会，使得地面控制站更容易受到反辐射武器的攻击。

2)使用高增益的定向天线。天线的增益是某方向上产生的功率密度 P_2 和理想点源振子天线在同一方向上的功率密度 P_1 之比，是一个无单位的量，如下式所示。采用定向天线，可以增加特定方向波束范围内的辐射功率。但是，定向天线的增益与天线尺寸有关，为了获得较高的天线增益，就需要较大的天线尺寸，这在地面控制站比较容易实现，然而受机上环境的限制，机载定向天线的增益不可能做得很大。

$$G=10\lg\frac{P_2}{P_1} \tag{6.2.1}$$

3)增大处理增益。这是在发射功率和天线增益不变情况下，提高无人机数据通信系统抗干扰能力的有效方法。在抗干扰系数的范围内，处理增益指的是信号相对干扰的增强，扩频是常用的增大处理增益的技术。

(2)降低截获概率。为了获得较低的截获概率，可通过采用跳/扩频、碎发通信等技术，降低通信信号被探测和截获的可能性。在实际应用中，为了保持对无人机的有效控制，地面控制站发出的信号通常需要保持较长时间的不变。因此，可以通过改变地面控制站配置地域、多个地面控制站轮流控制和提高上行链路的抗干扰能力来逃避第三方的搜索。此外，还可以通过信息加密确保通信信号即使被截获，第三方仍然无法获得正确的内容。

(3)抗欺骗能力。一般来说，欺骗所带来的损失要远远大于干扰。第三方可以通过对上行链路的欺骗获得对无人机的控制权，引导飞机坠毁、改变飞行方向或将其回收，而干扰一般只是影响任务完成的好坏。由于通用地面站的使用，无人机采用通用数据通信系统和某些通用指令码，这使得上行链路容易被欺骗，所以对上行链路的保护特别重要。对下行链路的欺骗要困难得多，因为这种欺骗是可以被操作人员识别的。另外，产生假的任务数据和传感器数据也比较困难。因此一般采用电文加密或安全码扩频方法来获得无人机数据通信系统的抗欺骗能力。

(4)抗反辐射武器。地面控制站通常放置在某个固定的地方，且向空间辐射信号，第三方可以通过检测这些信号得知地面控制站的具体方位并予以打击。因此，需要对地面控制站进行保护，加大反辐射武器的攻击难度。通常可以将上行链路应用在脉冲突发方式，即上行链路在时间上保持准备状态，除非需要向飞行器发送指令。军事方面抗反辐射技术比较常用的是雷达组网技术。

6.3 通信链路隐私性能

隐私就是一种与公共利益、群体利益无关，当事人不愿意他人知道或他人不便于知道的个人信息。在通信链路中，隐私保护主要是用来保密信息，确保信息不被他人窃取。通信链路的隐私保护由数据加密、扩频通信以及信息隐藏等技术实现。下面以信息隐藏为例，介绍有关隐私要求的性能指标和评测方法。

衡量信息隐藏性能的主要指标包括透明性、鲁棒性、隐藏容量、安全性、自恢复性和算法复杂度等，其中最基本、最重要的指标有以下几项。

(1)透明性(Transparency)又称不可感知性(Imperceptibility)或隐蔽性(Invisibility)，指相对载体对象或伪装对象没有感知上的质量退化，包括没有明显的听觉/视觉失真，统计特性上没有明显变化。对于透明性，可见水印是例外情况。可见水印的嵌入对象为水印信息，要求水印可见性好、不突出、难去除。

(2)鲁棒性(Robustness)即对伪装对象实施某种或某些攻击和干扰后，仍能正确提取出嵌入对象。依据应用环境和目的不同，要求算法承受的攻击种类和强度也有所差异。例如，用于隐蔽通信、版权证明的信息隐藏技术要求能够容忍传输过程中受到的常规处理和恶意攻击。认证水印对篡改或攻击有脆弱性要求。

(3)隐藏容量(Hidden Capacity)即给定伪装对象质量标准的前提下，载体对象所能隐藏的嵌入对象的比特数。通常情况下，隐藏容量必须足够大，以便满足应用要求。另外，考虑到实时性要求，算法运算量要小，计算效率应尽可能高。

信息隐藏存在透明性、鲁棒性和隐藏容量三者如何折中的问题。鲁棒性与嵌入强度直接相关，而隐藏容量一定时，嵌入强度越大，鲁棒性越强，透明性却越差；如果既要有强的鲁棒性又要保持好的透明性，就要以牺牲隐藏容量为代价。实践中须根据具体应用要求在三者之间寻求平衡点。

6.4 通信链路隐私技术

保护隐私的技术是从收集信息的一开始就对数据进行一些预处理，预处理后的数据保留了原来的特性，使得数据科学家和数据工程师能够处理数据，却“读不懂”数据的内容。而通信链路隐私保护技术的核心在于保护无人机通信链路中的信息不外泄、不会受到第三方侵犯，确保无人机通信信息传输到正确接收端。

数据隐私的保护效果是通过攻击者披露隐私的多寡来侧面反映的。现有的隐私度量都可以统一用“披露风险”(Disclosure Risk)来描述。披露风险表示为攻击者根据所发布的数据和其他背景知识(Background Knowledge)可能披露隐私的概率。通常，关于隐私数据的背景知识越多，披露风险越大。若 S 表示敏感数据，事件 S_k 表示攻击者在背景知识 k 的帮助下揭露敏感数据 S，则披露风险为

$$r(S,k)=P_r(S_k) \tag{6.4.1}$$

对数据集而言，若数据所有者最终发布数据集 D 的所有敏感数据的披露风险都小于阈值

$\alpha,\alpha\in[0,1]$，则称该数据集的披露风险为α。例如，静态数据发布原则L-diversity保证发布数据集的披露风险小于$1/L$，动态数据发布原则M-Invariance保证发布数据集的披露风险小于$1/M$。

特别地，不做任何处理所发布数据集的披露风险为1；当所发布数据集的披露风险为0时，这样发布的数据被称为实现了完美隐私(Perfect Privacy)。完美隐私实现了对隐私最大程度的保护，但由于对攻击者先验知识的假设本身是不确定的，所以实现对隐私的完美保护也只在具体假设、特定场景下成立，真正的完美保护并不存在。因此采取相关措施，确保披露风险处于可接受水平即可。无人机通信链路信息隐私的保护主要由数据加密、扩频通信、信息隐藏等技术实现。

6.4.1　扩频通信技术

1. 基本概念

扩频(Spread Spectrum，SS)技术是将待传送的信息数据进行伪随机编码调制，实现频谱扩展后再传输。接收端则采用相同的编码进行解调及相关处理，恢复原始信息数据。

扩频通信技术是一种安全可靠、抗干扰的信息传输方式，其信号所占有的频带宽度远大于所传信息必需的最小带宽。这种通信方式与常规窄带通信方式的区别在于以下两点：①信息的频谱扩展后形成宽带传输；②经相关处理后可恢复成窄带信息数据。扩频通信具有以下特点。

(1)抗干扰性强。扩频通信在空间传输时所占有的带宽相对较宽，而接收端又采用相关检测的办法来解扩，使有用宽带信息信号恢复成窄带信号，而把非所需信号扩展成宽带信号，然后通过窄带滤波技术提取有用的信号。对干扰信号而言，由于与扩频信号不相关，则被扩展到一个很宽的频带上，使之进入信号通频带内的干扰功率大大降低，相应地增加了相关器输出端的信干比，所以具有很强的抗干扰能力。由于扩频通信系统在传输过程中扩展了信号带宽，所以，即使信噪比很低，甚至是在有用信号功率远低于干扰信号功率的情况下，仍能够高质量地、不受干扰地进行通信，扩展的频谱越宽，其抗干扰性越强。

(2)低截获性。由于扩频信号在相对较宽的频带上被扩展了，相当于均匀地分布在很宽的频带上，所以信号湮没在噪声里，一般不容易被发现，而想进一步检测信号的参数(如伪随机编码序列)就更加困难。因此，扩频通信系统具有低截获概率性。

(3)抗多径干扰。在扩频技术中，利用扩频码的自相关特性，在接收端解扩时用相关技术从多径信号中分离出最强的有用信号，或将多径信号中的相同码序列信号叠加，相当于梳状滤波器的作用。另外，在采用跳频扩频调制方式的扩频系统中，由于用多个频率的信号传送同一个信息，所以实际上起到了频率分集的作用。

(4)安全保密。在一定的发射功率下，由于扩频信号分布在很宽的频带内，所以无线信道中有用信号的功率谱密度极低。这样，信号可以在强噪声背景下，甚至是在有用信号被噪声湮没的情况下进行可靠通信，使外界很难截获传送的信息。同时，对不同用户使用不同的扩频码，其他人无法窃听他们的通信，因此扩频系统的保密性很高。

(5)可进行码分多址通信。由于扩频通信中存在扩频码序列的扩频调制，所以可充分利用各种不同码型扩频码序列之间优良的自相关特性和互相关特性，在接收端利用相关检测技术进行解扩，则在分配给不同用户码型的情况下可以区分不同用户的信号，实现码分多址。这样在同一频带上，许多用户可以同时通信而互不干扰。

2. 工作原理

扩频技术理论依据的是信息论中的香农信道容量公式，如下式所示：

$$C = B\log_2\left(1+\frac{S}{N}\right) \tag{6.4.2}$$

式中：C 为信道容量(bit/s)；B 为信道带宽(Hz)；S 为信号功率(W)；N 为噪声功率(W)。

香农公式表明了一个信道无差错传输信息的能力同存在于信道中的信噪比以及用于传输信息的信道带宽之间的关系。

C 是希望具有的信道容量，即要求的信息速率，对式(6.4.2)进行变换可得

$$\frac{C}{B} = 1.44\ln\left(1+\frac{S}{N}\right) \tag{6.4.3}$$

当$\dfrac{S}{N} > 1$时，用幂级数展开式(6.4.3)，并略去高次项得

$$\frac{C}{B} = 1.44\ln\frac{S}{N} \tag{6.4.4}$$

或

$$B = 0.7C\,\frac{N}{S} \tag{6.4.5}$$

由式(6.4.4)和式(6.4.5)可以看出，对于任意给定的噪声信号功率比$\dfrac{N}{S}$，只要增加用于传输信息的带宽 B，就可以增加在信道中无差错地传输信息的速率 C。或者说在信道中当传输系统的信噪比 S/N 下降时，可以用增加系统传输带宽 B 的办法来保持信道容量 C 不变。

这就说明了增加信道带宽后，在低的信噪比情况下，信道仍可在相同的容量下传送信息。甚至在信号被噪声湮没的情况下，只要相应地增加传输信号的带宽，也能保持可靠的通信。扩频技术正是利用这一原理，用高速率的扩频码来扩展待传输信息信号带宽的手段，达到提高系统抗干扰能力的目的。扩频信息传输系统的传输带宽比常规通信系统的传输带宽大几百倍乃至几万倍，因此在相同信息传输速率和相同信号功率的条件下，具有较强的抗干扰能力。

通常用处理增益(Processing Gain) G_p 来衡量扩频系统的抗干扰能力，其定义为接收机解扩器输出信噪功率比与接收机的输入信噪功率比之比：

$$G_p = \frac{\text{输出信噪功率比}}{\text{输入信噪功率比}} = \frac{S_o/N_o}{S_i/N_i} \tag{6.4.6}$$

所谓干扰容限(Jamming Margin)是指在保证系统正常工作的条件下，接收机能够承受的干扰信号比有用信号高出的分贝数：

$$M_j = G_p - \left(L_s + \frac{S_o}{N_o}\right)\ (\text{dB}) \tag{6.4.7}$$

式中：G_p 为系统的处理增益；L_s 为系统内部损耗(包括射频滤波器的损耗、相关处理器的混频损耗和放大器的信噪比损耗等)；$\dfrac{S_o}{N_o}$ 为系统正常工作时要求的最小输出信噪比，即要求相关处理器的输出信噪比。

3. 扩频通信方法

根据频谱扩展的方式不同，扩频技术可分为直接序列扩频（Direct Sequence Spread Spectrum，DSSS）、跳频扩频（Frequency Hopping Spread Spectrum，FHSS）、跳时扩频（Time Hopping Spread Spectrum，THSS）、线性调频（Chirp）和混合扩频（Hybrid Spread Spectrum，HSS）等。

（1）直接序列扩频是指直接利用具有高码率的伪随机序列采用各种调制方式在发射端扩展信号的频谱，而在接收端，用相同的伪随机序列对接收到的扩频信号进行解扩处理，恢复出原始的信息，图 6-4-1 展示了一种典型的 BPSK/DSSS 系统原理框图。

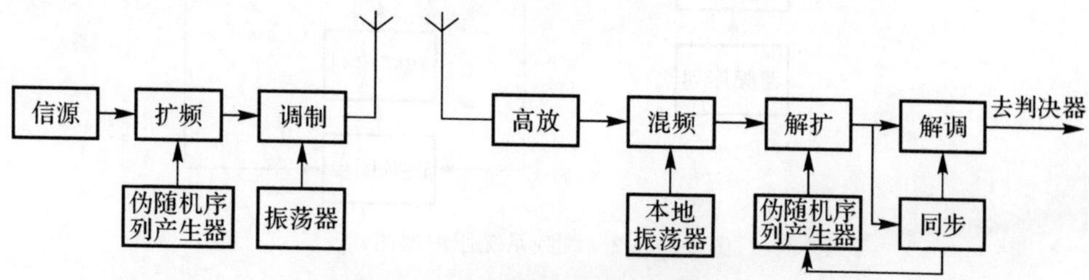

图 6-4-1　BPSK/DSSS 系统原理框图

发送数据经过编码器后，首先进行二进制相移键控（Binary Phase Shift Keying，BPSK）调制，然后用产生的伪随机序列对 BPSK 信号进行直扩调制，扩谱后的宽带信号经功放后由天线发射出去。

直扩系统的接收一般采用相关接收，包括解扩和解调两步。在接收端，接收信号经过放大混频后，用与发射端同步的伪随机码对中频信号进行相关解扩，把扩频信号恢复成窄带信号，然后再解调，恢复原始信息序列。另外，由于采用不同的 PN 码（Pseudo-Noise Code），不相关的接收机很难发现和解出扩频序列中的信息。

对干扰和噪声，由于与伪随机码不相关，所以在解扩过程中被分散到很宽的频带上，进入解调器输入端的干扰功率相对解扩器输入端下降很大，即干扰功率在解扩前、后发生较大变化，而解扩器的输出信号功率不变。因此，直扩系统的处理增益即干扰功率减小的倍数。

直扩系统的处理增益可表示为

$$G_p = \frac{f_c}{f_a} = \frac{B_{RF}}{B_a} = \frac{R_c}{R_a} \tag{6.4.8}$$

由此可见，直扩系统的处理增益为扩频信号射频带宽 B_{RF} 与信息带宽 B_a 之比，或者是伪随机码速率 R_c 与信息速率 R_a 之比，即直扩系统的扩频倍数。用分贝可表示为

$$G_p = 10\lg \frac{R_c}{R_a}\ (\text{dB}) \tag{6.4.9}$$

（2）跳频是指收发双方在 PN 码的控制下按设定的序列在不同的频点上跳变进行信息传输。由于系统的频率在不断地跳变，在每个频点上的停留时间仅为毫秒级，所以在每个时间段内，就可以看作在一个宽频段内分布了传输信号，跳频系统原理框图如图 6-4-2 所示。

在发射机中，输入的信息对载波进行调制，跳频序列从跳频频率表中取出频率调制码，控制频率合成器在不同的时隙内输出频率跳变的本振信号。用它对调制信号进行变频，使变频后的射频信号频率按照跳频序列跳变，产生跳频信号。

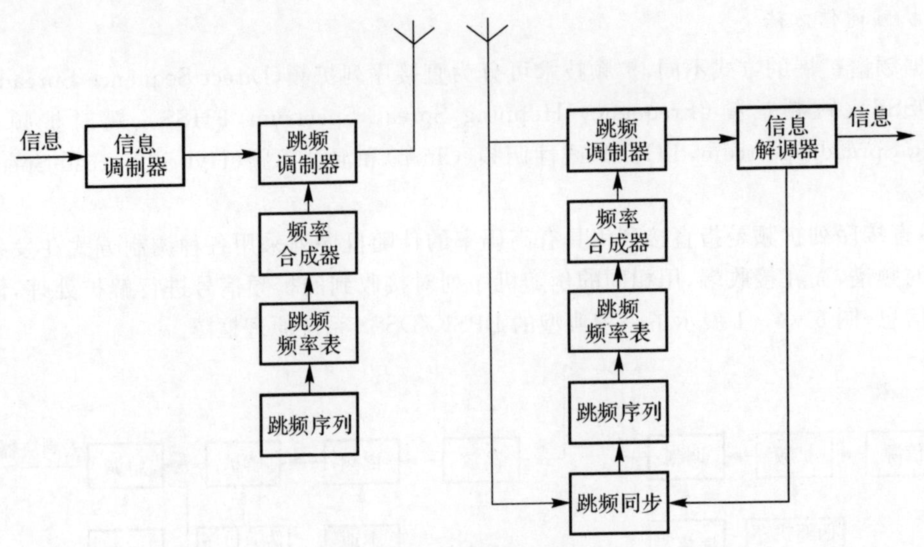

图 6-4-2　跳频系统原理框图

在接收端，与发射机跳频序列一致的本地跳频序列从跳频频率表中取出频率控制码控制频率合成器，使输出的本振信号频率按照跳频序列相应地跳变。利用跳变的本振信号对接收到的跳频信号进行变频，将载波频率搬回到确定频率实现解跳。解跳后的调制信号再经过解调后，恢复出原始信息。

跳频传输系统的核心部分是跳频序列发生器、频率合成器和跳频同步器。跳频序列发生器用于产生伪随机序列，控制频率合成器使之生成所需的频率。频率合成器受跳频序列发生器的控制，产生跳变的载频信号去对信号进行调制或解调。跳频同步器用于同步接收机的本振频率与发射机的载波频率。

在跳频通信过程中，某一时刻只能出现一个瞬时频谱，该瞬时频谱即原始信息经跳频处理和中频调制后的频谱，其带宽稍大于原信息速率在定频通信时的带宽，并且该瞬时频谱的射频是跳变的。跳频处理增益为跳频扩频覆盖的总带宽与跳频瞬时带宽之比。

跳频系统分为快跳频和慢跳频两种。如果跳频系统的跳变速率高于信息调制器输出的符号速率，一个信息符号需要占据多个跳频时隙，则称为快跳频(一般情况下每秒跳变次数大于100)；如果跳频系统的跳频速率低于信息调制器输出的符号速率，一个跳频时隙里可以传输多个信息符号，则称为慢跳频(一般情况下每秒跳变次数小于100)。跳频通信系统的频率跳频速率反映了系统的性能，好的跳频系统每秒的跳频次数可以达到上万次。

(3)跳时也是一种扩展频谱技术，与频率跳变相似，跳时系统是使发射信号在时间轴上离散地跳变。先把时间轴分成许多时隙，这些时隙在跳时扩频通信系统中通常称为时隙，若干时隙组成一组跳时时间帧。在一个时间帧内时隙发射信号由扩频码序列来控制。因此，可以把跳时理解为用一个伪随机序列进行选择的多时隙时移键控。由于采用较窄的时隙去发送信号，相对来说，信号的频谱也就展宽了。跳时系统也可以看成是一种时分系统，区别在于跳时系统不是在一个时间帧中固定分配一定位置的时隙，而是由扩频码序列控制的，按一定规律位置跳变的时隙。跳时系统能够用时间的合理分配来避开附近发射机的强干扰，是一种理想的多址技术。但当同一信道中有许多跳时信号工作时，某一时隙内可能有几个信号相互重叠，因此，跳时系统也和频率跳变系统一样，必须很好地设计伪随机码，或采用协调方式构成时分多址系统。由于简单的跳时系统的抗干扰性不强，所以很少单独使用。跳时系统通常与其他方式的扩频系统结合使用，组成各种混合扩频方式。

(4)线性调频是一种不需要用伪码序列调制的扩频调制技术，发射的射频脉冲信号在一个周期内，载波频率作线性变化。因为其频率在较宽的频带内变化，所以信号的频带也被展宽了。其特点是由于线性调频信号占用的频带宽度远大于信息带宽，所以可获得很大的处理增益。

线性调频系统是基于调频信号产生和压缩的扩频系统，由于调频信号在压缩过程中对多普勒频移不敏感，所以被广泛应用于脉冲压缩体制的雷达系统中。

(5)混合扩频。上述几种方式都具有较强的抗干扰性能，但各自也有很多不足之处。单一的扩频方式很难满足实际需要，若将两种或多种扩频方式结合起来，则可实现任何单一扩频方式难以达到的指标，甚至还可能降低系统的复杂程度和成本。

常用的混合扩频方式有 FHSS/DSSS、THSS/DSSS、FHSS/THSS 等。由于直接序列扩频系统与跳频系统的优、缺点在很大程度上是互补的，所以跳频和直接序列扩频系统具有很强的抗干扰能力，是用得最多的混合扩频技术。

4. 扩频通信技术在无人机数据通信中的应用

由于扩频通信技术具有优良的性能，所以无人机数据通信系统广泛应用了扩频通信技术。下面以美军无人机数据链 Link16 进行举例说明。Link16 同时采用直接序列扩频、跳频和跳时三种方式对通信信号进行扩频处理。

(1)直接序列扩频。循环码移位键控(Cyclic Code Shift Keying，CCSK)是一种 M 进制非正交的编码扩频技术，通过选用一个周期自相关特性优良的函数作为基函数 S_0(基码)，并用 S_0 及其循环移位序列 $S_1, S_2, \cdots, S_{M-1}$ 表示数据信息(即从数据信息序列向循环移位的函数集作映射)，并对载波进行调制而得到的。M 进制 CCSK 信号是一种(M,k)扩频信号，与传统的二进制直接序列扩频信号不同的是，它是以编码方式来实现扩频的，在相同的带宽和扩频码长度下，CCSK 信号具有更高的信息传输速率，为直接序列扩频的 k 倍，大大提高了信道利用率。

对于 Link16 数据链系统来说，采用了 CCSK(32，5)扩频调制技术，由一个 32 位的基码循环移位，形成 32 个伪随机码，将信息序列按 5 b 组成一个符号，而后将每一个符号的不同状态对应于 32 个伪随机码的 CCSK 调制与 DSSS 编码技术都能达到扩频的目的，具有各自的特点，具体体现在以下几个方面：

1)DSSS 编码所用的伪码速率一般是信息码速率的整数倍，CCSK 编码则不一定，不过二者扩频之后的扩频码速率都和伪码速率一样；

2)DSSS 编码的本质是信息序列和伪码序列之间的模 2 加，CCSK 编码则是分组编码，相应的信息序列由基码的移位序列表示，因此从扩频序列中可以根据 CCSK 编码所用的伪码序列及移位数来了解信息序列，而 DSSS 编码则不行；

3)一般来说，在伪码速率一定的条件下，CCSK 编码具有较高的数据传输速率，而 DSSS 编码则具有较高的扩频增益；

4)在解扩方面，CCSK 较为复杂，需要作相关运算来确定伪码序列移位数，并且还要对应出信息序列。

(2)跳频。Link16 在 960～1 215 MHz 的频带上进行传输,在这 255 MHz 频段内伪随机选取 51 个频点作为载波,频点之间的最小间隔为 3 MHz。在相邻脉冲之间,所选频点的间隔要≥30 MHz。脉冲间隔为 13 μs,每个脉冲采用载频跳发时,跳频速率为 76 923 次/s。

(3)跳时。Link16 数据链采用 TDMA 方式构建网络,在分配给本终端平台的时隙内发送战术消息。在数据报文打包结构中,标准双脉冲(STDP)、Packed - 2 单脉冲(P2SP)打包结构采用抖动方式来提高系统的抗干扰性能。通过抖动,每次发射脉冲信号的起点不与时隙起点对齐,而作为随机时延出现。这种伪随机的时延变化使敌方不易掌握发射时间的规律性,因而不能准确判明时隙起点的划分。抖动的大小是由传输保密变量(TSEC)控制的。

6.4.2 信息隐藏技术

信息隐藏是诞生于 20 世纪 90 年代中期的一门新兴学科,涉及数字信号处理技术、计算机技术、通信技术、信息论、心理学和密码学等学科知识,主要应用于数字水印(Digital Watermarking)和隐蔽通信(Covert Communication)等领域。其中,数字水印是指将作品相关信息嵌入多媒体中以达到版权保护的目的,如所有者识别、票据防伪、拷贝控制和广播监控等。近年来,由于盗版活动的日益猖獗,数字水印技术得到了深入研究和广泛应用。隐蔽通信则是指把秘密信息隐藏在公开的多媒体信息中,然后通过公用网络进行传送,其保护对象是秘密信息本身。

传统的信息安全措施是利用密码技术,即通过加密来控制信息的存取,使没有密钥的非法用户不能解读信息。但是,密码技术也存在以下不足:①信息经过加密后容易引起攻击者的好奇和注意,并有被破解的可能性;②一旦加密信息被破解,其内容就完全透明了;③攻击者可以在破译失败的情况下破坏信息,使合法接收者也无法阅读。

信息隐藏技术(Information Hiding Technology)以其特有的优势解决了密码技术的一些缺陷,已开始引起许多国家政府部门的重视,并逐渐显现出其强大的效能和潜力。信息隐藏技术利用多媒体信息的冗余度和人类知觉系统的局限性,通过某种处理算法,将秘密信息嵌入多媒体中,使其不被察觉。这样不仅隐藏了信息的内容,而且隐藏了信息的存在,因此能够在公开载体中隐蔽地传递秘密信息,从而实现隐蔽通信。

1. 信息隐藏系统模型

信息隐藏就是依赖人类听觉/视觉系统的局限性,利用多媒体数据的冗余度,通过某种处理方法,将有用信息不可感知地嵌入进去。既然是"藏",主要涉及的就是"如何藏"和"如何找"的问题,也就是信息隐藏嵌入、信息隐藏提取的两个过程。嵌入过程是使用特定的嵌入算法将嵌入对象添加到可公开的伪装对象中,从而生成伪装对象。提取过程是使用特定的提取算法从伪装对象中提取出嵌入对象的过程。信息隐藏系统模型如图 6-4-3 所示。

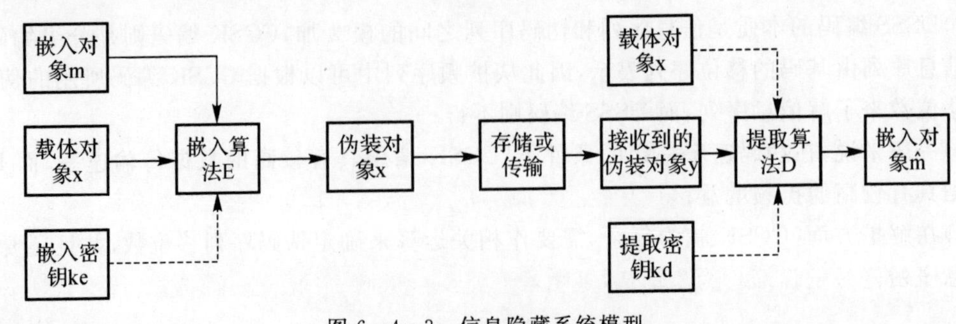

图 6-4-3 信息隐藏系统模型

由图 6-4-3 可知，信息隐藏系统主要由以下几部分构成。

(1)嵌入对象 m(Embedded Object)指需要被隐藏在公开多媒体数据中的对象，通常为秘密信息或水印信息，嵌入前可对其进行预处理，包括加密、置乱等。

(2)载体对象 x(Cover Object)指用于隐藏嵌入对象的公开多媒体数据。

(3)伪装对象 $\bar{x}$(Stego Object)指已经包含嵌入对象的多媒体数据。

(4)密钥(Key)：密钥是可选项，用来加强安全性，以避免嵌入对象被第三方窃取，通常提取密钥 kd 与嵌入密钥 ke 是相同的。

(5)嵌入算法 E(Embedding Algorithm)指将嵌入对象添加到载体对象时使用的算法。

(6)提取算法 D(Extracting Algorithm)与嵌入算法相对应，指从接收到的伪装对象 y 中提取出嵌入对象的算法。如果提取嵌入对象时不需要载体对象，则称为盲提取，否则称为非盲提取。盲提取算法复杂度高，但有利于实际应用。此外，由于伪装对象在存储或传输过程中有可能受到攻击和干扰，所以，提取得到的嵌入对象 $\hat{m}$ 通常只是对原始嵌入对象的估计值。

2. 隐藏信息技术分类

信息隐藏的分类方法很多，可以按照应用的目的、载体的类型、嵌入域、提取要求、算法的鲁棒性等指标进行分类。

(1)按应用目的分类。从应用目的的角度来说，信息隐藏技术可以分为隐蔽信道、隐蔽通信、匿名通信和数字水印四类，如图 6-4-4 所示。

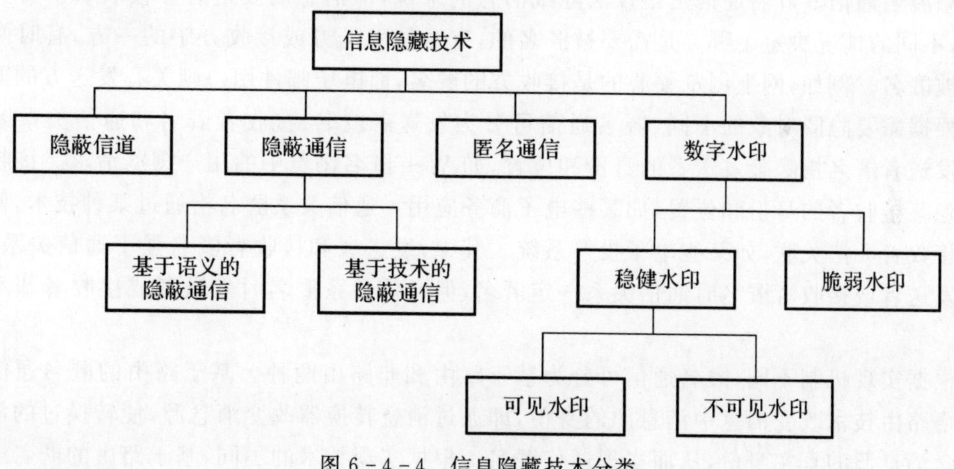

图 6-4-4　信息隐藏技术分类

1)隐蔽信道。广义的隐蔽信道包括潜信道和隐信道两种。潜信道也称为阈下信道，这一概念最早是由 G.J. Simmons 于 1978 年在美国圣地亚国家实验室提出的，之后 Simmons 做了较多的研究工作。它的一个概念性定义是：在基于公钥密码技术的数字签名、认证等应用密码体制中建立起来的一种隐蔽信道，除指定的接收者外，任何其他人均不知道密码数据中是否有阈下消息存在。目前，相当多的研究人员对阈下信道技术给予了关注，其原因在于它不仅是信息隐藏技术的一种重要实现方式，而且发展了很多新的应用，有着其他技术不可替代的作用。阈下信道超强的隐蔽性为很多应用提供了良好的平台，例如军事情报、个人隐私、签名防伪、货币水印等。

狭义的隐蔽信道简称为隐信道，是相对于公开信道而言的。公开信道是传输合法信息流的通道,而隐信道则是采用特殊编译码,使不合法信息流(通常为秘密信息)逃避常规安全及控制机构的检测。

2)隐蔽通信。隐蔽通信又称为隐写术、隐秘术,是指将秘密信息隐藏到看上去普通的信息中进行传送,其主要目的是将重要的信息隐藏起来,以便在不引起人注意的情况下进行传输和存储。隐蔽通信包括两大分支,即语义隐蔽通信和技术隐蔽通信。

语义隐蔽通信利用了语言文字自身及其修辞方面的知识和技巧,通过对原文按照一定规则进行重新排列或剪裁,从而隐藏和提取密文。语义隐蔽通信包括符号码、隐语以及虚字密码等。所谓符号码是指一次非书面形式的秘密通信。例如,在第二次世界大战中,有人曾经利用一幅关于圣安东尼奥河的画传递了一封密信。画中的圣安东尼奥河畔长了许多小草,而小草的叶子的长短是根据一种编码画出来的。长叶代表莫尔斯电码的划线,短叶代表莫尔斯电码的圆点。得到这幅画的人利用电码本很容易就得到了信的内容。需要注意的是,符号码的结果不能影响载体的特征,比如上述画中的草叶的形状和分布必须符合常规,否则就是隐写失败。隐语所利用的是错觉或代码字。

技术隐蔽通信是伴随着科技的发展而发展的。从古代利用动物的身体记载、木片上打蜡,到近代使用的隐形墨水、缩微胶片,再到当代使用的扩频通信、网络多媒体数据进行隐蔽通信等,可以说每一种新隐蔽通信技术的出现都离不开科学技术的进步。尤其是信息科技的发展,催生了现代数字隐蔽通信技术。

3)匿名通信。匿名通信是指设法隐藏消息的来源,即消息的发送者和接收者。需要注意的是,不同的情况决定了哪方是需要被匿名的,有时是发送方或接收方中的一方,有时两方都需要被匿名。例如,网上浏览关心的是接收方的匿名,而电子邮件用户则关心发送方的匿名。

根据需要隐匿对象的不同,匿名通信可分为发送者匿名、接收者匿名和通信关系匿名三类。发送者匿名指隐蔽发送者的身份和位置,如Web匿名浏览中的用户浏览请求。接收者匿名指隐蔽接收者的身份和位置,如某些电子商务应用。通信关系匿名指通过某种技术,使发送者和接收者无法关联,如某些电子投票系统。其中,发送者和接收者匿名强于通信关系匿名,因为发送者或接收者匿名时通信关系一定匿名,但通信关系匿名时发送者或接收者却不一定匿名。

根据实现机制不同,匿名通信可分为基于路由和非路由两种。基于路由的匿名通信指使用网络路由技术改变消息中消息源的身份,即通过消息转换器改变消息源,使转换过的消息不再包含消息源的真实身份,从而实现通信匿名。根据实现技术的不同,基于路由的匿名通信分为基于重路由和基于非重路由两种机制。基于重路由机制的匿名通信在发送者和接收者间经过多个转发节点,这些节点通过改写和填充数据包来隐藏消息来源和通信关系。基于广播式的路由匿名通信技术属于非重路由机制,依靠广播成员数量来隐藏接收者或发送者的身份,其缺点是执行效率较低且信息传播量大。基于非路由的匿名通信一般建立在秘密共享机制上。发送者把数据包发送给系统中每个成员,除发送者外的其他成员用自己的私钥对数据包进行解密,如解密成功,则表明数据包是发给自己的。

根据网络类型的不同,匿名通信可分为路径拓扑、路由机制和路径类型三种。路径拓扑包括瀑布型和自由型。瀑布型指发送者只能选择固定的通信路径进行数据传输,自由型指发送者可以任意选择通信路径进行数据传输。自由型的路径拓扑比瀑布型的匿名性更强。路由机制包括单播、组播、广播和任意播。基于系统效率和部署考虑,大多数匿名通信系统的路由机制为单播。路径类型包括简单和复杂两种路径。简单路径不允许出现路径循环,复杂路径允许出现路径循环,中继节点在整个路径中可出现多次。

4)数字水印。数字水印技术是信息隐藏技术的另一重要分支,它的基本思想是在数字作品(图像、音频、视频等)中嵌入水印信息,以便保护数字产品的版权、证明产品的真实可靠性、跟踪盗版行为或提供产品的附加信息。相应地,水印信息是版权标志、用户序列号或者产品相关信息。

虽然数字水印和隐蔽通信有许多共性和密切联系,有些算法只要稍作改动便可以互相通用,但两者也存在以下差异。

A. 透明性差异。数字水印的透明性主要是指不影响载体对象的听觉/视觉效果。由于隐蔽通信的安全性来自于第三方感知上的麻痹性,所以要求算法必须具有很好的透明性,确保秘密信息的存在性不被察觉。

B. 鲁棒性差异。数字水印算法必须能够承受各种恶意攻击,但是只要求提取出的水印与原始水印相似,具有足够的证据说服力即可。隐蔽通信中虽然只要求算法能抵抗传输信道中的噪声和干扰,但是要求提取误码率很低。

C. 隐藏容量差异。数字水印通常只需要携带有关版权的少量信息,而隐蔽通信的数据量较大。

此外,在隐蔽通信应用中,所要发送的秘密信息是主体,是重点保护对象,与用什么载体对象进行传输没有太大关系。对于数字水印来说,载体通常是数字产品,是版权保护对象,而所嵌入的信息则是与该产品相关的版权标志或相关信息。

(2)按载体类型分类。信息隐藏载体对象主要是多媒体数据,如音频、视频、图像、文档等,根据载体对象的不同,主要可将信息隐藏分为音频信息隐藏、图像信息隐藏、视频信息隐藏和文本信息隐藏等。

1)音频信息隐藏。音频信息隐藏是在音频信号中嵌入不可察觉的信息,以实现版权保护、隐蔽通信等功能。相对图像和视频,音频的处理不需要大量的计算,适合实时处理,而且语音和音乐的录制、传输也比较方便。

2)图像信息隐藏。图像信息隐藏以数字图像为载体对象,将信息按照某种算法嵌入数字图像中。图像是像素的集合,相邻像素点所对应的实际距离称为图像的空间分辨率。根据像素颜色信息的不同,作为载体对象的数字图像包括二值图像、索引图像、灰度图像以及 RGB 彩色图像。

3)视频信息隐藏。视频信息隐藏利用人眼的视觉特性——分辨率与灵敏度上的局限性,在视频载体信号的感知冗余中嵌入信息。视频较图像、音频等媒体具有更大的信号空间,因此可以隐藏较大容量的信息,为保密通信、版权保护、内容认证等问题提供解决方案。

4)文本信息隐藏。文本信息隐藏是通过改变文本模式或改变文本的某些基本特征来实现信息嵌入的。由于文本文件是直接对文字数据进行编码而成,几乎不存在数据冗余,所以通常利用语言的自然冗余性将信息直接编码到文本内容中去,或者将信息直接编码到文本格式中(比如调整字间距或行间距),或利用人们通常不易察觉的标点和字体的改变等方法。

(3)按嵌入对象检测/提取的条件分类。根据检测/提取嵌入对象时是否需要原始载体对象及嵌入对象,可以把检测/提取条件分为以下 4 个指标:

A. 指标Ⅰ:检测不需要原始载体对象;

B. 指标Ⅱ:检测不需要原始嵌入对象;

C. 指标Ⅲ:提取不需要原始载体对象;

D. 指标Ⅳ:提取不需要原始嵌入对象。

按照检测/提取时是否需要原始载体对象和嵌入对象,可将信息隐藏分为盲检测、非盲检测、盲提取和非盲提取。盲检测、盲提取是指在检测或提取时不需要原始载体对象或原始嵌入对象,反之则称为非盲检测、非盲提取。使用原始载体对象参与检测和提取出嵌入对象是一种常用的方法,但在大多数实际应用场合中,由于提取嵌入对象时要准备原始的载体和嵌入对象是不现实的,所以都要求盲检测或盲提取。

"盲检测/提取"较"非盲检测/提取"要求要高,通常需要以损失一定的容量和鲁棒性作为代价。"盲提取"较"盲检测"要求要高,盲检测是二元判决,相对简单;盲提取的必要前提是盲检测,难度更高。

(4)按嵌入对象鲁棒性分类。按鲁棒性分类,信息隐藏可分为鲁棒信息隐藏、脆弱信息隐藏和半脆弱信息隐藏。

1)鲁棒信息隐藏。鲁棒信息隐藏是指在保证伪装对象与原始载体对象感知相似的条件下,在各种无意和恶意攻击下,嵌入对象仍能不被修改、去除,适用于隐蔽通信、版权保护及真伪鉴别等。

2)脆弱信息隐藏。脆弱信息隐藏则相反,在常规处理或其他各种攻击下,嵌入对象会被损害,且破坏的情况很容易被检测到,常用于篡改提示和数据完整性的检测。

3)半脆弱信息隐藏。半脆弱信息隐藏同时具有鲁棒信息隐藏和脆弱信息隐藏两种功能,对某些攻击鲁棒而对其他攻击脆弱,从而区分正常的信号处理与恶意篡改,并提供恶意篡改的类型及位置等信息。

3. 信息隐藏评测方法

为了评测信息隐藏算法的性能,必须建立客观、科学的评测体系,从 6.3 节通信链路隐私要求可知信息隐藏性能指标主要有透明性、鲁棒性和隐藏容量。因此评测方法也主要围绕信息隐藏的性能指标进行说明。

(1)透明性评测。

1)信噪比。对载体音频信号,信噪比的定义为

$$\mathrm{SNR}=10\lg\frac{\sum_{n=1}^{N}x^2(n)}{\sum_{n=1}^{N}[x(n)-\bar{x}(n)]^2} \tag{6.4.10}$$

式中:$x(n)$ 表示原始载体音频;$\bar{x}(n)$ 表示伪装音频;N 表示音频长度。

对载体图像信号,信噪比的定义为

$$\mathrm{SNR}=10\lg\frac{\sum_{m=1}^{M}\sum_{n=1}^{N}[x(m,n)]^2}{\sum_{m=1}^{M}\sum_{n=1}^{N}[\bar{x}(m,n)-x(m,n)]^2} \tag{6.4.11}$$

式中:M,N 分别表示载体图像行和列的大小;$x(m,n)$ 表示载体图像的第(m,n)个像素值;$\bar{x}(m,n)$ 表示伪装图像的第(m,n)个像素值。

峰值信噪比(Peak Signal Noise Ratio,PSNR)的定义为

$$\mathrm{PSNR}=10\lg\frac{(2^k-1)^2}{\mathrm{MSE}} \tag{6.4.12}$$

式中:k 表示色彩的比特数,在灰度图像中为 8;MSE 为均方误差,定义见式(6.4.13)。

通常情况下,当两幅图像的 PSNR 大于 30 的时候,在视觉效果上就难以察觉出两者之间的差别。

2)欧氏失真。欧氏失真又称为均方误差(Mean Square Error,MSE),常被作为失真测度,它的最大优点是简单且易于计算机处理,且符合主观感知条件。对载体音频信号其定义为

$$\mathrm{MSE}=\frac{1}{N}\sum_{n=1}^{N}[\bar{x}(n)-x(n)]^2 \tag{6.4.13}$$

式中各符号的意义同式(6.4.10)。

对载体图像信号其定义式为

$$\mathrm{MSE}=\frac{1}{MN}\sum_{m=1}^{M}\sum_{n=1}^{N}[\bar{x}(m,n)-x(m,n)]^2 \tag{6.4.14}$$

式中各符号的意义同式(6.4.11)。

通常信噪比和峰值信噪比越大或者均方误差越小,说明信息隐藏算法的透明性越好。

(2) 鲁棒性评测。评测鲁棒性能就是检验伪装对象受到各种类型及强度的攻击后,嵌入对象的提取效果。在实际应用中,由于传输信道及应用场合的不同,所以伪装对象受到的信号干扰类型和强度也有所不同。此外,由于嵌入信息的重要性,所以要求提取正确率很高,甚至不发生错误。

对载体音频信号,传输信道中存在的干扰类型主要包括添加噪声、动态范围改变、滤波、格式变化、有损压缩、改变音效和失同步等。其中,失同步干扰会损坏音频信号的同步结构,从而严重影响提取性能。

对载体图像信号,最为常见的干扰包括滤波、有损压缩或量化、加噪、重采样、重量化、模糊/反模糊、信号增强(如图像的亮度、对比度调整)和失同步等。其中,失同步攻击是一种威胁性较强的攻击方法,嵌入对象虽然并没有从原始载体对象中消失,但是嵌入对象信息的时空位置发生错乱,将使得嵌入对象检测或提取失败。最典型的方法为几何变换,如图像和视频的旋转、缩放和剪切等操作。

(3) 隐藏容量评测。隐藏容量用单位时间载体音频内或单位大小载体图像中嵌入的信息量来衡量,当载体对象为音频时,通常用 b/s 表示,即每秒载体音频中可以嵌入多少比特信息。当载体对象为图像时,通常用数据嵌入率表示:

$$R=\frac{\text{嵌入对象信息比特}}{\text{载体图像总比特}}\times 100\%=\frac{\text{嵌入对象信息比特}}{\text{载体图像 }NMn}\times 100\% \tag{6.4.15}$$

式中,N、M、n 分别表示载体图像行、列数和色彩的比特数。

隐藏容量与应用场合紧密相关,例如,隐蔽通信中,在传输战场态势报告、作战地图等场合,数据量很大,而在传输指挥命令、坐标方位等信息时,数据量较小。因此,为满足实际应用需求,要求隐蔽通信算法有足够大的隐藏容量。

4. 信息隐藏技术在无人机通信中的应用

无人机数据通信可以利用信息隐藏技术优势,将信息隐藏技术应用于无人机数据通信中,

以满足其信息安全要求。

(1)隐蔽通信。隐蔽通信隐藏了信息传递的事实,是信息隐藏技术的重要应用领域,也是实现无人机重要信息安全隐蔽传输的重要手段,在无人机通信中的主要应用方式如下。

1)保密通信。保密通信主要用于重要信息的安全通信,所要保护的是嵌入载体对象中的重要信息,而载体对象通常为公开的多媒体信息,而且网络上存在数量巨大的多媒体信息,从而使得重要信息难以被窃听者检测。因此,当通过无人机数据通信系统传输重要信息时,可以将信息隐藏技术与密码技术相结合,实现重要数据的秘密传送和安全保护:一方面,隐藏在公开多媒体信息冗余空间中的重要信息具有不可感知性,从而保密通信的过程不易为窃听者得知;另一方面,在嵌入之前可利用密码技术对重要信息作加密处理,进一步提高信息安全性。例如,可将无人机拍摄的重要军事图像隐藏于公开的音乐作品中,然后通过广播电台、互联网等公共网络方式进行传输,接收端通过隐藏信息提取算法恢复出军事图像。

可见,利用信息隐藏技术进行保密通信,可以保证无人机数据通信信息内容的保密性和完整性,同时降低了被截获和被干扰的概率。这时要求信息隐藏技术具有良好的透明性、较大的容量和较强的鲁棒性。无人机数据通信保密传输应用系统如图 6-4-5 所示。

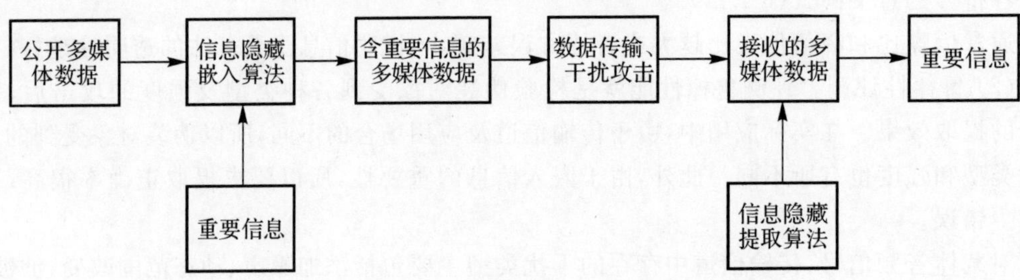

图 6-4-5　无人机数据通信保密传输应用系统

2)网络隐蔽通信。在无人机数据通信系统中,通常利用 TCP/IP 协议实现点对点链接。基于 TCP/IP 协议栈的应用层有很多,由于这些协议不被网络中间设备检查和修改,所以适合实现隐蔽通信。其中,最典型的应用层协议是用于流媒体传输的实时传输协议(Real-time Transport Protocol,RTP),该协议提供端对端网络传输功能,适合通过组播和点播实时传输无人机视频、音频等数据。由于 RTP 不能为按顺序传输数据包提供可靠的传送机制,也不提供流量控制或拥塞控制,所以需要依靠实时传输控制协议(Realtime Transport Control Protocol,RTCP)提供这些服务。在 RTP 会话期间,各网络参与者周期性地传送 RTCP 包。

基于 RTP/RTCP 协议的时间型隐蔽通信方法如下:发送端将重要信息转换为二进制形式,以每 n 个比特为单位转换为十进制数 D,通过相邻两 RTCP 包间发送 D 个 RTP 来传递信息。接收端判断 RTP 数目 D 后,将其转换为 n 位二进制,从而提取出信息。

(2)数字水印。利用信息隐藏技术可以在无人机采集的数字化音频、图像和视频数据内容中嵌入不明显的数字水印记号,被嵌入的记号通常是不可见或不可察的,但是通过计算操作可以被检测或者被提取。数字水印与无人机音频、图像和视频数据紧密结合并隐藏其中,成为不可分离的一部分,可以在以下场合得到使用。

1)版权确认。无人机数据通信系统中传输的音频、图像和视频数据(简称无人机多媒体数据)版权所有者可以将版权信息作为水印加入公开发布的无人机多媒体数据中,以便在发生纠纷时提供版权证明的依据。例如,在传播无人机航拍图片时,发送的是隐藏有信息代码的数字作品，其中含有的水印信息不能够被破坏。如果航拍作品被非法倒卖，版权拥有者可以通过从侵权人持有的作品中提取水印来证明版权。

这时要求数字水印必须对常见数据处理和攻击具有很高的鲁棒性，比如对于图像而言，要求水印能够经受各种常用的图像处理操作，甚至像打印/扫描等操作。此外，还要求水印必须明确无歧义，并在其他人嵌入另外的水印以后，仍然能够做出正确的版权判断。无人机多媒体数据版权确认应用系统如图 6-4-6 所示。

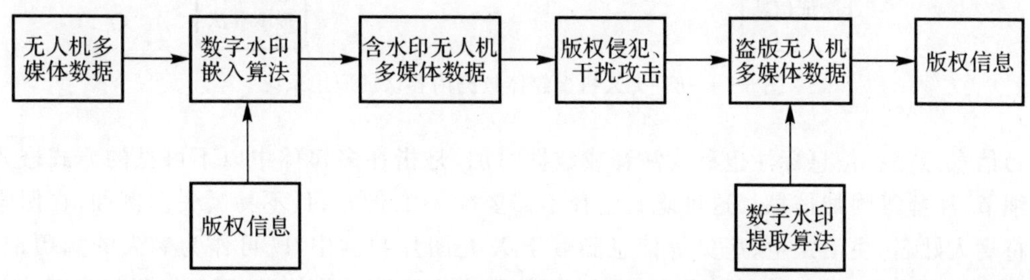

图 6-4-6　无人机多媒体数据版权确认应用系统

2）来源追踪。来源追踪应用中隐藏的是用户信息，为监视或追踪无人机多媒体数据的非法传播和倒卖，在给用户分发数据时，可以将不同用户的有关信息（如用户名、序列号等）作为唯一的水印（也称为数字指纹）嵌入数据中。用户在获得嵌入数字指纹后的无人机多媒体数据后，可以供自己单独使用，但若非法进行再次分发，则可根据数据内的水印，追踪查出该用户。

可见，利用信息隐藏技术进行来源追踪，可保证无人机数据通信信息内容的可认。这时要求数字水印也是鲁棒数字水印。此外，为快速查找违法用户，要求数字水印的提取必须要简单、快捷。无人机多媒体数据来源追踪应用系统如图 6-4-7 所示。

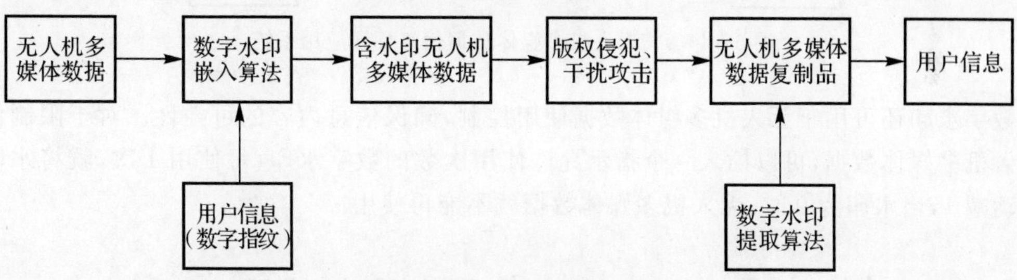

图 6-4-7　无人机多媒体数据来源追踪应用系统

3）内容认证。内容认证包含两个层次：一是进行数据完整性认证，即判断数据是否发生篡改；二是能对篡改的部位或者可能遭受的篡改操作做出估计和判断。当无人机多媒体数据被用于环境监测、国土规划、交通违法行为认定及商业等场景时，常需要确定它们的内容有没有被修改、伪造或特殊处理过。如新闻图片、案件取证图像、医学图像和军事图像必须真实完整。此时，为确保数据的完整性，检测数据是否被他人篡改，可将验证信息作为水印嵌入无人机多媒体数据中。当数据完整性受到质疑时，则提取验证信息，用以验证数据是否被修改，或者标示被篡改的区域，甚至可以利用该信息做进一步的数据修复。因此，利用信息隐藏技术进行内容认证，可以确保无人机数据通信信息内容的完整性。这时要求使用脆弱水印技术，一旦无人机多媒体数据被篡改，水印就会被破坏。

无人机多媒体数据内容认证应用系统如图 6-4-8 所示。

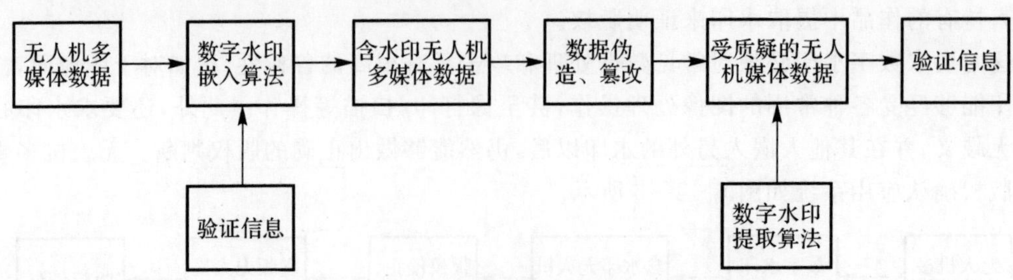

图 6-4-8 无人机多媒体数据内容认证应用系统

4)信息标注。信息标注也称为注释或数据附加,是指在多媒体中以不可见的方式嵌入相关的细节、注释等附加信息。这种隐式注释不需要额外的带宽,且不易丢失。例如,在医学中可以将病人姓名、主治医生、病史等信息隐藏于 X 光图片数据中,既可作为病人的病历记录,又能防止隐私泄露。因此,可以在无人机多媒体数据中隐藏一些信息,用于解释与多媒体数据有关的内容,如航拍摄录的创作时间和地点、拍摄图像经纬度等。同样的,要求数字水印具有较强的鲁棒性。无人机多媒体数据信息标注应用系统如图 6-4-9 所示。

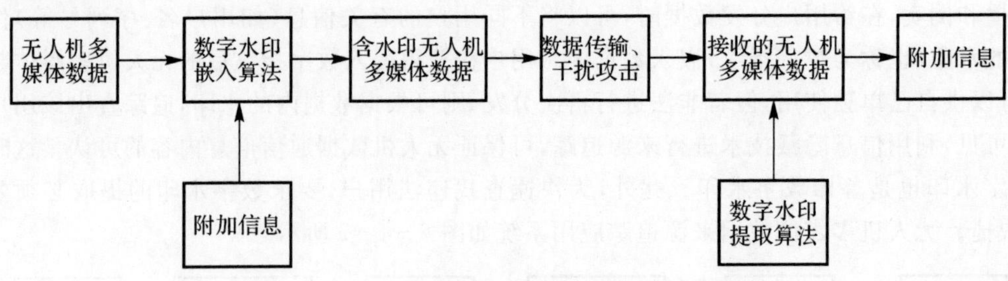

图 6-4-9 无人机多媒体数据信息标注应用系统

数字水印还可用于无人机多媒体数据使用控制,确保信息内容的可控性。对于限制使用的无人机多媒体数据,可以插入一个指示允许使用次数的数字水印,每使用 1 次,就将水印数值自动减 1,当水印为 0 时,无人机多媒体数据就不能再使用。

6.5 通信链路数据加密与认证

6.5.1 数据加密技术

1. 基本概念

数据加密(Data Encryption)技术是指将一个可以由接收端的人或机器能够理解和识别的信息(或称明文,PlainText)经过加密钥匙(Encryption Key)及加密函数转换,变成无意义的密文(Cipher Text),而接收方则将此密文经过解密函数、解密钥匙(Decryption Key)还原成明文。经典的加密通信模型如图 6-5-1 所示。

在无人机通信中,将消息的发送者称为信源,消息的接收者称为信宿,用来传输消息的物理介质通道称为链路,在通信过程中,信源为了和信宿通信,首先要选择适当的密钥 k,并把它通过安全的信道送给信宿。通信时，把明文 m 通过加密方法 E 加密成密文 $c[c=E_k(m)]$，通过链路发送给信宿。信宿应用信源从安全信道送来的密钥 k，通过解密变换 D_k 解密密文 c，恢复出明文 $m[m=D_k(c)]$。因此可以给出密码体制的基本概念，一个密码体制可分为以下几部分：

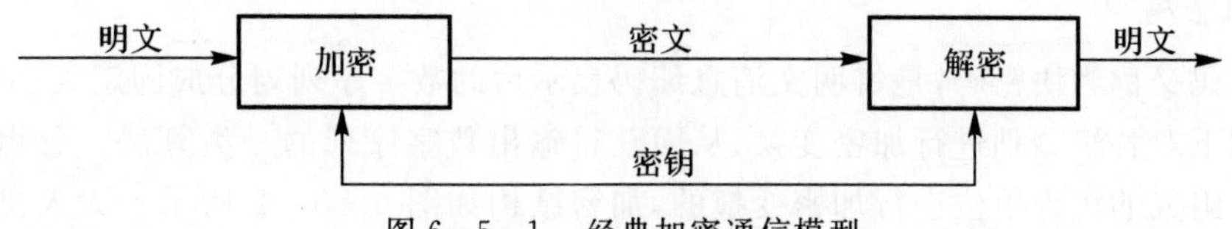

图 6-5-1　经典加密通信模型

(1) 所有可能的明文的集合 P，称为明文空间；

(2) 所有可能的密文的集合 C，称为密文空间；

(3) 所有可能的密钥的集合 K，称为密钥空间；

(4) 加密算法：

$$E:P\times K\rightarrow C,(m,k)\mapsto E_k(m) \tag{6.5.1}$$

(5) 解密算法：

$$D:C\times K\rightarrow P,(c,k)\mapsto D_k(c) \tag{6.5.2}$$

对任意 $m\in P,k\in K$，有 $D_k[E_k(m)]=m$。

五元组(P,C,K,E,D)称为一个密码体制。

2. 密码体制分类

密码体制的分类方法较多，例如，按照密码算法对明文信息的加密方式，分为分组密码体制和序列密码体制；按照加密过程中是否注入了客观随机因素，分为确定型密码体制和概率密码体制；按照是否能进行可逆的加密变换，分为单向函数密码体制和双向函数密码体制。但最常用的是按照密码算法所使用的加密密钥与解密密钥是否相同，能否由加密过程推导出解密过程(或由解密过程推导出加密过程)而将密码体制分为对称密码体制和非对称密码体制。

对称密码体制是一种传统密码体制，也称为私钥密码体制。在对称加密系统中，加密和解密采用相同的密钥，即使二者不同，也能够由其中的一个很容易地推导出另一个。因此，在这种密码体制中，有加密能力就意味着有解密能力。对称密码算法的优点是计算开销小，加密速度快，可以达到很高的保密强度，是目前用于信息加密的主要算法。

非对称密码体制也叫公钥加密体制。在公钥加密系统中，加密和解密是相对独立的，加密和解密会使用两把不同的密钥，加密密钥(公开密钥)向公众公开，谁都可以使用，解密密钥(秘密密钥)只有解密人自己知道，非法使用者根据公开的加密密钥无法推算出解密密钥。公钥密钥的密钥管理比较简单，并且可以方便地实现数字签名和验证，但算法复杂，加密数据的速率较低。非对称密码体制的缺点是：①与对称密码体制相比，其加密解密的算法比较复杂，加解密速度较慢；②在同等安全强度下，非对称密码体制要求的密钥位数要多一些。

按加密方式可将对称密码体制分为分组密码和序列密码两种。分组密码(Block Cipher)是将明文消息编码表示后的数字序列划分成固定大小的组，各组分别在密钥的控制下变换成等长的输出数字。与之相反，序列密码(Stream Cipher)则是一次只对明文消息的单个字符(经常是二进制位)进行加密变换的密码体制，通过明文序列和密钥序列的某种运算得到性能良好的输出序列。

典型的分组密码算法有数据加密标准 DES(Data Encryption Standard,DES)算法及其变形 Triple DES(三重 DES)、高级加密标准 AES(Advanced encryption Standard,AES)、RC5、欧洲的 IDEA、日本的 FEAL 等。典型的序列密码算法则有 A5、RC4、PKZIP、Snow 等。

3. 分组密码

分组密码又称为块密码,是将明文消息编码表示后的数字序列划分成固定大小的组后,在密钥的控制下对各组分别进行加密变换,从而获得输出数字序列的一类算法。分组密码是以由若干比特组成的组为单位进行加密变换的,加密结构如图 6-5-2 所示。无人机通信领域最常用的密码体制为分组密码,分组密码具有速度快、易于标准化和便于软硬件实现等待点。它通常是信息与网络安全中实现数据加密、数字签名、认证及密钥管理的核心体制,在计算机通信和信息系统安全领域有着最广泛的应用。在对密码算法的分类当中,分组密码根据其所使用的加密体制实际上可以分为对称分组密码和公钥体制的分组密码。

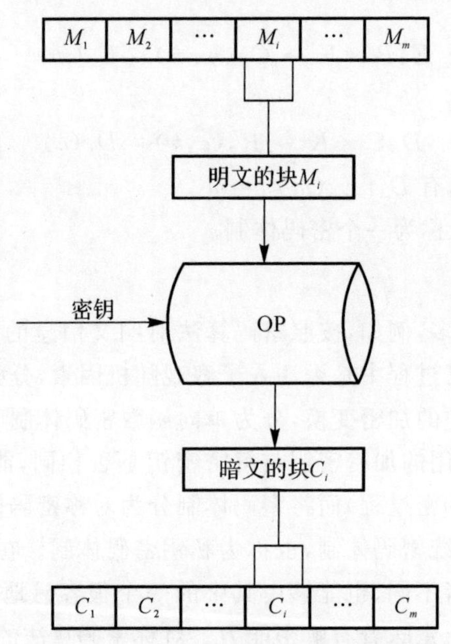

图 6-5-2 分组密码经典加密结构

分组密码的加密过程如下。

(1)将明文分成 m 个明文组 $M_1,M_2,\cdots,M_i,\cdots,M_m$。

(2) 对每个明文组分别执行相同的加密变换,从而生成 m 个密文组 $C_1,C_2,\cdots,C_i,\cdots,C_m$。其中每个分组的大小可以是任意的,但通常选择较大的数目(如 64 位或 64 的倍数的位)。

(3) 分组密码的解密过程和加密过程类似,进行的操作和变换也只是对应于加密过程的逆变换。首先将收到的密文分成 m 个密文分组 $C_1,C_2,\cdots,C_i,\cdots,C_m$。它在相同的密钥作用下,对每个分组执行一个加密的逆变换,从而恢复出对应的明文分组 $M_1,M_2,\cdots,M_i,\cdots,M_m$。

从本质上讲,分组密码算法是一种置换,分组密码是一种满足下列条件的映射:

$$E:F_2^n \times F_2^t \rightarrow F_2^m \tag{6.5.3}$$

式中：F_2^n 称为明文空间；F_2^t 称为密钥空间；F_2^m 称为密文空间；n 为明文分组长度；m 为其对应的密文长度；t 为密钥长度。实际上，m、n 和 t 之间并不需要相等，当 $n > m$ 时，称为有数据压缩的分组密码；当 $n < m$ 时，称为有数据扩展的分组密码；当 $n = m$ 且为一映射时，E 就是一个从 $GF\ (2)^n$ 到 $GF\ (2)^m$ 的置换，此时称为等长的分组密码。通常情况下所使用的分组密码一般是等长分组密码。

4. 密钥管理

密钥管理是指对所用密钥产生、存储、分配、使用、废除、归档、销毁等生命周期全过程实施的安全保密管理。密钥管理是数据加密技术中的重要一环，密钥管理的目的是确保密钥的安全性，密码强度在一定程度上也依赖于密钥的管理。

(1)密钥产生。密钥产生必须在安全的受物理保护的地方进行。

(2)密钥注入。密钥注入应在一个封闭的环境由可靠人员用密钥注入设备注入。在注入过程中不许存在任何残留信息，并且具有自毁的功能，即一旦窃取者试图读出注入的密钥，密钥能自行销毁。

(3)密钥分级。一级密钥是最高级的密钥，也称为主密钥，是整个密钥管理系统的核心，其他各级密钥动态产生并经常更换。多级密钥体制大大加强了密码系统的可靠性，因为用得最多的工作密钥常常更换，而高层密钥用得较少，使得破译者的难度增大。

(4)密钥分配。密钥分配是指通信成员获得密钥的过程。一般地，主密钥可由人工方式分配，加密数据的密钥用自动方式在无线网络上进行分配。密钥的无线分发需要根据通信保密程序进行。

(5)密钥保存。对密钥存储的保护，除了加密存储外，通常还采取一些必要的措施：密钥的操作口令由密码人员掌握；加密设备有物理保护措施；采用软件加密形式，有软件保护措施；对于非法使用加密设备有审计手段；对当前使用的密钥有密钥的合法性验证措施，以防止篡改。

5. 数据加密技术在无人机通信中的应用

数据加密技术通常用于无人机通信链路加密，实现网络数据的安全性。加密方式主要有节点加密、链路加密和端对端加密方式。例如，美军无人机数据链 Link16 采用了多重加密措施来保证信息传输的安全性。Link16 是美军于 20 世纪 70 年代开始研制的保密、大容量、抗干扰、无节点的数据链路，是一个通信、导航和识别系统，支持战术指挥、控制、通信、计算机和情报(C41 系统)。Link 通信链路数据认证技术的无线电发射和接收部分用于联合战术信息分发系统(JTIDS)或其后继者多功能信息分发系统(MIS)。在阿富汗战争中，美军利用 ITIDS 成功链接了 RQ－1“捕食者”无人机、RC－135V/W“铆钉”侦察机、U－2 高空侦察机和 RQ－4A“全球鹰”无人机，并把这些飞机所侦察到的情报及时传送至其他作战部门，实现了作战信息的“无缝隙”链接，取得了很好的作战效果。

Link16 数据链由 JTIS/MIS 端机中的保密数据单元(SDU)产生消息保密变量(MSEC)和传输保密变量(TSEC)，进行两层加密。首先，通过消息保密变量对消息本身进行加解密；其次，采用传输保密变量对发射波形进行加密，TSEC 决定了端机传输的伪随机跳频图案、抖动时间、扩频序列、交织、粗同步头字符、精同步头字符的加解密，用于提高其抗干扰能力和降低截获概率。

6.5.2 认证技术

认证技术是通信链路数据安全技术的重要组成部分之一。认证主要包括用户身份认证和信息认证两个方面。前者用于证明或否认通信实体所宣称的身份,后者用于对通信信息进行完整性检查并提供发送方的不可抵赖性。在某些情况下的信息认证甚至比信息保密更为重要,因为有时主动攻击的威胁远大于被动攻击。此外认证是一个技术处理的过程,它起到的作用有三点:首先,用它来验证信息本身的真伪,即验证信息的真实性;其次,用它是验证信息的完整性,防止信息在传输、存储等过程中被破坏;最后,还需验证信息的时间性和不可否认性等。

1. 身份认证

身份认证技术在信息安全中处于非常重要的地位,是其他安全机制的基础。只有实现了有效的身份认证,才能保证访问控制、安全审计、入侵防范等安全机制的有效实施。身份认证的方法有口令匹配法、基于智能卡的身份认证和生物特征认证法。

(1)身份认证技术。有些无人机目前基于共享密钥的身份认证技术,其原理是验证通信双方是否拥有相同的密钥,常用的协议形式是询问/响应模式,认证过程如图 6-5-3 所示。

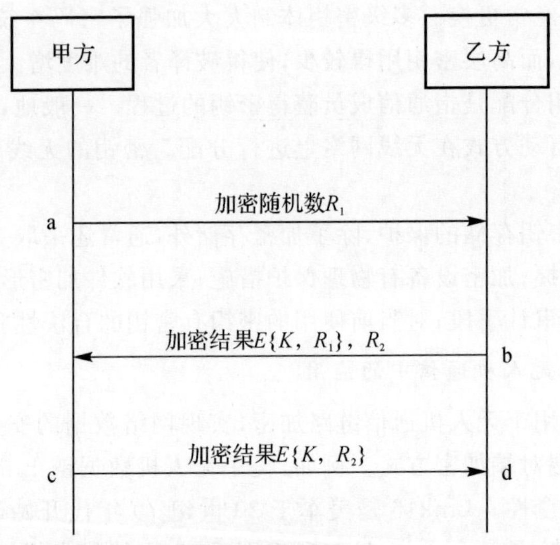

图 6-5-3 基于密钥的身份认证过程示意图

1)首先甲方选择一个随机数 R_1,并将它发送给乙方。

2)乙方收到 R_1 后使用既定的算法对它进行加密,同时也选择一个随机数 R_2,然后将加密结果 $E\{K,R_1\}$ 和 R_2 发送给甲方。

3)甲方使用密钥 K 对 $E\{K,R_1\}$ 进行解密得到 R_1',将 R_1' 与 R_1 进行比较。如果相等,使用 K 对 R_2 进行加密,并将加密结果 $E\{K,R_2\}$ 发送给乙方;否则,甲方对乙方的认证以失败结束。

4)乙方使用 K 对 $E\{K,R_2\}$ 进行解密得到 R_2',将 R_2' 与 R_2 进行比较,如果相等,则甲方就通过了乙方的认证;否则,乙方对甲方的认证失败。

显然,上述过程完成了双向认证,既包括甲方对乙方的认证,也包括乙方对甲方的认证。只有当两次认证都成功时,整个认证结果才是成功的。

根据使用的加密算法的不同，基于密钥的身份认证又可分为秘密密钥加密认证和公开密钥加密认证。此外，还可以采用消息摘要进行身份认证，这种方法比对随机数加密的方法具有更高的安全性，可以有效抵御重放攻击，过程如图6-5-4所示。

1)甲方生成一个时间戳1，然后将它附在密钥之后，计算联合消息摘要MD{密钥‖时间戳1}，将时间戳1和MD{密钥‖时间戳1}发送给乙方。

2)乙方将甲方的时间戳1附在自己的密钥之后计算联合消息摘要，并将结果同MD{密钥‖时间戳1}进行比较。若结果不一致，则认证失败；若结果一致，则甲方就通过了乙方的认证。乙方同样选择一个时间戳2把它放在密钥之后计算联合消息摘要MD{密钥‖时间戳2}，并将时间戳2和联合消息摘要MD{密钥‖时间戳2}一起发给甲方。

3)甲方同样计算一个联合消息摘要，然后将它与MD{密钥‖时间戳2}进行比较，完成对乙方的认证。

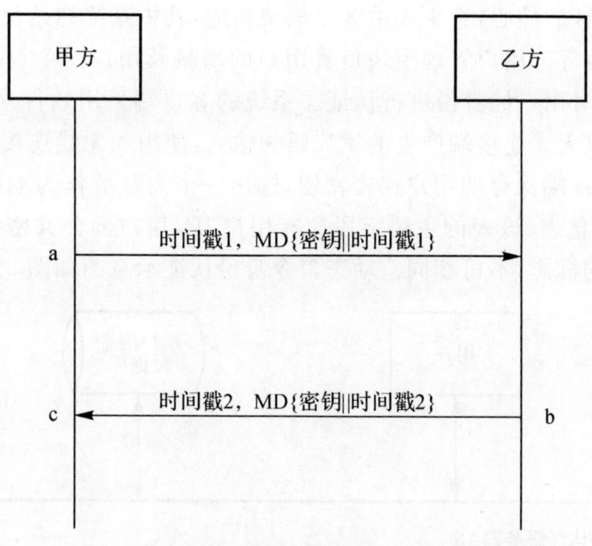

图6-5-4　采用消息摘要的身份认证示意图

(2)口令认证。基于口令的认证是最简单、最易实现的一种认证技术，也是目前应用最广泛的认证方法。例如：操作系统及邮件系统等一些应用系统的登录和权限管理都是基于口令认证的。其优势在于实现的简单性，无需任何附加设备，成本低、速度快，但口令认证的安全性较差。人们为了记住诸多的口令，往往选择一些易记口令，而穷举攻击和字典攻击对此类弱口令非常有效。特别是随着计算机及网络分布计算能力的提高，简单的口令系统很难抵抗穷举攻击。使用口令的另一个不安全因素来源于网络传输，许多系统的口令是以未加密的明文形式在网上传送的，窃听者通过分析截获的信息包，可以轻而易举地获得用户的账号和口令。通过一些措施可以有效地改进口令认证的安全性。如通过增加口令的强度，提高抗穷举攻击和字典攻击的能力；将口令加密防止在传输中被窃听；采用动态的一次性口令系统防止口令的重放等。

目前动态口令技术是口令认证的主流，动态口令(Dynamic Password)也称一次性口令(One-Time Password)。动态口令是变动的口令，其变动来源于产生口令的运算因子是变化的。

在登录过程中可加入不确定的因素，使每次登录的信息不相同，进而提高身份认证的安全性。该技术可以有效地避免重放攻击，解决了静态密码可能在传输中被窃取和在数据库中被盗用的问题。该技术的主要思想是为每个用户分配一个账号，每个账号配有种子、迭代值和通行短语，种子及变化的迭代值就能够产生一系列口令，每个口令用户只能使用一次，由于用户的秘密通行短语从来不在网上传送，所以，系统不易受到重放攻击。

用户通过客户机访问服务器时，首先向服务器传送自己的账号，服务器响应一个由与该账号对应的种子和迭代值组成的挑战，客户机使用该挑战和秘密通行短语产生一个一次性口令，并以该一次性口令登录作为对挑战的答复，服务器随即产生一次性口令与之对比，从而完成服务器对登录用户的鉴别，在每次登录成功后，迭代值递减，在该值为 0 或秘密通行短语泄密后，必须重新初始化。

动态口令身份认证主要包括 3 个部分：认证服务器、客户端和用户信息数据库。认证服务器是动态口令身份认证的核心，它主要由 3 个模块构成：其中系统初始化模块的主要功能是系统维护、设置环境参数等。用户管理模块负责用户的增减及用户口令、权限、密钥的设置。动态口令认证模块负责对用户的身份进行认证。系统的客户端采用软件来实现挑战应答器，作为挑战码的响应，它以无线连接端产生的挑战码为输入，使用和无线连接端完全相同的动态口令产生机制，连同 User 端保存的用户秘密密钥，输出一个大整数作为响应码。用户信息数据库中含有用户认证信息表，该表的主要字段应有用户 ID、用户的公共密钥、秘密密钥等，其中用户 ID 是区分用户的标志，不可相同。动态口令身份认证示意图如图 6-5-5 所示。

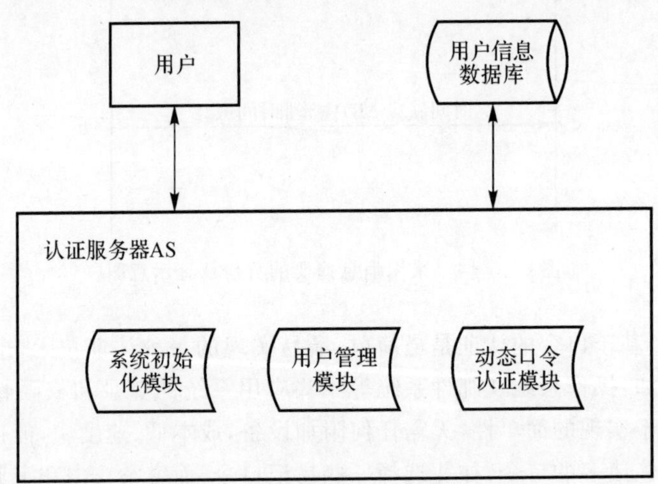

图 6-5-5　动态口令身份认证示意图

动态口令身份认证过程如下。

1)客户向认证服务器发出请求，要求进行身份认证。

2)认证服务器从用户数据库中查询用户是否是合法的用户，若不是，则不做进一步处理。

3)认证服务器内部产生一个随机数，作为“提问”，发送给客户。

4)客户将用户名字和随机数合并，使用单向无线连接函数(例如 MD5 算法)生成一个字符串。

5)客户端利用动态口令生成算法产生动态口令，利用自己的动态口令对这个字符串进行加密，然后将加密的结果作为应答传给服务器。

6)认证服务器根据当前的时间计算用户的动态口令，然后用该口令对所接收到的应答串进行解密。

7)认证服务器利用解密结果与自己的计算结果(无线连接值)进行比较，若相同，则通过一次认证，否则认证失败。

8)认证服务器通知客户认证成功或失败。以后的认证由客户不定时地发起，过程中没有了客户认证请求一步。两次认证的时间间隔不能太短，否则将给网络、客户和认证服务器带来太大的开销；也不能太长，否则将不能保证用户不被他人盗用 IP 地址，一般定为 1～2 min。

2. 信息认证

信息认证检测的内容包括：①证实信息的发方和收方；②判断信息的内容是否完整、是否被篡改；③通过序列号或时间戳来判断信息的新鲜度。信息认证的基本方法有两种：一种是采用消息认证码(Message Authentication Code，MAC)；另一种是采用消息检测码(Message Detection Code，MDC)。

(1)MAC 地址认证是一种基于端口和 MAC 地址对用户网络访问权限进行控制的认证方法，它不需要用户安装任何客户端软件。设备在启动了 MAC 地址认证的端口上首次检测到用户的 MAC 地址以后，即启动对该用户的认证操作。在认证过程中，不需要用户手动输入用户名或者密码。若该用户认证成功，则允许其通过端口访问网络资源，否则该用户的 MAC 地址就被添加为静默 MAC。在静默时间内(可通过静默定时器配置)，当来自此 MAC 地址的用户报文到达时，设备直接做丢弃处理，以防止非法 MAC 短时间内的重复认证。采用消息认证码的信息认证过程如图 6-5-6 所示。

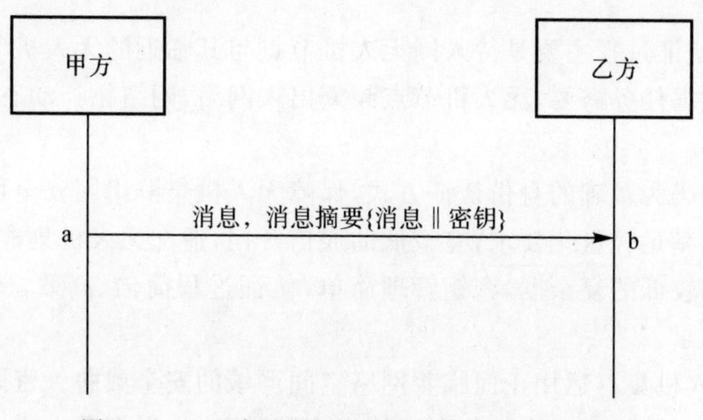

图 6-5-6　采用消息认证码的信息认证示意图

1)甲方利用带有秘密密钥的单向散列函数将要发送的消息变换成一个固定比特长度的消息认证码，然后将消息认证码附在待发送的消息后发送给乙方；

2)乙方使用单向散列函数对消息进行运算，同样得到一个认证码，将该码与收到的认证码作比较，若相等则消息通过认证，否则就认为消息在传输过程中出现问题。

乙方向甲方发送消息时操作同上。为了防止重放攻击，实际的协议中常采用序列号或者时间戳机制来指示当前消息的新鲜度。MAC 有两种计算方式：一种是利用已有的加密算法，如 DES 等直接对摘要值进行加密处理；另一种是使用专门的 MAC 算法。

(2)采用消息检测码的信息认证。与采用消息认证码的信息认证不同，MDC 利用不带密钥的散列函数将要传送的消息变换成固定长度的消息检测码，附在消息后面一起传送。过程与采用消息认证码的信息认证类似，此处不再赘述。

(3)数字签名和不可抵赖性。公钥加密算法可以提供数字签名(Digital Signatures)的功能，但对于较长的消息，计算数字签名很麻烦，而计算该消息摘要的数字签名则相对简单得多。因此，可以将数字签名与消息摘要相结合进行认证，此时数字签名可以提供不可抵赖的安全功能。

6.5.3 无人机认证技术应用

1. 无人机组网认证

在实际应用过程中，无人机根据任务部署组网。分布式网络的每一个节点都是网络的边界，每个节点的身份是对等的，新节点入网时，可直接向其临近节点申请入网，与其临近的在网节点建立通信，认证通过即可完成入网，无人机集群分布式组网示意如图 6-5-7 所示。

图 6-5-7 无人机集群分布式组网示意图

无人机组网的认证过程主要是待入网无人机节点与其临近的无人机节点之间的认证。在实际应用过程中，根据任务需要，无人机节点频繁出入网络，网络拓扑动态变化，其认证主要有以下需求：

(1)须采用以密码为基础的身份认证方式，保障无人机集群组网安全可靠；

(2)认证协议须满足轻量化要求，有较低的通信开销，适配无人机集群组网窄带通信条件；

(3)认证系统有较低的复杂度，密钥管理简单，认证过程简洁、高效，适配网络拓扑动态变化，满足实际应用需求。

快速发展的无人机集群运用正面临着网络空间严峻的安全威胁。密码认证技术是无人机集群组网安全的重要保障，是无人机集群网络安全的基础，加强多无人机协同执行任务情况下的安全威胁及组网认证技术研究具有重要意义。对于基于身份标识的公钥认证体制，其用户身份与公钥天然绑定，认证过程不依赖于可信第三方，认证过程中传输的数据量较小，比较适合无人机集群组网无线通信条件。相对于预先共享密钥认证体制，基于身份的公钥认证更加灵活，密钥管理简单，能够适配无人机自组网网络拓扑动态变化的使用需求，并可根据不同的网络条件，相应地采用单向、双向认证机制，为无人机集群组网提供安全保障。

常用的身份认证机制包括基于预先共享密钥的认证、基于 PKI 的公钥认证与基于身份标识的认证。

(1)基于预先共享密钥的认证。无线环境下经常采用基于预先共享密钥的认证机制作为安全接入方案。通常在执行任务前为每个无人机分配密钥，以保证任意两个节点都能共享相同的密钥，或所有节点都能共享群组会话密钥。基于对称密码算法的身份认证机制简单易行、应用广泛，但共享秘密的更新、撤销需要第三方参与，难以适应无人平台自组网网络拓扑快速动态变化的需求。另外，随着应用场景规模的扩大和平台数量的增多，密钥数量将急剧增长，给管理和传输带来问题。

(2)基于 PKI 的公钥认证。基于 X.509 证书的 PKI 认证是当前针对大规模开放网络成员可认证性问题的主要解决方案，在该体系中，证书认证中心(Certification Authority，CA)通过签发数字证书，为用户提供身份信息和公钥绑定、数字证书管理认证等服务，为网络成员及各种业务提供信息的真实性、完整性、机密性和不可否认性，并在认证系统中建立了有效的信任链维护、授权管理、访问控制等机制。

针对无人机集群组网过程，新入网无人机节点和在网无人机节点进行身份认证时，需要向中心去确认对方身份的真实性和时效性，在通信过程中在线传输证书，由于证书比较大，所以通信传输消耗大、可靠性受电磁环境影响显著。且 PKI 管理复杂，证书使用与维护成本较高，证书中包含多种冗余信息，不利于在带宽较窄的网络环境下传输，跨域 CA 之间多采用交叉认证管理模式，不利于域间快速构建信任体系。

(3)基于身份标识的认证。IBC(Identity Based Cryptography)是一种基于身份的密码技术。在 IBC 体制下，用户公钥直接由用户身份信息产生，具有身份与公钥天然绑定的优势，从而避免了在 PKI 体制下，公钥身份绑定、证书管理验证等环节带来的管理不便和安全风险。由于 IBC 体制下公钥较 PKI 体制下的证书数据量更小，认证过程无需证书验证环节，所以在认证过程和认证数据量两方面更为轻量。此外，用户私钥由拥有主密钥的私钥生成器(Private Key Generator，PKG)生成，并通过安全方式分发至指定用户，认证密钥管理与维护相对简单。与有人飞机相比，无人机缺少人员实时操作，对平台间组网要求更高，具有高机动性、自主运行等特征，且受视距通信距离等因素的限制，使得机间组网和网络控制相比于有人飞机更加困难，因此，对密钥管理复杂度、认证效率等有更高的要求。结合无人机集群组网认证需求，对比各类认证体制可以发现，基于 IBC 的认证机制在无人机集群组网场景下更具优势。

2. 无人机组网认证密钥管理

现有的密钥管理方案在可行性和安全性上有了较大的改进，但是并非针对无人机组网认证设计，在无人机场景中使用存在一定的不合理性。因此有学者针对无人机在不同条件下的运行情况，提出了面向有控制站支持的无人机网络认证方案(Authentication Scheme for UAV network Supported by Ground station，ASUSG)和面向无控制站支持的无人机网络认证方案(Authentication Scheme for UAV network Without Ground Station，ASWGS)，实现了无人机间的安全通信。对于无人机通信安全，有关学者提出了以下三类技术方案。

(1)基于椭圆曲线的密钥协商方案。无人机在执行近距离飞行任务时，由于节点间(包括无人机节点之间、无人机与控制站节点之间)通信链路稳定、控制站资源充沛，所以无人机可以借助控制站进行组网认证。通过由控制站进行参数预计算的方式，该方案能够在保证认证安全性的基础上达到节省无人机节点资源的目的。

椭圆曲线密码体制(Elliptic Curve Cryptography，ECC)是基于椭圆离散对数问题来达到与 RSA 相同的安全程度，ECC 的密钥长度要短得多。因此采用 ECC 加密方案，能有效减少资源消耗，提高加解密速率。

该方案的认证流程包括系统初始化、组网认证与密钥协商、密钥更新和密钥分发四部分。认证系统的初始化在无人机的升空准备阶段进行，主要包括系统参数和认证信息的生成与分发。组网认证与密钥协商阶段分为节点与控制站之间的身份认证、无人机节点之间的组网认证。为保证通信密钥的安全性，每个节点使用的密钥需要按固定时间更新。在组网内需要广播的消息可以通过群组秘钥加密，但当组网有新的节点进入和退出，以及节点秘钥更新等其他情况发生时，群组秘钥需要及时更新。

(2)基于身份的密钥管理方案。无人机在执行远距离飞行任务时，无人机节点与控制站间的通信链路可能断续连通，导致控制站无法及时、有效地参与无人机的组网过程。此外，还存在无人机自主执行飞行任务的情况。为确保无人机组网安全，基于身份的密钥管理方案基于分布式的密钥管理思想，通过将系统主密钥的保存和恢复去中心化，有效提升了系统的密钥安全性。该密钥管理方案由系统初始化、密钥生成、身份认证、密钥更新以及群组密钥协商五部分组成。

(3)跨域安全的隐私保护方案。无人机节点进行跨域飞行时，有时需要进入其他的网络协助完成任务。跨域安全的隐私保护方案能够实现无人机节点跨域执行任务的隐私保护，即每一个区域都存在一个区域中心，不同区域中心通过信息共享保障无人机跨域飞行。同时节点发送的每个数据包都加入了时间戳验证，以保障无人机通信安全。该方案包括初始化、节点进入拜访域、节点身份更新和身份失步更新等方面。

6.6 通信链路安防技术

安防可以理解为“安全防范”的缩略词。根据汉语词典的解释，所谓安全，就是没有危险、不受侵害、不出事故；所谓防范，就是防备、戒备，而防备是指做好准备以应付攻击或避免受害，戒备是指防备和保护。综合上述解释，可以给出安全防范的定义：做好准备和保护，以应付攻击或者避免受害，从而使被保护对象处于没有危险、不受侵害、不出现事故的安全状态。显而易见，安全是目的，防范是手段，通过防范的手段达到或实现安全的目的，就是安全防范的基本内涵。通信链路数据安防技术可以理解为对无线传输过程中的信息形成有力保护，有效阻止窃听或攻击。

6.6.1 无人机安防需求

1. 无人机级安防需求

敌对方攻击者可以可通过以下方式之一访问无人机：

(1)无人机电池耗尽或无人机损坏，对方在无人机位于在地面时得到了无人机；

(2)对方有能力捕获飞行中的处于运行状态的无人机；

(3)对方在地面上，无论是否使用自己的无人机，都可以在我方无人机飞行过程中获得控制权。

由于攻击者的能力取决于对抗模型，所以在了解无人机的安防需求之前，有必要描述对方的攻击潜力。

具有低攻击潜力的攻击者或外行，将尝试拆解无人机以获得对其内部存储器的访问，他们期望可以使用具有通用标准接口[如 USB、安全数据输入输出(Secure Digital Input and Output，SDIO)]的设备读取数据。这些数据包括传感数据(如测绘数据、照片)以及任务的特定数据(如任务的飞行计划、兴趣点的坐标)。

具有中等攻击潜力的攻击者或熟练的个人将尝试以类似的行动访问不太常见的标准接口[如联合测试行动组(Joint Test Action Group,JTAG)测试访问端口]或者甚至是具有一些逆向工程能力的专有接口。这样的攻击者也肯定会测试是否可以在无人机上安装自己的系统(如刷入或装入一个 Linux 系统),或尝试获得对嵌入式软件的访问权限。

以上两种类型的攻击者都可以通过以下安防需求(Security Requirement,SR)进行部分的反制。

(1)无人机应具有自毁机制。例如,当无人机飞行低到一定高度时,会触发这些机制。

(2)信息应以加密的形式存储在无人机上。

虽然(1)有助于保护无人机免受上述攻击,但如果无人机由于电池耗尽而需要降落时,以高度触发自毁机制可能会产生预期之外的副作用,即毁掉无人机。如果加密算法能够抵抗暴力破解,(2)还可以起到延迟攻击者访问数据所需时间的作用。但是,加密密钥必须以未加密的形式存储在某处。此外,即使数据被加密,攻击者仍然可以访问嵌入式软件。

上述需求不适合反制具有高攻击潜力的攻击者,例如安防专家或由政府部门支持的一组专家黑客。专业攻击者可以开展过去几十年中在智能卡领域被研究和应用的各种攻击,这些攻击适用于任何系统。智能卡(存在多种不同的形式)是在最为恶劣的敌对条件下成功运行的最安全设备之一(即使其使用者本身都可能是恶意的),这些智能卡所受攻击的知识有助于制定与无人机相关的安防需求。需要考虑的主要高攻击类别有以下几种。

(1)边信道攻击,边信道攻击是黑盒攻击,包括识别目标上运行算法的信息泄漏。从这些漏洞中,可以寻回不同类型的信息(如加密密钥、执行操作码序列)。攻击可以是基于时序的、功耗分析的(简单功率分析、差分功率分析、高阶差分功率分析、相关功率分析)、电磁分析的(简单电磁分析、差分电磁分析、高阶差分电磁分析、相关电磁分析),或是不同综合的方法。此外,还存在一些基于边信道的强大攻击手段,如模板攻击。

(2)故障注入攻击,包括通常在较短时间内,干扰流程的执行有利于攻击者展开进攻的状态,例如通过使用激光或电压故障来达到这种状态。又如,在 RSA 签名流程中的正确时间使用故障注入,攻击者可以快速地恢复私钥,从而通过签发消息的黑盒系统输送错误的签名。差分故障分析、数据加密标准(DES)或高级加密标准(AES)等密钥密码系统也很容易受到攻击。

(3)物理攻击,包括微探测、使用聚焦离子束系统或激光切割器进行电路改造等。

(4)软件攻击,该攻击高度依赖于在攻击目标上加载应用程序的可能性。加载可能会也可能不会受到身份验证机制的保护,而这种机制本身也可以被另一种攻击所绕过。如果加载了恶意应用程序,则可以从目标内部针对其他托管应用程序或针对目标平台发起攻击。

(5)组合攻击,通常在执行已加载或已存在于被攻击目标中的程序代码时,组合使用故障注入攻击技术,改变应用程序的正常执行,从而获得额外的访问权限。

这些攻击不仅适用于智能卡,而且适用于任何处理器,因此也适用于无人机。例如,一些研究人员对在无人机(包括“捕食者”)中广泛使用的赛灵思公司现场可编程门阵列(Field Programmable Gate Array,FPGA),如 Virtex-4 和 Irtex-5 系列开展了相关功率分析。研究表明加密机制可以通过适当的破解而被完全打破。因此,高攻击潜力的对抗模型是有意义的,特别是在军用无人机的背景下,因为敌方可能是政府控制的机构,能够对无人机进行取证分析,或者能够对无人机进行攻击。

综上所述必须考虑以下安防需求。

(1)无人机中至少要有一个处理器件是防篡改的。

(2)无人机中至少要有一个组件能提供安全密钥管理和加密功能(例如,用于加密/解密存储在内存中的或在网络上交换的数据密钥)。

(3)如果存在嵌入式软件更新或新应用程序安装被授权的情况,那么无人机应提供远程认证机制。

(4)无人机应当能够对其安防机制的有效性给予高度保证,即无人机必须经过安防评估和认证,以证明它能够抵御来自强大敌对方的攻击。尽管这些安防需求中的大多数可以通过使用可信平台模块(Trusted Platform Module,TPM)或智能卡等设备来得到满足。具有高攻击潜力的攻击者还能够通过尝试篡改无人机使用的位置信息系统,从而获悉所收集数据的位置或控制无人机的飞行路径。位置信息系统可以基于全球定位系统(GPS)也可以使用射频(RF)定位方法,如通过测量"到达时间差"(Time Difference Of Arrival,TDOA)的多点定位方法。然而,上述两种解决方案都不安全可靠。由于 GPS 可能被欺骗,多点定位仍然存在一些尚未解决的问题,所以需要额外的安防需求。

(5)无人机应使用安全的定位系统。定位信息系统可以使用嵌入无人机中的多种传感器(如 GPS)。传感器容易受到可能危及其完整性和可用性的攻击。

(6)无人机应装载冗余的传感器,所有传感器在使用前都应进行检查,以确保它们能够在对抗环境中正确运行。

2. *无人机网络级安防需求*

如果无人机网络是一个独立的集群,那么它就是一个飞行的移动 ad hoc 网络(MANET)。如果无人机网络是由地面站来管理其任务的,那么它就是一个飞行的网状网络。由于两种网络都存在类似威胁,下面将讨论应对这些威胁的安防需求。攻击者可以发起在移动 ad hoc 网络、延迟/破坏容忍网络(DTN)和无线传感器网络间非常普遍的类似攻击。在无线链路上攻击者可以轻易发起攻击,如拒绝服务(Denial - of - Service,DoS)。这种攻击可以在开放系统互联(Open System Interconnection,OSI)堆栈的多个层上发起。在物理层面,可以通过干扰无人机或控制站使用的无线电频率来发动干扰攻击。这种攻击可以从地面或无人机上发起,并且对绝大多数拓扑结构都非常有效。尽管存在一些反制策略,如使用扩频通信(如跳频扩频)或干扰探测,在这种攻击正在进行时将节点切换到低功耗模式。在链路层面,通过使用媒体访问控制限制和重传程序,可以拒绝服务以实现碰撞攻击。碰撞攻击是非常有效的,因为即使只有几个比特的信息受到影响,发送器也必须再次发送所有消息,这可能导致无人机电池耗尽(这也是一种疲劳攻击)。然而,使用诸如纠错码和尽力交付协议之类的解决方案可以部分地挫败这些攻击。在网络层面,攻击者可以使用路由环路攻击,这会在消息传递路径中创建环路,使数据包无法到达目的地,并耗尽环路中所涉及节点的电池。在传输层面,攻击者可以执行泛洪攻击,该攻击会不断给指定节点请求新的连接,从而导致内存耗尽以及拒绝来自合法节点的连接请求。

如果通信未加密,那么攻击者可能会尝试进行窃听、注入数据包、破坏、中间人攻击或中继攻击。攻击者还可以构建一个流氓无人机来尝试对路由协议开展一些攻击,如黑洞攻击、选择性转发攻击、污水池攻击、急速攻击、女巫攻击、虫洞攻击等。无人机同样也容易受到针对特定应用的攻击。例如,"劫机"项目描述了一种可以通过无线信道自主搜索、攻击和接管其他无人机的无人机。为了保护无人机免受上述攻击，需要以下通用的安防需求：

(1)通信堆栈的所有层都应包含针对拒绝服务攻击的保护机制；

(2)应保护通信信道的保密性和完整性；

(3)通信道应仅存在于被授权的实体之间；

(4)如果使用了某种路由协议，那么该协议应当是安全的。

3. 独立集群安防需求

在制定安防需求之前首先必须定义无人机集群。独立的无人机集群是一组以自主的方式共同执行给定任务的无人机，它们并不依赖与地面站之间的通信，以便在对抗条件下保持隐蔽性。这种无人机集群是自组织的，而且具有群体智能。从用户的角度来看，集群在功能和安防方面的管理都比较容易和透明。用户向无人机集群指定任务目标和初始安防手段(如加密密钥)，而集群必须自主地完成该任务。集群需要能够在对抗环境中以最佳方式运行，这需要情景分析以及实时决策，独立的无人机集群运行场景如图 6-6-1 所示，如果被委派任务的无人机出现了故障(如失效、电量太低而无法完成任务)，它能够自主决定将该任务委托给另一架搭载相应设备(如传感器和软件)从而能够完成该任务的无人机。独立无人机集群的主要安防需求包括以下几条。

(1)整个集群的安防措施应该分布于每个无人机上。安全性不应该仅依赖于少数几个作为特定安防任务服务(如密钥分发或更新、认证服务等)的无人机。

(2)每架无人机应提供一个安全的唯一 ID，整个集群可以依赖这些 ID 进行管理和组网操作。

(3)集群的安防措施应依赖于在执行任务期间可以抵御攻击的适当加密手段，换言之，捕获和取证分析一架或多架无人机不应损害无人机集群的安全性，该需求还与无人机可以随时加入并随时离开蜂群的特性有关。

(4)为了确保前向和后向保密特性，密钥需要在整个任务过程中动态变化。

(5)为避免丢失收集到的数据(由于无人机故障或坠毁)，集群中应该存在冗余机制。

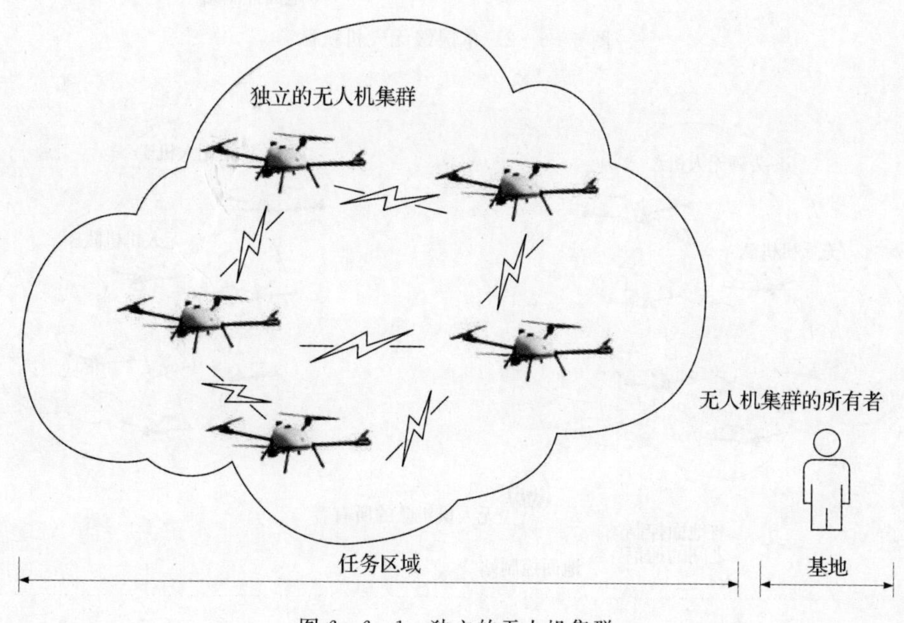

图 6-6-1　独立的无人机集群

4. 受地面控制无人机机队安防需求

与独立的无人机集群相比，受地面控制的无人机机队像是一个网状网络。这种网络中的信息安防可能依赖于特定基础设施，如公钥基础设施。地面站和个体无人机之间的指挥与控制(Command and Control，C2)链路是该机队与集群的主要差异。在单层级机队中，无人机可以依赖自身的设备直接相互通信，也可以直接与地面站通信。在多层级机队中的无人机可以相互通信或与被称为头领的特殊节点通信，头领无人机可以与地面站和其他友方机队的头领无人机通信。单层级无人机机队如图 6-6-2 所示，两个多层级无人机机队(更多层级的结构是存在的)如图 6-6-3 所示。为简单起见，仅绘制了与头领无人机 A 相关的通信。无人机机队的主要安防需求有以下几项：

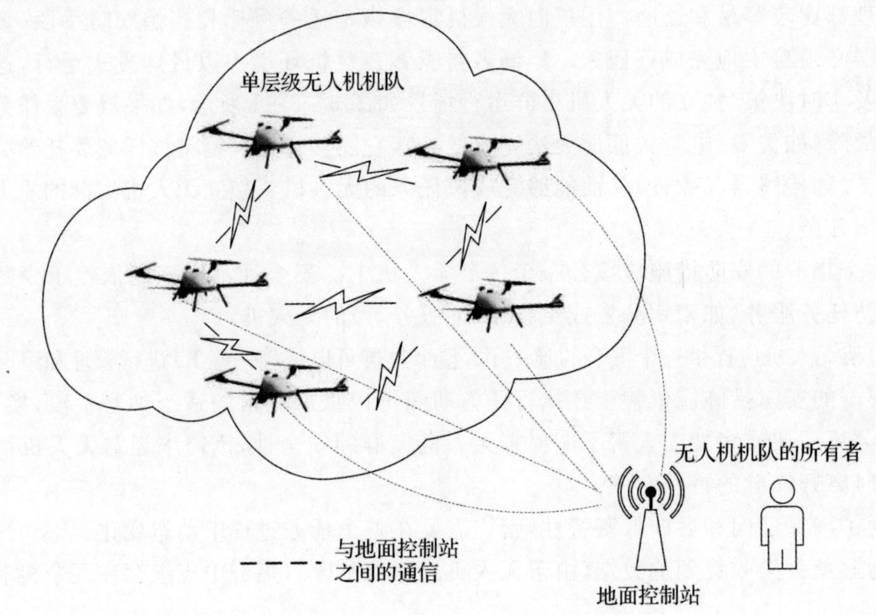

图 6-6-2　单层级无人机机队

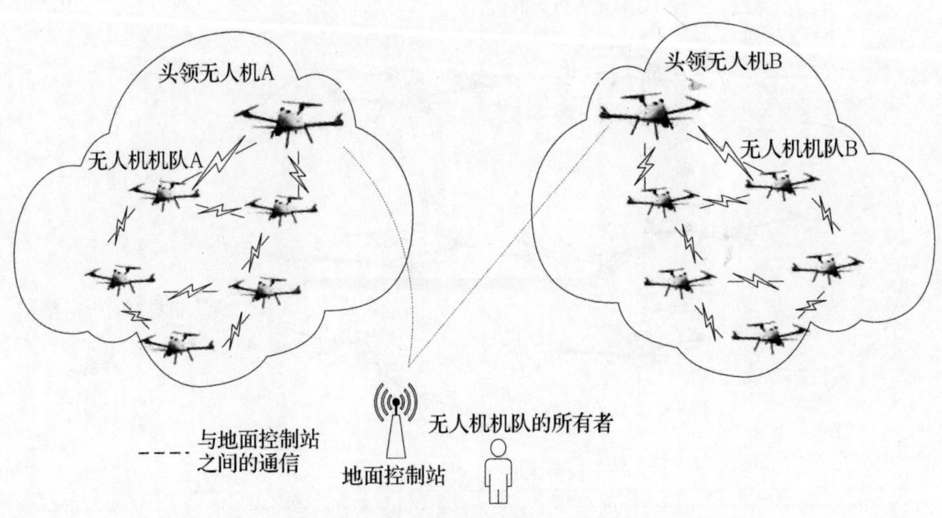

图 6-6-3　多层级无人机机队

(1)地面控制站应该是安全的,以避免危及整个网络;

(2)指挥与控制链路应当用于定时更新或刷新无人机机队使用的加密方式(如密钥等);

(3)无人机间的通信信道应与无人机和地面站之间的通信信道有所不同(如不同的射频频率),该需求将使通信信道更能抵御干扰攻击;

(4)一旦连接可用,无人机收集到的数据应立即发送到地面站,以避免潜在的数据丢失风险(特别是头领无人机);

(5)多层级无人机机队需要冗余的头领无人机以避免可能的数据丢失。

6.6.2　无人机通信物理层安防基础理论

传统安全技术采用上层的加密技术,而物理层安全技术通过对物理层特性的研究,可以看成是传统安全技术的一种补充,物理层安全技术以信息论为基础,利用无线信道的物理特征为系统提升安全性能,由于它充分地利用了信道的干扰噪声和多径特征,所以不受窃听者窃听算法复杂度的影响,可以使窃听者的信息获取率趋于零。物理层安全技术可以为传统安全技术提供一个强有力的补充保障。目前的物理层安全技术可以分为以下几种。

(1)基于信息论的物理层安防技术。在信息论中,信源输出的消息被看作是随机的,即接收端在没接收到消息之前,无法确知信源发送的消息是什么。而在接收者接收到消息之后,会对信源发出的消息消除一定的不确定性,而不确定性在信息论中被定义为信息量。将每一组明文信息,通过一个密钥加密,将其转换为一组密码,这种保密系统的思想是基于密钥设计的。

(2)人工干扰噪声辅助技术。人工干扰噪声辅助是指在发送端发送通信信息的同时,发送人工干扰噪声,以影响窃听者的窃听,但接收者不会受到此噪声的影响,这样可以通过减少发送端到窃听者链路的信道容量以增大系统的保密容量。可将发送端的一部分发射功率分配于产生人工噪声,以降低窃听链路的信道容量、增加系统的安全性。尽管这种人工噪声能保证无线传输的安全性,但是要以发射功率的资源损耗为代价,在实际的情况下,要根据这种资源的充足程度进行考量。

(3)波束成形技术。波束成形技术是在发送端利用多天线的技术,结合数字信号处理技术定向信号的发送和接收。发送端可以通过设计,发送特定方向的信号到合法接收者,而如果窃听者和接收者不在同一方向,则窃听者接收到的信号就会变得很微弱,从而避免被窃听。该技术的实质是增强合法接收者接收信号的强度从而增加合法信道的信道容量,同时降低窃听者接收信号的强度以减少窃听信道的信道容量,以此增加系统的安全性能。

(4)物理层密钥技术。基于密码学的传统保密技术需要通信双方共享密钥,这种保密机制的安全性取决于密钥的生成结构、加密算法的复杂性以及密钥分发的机制。但是在庞大的无线通信网络中,由于节点的移动和网络的变化会使得密钥的分发变得困难。物理层密钥技术是指用无线通信中的物理层特性,如无线衰落的幅度和相位来生成密钥。这种物理层密钥生成技术主要分为三种:基于接收信号强度生成密钥、基于信道冲击响应生成密钥、混合机制生成密钥。在两个终端链接时建立密钥,用无线信道的随机性生成的密钥是很有发展前景的一种技术,目前已经有不同场景下的应用。

6.6.3　无人机组网区块链安全增强技术

无人机蜂群协作编队作战已经成为世界各国在军事领域的重要任务方式。无人机蜂群是指在操控人员(空中或地面)的指挥或监督下,通过自组织协作组网形成作战蜂群协同执行任务。构成蜂群的无人机可以是同构或异构的,组群方式可以是主从型的,也可以是无中心的。网络化的无人机蜂群能大幅度提升单个无人机的能力,发挥数量多、范围广、速度快、作战灵活的优势,提升无人机蜂群联合目标搜索、战场态势感知、作战任务协同、战时压制摧毁等能力。

无人机蜂群以其组网灵活、智能协作的特点具备出色的作战能力,但也吸引了试图入侵无人机的黑客攻击。例如,被入侵的无人机可以被黑客控制摄像头,获取战场环境中的一些非常重要的信息。作战的无人机蜂群往往会处于地面站信号无法覆盖的区域内执行任务,其过度对无线环境的依赖以及分布式组网特性,使其面临一系列的安全风险。

区块链技术利用计算机网络和密码学原理,通过非对称加密、分布式组网、智能合约等技术的综合,实现了节点分布式协作和数据安全存储,此外区块链具备有去中心化、不可篡改、可溯源、匿名性、公开性等特点。由于区块链的这些特点,所以其已经被用于解决无人机领域的多个问题。例如,美国波音公司通过区块链技术记录无人机飞行时的位置、时间和资源等信息,实现对无人机飞行过程中的实时精确追踪;IBM利用区块链技术提升空域管制员和监管机构对空中无人机的监管能力;沃尔玛利用区块链基础设施替代云平台,实现无人机物流过程的管理。

无人机蜂群编队执行作战任务,可以自组织成为临时的分布式区块链系统,无人机作为区块链节点,可实现对战场探测信息的存储、作战任务执行指令的共识和执行等(见图6-6-4)。一方面,无线通信的广播特性符合区块链的交易广播特性。当无人机节点生成信息需要上链时,无人机节点可通过无线信道进行广播,其他无人机节点可以对接收到的广播消息进行接收和消息验证,简化了在有线网络中的路由管理。另一方面,区块链技术可以使无人机蜂群在无中心节点的情况下,根据采集信息进行投票,同时将投票结果写入区块链中达成共识,进而完成群体决策,有效降低恶意无人机渗透风险。

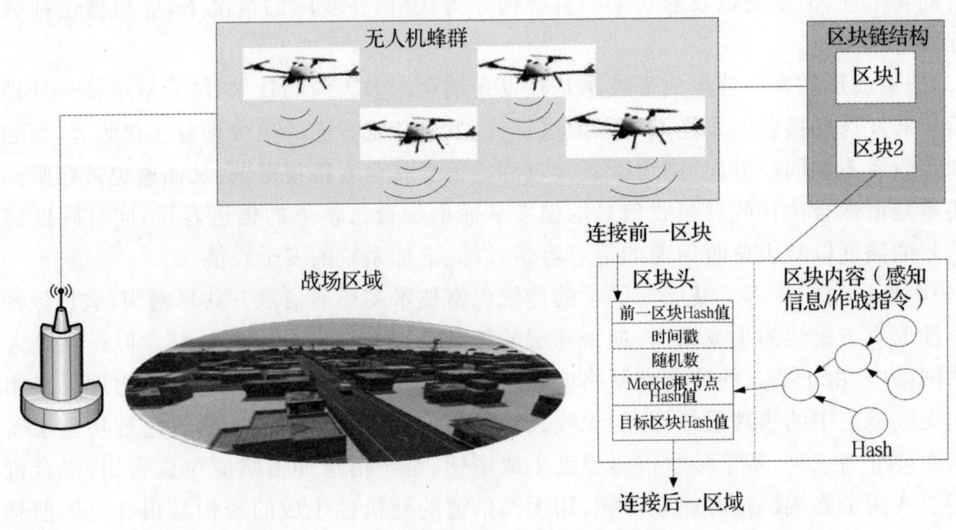

图6-6-4　基于区块链无人机蜂群通信系统

区块链可大幅度增强无人机蜂群通信组网安全性,其优点如下。

(1)强匿名性的身份管理。在无人机蜂群区块链系统中,外部无人机节点如果要与蜂群节点进行通信，首先需要对身份进行认证。不属于区块链的节点无法被蜂群认证通过，可以有效防止恶意无人机节点的网络入侵。此外，为了防止恶意无人机节点对数据进行截获和监听，可通过非对称加密技术，双方的数据交互可以采用对方的公钥进行加密，这样即便信息在全部节点中进行广播，仅有掌握私钥的节点才能对信息进行解密，其他节点收到信息后也无法对信息进行读取(类似于 Bit Message 的原理)。

(2)节点共识有效防止伪造信息传播。如果一个无人机由于故障或者被恶意劫持，可能会生成干扰噪声信息，影响协作探测的结果。例如，机群在进行协作探测时，被地方劫持的无人机会向邻近无人机广播错误的探测结果或作战指令。在区块链系统中，蜂群中的无人机节点会根据自身的探测结果对收到的探测消息进行校验，若探测结果信息无法通过大部分节点校验，则被认为是非法消息，不会进行上链记录。这样可以有效实现监测信息的确认和优化，确保探测结果的准确性。

(3)链式存储防止关键信息被篡改。在蜂群执行任务的过程中，可利用区块链难以篡改的特点有效保护关键任务指令信息，用于执行作战任务的关键指令集可以存储在区块链上，以防止部分节点被劫持或者攻击从而带来作战指令或探测数据篡改。此外，由于每架无人机会记录区块链的信息备份，所以只要有一架无人机能够成功返回基地，即可以恢复无人机蜂群的全部探测数据。

参考文献

[1]　纳莫杜里，肖梅特，金姆，等. 无人机网络与通信[M].刘亚威，闫娟，等译.北京：机械工业出版社，2019.

[2]　杨森斌、陶荣. 无人机数据通信中的信息隐藏技术[M].西安：西安电子科技大学出版社，2019.

[3]　祝世雄，罗长远，安红章，等. 无线通信网络安全技术[M].北京：国防工业出版社，2014.

[4]　KAKKAR A. A survey on secure communication techniques for 5G wireless heterogeneous networks[J]. Information Fusion，2020，62：89－109.

[5]　冯泽冰，芦玥.区块链增强无人机蜂群系统安全性分析[J].信息通信技术与政策，2020(2)：14－18.

第 7 章　通信链路 UTM 规划

本章将首先概述 UTM 的监管机构以及空域属性，其中包含 CAAC、FAA、EASA 等机构对 UTM 发展以及规划的内容，同时介绍 UTM 关键技术：空域管理、流量管理、空中交通服务和 UAM 管理。此外，本章还将着重讲述在无人机通信链路任务规划中起着关键的支撑作用的 ADS－B、FLARM、LDACS 以及无人机 CPDLC 通信链路技术。

7.1　监管机构

无人机系统随着其商业应用迅速发展，特别是在低海拔地区，涉及检查、调查、监测和快递交付等众多领域，为了使无人机融入国家空域系统的管理，无人机交通管理（UAV Traffic Management，UTM）技术随之诞生。UTM 的首要原则就是保证国家空域安全、公共安全。因此无人机应该与民航飞行器一样，飞行过程必须接受监管。

UTM 的定义如下：建立在信息共享和数据交换的基础上，从运营商到运营商，从无人机到无人机以及从运营商到 UTM 监管机构，以实现无人机有关活动的安全运营。操作人员相互分享飞行意图，协调以消除冲突并安全地分离航迹。通常情况下，运营商、UTM 监管机构和其他利益相关者之间的主要沟通和协调手段是分布式信息网络，而不是驾驶员和空中交通管制员之间通过语音沟通协调。

UTM 的任务如下：①考虑空中及地面系统的运行能力以及经济上的需要，为用户提供空域利用上的最大效能；②考虑无人机装备等级和运行目标的不同，灵活地组织不同用户之间分享空域；③保证无人机空中交通管理系统的总效率；④监管无人机起飞到着陆的连续过程，提供有效通信服务和飞行管制，确保飞行区域公共安全。在未来低空多用户拥挤的环境下，对无人机的运行管控有着更高的要求，未来低空运行场景将如图 7－1－1 所示。

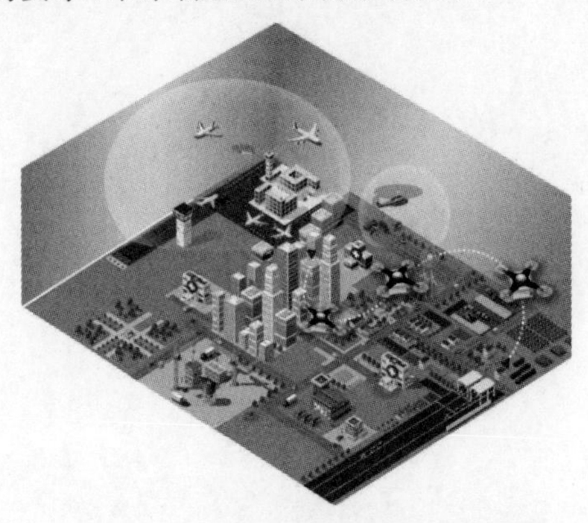

图 7－1－1　未来低空多用户运行场景

7.1.1　中国民用航空局

中国民用航空局(Civil Aviation Administration of China,CAAC)是中华人民共和国国务院主管民用航空事业的国家机构,隶属交通运输部。目前 CAAC 关于 UTM 有关体系通过以下方向进行建设。

(1)加快法律法规建设、标准体系确定。

1)出台明确的无人机管控法律。CAAC 全面参与推动国家层面的立法和 28 部门联合工作机制,按照民航法授权、法规(条例)颁布、规章(CCAR-92)同步实施的思路推进,持续深度参与中央空管委办公室组织的《无人驾驶航空器飞行管理暂行条例》起草工作。

2)完善运营类法规。CAAC 制定的《特定类无人机试运行管理规程(暂行)》(AC-92-2019-01)已于 2019 年 2 月 1 日发布。规程基于运行,从航空器适航、飞行运行、人员资质、空管空域等方面对相关风险进行管控,以达到安全运行的目标。当前,社会和业界反映积极,已有多个运营企业提交文件申请成为志愿申请人,当前试运行工作正在按计划推进。

3)补充完善空管空防法规,保障空域运行安全,有效防范频发的“无人机干扰航班”事件。自 CAAC 印发《民用无人驾驶航空器违规飞行管制处置程序》以来,应急处置程序不断规范,有效降低了民用无人驾驶航空器违规飞行对空管运行安全和效率的影响,无人机扰航事件已由频发变为偶发。

(2)以技术革新为依托,对无人机实行智能化监控。2018 年 11 月 19 日,CAAC 在深圳地区无人机飞行管理试点工作正式启动,并上线无人驾驶航空器空管信息服务系统(Unmanned Traffic Management Information Service System,UTMISS),主要将轻、小型无人机纳入实时管理范围。通过该系统释放的轻型无人机 120 m 以下的适飞空域,占整个深圳试点区域面积的 63%。该系统已实现限飞空域的划设、空域信息的提供、计划申请、飞行提示等服务,实现民航、军方、公安三方数据共享。同时,UTMISS 通过与民航无人机实名登记系统等的数据互联,可随时获取每台无人机的生产序列号和注册码,能够为相关部门对违规违法飞行的及时处理提供技术支撑。

(3)加快构建信息共享体系,建设统一监管平台。CAAC 将协同各相关管理主体,结合现代信息、网络技术,化解管理上的“条块分割”。CAAC 将整合现有监管系统功能,形成全国统一的民用无人驾驶航空器运行管理综合平台。平台将通过行政管理、运行管理、部委协作、社会服务四大模块,重点关注无人机运行的安全、效率、效能及可扩展性,充分融合各管理部门间的信息交互需求。实现民用无人机注册登记、人员资质、航空器适航、空域动静态管理、飞行计划、航空情报等基础信息服务功能。同时与商业云服务、运营人及主要无人机制造商系统共同形成一个完整的无人驾驶航空管理体系。

其中《无人驾驶航空器飞行管理暂行条例》的总则如下。

(1)为了规范无人驾驶航空器飞行以及相关活动,保障飞行管理工作顺利高效开展,制定本条例。

(2)在中华人民共和国境内辖有无人驾驶航空器系统的单位、个人和与无人驾驶航空器飞行有关的人员及其相关活动,应当遵守本条例。

(3)无人驾驶航空器飞行管理工作,以习近平新时代中国特色社会主义思想为指导,坚持军民融合、管放结合、空地联合,实施全生命周期设计、全类别覆盖、全链条管理,维护国家安全、公共安全、飞行安全,促进无人驾驶航空器产业及相关领域健康有序发展。

(4)无人驾驶航空器飞行管理应当坚持安全为要,降低飞行活动风险;坚持需求牵引,适应行业创新发展;坚持分类施策,统筹资源配置利用;坚持齐抓共管,形成严密管控格局。

(5)本条例所称无人驾驶航空器,是指机上没有驾驶员进行操作的航空器,包括遥控驾驶航空器、自主航空器、模型航空器等。遥控驾驶航空器和自主航空器统称无人机。

(6)国务院、中央军委空中交通管制委员会领导全国无人驾驶航空器飞行管理工作,通过无人驾驶航空器管理部际联席工作机制,协调解决管理工作中出现的重大问题。各单位各部门依据有关规定负责无人驾驶航空器相关管理工作。

7.1.2 美国联邦航空管理局

美国联邦航空管理局(Federal Aviation Administration,FAA)隶属于美国运输部,其职责为负责民用航空安全、联邦航空机构的行为。该部门于1958年成为联邦航空机构,并于1967年成为交通部的下属部门。

其主要任务包括航空新技术开发、经营空中交通管制、导航系统的民用和军用飞机、研发体系和民用航空领空、制定和实施控制飞机噪声和其他环境影响、美国商业空间运输管理等。

FAA、美国国家航空航天局(National Aeronautics and Space Administration,NASA)和其他联邦业界合作伙伴机构正在合作探索城市低空操作概念、数据交换要求和支持框架,以实现低空(低于地面400 ft)多种视距外的无人机操作(AGL)在未提供FAA空中交通服务的空域中正常运行。UTM是用于不受控制操作的“交通管理”生态系统,与FAA的空中交通管理(Air Traffic Management,ATM)系统是相互独立的,但又是对ATM系统的补充。UTM开发将最终确定服务、角色和职责、信息体系结构、数据交换协议、软件功能、基础结构以及性能要求,以实现对低空无人机的管理。

FAA、NASA和工业界建立的研究过渡小组,用以协调UTM计划。其重点研究领域包括概念和用例开发、数据交换和信息架构、通信和导航以及感知和避撞,通过研究和测试来确定空域运行要求,以实现低空空域中视距内和视距外的无人机飞行。目前,已经可以通过低空授权和通知契约(Low Altitude Authorization and Notification Contact,LAANC)支持无人机行动提供空中交通管制授权。通过LAANC,远程驾驶员可以申请在机场周围受控空域内400 ft以下的运行中获得近乎实时的授权。UTM服务的运行环境如图7-1-2所示。

NASA正在开展无人机测试站点研究,进一步探索UTM功能,根据适航规定扩大无人机集成的机会。FAA期望在未来几年内逐步实施UTM功能。

FAA对UTM运营理念解释为:UTM是FAA支持在低空空域运行的无人机操作方案。UTM利用行业能力,在FAA的监管机构下提供目前不存在的服务。这是一个以社区为基础的合作交通管理系统,运营商和提供运营支持服务的实体负责协调、执行和管理运营,交通规则由FAA制定。FAA向无人机操作员提供实时空域限制,无人机操作员负责在这些限制范围内安全管理自己的操作,而无须从FAA接收空中交通管制服务。然而,FAA在需要时可以按需访问联合技术手册的运行信息。

UTM包括一组联邦服务和一个用于管理多个无人机操作的全方位框架。这些服务之间是独立的,同时这些服务是对空中交通管制(Air Traffic Control,ATC)分离服务的补充,主要是基于运营商之间关于飞行意图和空域限制的信息共享。它们对于支持联合技术维护的安全可靠运行起着至关重要的作用，UTM 同时也为飞行运行计划、通信、间隔和天气等提供支持。无人机运营商可以选择使用第三方无人机服务供应商(UAS Service Suppliers，USSs)来支持其运营，也可以选择提供自己的一套服务。USSs 提供服务以支持无人机社区、连接运营商和其他实体，实现 USSs 网络中的信息流，并促进 UTM 参与者之间的态势感知共享。USSs 提供的一些服务需要政府的资格认证，以支持运营商遵守适用的法规和政策。

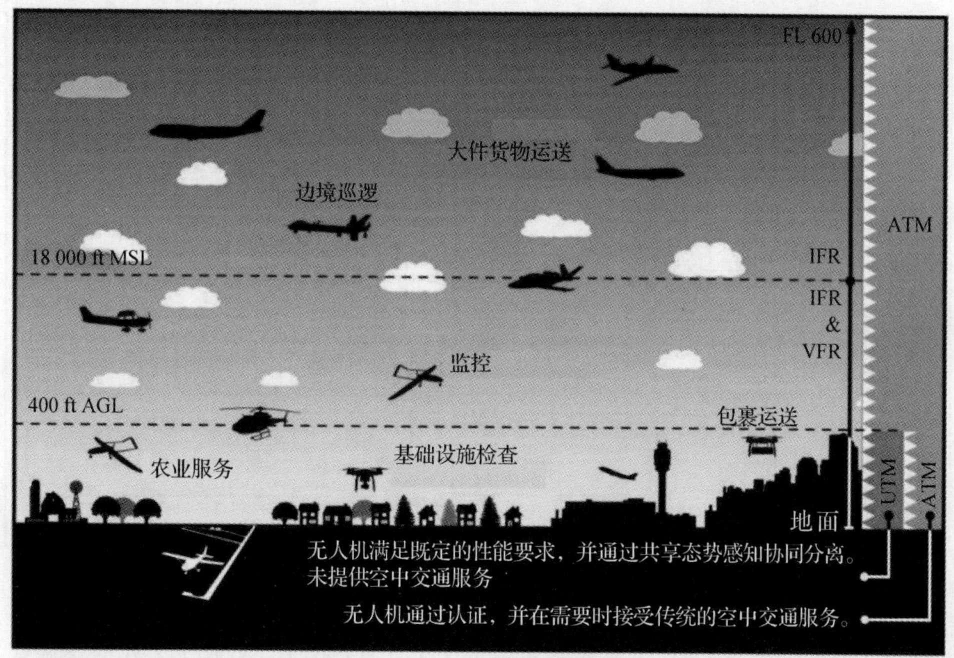

图 7-1-2　UTM 服务的运行环境

UTM 旨在满足无人机广泛业务活动复杂度和风险不断增加的需求和期望。它包括支持低空无人机活动所需的所有基础设施、政策、程序、服务和人员。无人机空中交通管理要求建立监管框架，制定新的操作规则和符合操作要求的性能要求，以及一种数据交换和信息体系结构，在参与者之间提供共享的态势感知信息。UTM 运营商负责满足为其运行操作类型和相关空域/航路建立的要求，并遵守 FAA 的所有规定。FAA 作为所有空域运行的联邦管理机构，以及商业运行的监管机构，要确保 UTM 达到机构目标，满足安全高效运行的要求水平。UTM 运行概念如图 7-1-3 所示。

UTM 中的通信链路需要提供以下信息内容：

(1)操作员意图；

(2)空域限制数据；

(3)天气数据；

(4)航空器跟踪和一致性数据；

(5)监视数据；

(6)远程识别(Remote Identification，RID)数据；

(7)其他对飞行安全至关重要的数据。

这些数据能够支持许多服务，包括消除冲突、空中交通服务通知、SAA、危险避让、地形和障碍清除、RID 和其他增值服务。

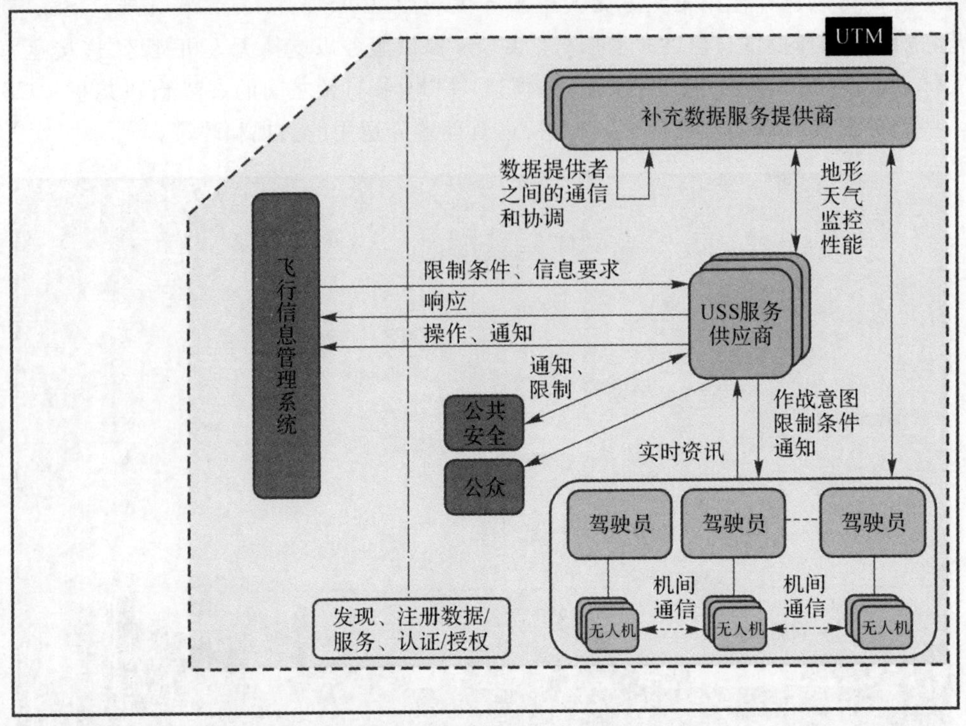

图 7-1-3　UTM 运行概念

目前，FAA 正在与 NASA、工业界和更大的 UTM 社区合作，实施 UTM 的螺旋式发展，从低复杂度的操作开始，在模块中构建更高复杂度的作战概念和要求。这种方法与无人机规则制定路线图一致。每一个新的开发周期都是为了使 UTM 体系结构和服务更加成熟，从而最终支持全方位的无人机运行。

7.1.3　欧洲航空安全局

2002 年 6 月，欧盟(EU)十五国在布鲁塞尔的会议上决定成立欧洲航空安全局(European Aviation Safety Agency，EASA)，目标是最大限度地保护公民的安全，促进欧盟航空业的发展。EASA 的主要职责是起草民用航空安全法规，它还将给欧盟提供技术上的指导，并对有关的国际协议的结论提供技术上的帮助。除此之外，该机构执行与航空安全相关的运行颁证工作，例如航空产品和有关设计、制造和维护的组织的认证。

无人驾驶飞机系统业务数量的不断增加，为欧洲空域带来了安全、安保和空域一体化问题。为确保一方面无人驾驶飞机的安全交通管理，另一方面无人驾驶飞机能够在现有的空中交通环境中以协调的方式在整个欧洲空域安全运行，有必要制定一个强有力的监管框架。鉴于未来几年预计有人驾驶的空中交通业务量和无人驾驶飞机的业务也将激增(这两种类型的航空器有时共享同一空域)，有必要采取适当的缓解措施加以解决来降低空中交通、人身和财产的安全危害。

U-space 是 EASA 的 UTM 计划总称，U-space 的意义在于建立 U-space 空域和提供 U-space 服务。U-space 被认为是应对这种无人机行动增长的必要条件，特别是在低空空域,预计其数量将超过目前载人飞机的交通量。如今的空中交通管理(Air Traffic Management,ATM)系统已经达到极限,而且由于无人驾驶飞机的预期无人机交通和飞行特性与有人驾驶飞机不同,所以 ATM 不能被视为安全有效地管理即将到来的无人机流量的唯一适当手段。因此,有必要在"开放"和"特定"类别的无人机操作的现有欧洲法规中补充一个欧洲监管框架,该框架能够协调实施无人机空间,并适应确保无人机交通安全管理的任务。

U-space 是管理更复杂和更长距离行动的有利方案。考虑到无人机交通量和无人机交通复杂性的增加,预计对 U-space 空域和 U-space 服务的需求将增加,并可能覆盖进行超视距飞行和具有更高自主性无人机运行的整个空域。U-space 空域和 U-space 服务可确保无人机运营商通过竞争激烈的 U-space 服务市场以高成本效益的方式公平进入空域。欧洲所采用的管理方法将促进这一竞争模式,为共同的数据交换协议提供基础,建立一个合作环境,使所有必要的信息都可用并传输给需要的人,以确保无缝交换飞机运营商的位置和无人机运营商的意图、操作限制和其他对安全和安保至关重要的数据。由于使用不同的操作程序和技术解决方案,所以可能会对将无人机操作纳入空域的国家产生安全影响。此外,欧洲的 U-space 监管方法可以通过一种有效实施无人机交通管理的共同方法,为整个欧盟的无人机运营商提供相同的规则和程序,从而提供安全风险缓解手段。

U-space 的主要目标如下:确保无人飞机在安全、可靠、可管理、相互连接的环境中运行,同时确保所有飞机在 U-space 空域的安全。U-space 运行概念图如图 7-1-4 所示。

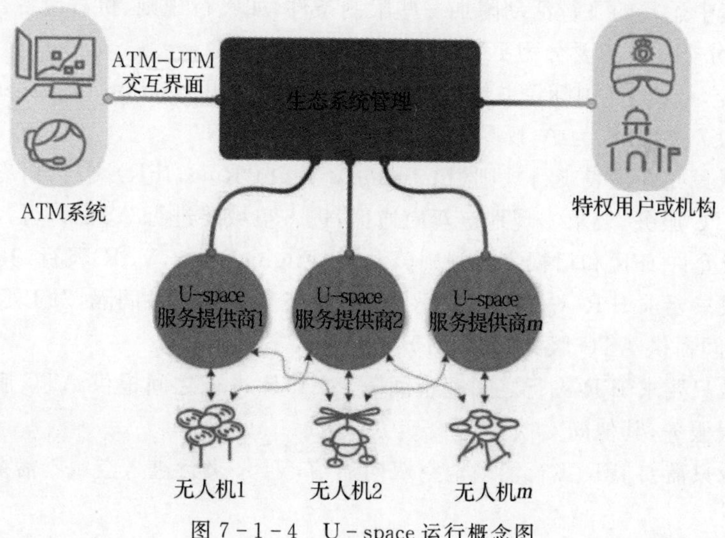

图 7-1-4　U-space 运行概念图

7.2　空域属性

空域是无人机赖以运行的物理空间,可根据飞行训练和作战的需求进行划定,通常以明显地标或导航台作为标志。训练空域分为驾驶技术飞行空域、射击飞行空域、低空空域、超低空飞行空域、海上飞行空域、等待空域等。作战空域分为待战空域、会合空域和巡逻空域等。空域属性是人们对航空器在空域活动的深入认知之后所赋予的,空域是一种具有国家属性的资源。随着航空技术的不断改进和发展,空域在未来将被赋予越来越丰富的属性。目前空域属性主要有以下几类。

(1)空域资源属性。人类的飞行活动可以获得国防、科技和经济建设等方面的效益,因此空域成为一种人类可以利用的资源。

(2)空域空间属性。空域的划分是人们对地面以上三维空间的一种界定,通常是以地域范围作为水平限制,并在垂直方向规定了上限与下限。

(3)空域时间属性。作为一种资源,空域对所有的用户应该是平等的。任何一方对空域的长期占有,都会剥夺其他使用者使用空域的权利。空域管理者需要不断适时地调整空域结构,在空域分配使用的时候,必须明确其有效使用的起止时间。

(4)空域服务属性。在飞行活动可能涉及的任何空域中都必须提供某种程度的空中交通服务,以保障飞行活动安全有序地运行。

(5)空域能力属性。空域的能力属性是指空域通信导航监视的能力属性。为了有效地支持空中交通服务,各种空域中均配备了相应的通信导航和监视设备,这些设备的性能由空中交通需求及相关服务来决定。

(6)空域主权属性。领空权是国家主权的重要组成部分,国际民航组织公约承认各国对其领土上空享有主权。我国对领土、领海上空空域进行管理的最高管理机关是中华人民共和国国务院、中央军事委员会空中交通管制委员会。

(7)空域限制属性。出于政治、经济、军事及空中交通服务等方面的需要,通常在设置空域时还要对将在其中运行的飞行活动附加一些限制条件,如飞行规则、机载设备、飞行高度等。

目前,空域分类标准主要分为ICAO、美国和中国。

(1)ICAO空域分类。国际民航组织(International Civil Aviation Organization,ICAO)标准中把空域分为7类,分别为A、B、C、D、E、F、G类。

1)A类空域只允许仪表飞行规则(Instrument Fight Rule,IFR)飞行,所有航空器之间配备间隔,提供ATC服务,要求实现地空双向通信,进入空域要进行ATC许可;

2)B类空域允许IFR和目视飞行规则(Visual Flight Rules,VFR)飞行,其他同A类;

3)C类空域只要求IFR飞行之间、IFR和VFR飞行之间配备间隔,对IFR飞行之间、IFR和VFR飞行之间提供ATC服务,其他同B类;

4)D类空域只要求IFR飞行之间配备间隔,对IFR飞行之间提供ATC服务,对VFR飞行提供飞行情报服务,其他同C类;

5)E类空域只需要IFR飞行实现地空双向通信,VFR飞行进入空域不需要ATC许可,其他同D类;

6)F类空域对IFR飞行提供交通资讯和情报服务,VFR飞行提供飞行情报服务,所有航空器进入空域都不需要ATC许可,其他同E类;

7)G类空域不需要提供间隔服务,对飞行提供飞行情报服务,只需要IFR飞行实现地空双向通信,进入空域不需要ATC许可,其他同F类。

(2)美国空域分类。美国国家空域系统将空域分为绝对管制空域、终端管制空域、机场雷达服务空域、机场交通空域、通用管制空域、非管制空域和特殊使用空域7类空域。美国联邦航空管理局采用了国际民航组织建议的空域分类标准,将美国的空域分为A、B、C、D、E、G类,没有F类空域。美国在采用新的空域分类方法以后,使美国国家空域系统更加简单、高效,使空域用户更加容易理解不同类型空域对飞行执照、航空器机载设备、空中交通管制服务的要求，为空域内运行的航空器提供了最大限度的灵活性与机动性，满足了美国航空业快速发展的需求。

1)A类空域为美国高空喷气式航空器划设的航路空域。垂直范围为18 000～60 000 ft，仅限IFR飞行。

2)B类空域为加强主要繁忙机场终端区范围内的交通管制，减小空中碰撞危险划设的空域。主要繁忙机场是指年旅客流量为3 500 000人次以上或年飞行架次为300 000架次以上(50%以上的商业运输飞行)的机场，这些机场通常为一级枢纽机场。标准的B类空域包含仪表进近程序的全部阶段，垂直范围通常为10 000 ft以下，呈10 n mile、20 n mile、30 n mile 3环阶梯结构并具有30 n mile的C模式应答机区域。B类空域通常用VOR径向线和DME弧进行分割和描述。随着区域导航的应用，一些终端区也采用经纬度坐标描述不规则的多边形，如洛杉矶终端区的B类空域。B类空域内运行的航空器通常为大型航空器，其设计和运行原则将大型航空器和小型航空器区分开来。

3)C类空域为加强终端区范围内的交通管制，减小空中碰撞危险划设的空域。终端区内的机场必须具有塔台和雷达进近管制单位，主要机场年仪表运行架次为75 000架次以上；或主要机场和次要机场年仪表运行架次之和在100 000架次以上；或主要机场年旅客流量为2 500 000人次以上，这些主要机场通常是二级枢纽机场。标准的C类空域垂直范围通常为4 000 ft以下，5 n mile、10 n mile 2环阶梯结构并附有20 n mile的外围进近管制空域。C类空域没有规定C模式应答区域。此外，C类空域内通常划设D类空域，由于某些C类空域并非24 h运行，所以在其不运行期间，由D类空域取代提供空中交通管制服务。

4)D类空域。为机场区域范围内运行的IFR和VFR提供的管制空域，该机场通常是具有管制塔台的小机场。标准的D类空域垂直范围通常为2 500 ft以下，4.3 n mile的单环结构，包含地面至1 000 ft的仪表进近程序和地面至相邻管制空域下限的仪表离场程序。

5)E类空域。E类空域是美国面积最大、应用最为广泛的一类空域。除美国西部落基山脉外，大部分E类空域处于雷达和通信信号覆盖范围内。E类空域的具体运用如下。

A. 中低空区域。美国中低空航路的主要运行空间，在美国东部为1 200～18 000 ft(不含)，在西部山区为145 000～180 000 ft(不含)。

B. B、C、D类空域与A类空域间的过渡区域。

C. 没有管制塔台的机场管制空域，地面以上，包含仪表进近程序的全部。

D. 没有管制塔台的机场管制空域，700 ft以上，包含仪表进近程序的部分，此时需要配合G类空域使用。

6)G类空域。G类空域为美国的非管制空域。允许IFR和VFR运行，但不提供管制服务，通常为1 200 ft以下。

FAA联合NASA共同推出了无人机空中交通管理(Unmanned air Traffic Management，UTM)计划，旨在将无人机性能与低空空域属性充分融合，使低空空域资源得到充分利用，并使低空空域无人机活动得到合理管制，其运行概念图如图7-2-1所示。

(3)中国空域分类。中国空域系统在航路、航线地带和民用机场区域设置高空管制区、中低空管制区、终端(进近)管制区和机场塔台管制区。通常情况下，高空管制区、中低空管制区、终端(进近)管制区和机场塔台管制区内的空域分别对应于ICAO的A、B、C、D类空域。

1)A类空域内仅允许航空器按照仪表飞行规则飞行，对所有飞行中的航空器提供空中交通管制服务，并在航空器之间配备间隔。

2)B类空域内允许航空器按照仪表飞行规则飞行或者按照目视飞行规则飞行，对所有飞行中的航空器提供空中交通管制服务，并在航空器之间配备间隔。

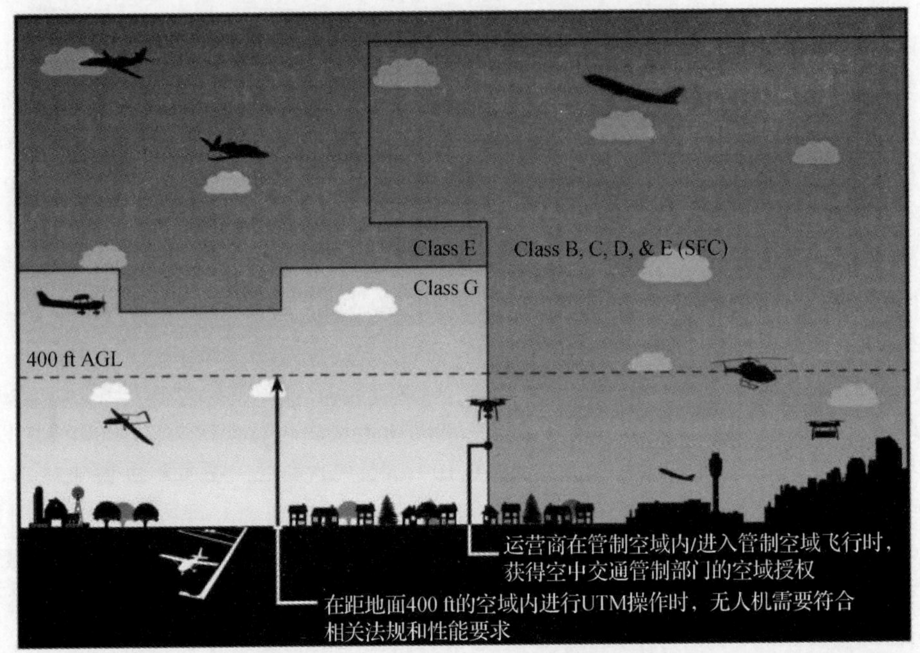

图 7-2-1　UTM融合空域运行概念图

3)C类空域内允许航空器按照仪表飞行规则飞行或者按照目视飞行规则飞行，对所有飞行中的航空器提供空中交通管制服务，并在按照仪表飞行规则飞行的航空器之间，以及在按照仪表飞行规则飞行的航空器与按照目视飞行规则飞行的航空器之间配备间隔。按照目视飞行规则飞行的航空器应当接收其他按照目视飞行规则飞行航空器的活动情报。

4)D类空域内允许航空器按照仪表飞行规则飞行或者按照目视飞行规则飞行，对所有飞行中的航空器提供空中交通管制服务，按照仪表飞行规则飞行的航空器之间配备间隔。按照仪表飞行规则飞行的航空器应当接收按照目视飞行规则飞行的航空器的活动情报；按照目视飞行规则飞行的航空器应当接收所有其他飞行的航空器的活动情报。

7.3　UTM关键技术

7.3.1　UTM空域管理

空域管理具体包括空域分类与划设、飞行间隔管理、航路航线划设技术等内容。

(1)无人机飞行空域分类与划设。目前，国内外针对民用无人机管控空域、适飞空域的划设标准相对粗糙，缺乏充足的理论依据和技术支撑，如采用二维水平范围并外扩的方式来划设民用机场净空保护区域，包括距机场跑道中心线两侧各 10 km、跑道两端各 20 km 以内的区域，并以此作为民用机场的无人机禁飞区。民用无人机分为微型、轻型、小型、中型、大型等多种类型，飞行特点不一，且为移动目标，用限制静止障碍物的区域来限制小型移动目标，缺乏科学性。因此，未来民用无人机飞行空域应是采用三维、四维甚至五维空域属性表征。基于网格化、数字化的空域管理思想，划设民用无人机的管控空域、适飞空域的边界，把地理信息和性能场映射到网格中，可以为不同的行业应用提供不同的精度范围。

(2)无人机飞行间隔管理。在传统 ATM 体系中，飞机之间在各种飞行阶段的水平及垂直间隔已经定义得非常清晰。然而，民用无人机尺寸、性能、飞行场景差异巨大，其相互之间的间隔标准，以及无人机与有人机之间的间隔标准将会变得更加细化。到目前为止，还没有可供系统性讨论的间隔方案。未来针对 UTM 体系中的间隔研究需要充分考虑无人机、有人机的飞行动力学特征，以及飞行场景、机载设备性能等方面的因素。

(3)无人机航路航线划设技术。民用无人机航路航线划设是指满足民用无人机机动性能约束、空域环境、自然地形环境、起降点环境、气象环境等无人机飞行环境的约束下，设计出一条从起点到终点代价最小的飞行航路航线。可分为静态航路航线划设和动态航路航线划设。目前主要侧重在低空静态航路航线的划设上，动态航路航线划设重点解决应对临时限飞空域、天气危害等各种突发情况下调整局部航线的划设问题。无人机航路航线划设技术未来应重点关注民用无人机公共航路航线的划设、动态航路航线划设、应急航路航线划设和融合飞行场景下的航路航线划设。

7.3.2　UTM 流量管理

流量管理具体包括基于无人机运行风险评估和效能的流量调度等内容。

(1)无人机运行风险评估技术。目前国内关于无人机运行风险评估技术大都基于 SORA 技术，即通过定性评估相关输入参数，得到无人机在特定条件下飞行的地面风险等级、空中风险等级，从而实现无人机的安全运行。未来的无人机运行风险评估技术应充分考虑周边人群密度、地面建筑物、电磁环境、气象条件、机体本身功能性能、飞行线路空域态势、驾驶员历史飞行记录等大量数据，构建无人机飞行全过程安全评估模型，全面识别民用无人机全周期飞行过程中的各类可能性危害，界定安全评估指标，分别测定地面与空中相撞类别，评估地面与空中风险等级，监督和指导无人机安全运行。

(2)流量调度。与传统 ATM 体系中的流量调度相似，UTM 体系中的流量调度技术主要包含空中/地面延误程序以及飞行在线改航程序。到目前为止，即使在已经相对较为成熟的 ATM 体系中，上述程序的自主程度和智能化程度依然有所欠缺，大量流量调度指令依然依赖人工经验。一方面，在 UTM 体系中，由于机上不再有驾驶员，所以指令将基本全部依靠数字化方式传输、理解和执行。另一方面，无人机飞行量将远远超过当前 ATM 体系中的飞行流量。这些特性都对相应流量管理指令的自动化和智能化生成提出了更高的要求，也是未来 UTM 体系中流量管理技术的发展重点。

7.3.3　UTM 空中交通服务

无人机空中交通服务具体包括 DAA 技术、控制与指令链路(Control and Communication Link，C2 Link)、可靠的身份识别与认证技术、广域信息交互技术等内容。

(1)DAA 技术。民用无人机检测和避让(Detection And Avoidance，DAA)技术类似于载人航空器的要求，能察觉、感知或探测碰撞风险，并具有采取适当应对措施的能力，可分为态势感知、冲突探测和冲突解脱。未来的DAA技术应能够实时检测民用无人机与地形或地面障碍物的间隔、与适飞或禁限飞空域边界的间隔、与周围航空器的间隔、与周围鸟群的间隔、与危险天气区域的间隔,确定一个有效的规避策略并执行,最终安全返回原始飞行轨迹。即使在指挥控制中断的情况下,民用无人机也能够自主地进行感知避让。

(2)感知与规避(See And Avoid, SAA)技术。无人机SAA是指无人机利用机载传感器或地面监视系统完成对空域飞行环境的监视和碰撞隐患目标状态的获取,对碰撞威胁目标进行规避路径规划,完成规避机动,保证无人机飞行安全。具备SAA能力是无人机自主化、智能化发展的必然趋势。

(3)可靠的身份识别与认证技术。与ATM体系类似,未来UTM体系中除了要实现对无人机目标的信息采集,还必须确保其信息的真实性、完整性和可靠性。另外,实现无人机监视(如远程身份识别)的技术方案较传统ATM体系更为多元化,除在某些运行场景中可继续使用如应答机、ADS-B等技术外,移动蜂窝网在轻小型无人机监视中的应用前景也是广泛的。未来针对在各种监视技术手段下如何实现传输数据能得到可信识别,如何确保传输过程中数据不被篡改是实现可靠身份识别和认证的基础。

(4)广域信息交互技术。在UTM体系及ATM体系中,无人机与无人机之间、无人机与有人机之间、无人机与统一战略方案/空中导航服务提供商(Unified Strategic Plan/Air Navigation Service Provider,USP/ANSP)、USP和ANSP之间都将存在大量的信息交互。由于UTM提供的交通服务内容已经有别于传统ATM的服务,所以相应通信的接口规范、数据内容都可能不同于传统有人机与ANSP的数据接口。未来结合运行场景和UTM所提供服务特点而对相应数据传输技术、数据接口规范和标准进行研究是UTM体系下广域信息交互技术发展的重点。

7.3.4 UAM未来发展

随着城市扩展和人口密度的增加,交通基础设施投资仍然是一个挑战。从电动和半自动驾驶飞机到共享经济等一系列技术和社会的进步,正在改变城市和地区中心的人员和货物流动方式。这一转变的核心是认识到航空在未来的城市和地区流动性中可以发挥更大的作用。城市空中交通(Urban Air Mobility ,UAM)的概念是扩大运输网络,包括在大都市地区运送人员和货物的短途航班,其中无人机是UAM的主力军。UAM是实现航空器灵活调度的一部分,在这一过程中,新技术和商业模式正在实现航空的转型应用,包括允许航空在区域和地方运输中发挥不可或缺的作用。UAM对于特殊需求的人们来说,航空器灵活调度被视为一种安全、可持续、负担得起和易获得的航空形式。UAM作为一种实用且具有成本效益的普通公众出行选择,主要服务范围从大都市中心延伸至大都市周边的城市地区。UAM有潜力改革城市交通网络,并在未来的智能城市中发挥不可或缺的作用。未来,城市航空旅行将被公众广泛认可并使用,随着城市的发展,能够在乘客高需求的地点之间快速移动。该计划是利益相关方广泛参与的结果,旨在为处于中等成熟度的UAM利益相关方群体提供一个高层次、共识驱动的愿景。UAM描述了广泛的操作概念、高水平功能和系统要求,以确保城市航空旅行能够成为其他交通方式的安全、经济和实用的替代方案,置于公众可及的范围内。UAM是通过成熟的技术能力实现的。当完全成熟时,它最终使成千上万的人能够在主要城市每天使用自主或半自主的空中机动服务。UAM社区的许多人预计,未来的UAM服务主要由电动和混合电动垂直起降飞行器提供，这些飞行器更安静，运行成本更低，并采用显著提高运行性能的技术（如自主系统）。UAM 集成了现有技术和新兴技术，包括分布式电力（和混合电力）推进系统、网络信息技术和第三方空中交通管理（ATM）服务供应商。它应用新的导航、传感器和自动化技术，在保持同等安全水平的同时提高制造速度和效率。这个概念场景描述了一个系统，在这个系统中，数百架飞行器同时运行，为大都市区域内有限数量的 UAM 机场提供服务。在这个中间状态，UAM 被设想为一个普通大众的无障碍交通工具。随着相关技术的持续发展，UAM 的运营并不严格限于大都市环境。提供基本自动柜员机服务的第三方联合服务提供商将会支持更大数量的 UAM 业务。这种网络化的信息共享能力是一种革命性的机制，用于管理客运业务的空中交通。

7.4　空域类型对无人机通信链路的影响

美国航空无线电技术委员会（Radio Technical Commission for Aeronautics，RTCA）成立于 1935 年，1991 年重组为 RTCA Inc，它是一个非营利性行业协会。RTCA 针对航空领域内的通信导航监视和空中交通管理系统问题，提出一致性的建议。为使无人机能够顺利融入国家空域，并能在不同类型空域正常活动，且不威胁空域安全，RTCA 制定了有关民用无人机在不同类型空域设备和性能要求以及相关活动限制，见表 7-4-1。不同类型空域对于无人机空中通信链路要求可能不同。

表 7-4-1　无人机空域应用示例

序号	任务类型	空域等级	用户类型	特定场景示例
1	公用设施或基础设施检查	D、E、G	公共事业公司、检验服务公司	远程基础设施的近距离视频或其他光电检测
2	巡逻监视	C、E、A	国家安全部门、执法机构	边境监视和空中作业
3	搜寻或搜救	G	执法或救援机构	执行搜索模式
4	点对点	D	商业货物运输公司	货运业务
5	人口密度高的空域活动	D、B	新闻机构、执法机构、交通部门	媒体和交通报道
6	包裹运送	E、G	一般公众消费者、企业	包裹运送

7.4.1　空域场景对无人机通信链路的影响

本节将详细介绍表 7-4-1 用例中涉及的 4 种空域场景，通过这些场景来阐述空域对无人机通信链路的影响，这 4 种场景分别如下：

（1）场景 1：公用设施或基础设施检查；

（2）场景 2：巡逻监视、搜寻或搜救；

（3）场景 3：包裹运送；

（4）场景 4：点对点和人口密度高的空域活动。

图 7-4-1 为表 7-4-1 中列出用例 1“公用设施或基础设施检查”的一个示例，它显示了

无人机在相对偏远区域的任务类型,无人机正在执行为石油管道或类似的基础设施检查的任务。如图 7-4-1 所示,无人机在执行任务时,由于高障碍物的影响,所以无人机可能在驾驶员的视距内(Visual Line Of Slight,VLOS)运行,也可能在 VLOS 之外飞行。因此,无人机空中通信链路必须具备抗干扰性,避免通信信号受障碍物干扰,而导致无人机事故发生。

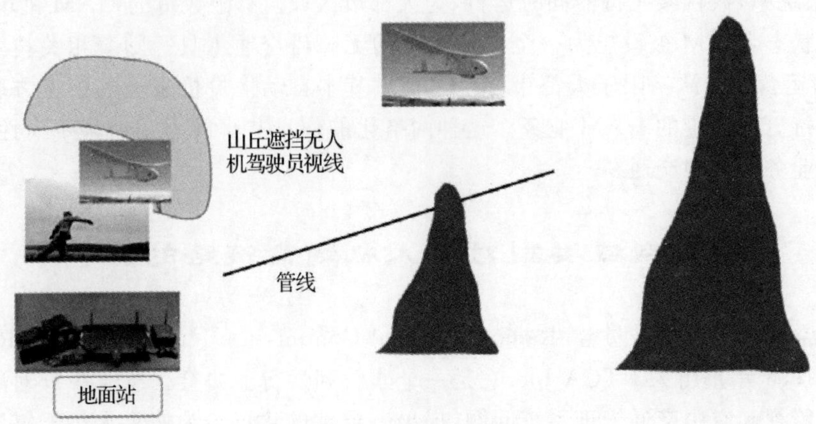

图 7-4-1　公用设施巡检

图 7-4-2 为无人机巡逻监视和搜寻模式(见表 7-4-1 中用例 2 和用例 3)。相比图 7-4-1 所示的场景,图 7-4-2 的无人机增添了新的运行要求,如为支撑 E 类空域飞行时的安全运行,许多航空器可以在 VFR 或 IFR 下运行。该场景要求无人机空中通信链路能够进行数字图传,当拍摄环境中存在电磁、遮挡物等干扰因素时,传输效果应不低于摄像设备分辨的最低设置。目前无人机数字图传是通过 2.4 GHz 或 5.8 GHz 的频率信号传输,但通常采用 5.8 GHz 频率的信号传输,因为 1.2 GHz 频率会影响 GPS 信号,2.4 GHz 频率又会影响 2.4 GHz 遥控的信号,因此 5.8 GHz 频率较为流行。

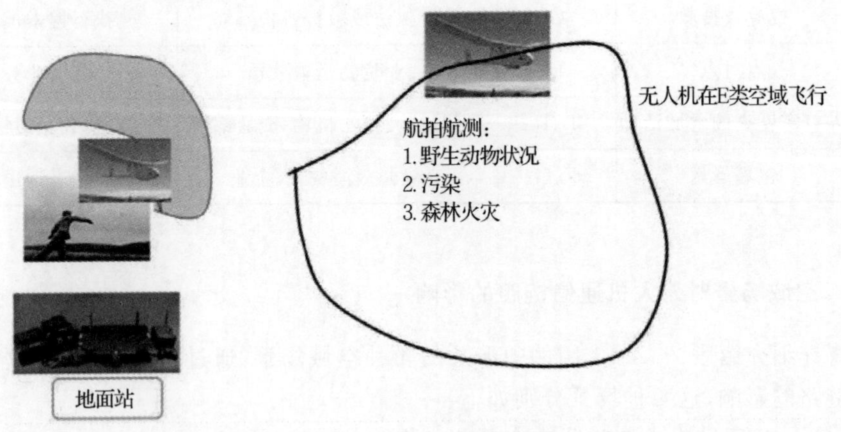

图 7-4-2　无人机巡逻监视和搜寻

包裹运送是无人机应用的另一种常见场景,如图 7-4-3 所示(见表 7-4-1 中用例 6)。图 7-4-3 中显示了多架无人机在一个公共区域飞行,执行包裹运送任务,该场景的大部分无人机都在城市区域内执行任务。与前两个场景无人机执行任务的空域要求不同,无人机在该场景空域飞行时添加了新的附加运行要求，该附加运行要求为该空域所有无人机在执行任务时，每架无人机都需要与空域区域内其他无人机通信系统形成通信链路。该通信链路要求通信技术的耦合性满足区域内无人机的通信活动，且通信安全必须得到公众认可。

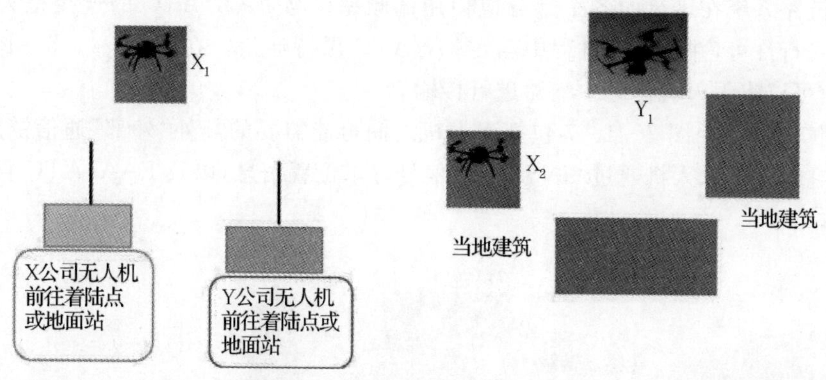

图 7-4-3　包裹运送或巡逻监视

图 7-4-4 为场景 4，相比前 3 个场景，该场景的环境更加复杂，其中包括大型无人机起飞并返回任务目标机场(位于 D 类空域)，其飞行轨迹经过 A 级和 E 类空域，但仍在机场的 RLOS 中。图 7-4-4 给出了该场景的飞行轨迹(包括表 7-4-1 中用例 4 和用例 5)。另外，新增的附加运行要求是在 A 类空域飞行时，以及在 D 类空域内的进近/离港管制、机场塔台/地面控制系统通信、空中无人机与其他航空器通信，需要满足空域管制安全运行要求。该场景要求在无人机空中通信链路传输过程中不得影响其信号传输，避免造成空中交通事故。

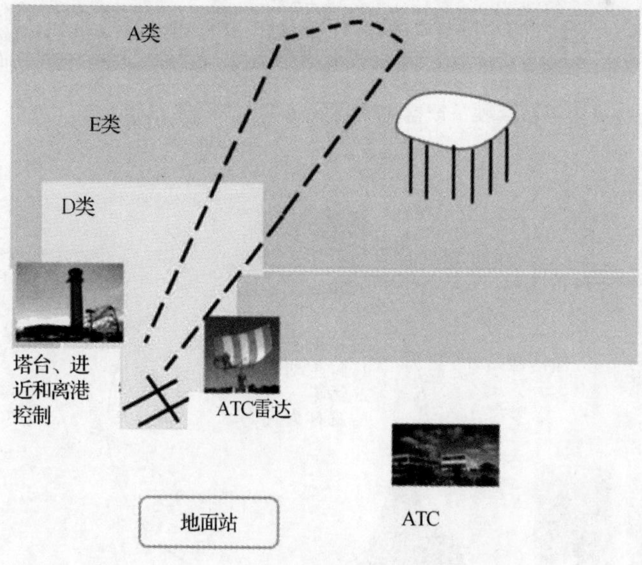

图 7-4-4　无人机在 A、E、D 级空域飞行

7.4.2　不同空域场景的通信链路规划

7.4.1 节的 4 种场景中的前 3 个场景所需的通信链路如图 7-4-5～图 7-4-7 所示。每

张图包括提供无人机和无人机、无人机和地面站所需信息交换的通信链路以及其他传输链路。图 7-4-5～图 7-4-7 还显示了支持无人机安全运行所需的一些地面通信链路。地面链路是指领航站、频谱管理器以及 FAA/ATC 之间的链路。与频谱管理器的连接是为了确定非有效载荷通信链路系统在飞行的各个部分应使用的频率。与 FAA/ATC 的连接是为了根据现行规定获得飞行许可，并在飞行过程中与 FAA/ATC 保持通信。在图 7-4-5～图 7-4-7 中，部分通信可以将无人机作为中继器进行传输。

此外，图 7-4-5～图 7-4-7 包括无人机之间可能需要的额外“外部”通信链路，以支持安全运行。它们包括无人机通过 GNSS 卫星信号寻求位置信息，以及 FAA/ATC 直接与无人机进行通信。

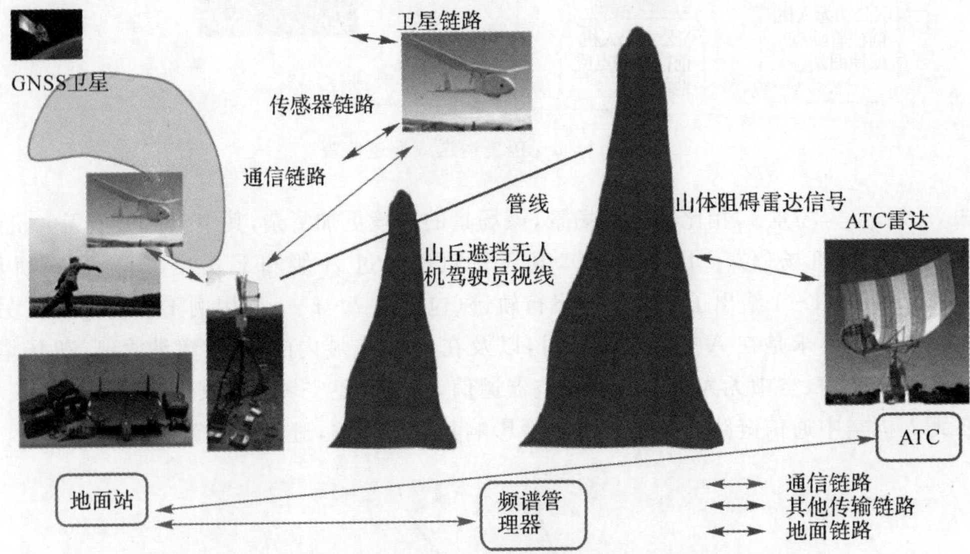

图 7-4-5　G 类空域内不在驾驶员或空中交通管制雷达“视线”范围内的无人机飞行的通信链路

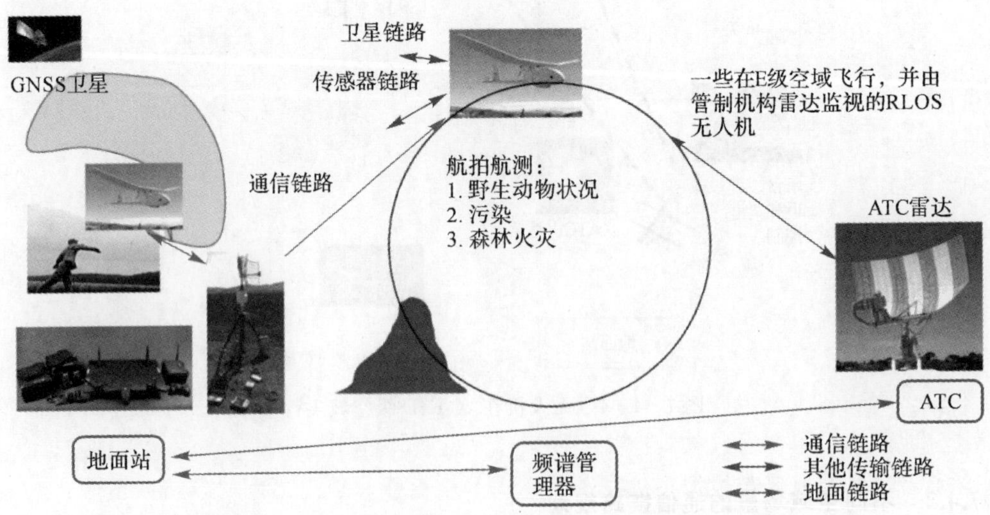

图 7-4-6　G 类和 E 类空域内无人机飞行的通信链路

（注：无人机在 ATC 雷达的视线范围内，但不是一直在驾驶员的视线范围内）

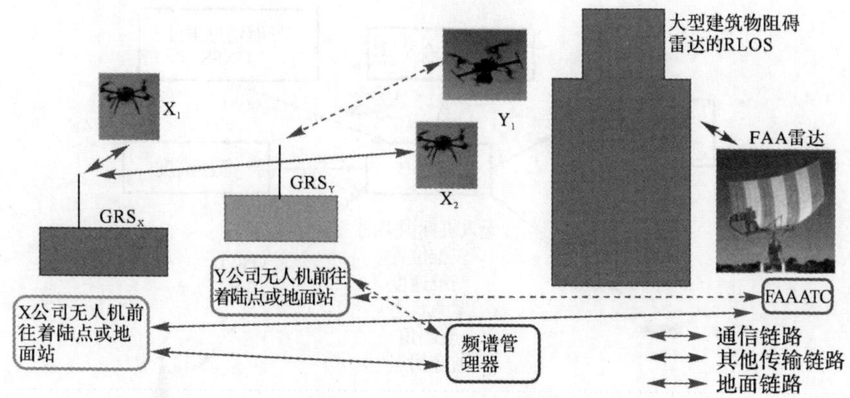

图 7－4－7　无人机飞行的通信链路（X_1、X_2、Y_1）

7.5　ADS－B 技术

7.5.1　ADS－B 技术原理

ADS－B 是无人机融入非隔离空域关键的通信链路。ADS－B 原理的核心在于"自动""相关""广播"。"自动"代表了 ADS－B 数据的获取和信息的发送可以不需要机组操作干预，从而大大降低了机组的操作负荷；"相关"指的是 ADS－B 的位置等监视信息来自于机载 GNSS 等设备，机载 ADS－B 设备通过机载的导航设备（目前主要依靠 GPS 和 GNSS 等卫星导航设备）来获得本机的精确位置信息（以及精密时间基准 UTC），通过飞行管理计算机和机载惯导、大气计算机等系统来获得飞机的速度、高度和飞行姿态等信息；"广播"代表了 ADS－B 设备发送信息的全向广播方式。在 ADS－B 发射系统有效作用距离内的其他飞机收到这个广播后，可以解析并显示出该机的当前信息，并计算与该机是否存在潜在的飞行冲突。在 ADS－B 发射系统有效作用距离内的地面航空管制单位收到这个广播后，可以将该机的航迹信息与地面监控雷达的航迹进行融合或筛选，并提供给管制员。

ADS－B 的工作原理如图 7－5－1 所示。图 7－5－1 表示具有同类设备飞机之间的相互监视以及地对空监视的工作原理，由图中可以看出，ADS－B，广播信息主要包括飞机标识、飞机类别、三维位置、三维速度（南北速度、东西速度、垂直速度）以及紧急状态、航迹角、航迹拐点等附加信息。

（1）ADS－B 下行信息。以飞机作为参考，ADS－B 的下行信息也称为 ADS－B OUT，这里的"OUT"表示了 ADS－B 信息传递的方向是从机内向机外，也就是"发射"，它是 ADS－B 的基本功能。图 7－5－2 为飞机发出 ADS－B 下行信息的工作原理。

机载 ADS－B 发射设备按规定周期向机外发送本机的标识、类别、位置、速度以及其他附加信息。地面管制单位通过收到这些广播信息来监视当前空域中的交通状况。图 7－5－2 中还包含了雷达监控航迹与根据飞机发送 ADS－B 信息获得航迹之间的多路数据融合，并将融合后的空域目标信息送至空中交通管制单位的过程。

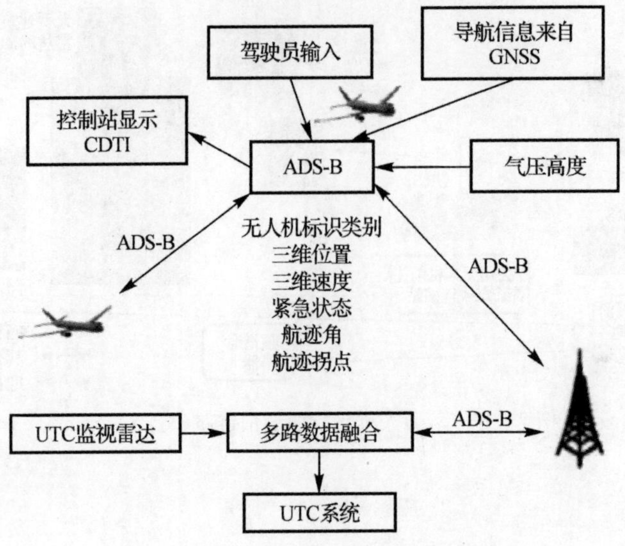

图 7-5-1　ADS-B空空监视原理图

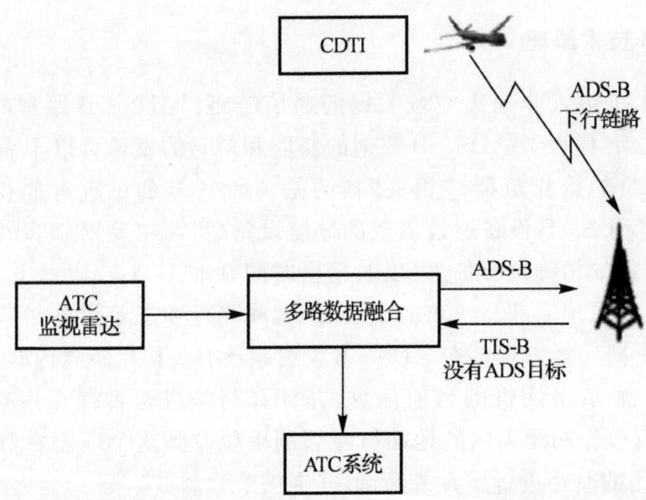

图 7-5-2　ADS-B下行信息传播原理

(2)ADS-B上行信息。以飞机作为参考，ADS-B的上行信息也称为ADS-B IN，这里的"IN"表示了ADS-B信息传递的方向是从机外向机内，也就是"接收"，即机载ADS-B接收设备接收的以下两类信息：

1)临近的其他飞机发射的"ADS-B OUT"信息；

2)地面管制单位发送的监控信息。

ADS-B地面站向飞机发送两类上行广播信息：交通信息服务广播(Traffic Information Service Broadcast，TIS-B)信息和飞行信息服务广播(Flight Information Service Broadcast，FIS-B)信息。图7-5-3为地面站点通过ADS-B方式向空中广播FIS-B信息的工作原理。

接收到这些信息后，机载ADS-B设备将临近的其他飞机的飞行状况实时显示在机组的座舱显示器(如 CDTI)上,使机组获得如同肉眼所见一般的当前空域的交通信息。

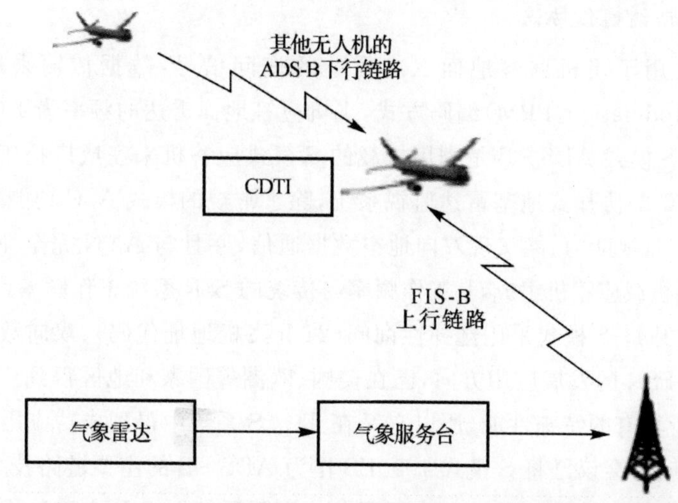

图 7-5-3　ADS-B 地对空广播飞行情报服务

7.5.2　ADS-B 的组成

ADS-B 系统由机载系统和地面系统组成。

(1)ADS-B 机载系统。ADS-B 机载系统包括以下三个部分:

1)GPS/GNSS 卫星导航接收设备;

2)用于处理收发 ADS-B 信息的收发信机(包括 L 波段全向天线);

3)驾驶舱交通信息显示设备(Cockpit Display of Traffic Information,CDTI)。

卫星导航接收设备用于提供本机的精确位置数据,例如 GPS 可以提供航空器的经度、纬度、高度、速度等信息。由于民航航空器使用大气计算机提供气压高度(低空或进近着陆阶段也使用无线电高度表提供的无线电测量高度)和空速,所以机载 ADS-B 收发信机仍然采用大气计算机提供的高度、速度数据。ADS-B 收发信机将这些位置、高度、速度,以及从飞行管理计算机获得的航空器飞行姿态和状态等信息,通过一定的协议进行组包发送,向机外进行广播。

CDTI 用于向驾驶员和机组提供周边空域内(通常是 5～20 n mile)航空器的位置信息。CDTI 的显示方式与空中交通预警及防撞系统(TCAS)相似。

(2)ADS-B 地面系统。在实施空对空监视的情况下,一般只需要空中飞行的航空器安装 ADS-B 机载设备即可,不需要专门建立 ADS-B 的地面设施。

在已经具备雷达监控的地面航空管制单位中架设 ADS-B 地面设备,可以实现 ADS-B 上行报文的发送和机载下行报文的接收,对 ATC 监视雷达获取的航迹目标信息和航空器 ADS-B 报文航迹信息进行融合,对空域的飞行进行类似雷达监控的监视。另外,地面设备还可以与机载 ADS-B 设备之间通过广播来共享气象信息。

7.5.3　ADS-B 数据链技术

目前,国际上 ADS-B 技术数据链主要采用 1090ES、UAT 和 VDL MODE4 三种数据链。

下面对上述三种数据链作简要介绍。

1. 1090ES 数据链通信协议

S模式最初是用于飞机回答地面二次雷达的询问信号，数据传输采用脉冲位置调制(Pulse Position Modulation，PPM)编码方式，飞机应答地面雷达的频率为1 090 MHz，常被称为1090ES协议。S模式ADS－B是利用机载的S模式应答机来完成广播工作的。SSR S模式是一种用于ATC的协作式地基雷达监视系统，除了常规的模式A/C功能外，最主要功能在于它能提供独立的监视能力，能实现双向地空数据通信，并且与ATN完全兼容。SSR S模式系统由地面基站和机载应答机组成，其工作频率与传统的SSR系统工作频率(上行1 030 MHz，下行1 090 MHz)相同。S模式采用选择性询问(24 b飞机地址代码)、双向数据通信等先进技术，该技术已成为SSR的发展应用方向，已在美国、欧洲等国家和地区得到广泛应用，同时，由于S模式数据链所具有的特殊性能，所以它又在TCAS系统中得到成功应用。

第11次国际航行会议已将S模式1090ES作为ADS－B的主要链路技术，以实现在全球的相互操作性，并支持初始的ADS－B应用服务。国际民航组织ICAO在《附件10》中已制定了S模式数据链的相关协议和标准，美国FAA强力支持下行信号DF17ES(Downlink Format 17 Extended Squitter)作为ADS－B系统实现的重要核心技术并将其推广应用。DF17ES是一种间发性信号格式，无须任何地面/机载询问触发就可自动报告其相关飞行信息。

1090ES信号格式与S模式应答机发射信号格式类同，采用SSR系统工作频率(上行1 030 MHz，下行1 090 MHz)。其脉位调制信号由前同步脉冲和数据脉冲组成，如图7－5－4所示。前同步脉冲由起始的8 μs内两组0.5 μs宽的脉冲对组成。数据脉冲是脉冲位置调制的，其脉位位置随调制信息的二进制数而变化，所有脉冲幅度和宽度不变。当每位1 μs间隔的前半周0.5 μs内有脉冲时，逻辑电平为1；当每位的后半周0.5 μs内有脉冲时，逻辑电平为0。

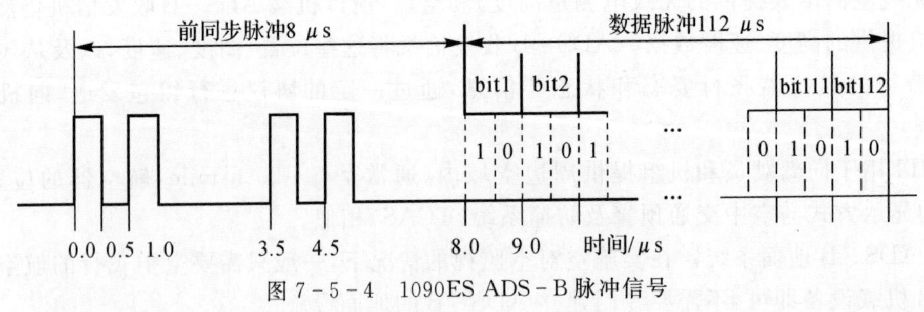

图7－5－4　1090ES ADS－B脉冲信号

1090ES数据链采用DF17、DF18、DF19格式，共有5个主要字段，DF17报文格式见表7－5－1。第一字段是5 b格式描述符，1090ES固定值为17(十进制数)；第二字段是3 b设备能力(CA)，描述了该设备所具备的数据传输能力；第三字段是24 b设备唯一地址码(AA)；第四字段是56 b报文信息(ME)，它是设备的位置、速度、呼号等信息；第五字段是24 b PI信息，提供奇偶及CRC检验，用于检错，DF17格式中该字段通常为全0。

表 7-5-1　DF17 长报文格式

DF=17	CA	AA	ME	PI
5 b	3 b	24 b	56 b	24 b

S 模式地面接收站的种类可分为以下 3 种：

(1)对地监视地面站：使用约 1 m 高的商用天线与改装的 TCAS 发射机/接收器来接收机场附近飞机的广播信号；

(2)全方位对空监视站：使用经过修正的 TCAS 装备，加上测距装置(DME)的全方位天线，可以接收 50～100 n mile 范围内的广播信号，其适用于终端管制区与巡航航路；

(3)6 段式对空监视站：使用分离的 6 个偶极天线，形成 1 个柱状形 6 段式定向天线，此类型地面站采用 6 个独立的接收器与 1 个共享的传送机，它能涵盖约 200 n mile 范围内的广播信号，其适合运用于巡航航路或者是密度较高的繁忙终端管制区。

2. UAT 数据链通信协议

通用访问收发机(Universal Access Transceiver，UAT)系统是美国 MITRE/CAASD IR&D 从 1995 年开始研制的多用途(包括 ADS-B、TIS-B、FIS-B)新型宽带数据链，以适应 ADS-B 的功能性需求。UAT 运行在一个单一宽带信道上，具备高速上传信道，其特点是简单和健壮。它所带来的益处已得到美国和国际组织的高度关注，已成为相关备选技术方案。

UAT 工作在特定的 978 MHz 公共宽带信道上，频宽为 1～2 MHz 之间，采用二进制连续相位频移键控 CP-FSK，调制速率为 1.041 667 Mb/s。机载 UAT 设备以约 1 次/s 的广播 ADS-B 消息对外转达其状态矢量及其他信息。UAT 的 ADS-B 消息可在给定时间内根据所发射信息的多少分为两种格式：UAT ADS-B 基本消息和 UAT ADS-B 长消息。UAT 地面站可以通过发送 UAT 帧的 ADS-B 字符段中的 ADS-B 消息来支持交通情报服务广播 TIS-B 业务。

UAT 传输的消息格式见表 7-5-2。

表 7-5-2　UAT 传输信号格式　(单位：b)

报头	同步	长度	实际数据	循环校验	前项纠错	报尾
4	36	8	125 或 256	24	48	4

UAT 帧信息传输具有周期性和非周期性特点，设计每秒时长为一帧，帧始于每个 UAT(或 GPS)秒。UAT 的最小时间度量单位是 MSO，每个 MSO 时长为 250 μs，一帧共 4 000 个 MSO。每帧分为两段：前 188 ms 是第一段，有 32 个时隙，固定分配给地面广播信息，可传输 464 B 数据；余下的 812 ms 为第二段，用于移动(空中或地面车辆)用户的发送。这样就允许一个机载固定调谐收发机支持完全的空-空、地-地、地-空广播应用。地面站的最小信息传输单位是时隙，一个时隙有 22 个 MSO。ADS-B 段前、后各有 48 个 MSO 的保护时间，用于克服时间漂移。一个时隙有 4 196 b 数据，占 4.028 ms，而一个时隙长 5.5 ms，有 1.7 ms 的保护时间可以用于 235 n mile 的传输延迟。移动用户使用第二段的 3 200 个 MSO 进行传输。UAT 也可以采取随机选择的方式以一定的频谱效率为代价换取简单性和健壮性。UAT 时

隙分配如图 7-5-5 所示。

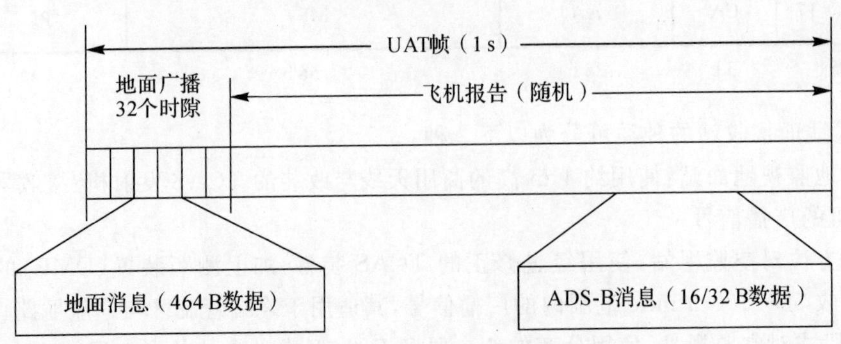

图 7-5-5 UAT 时隙分配

3. VDL MODE 4 数据链通信协议

VDL MODE 4(VDL-4)最早起源于 20 世纪 80 年代的瑞典，目前，VDL-4 是由 ICAO 和欧洲电信标准协会(European Telecommunication Standards Institute，ETSI)推荐的规范化 VHF 数据链技术，它基于 OSI 参考模型，要求严格的时间同步，工作在 VHF 航空频段(117.975～136.975 MHz)，采用两个独立的 25 kHz 全域标示信道(GSC)，高密度区域可使用一个附加信道(本地信号通道 LSC)，采用 GFSK(高斯滤波频移键控)调制，信号传输速率为 19.2 kb/s。在机载的发射机和接收器部分，根据需要可调整到任何 25 kHz 的频道宽度，从 112.000～136.975 MHz 之间的范围；地面部分，运作频率为 108.000～136.975 MHz 之间。TDMA 将 VHF 通信信道分为若干帧，再将帧分为众多的时隙。TDMA 在每个时隙的起始都会给予任何一个平台(飞机、地面、车辆)一次利用整个信道发射数据的机会，因此，各平台按此方法竞争时隙就必须实现全系统的精密时间同步。建立在自组织时分多址(Self-Organizing Time Division Multiple Access，SOTDMA)协议基础之上的 VDL-4，其时隙必须与 UTC 严格同步。

VDL-4 用户在选择了合适的时隙后传输一个超帧。超帧通常由 4 500 个时隙组成，跨度为 1 min，每个时隙为 13.33 ms，每秒 75 个时隙。每个时隙都可由任何飞机或地面电台作为接收和发送来占用，每个用户可以同时占用多个时隙。VDL-4 数据链时隙的大小可容纳一个 ADS-B 报告。每个时隙的传输可分为 4 个阶段：发送功率建立、同步、数据突发帧和保护时间间隔，如图 7-5-6 所示。多时隙传输也包含 4 个阶段，只是数据突发帧跨越时间更长，其余 3 个阶段和单时隙长度相同。因此，传输占用时隙越多传输效率越高，但是传输数据越长受到的干扰越大。因此在实际应用中应该根据具体情况选择合适的传输数据长度。

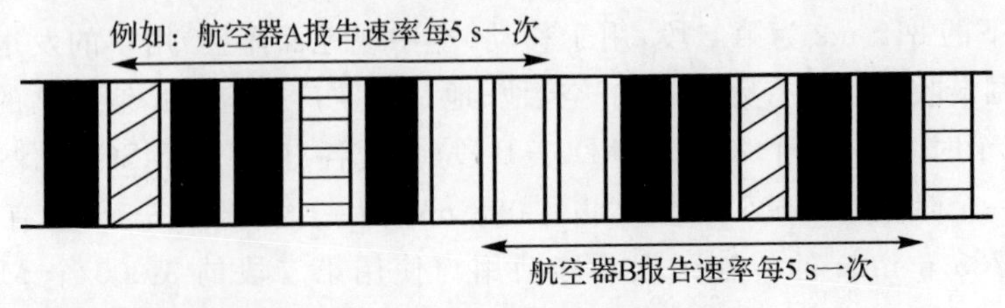

图 7-5-6 VDL-4 时隙分配示意图

每个时隙均可由一个无线收发信机来发送数据信息。系统内所有的移动平台和固定站的时间参考信息均来自 GNSS,这样时隙的准确同步以及计划时隙的发射对所有用户来说都是互相了解的,这样数据链信道便可以高效利用,用户也不会同时发射。该数据链的主要特点在于信道预约访问协议。VDL－4 可高效地交换短重复信息和支持适时应用,有效的传输时间分为大量的短时隙与 UTC 同步,每一个时隙可用于一个无线电应答机传输数据。它使用 SOTDMA 的接入方式,使 VDL－4 的运行不需要任何地面设施,能支持空空和空地的通信和应用。

4. ADS－B 数据链特性分析

在第 11 次国际航行会议上,通过对三种数据链的性能分析得出了以下结论:①UAT 数据链在空域飞行高密度和低密度的情况下,空对空数据链路的性能总体上优于其他两种数据链;②空对地数据链路中,UAT 数据链在 150 n mile 的距离内使用 1 个天线,能达到更新频率的标准要求。另外 VHF 波段的良好传播特性,使 VDL－4 数据链给机场的场面监视带来很大的好处。

在相关标准方面,国际民航组织将 1090ES 和 VDL－4 的标准和建议措施都纳入附件 10 中,并且相关的技术规范也在不断地更新和完善。

三种数据链技术都有着各自的优缺点,各国也在不断地探讨如何建立统一的数据链,三种 ADS－B 技术的比较见表 7－5－3。目前从各国对这些数据链的研究情况来看,澳大利亚将选择继续发展 1090 ES 数据链,而美国将同时采用 1090ES 数据链和 UAT 数据链,欧洲将同时采用 1090ES 数据链和 VDL－4 数据链。

表 7－5－3　三种 ADS－B 技术比较

ADS－B 技术类型	1090ES	UAT	VDL－4
使用频率/MHz	1 090	978	118～137
码速率	1 Mb/s	1 Mb/s	19.2 kb/s
信道访问方式	随机访问	下行:有分配 ADS－B 块的随机方式; 上行:固定分配	自组织时隙: 时隙由 GPS 同步
覆盖范围	较小	中等	最大
ICAO 标准	Mode S SARPS Annex 10 Amendment 77 via SCRSP	不是 ICAO 标准	Annex 10 via AMCP
主要文件	DO260,DO260A,DO181C,ED73A,ED86	DO282	Eurocae ED108
实施方法	升级现有的应答机软件,使用现有的天线;没有 S 模式应答机的航空器需要加装新的机载设备	加载新的机载电子设备、收发信机、天线	加载新的机载电子设备、收发信机、天线

续表

位置精度	95%位置误差<4.4 m	95%位置误差<10.97 m	95%位置误差<6.34 m
自组织组网	不支持	不支持	支持
丢包率	较高	较高	低
资金投入	相对较少	相对较少	相对较多

1090ES 数据链在一些非技术要素的对比中具有众多优点，如 ICAO 对 1 090 MHz ES 的数据链支持力度最大，标准制定也最完善，并且 1090ES 模式 ADS－B 系统资金投入相对较小，更适用于商用航空和通用航空，而 UAT 数据链和 VDL－4 数据链主要适用于通用航空，而且目前 1090ES 数据链技术发展最为规范，存在许多可以借鉴的实例，它同时支持防撞系统、多点定位系统、二次监视雷达等多项业务。考虑到目前国内航空状况主要为商用航空，通用航空还未发展起来，特别是近年来国家开始开放 3 000 m 以下空域，1090ES 数据链必将在该空域的应用中大展拳脚。

7.5.4 ADS－B 低空应用场景及案例

1. ADS－B 应用于低空监视

随着国内外航空运输的快速发展，空中交通的拥挤程度在不断增加。为保证民用航空的飞行安全和可持续发展，国际民航组织提出了“自由飞行”的全新理念，而广播式自动相关监视(Automatic De－pendent Surveillance Broadcast，ADS－B)技术是实现该理念的重要监视技术。当前，世界范围内都在积极推进 ADS－B 的建设：澳大利亚在 2013 年开始强制实施 ADS－B 运行；欧洲自 2013 年起强制要求生产线上的飞机满足 ADS－B 运行；美国部分航空公司已经决定选用 ADS－B IN 设备；近年来，我国民航已在航路上实施全程 ADS－B 监视。

ADS－B 具有价格低，方位、速度信息精度高，监视范围广，数据更新速度快等特点。通过 ADS－B 信息可实现飞行信息共享，使监视人员获取本区域或跨区域航空器飞行的监视信息；加强空-空协同，实现航空器之间的相互监视；最重要的是可有效避免因监视问题而引起的飞行冲突。此外，ADS－B 还可用于机场的地面活动区域，实现对场面上的航空器进行全方位管理，建立一种不依靠监视雷达的新型管理手段。因此，ADS－B 必将成为未来通航的主要监视技术。国内天津凌智皓越航空科技有限公司的通航监控方案是基于 ADS－B 和北斗的通航监控技术，其设计的 ADS－B 接收系统是依据中国民用航空局下发的 C－93－TM－2011－01 文件，并参照美国航空无线电委员会(Radio Technical Committee of Aeronautical，RTCA)《1 090 MHz 扩展电文 ADS－B 和 TIS－B 最低运行性能标准》(DO260)进行设计开发，同时满足 GJB150A — 2009 高低温及振动等环境试验设计(标准高于民航空管认证水平)完成的。数据处理符合 RTCA DO－242A、DO－260、CAT021 2.1 版本等文件所规定的国际标准，完全符合民航及部队应用需求。基于高速 FPGA 和 DSP 嵌入式架构，采用双路冗余设计，优化设计信号接收板卡，增强信号接收灵敏度，改进了原 S 模式解码算法，提高了数据的实时性，配合具有完全自主产权的 FlightCCS 航空监视软件，最终实现了 ADS－B 信息接收、分析与应用。ADS－B 监视系统工作原理示意图如图 7－5－7 所示。

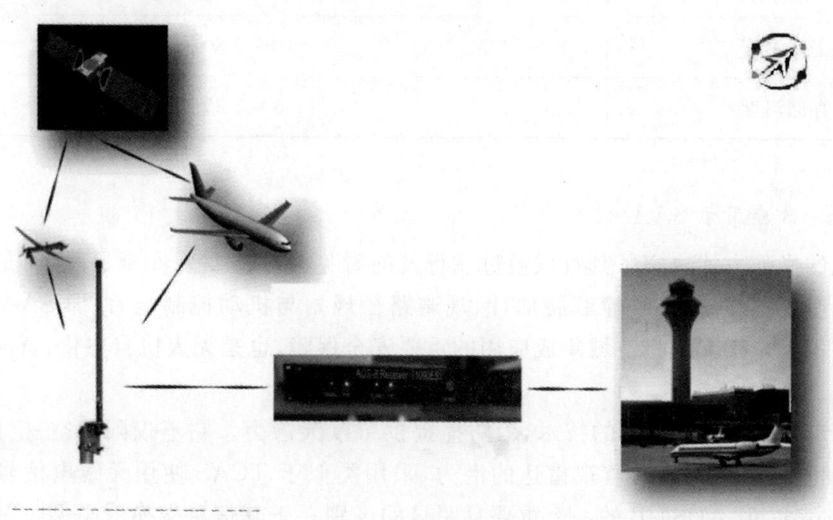

图 7－5－7　ADS－B 监视系统工作原理示意图

其设计的一款 ADS－B 监视地面站技术参数见表 7－5－4。

表 7－5－4　某型 ADS－B 监视地面站参数

ADS－B 参数	
工作频率/MHz	1 090±1
室外信号放大器增益/dB	≥30
接收机灵敏度/dBm	≤－98
动态范围/dB	≥85
接收目标距离(监视半径)/km	≥400
跟踪距离/km	≥350
接收目标数据报文	实时输出，数据率≥1 Hz
输出报文格式	网络输出 ADS－B:原始 ADC 数据； 网络输出 DO260B:标准规定的所有 ADS－B 数据类
接收报文格式	DF17、DF18、DF19、CAT021、自定义
功耗/W	≤1.95
网络组播	接收机具备网络组播协议输出功能

续 表

ADS-B参数	
时间戳	输出报文包含精确UTC时间信息，精度≤1 μs，用于数据分析处理
工作温度/℃	-40～+80
存储温度/℃	-45～+85

2. ADS-B应用于SAA

无人机的操作方式决定了其难以通过飞行员的看见并规避实现安全保障，而是必须具备自主的飞行空域环境感知、碰撞威胁估计、规避路径规划与机动控制能力，即SAA功能。感知与规避技术是未来无人机空域集成应用的重要安全保障，也是无人机自主化、智能化的核心标志之一。

ADS-B是一种相对较新的技术，为防撞提供了巨大潜力。它不仅限于空-空监视，其使用空-地通信并具有取代二次监视雷达的潜力，采用类似于TCAS使用无线电信号收发附近飞机信息的方式，但ADS-B的一个重要且明显的区别在于其信息交换的类型。每架飞机实时播报自己的身份、三维位置、速度、航向和意图，这些信息对于防撞系统非常有价值。随着ADS-B的越来越小型化，该系统在未来会逐步应用于SAA。

随着SAA技术的不断成熟，以及充分考虑空中交通管理相关的技术状态，GBSAA技术将成为未来广泛发展的主流。ADS-B技术集合了民航监视领域所需的通信、导航、监视功能，它的工作机制是ADS-B Out设备收集自身的飞行姿态、位置信息、识别号等信息，生成固定格式数据，对周围环境进行周期性的广播，广播频率约为1次/s，周围有ADS-B IN的设备通过空地、空空数据链通信，对数据进行接收并解析成可显示的信息。ADS-B信息可以被地面设备和空中有接收设备的飞行器同时接收，能够实现运行飞行器之间的相互监视。ADS-B相关设备的建设和布置成本低，监视精度高，信息传输频率快，在民航监视领域已确定为未来主要应用监视技术。伴随着北斗技术的发展，ADS-B技术的应用正在不断推进，该项技术能够提供准确的定位监视，并可为未来无人机运行的GBSAA提供数据支持。GBSAA感知与避让场景如图7-5-8所示。

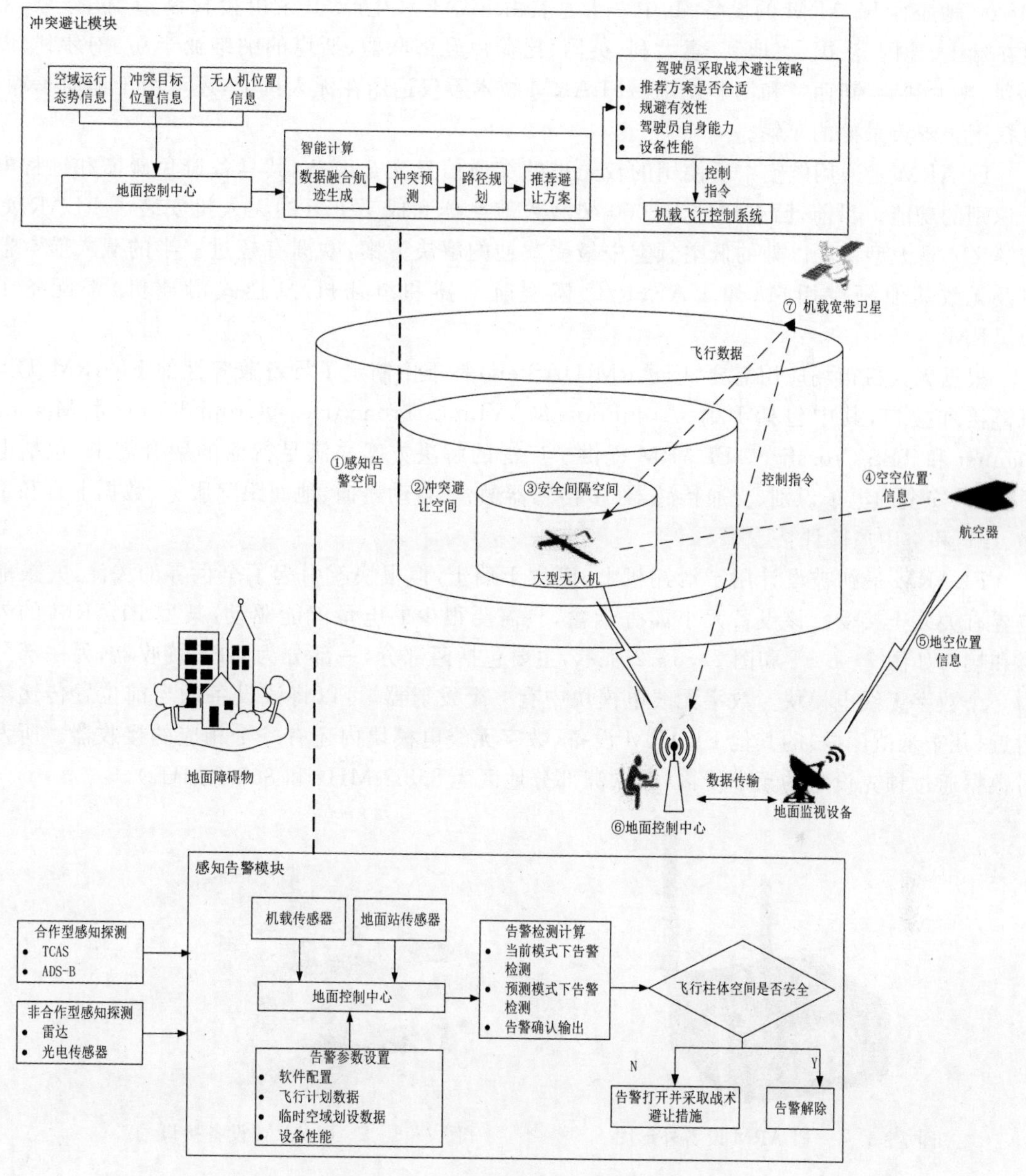

图 7-5-8　GBSAA 感知与避让场景

7.6　FLARM 技术

FLARM 是一种用于小型航空器的防碰撞告警电子设备，用于有选择地警告航空器之间可能发生的碰撞。FLARM 与 ADS-B 的工作方式不同，FLARM 针对小型航空器飞行间隔管理的特定需求进行了优化，而不是像 ADS-B 针对航空器的 ATC 进行远程交互。FLARM 是“飞行”和“警报”的组合。FLARM 由 Urs Rothacher 和 Andrea Schlapbach 于 2003 年研发，后来于 2004 年由 UrbanMäder 创立 FLARM 生产公司，2004 年初首次销售。目前有近

30 000 种兼容 FLARM 的设备(其中一半左右由 FLARM 生产,其余由授权制造商生产),主要在瑞士、德国、法国、奥地利、意大利、英国、比荷卢经济联盟、斯堪的纳维亚半岛、匈牙利、以色列、澳大利亚、新西兰和南非使用。FLARM 技术不仅运用在无人机上,还可用于地面车辆,包括用于露天采矿的车辆。

FLARM 是通用航空中所使用的较先进的交通信息交互设备,其具备避免碰撞和远程电子识别的功能。目前,已有超过 40 000 架载人航空器和成千上万的无人机安装了 FLARM。FLARM 是大型机场以外的低空领空中最受欢迎的解决方案:欧洲有超过一半的载人航空器以及无数其他领空用户(如 UAS、R/C 模型航空器和滑翔机/悬挂式滑翔机)都配备了 FLARM。

根据无人机市场应用需要,FLARM UAS eID 标准中制定了具备兼容性的 FLARM 无人机链接和接口,其中包括 PX4、ArduPilot、MAVLink、Dronecode、QGroundControl、Mission Planner 和 TBS Crossfire。FLARM 提供了广泛的解决方案来满足行业的融合需求,包括电子醒目、安全的电子识别、交通传感器、多传感器融合、自动避撞、地面跟踪服务、数据上行和重播、IFF 和空中风险评估。

FLARM 最初被设计用于滑翔机上,诞生于瑞士,但很快就引起了全世界的关注,并被航空界有关人士接受。该设备大小如香烟盒,只需要很少的电量就能驱动,某型 FLARM 的外形和接口如图 7-6-1 和图 7-6-2 所示,主要包括两部分,一部分为 GPS 接收器,另一部分为一个数字无线电模块。数字无线电模块中有一个发射器,可以将该设备的当前位置传递给附近(几千米范围内)的其他 FLARM 设备,数字无线电模块内还有一个相应的接收器。所发射数据通过预先设定的频率传输(在欧洲部分地区为 868.2 MHz 和 868.4 MHz)。

图 7-6-1　FLARM 设备外形图

图 7-6-2　FLARM 设备接口

FLARM 从内部 GPS 和气压传感器获取其位置和高度数据,然后将其与有关未来 3D 飞行轨迹的预测数据一起广播。同时,接收器侦听覆盖范围内的其他 FLARM 设备并处理接收到的信息。其先进的运动预测算法可预测多达 50 架其他航空器的潜在冲突,并使用视觉和听觉警告来警告飞行员。FLARM 具有集成的障碍物碰撞预警系统以及障碍物数据库。该数据库包括点障碍物和分段障碍物,如分开的电源线和索道。与传统的应答器不同,FLARM 功耗低,并且购买和安装相对便宜。此外,传统的机载防撞系统(ACAS)不能有效地防止轻型航空器相互碰撞,因为轻型航空器可以彼此靠近而没有碰撞的危险。ACAS 将对附近的所有航空器发出持续且不必要的警告,而 FLARM 仅发出有关碰撞风险的选择性警告。

FLARM 为航空器带来了经济实惠、主动性高、合作性强的交通感知和碰撞警告技术。截至 2019 年,已经有超过 30 000 架航空器和许多无人机装备了 FLARM,而且数量正在迅速增加。通过研究以往事故调查表明，尽管 VFR 的原则是“看到和避免”，但事故发生时往往是不可能看到其他航空器的。由于可能发生碰撞的物体视觉影像位于挡风玻璃上的一个固定点上，所以人类的视觉系统无法可靠地检测出可能发生碰撞的物体，此外一些生理和心理因素进一步降低了及时看到另一架航空器的概率。对比之下，FLARM 的优点如下：

(1)为驾驶员和小型航空器的安全而设计，而不是空管、客机或军用航空器；

(2)智能轨迹预测和碰撞警告算法，可选配无人机自动驾驶仪任务数据；

(3)将发送、接收和处理整合在一个紧凑的系统中；

(4)在几乎不存在 ADS－B 的机场外，对低于 FL100 的低空空域和 VFR 操作具备独特覆盖范围；

(5)独立于传统 1 090 MHz 空中交通管制技术的限制、干扰和边际创新；

(6)实时、低延迟、点对点通信，比 ADS－B 和移动网络更快；

(7)满足无人机在低空域和超视距飞行时的任何探测和规避风险缓解策略的关键程序；

(8)欧洲航空安全局批准，欧洲管制局、民航局、航空俱乐部和保险公司推荐；

(9)访问实时跟踪网络和远程识别，并可以选择退出相关系统；

(10)集成 3D 固定障碍物警告系统(电力线、架空缆绳、风力涡轮机等)；

(11)合成孔径雷达的互补技术。

FLARM 的工作原理如下：根据实时飞行性能参数，计算自身飞行路线并向附近的航空器广播自己未来的飞行路线，并同时接收周边空域航空器的未来飞行路径。FLARM 智能运动预测算法为基于综合风险模型计算每架航空器的碰撞风险。当一次碰撞即将发生时，驾驶员会被告知侵入者的相对位置，从而避免碰撞。每个 FLARM 系统用一个灵敏的全球导航卫星系统接收器确定其位置和高度。根据速度、加速度、航迹、转弯半径、风速等参数，计算出精确的投影飞行轨迹。在通过加密的无线电频道广播之前，对该飞行路径以及诸如唯一标识符之类的附加信息进行编码。FLARM 航空器跟踪和 ATD 碰撞警告分别如图 7－6－3 和图 7－6－4 所示。

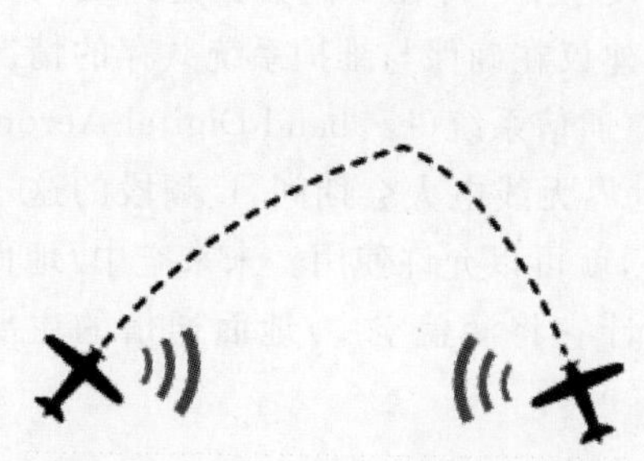

图 7－6－3　FLARM 航空器跟踪

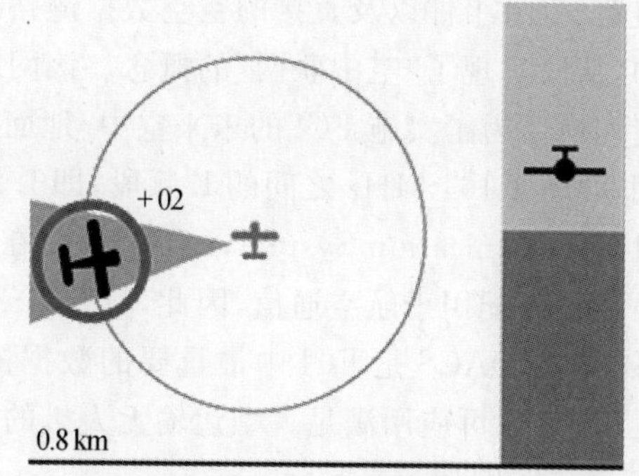

图 7－6－4　ATD 碰撞警告

FLARM 通过通道加密以确保信息安全、完整和隐私。用户可以根据航空器活动设置相应的隐私级别。所有 FLARM 设备都可以互相操作，并且共享相同的通信协议。FLARM 系统还包括一个 ADS－B 转发器接收器，这使得所有配备应答器的航空器都能被纳入碰撞预测算法，在高密度交通空域飞行时尤其有价值。除了防止航空器之间的碰撞，FLARM 还可以告警固定的障碍物，集成障碍物碰撞警告系统会定期更新障碍物数据库。该数据库包含复杂的三维障碍物类型,这在航空电子设备中是不常见的。所有 FLARM 设备都基于瑞士 FLARM 技术开发的前沿安全技术。不同的制造商为不同的航空器类型提供了各种各样的信号装置,便于移动地图产品和其他航空电子设备集成 FLARM,同时保证互操作性和低成本。FLARM 经 EASA 批准可固定安装在经过认证航空器上。因为 FLARM 显著降低了航空器之间空中碰撞的风险,所以欧洲航空安全局完全支持该系统的建设。

7.7 LDACS 技术

如今,随着航空运输的需求不断增长,航空运输已成为全球旅行与运输货物的最安全方式之一。根据 Eurocontrol 的预测,2040 年欧洲航空运输航班数量将比 2019 年增加 43%。不断增加的航班数量是一个巨大的挑战,预计在未来几年内,欧洲和美国(航空器密度最高的世界地区)的空中交通管理(ATM)系统将达到其容量极限。为了确保全球空中交通的可持续增长,需要对 ATM 进行现代化改造,以提高空中交通运行效率,同时提高航空器飞行安全性。因此,ICAO 已经启动了几个重大项目,其最终目标是在全世界范围内实现 ATM 的现代化,如中国民航 ATM 现代化战略、欧洲单一天空计划研究、美国的下一代国家空域系统、日本航空交通系统革新合作行动。

为了实现 ATM 现代化目标,必须设计新的空中交通管理操作程序,进而需要改进通信、导航和监视(Communication Navigation and Supervising,CNS)技术,以实现这些操作程序。在通信中,ATM 现代化要求工作模式从语音通信转换为数字通信。因为随着需要管理不同活动目标航空器数量的增多,信息交换变得更加复杂,现有通信技术无法顺利完成这么复杂的信息交换工作,即语音无法有效传达未来操作程序所需的信息,所以 ICAO 内部已达成共识,即单一数据链路技术无法满足航空器飞行各个阶段的通信需求,从而提出了未来通信基础设施(Future Communication Infrastructure,FCI)计划,它是 CARATS、SESAR 和 Next Gen 未来航空通信发展的基础。FCI 数据链路技术包括空中/地面通信组件、大型机场使用的专用数据链路、卫星组件以及直接的空空数据链路。这些 FCI 数据链路被集成到一个通用的通信网络中,从而实现了“空中联网”的概念。该网络基于商业 IP 技术,可在不同数据链路之间实现无缝切换。为了实施 FCI 的未来空中/地面通信,ICAO 建议在确保与维护系统共存的情况下使用 960~1 164 MHz 之间的 L 频段,即 L 波段数字航空通信系统(L - band Digital Aeronautical Communication System,LDACS)。在 2007 年的世界无线电大会期间,L 频段的这一部分已经被分配用于航空通信,因此,只要不干扰现有服务,就可以允许使用。未来空中/地面通信系统的 LDACS 是 FCI 中最重要的数据链路,因为预计它将涵盖空中/地面通信的主要部分。LDACS 可应用满足大型运输无人机的通信需求。

7.7.1 LDACS 技术原理

LDACS 是基于正交频分复用(Orthogonal Frequency Division Multiplexing,OFDM)调制的安全宽带通信系统,并且与 LTE 无线通信系统共享许多技术概念。它提供了洲际板块范围内地面站和飞机之间的数字数据链接,在海洋区域,还辅以卫星链路。LDACS 的范围涉及空中交通服务(Air Traffic Service,ATS)和航空运行控制(Aviation Operation Control,AOC),但不涉及旅客通信。LDACS 设计的最重要的要求如下。

(1)提供足够高的传输容量。未来空中交通的预期增长以及从语音到数据通信的转变对 LDACS 的设计提出了很高的要求,即必须实现足够高的传输容量。

(2)除乘客通信外,ATS 和 AOC 消息对安全性和时间至关重要。LDACS 旨在确保安全、可靠和及时地传输消息。

为了满足这些要求,LDACS 遵循蜂窝点对多点的概念,这意味着将空域划分为多个单元。在每个单元中,所有飞机都连接到中央地面站,该地面站控制单元内的整个空中/地面通信。LDACS 被设计成频分双工系统,它使地面站能够以特定频率连续发射,而小区内的所有飞机都以不同频率并行发射,其运行概念如图 7-7-1 所示:

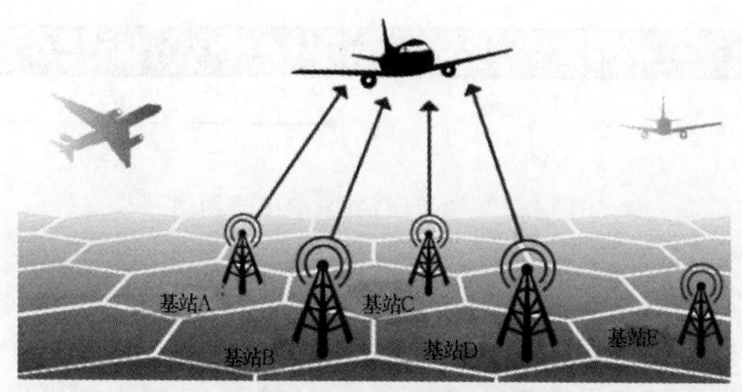

图 7-7-1　LDACS 频分系统概念

由于传统系统已经使用了 L 波段,且未使用的频谱也很稀缺,所以为了保证高传输容量,最好使用嵌入式方法来部署 LDACS。在这种情况下,系统可尝试利用 DME 使用的通道之间的频谱间隙(见图 7-7-2)。

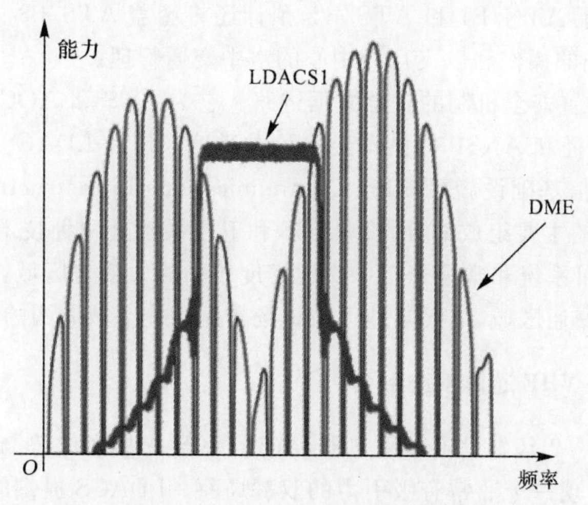

图 7-7-2　LDACS 频谱间隙

为了保证数据传输质量,LDACS 已实施了多种措施,如强前向纠错编码。该前向纠错编码也可以根据传输条件进行调整。在信道质量好的情况下,可以应用较弱的编码,但会增加数据速率。LDACS 的帧结构旨在确保飞机的及时通道访问。另外,可根据航空领域中预期的消息大小来选择帧大小,其编码结构图如图 7-7-3 所示。

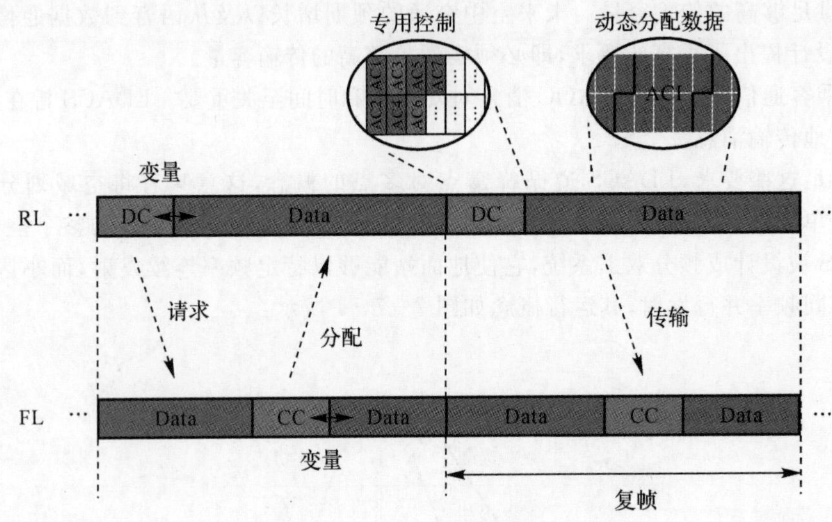

图 7-7-3　LDACS 编码结构图

LDACS 是当前处于 ICAO 标准化之下的未来航空数据链路。它是一种安全、可扩展且具有频谱效率的高速数据链路，旨在涵盖 ATS 和 AOC 服务。它是一个蜂窝通信系统，因此避免了某些当前数据链路部署中遇到的同信道干扰问题。管理服务优先级是当前某些数据链路部署中不可用的重要功能。因此，LDACS 可以为安全关键型 ATS 应用程序保证带宽、低延迟和高服务连续性，同时又可以容纳安全性要求较低的 AOC 服务。

其技术是基于应用于 LTE/4G 移动无线电的经过广泛验证的最新技术。因此，LDACS 可以适应未来的发展，并且可以实现高速率、低延迟的数据链路通信，远远超出了当前 VHF 通信的范围。它涵盖了 ATN/B1 和 ATS/B2，预计还将涵盖 ATS/B3 以及其他未来服务，包括完整的基于 4D 轨迹的操作和以飞行为中心的空中交通管理。

LDACS 是具有内置安全机制的安全数据链路。它为 ATS 和 AOC 服务提供安全的数据通信，包括为飞机运营商和 ANSP 提供安全的私人通信。预计 LDACS 和升级的基于卫星的通信系统将在未来通信基础设施(Future Communications Infrastructure，FCI)中部署，并构成 FCI 中多链路概念的主要组成部分。LDACS 和卫星系统这两种技术都有其自身的优势和互补的技术能力。卫星系统非常适合空中交通密度较小的大覆盖区域，如海洋区域。LDACS 非常适合密集的空中交通区域，如大陆地区或机场和航站楼空域周围的热点。

7.7.2　LDACS 与 VHF 通信系统融合

考虑当前的 VDL-2 基础设施和用户群，当 LDACS 的技术优势与现有的 VDL-2 基础设施相结合时，就会出现一个非常有吸引力的双赢局面。LDACS 提供的容量至少比 VDL-2 多 50 倍，是对现有 VDL-2 业务模式的加强。VDL-2 系统与 LDACS 技术相结合将是互利的(见表 7-7-1)。这种方法的优点是 VDL-2 基础设施可以完全重用。除此之外，LDACS 还为进一步提高业务效率和降低投资风险开辟了道路。

表 7-7-1　VDL-2 和 LDAC 在组合航电箱中的互利性

	LDACS （现状）	VDL-2 （现状）	组合航空电子设备 VDL-2/LDACS （预期情况）
应用和服务	CPDLC、ADS-C 和 未来的应用和服务	CPDLC、ADS-C	CPDLC、ADS-C 和 未来的应用和服务
频谱可用性	很好	有限的	很好
可用频道数	非常高	中低档	非常高
每个通道的用户数据速率	非常高	低的	非常高
现有服务提供商	尚未提供	可获得的	可获得的
现有基础设施	尚未提供	可获得的	可获得的
现有用户	尚未提供	可获得的	可获得的
安全	内置功能	无法使用的	内置功能
语音能力	内置功能	无法使用的	内置功能
导航能力	内置功能	无法使用的	内置功能
长期增长能力	非常高	非常高	非常高

在没有附加天线或航电箱的情况下可将 LDACS 带上飞机，像 LDACS 这样的新技术引入并不意味着飞机的基础设施必须进行大量的修改。在这种情况下，现有空间、天线和接口的再利用至关重要。下面将说明如何将 LDACS 安装到航空电子设备舱中，以及 LDACS 如何支持目前为 VDL-2 系统开发的多频率方法。

多频率方法使 VDL-2 能够使用多个 VHF 频率，以缓解 VDL-2 用户的短期和中期容量瓶颈。通过这种增强，VDL-2 无线电基本上可以切换到任何频率（在 VHF 之外、L 波段内）。因此，LDACS 可以通过在现有的窄带 VDL-2 数据链路中添加 L 波段的大容量宽带 LDACS 数据链路来支持 VDL-2 系统。为了实现这一点，可创建一个多模式 LDACS/VDL 无线电，组合在一个单一的航空电子设备盒中，其中包含 VDL-2 和 LDACS。以前的 VHF 专用天线可以替换为具有相同尺寸的双频 VHF-L 波段天线。可以使用单天线电缆，多模 LDACS/VDL 无线电包含一个双工器，可以同时为两个波段服务。

将两台无线电合并成一个多模 LDACS/VDL 航空电子设备盒时会遇到一些技术挑战，如散热或有限的输入电流，这些技术问题可以通过 LDACS 和 VDL-2 的非同时传输轻松解决。LDACS 和 VDL-2 不需要同时传输，因为 LDACS 传输可以为所有预期用途提供足够的数据吞吐量。此外，在接收端多模 LDACS/VDL 无线电将能够同时收听来自 VDL-2 和 LDACS 的数据，以及同时收听甚高频和 L 波段允许检测可用的地面基础设施。如果 LDACS 可用，则变送器配置为 LDACS；否则，变送器配置为 VDL-2。

7.7.3 LDACS 的接收机设计

接收机的设计是 LDACS 的关键。基本上,接收机的设计取决于使用者。因此,它没有在规范中定义。但是,如果使用嵌入式方法部署 LDACS,则可能会产生严重的干扰,主要是 DME 的干扰。如果不采取任何对策,则此类干扰会大大降低 LDACS 传输性能。鉴于这种情况,接收机的适应性设计是必不可少的。DME 干扰如图 7-7-4 所示。

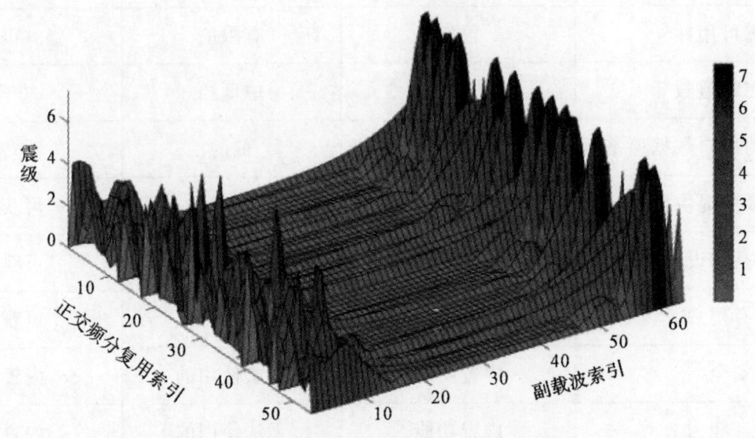

图 7-7-4 DME 干扰频谱图

为了解决 DME 干扰,开发人员设计了一款适应性较强的接收机,以应对严重的脉冲干扰。LDACS 使用 OFDM 作为调制技术。图 7-7-5 显示了典型的 OFDM 接收机结构。

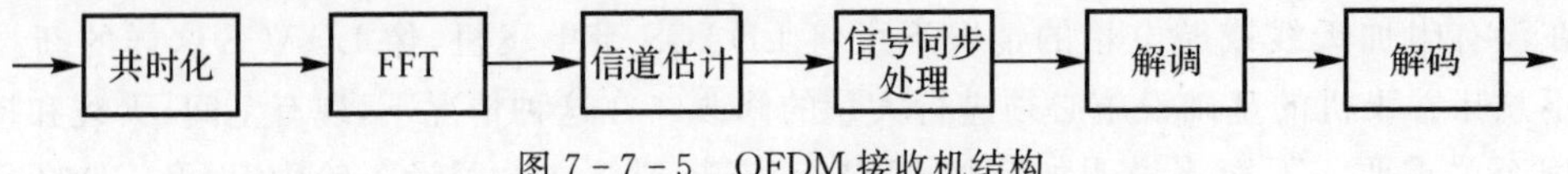

图 7-7-5 OFDM 接收机结构

首先根据接收到的信号,可以估算补偿信号的时间和频率偏移。然后通过 FFT 将信号变换到频域,基于插入的导频符号来估计传输信道,估计的传输信道用于均衡信号。最后对该信号进行解调和解码以获得对所发送的信息比特的估计。但是,这种结构容易产生强干扰。因此可以通过引入适当的干扰缓解方法来缓解此问题。为了解决各种干扰问题,开发人员建议减少干扰因素,包括时域和频域分量,另外建议进行迭代接收,图 7-7-6 显示了这种结构。

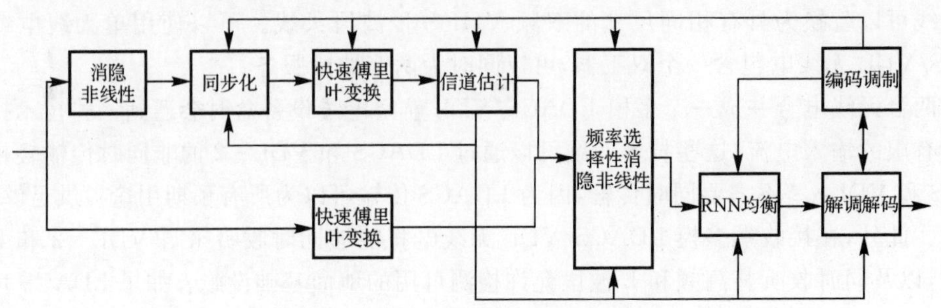

图 7-7-6 OFDM 改进接收机结构

7.7.4　LDACS 协议

LDACS 数据链路层提供必要的协议，以促进多个用户的并发和数据可靠传输。LDACS 数据链路层体系结构的功能块分为两个子层：逻辑链路控制子层和媒体访问子层。逻辑链路控制子层管理无线电链路，并向高层提供具有不同服务类别的承载服务。它包括数据链接服务（Data Link Service，DLS）和语音接口（Voice Interface，VI）。媒体访问子层仅包括媒体访问控制（Media Access Control，MAC）实体。跨层管理由 LDACS 管理实体（LDACS Management Entity，LME）提供。子网协议（Subnetwork Protocol，SNP）提供了到更高层的接口，其结构框架如图 7－7－7 所示。

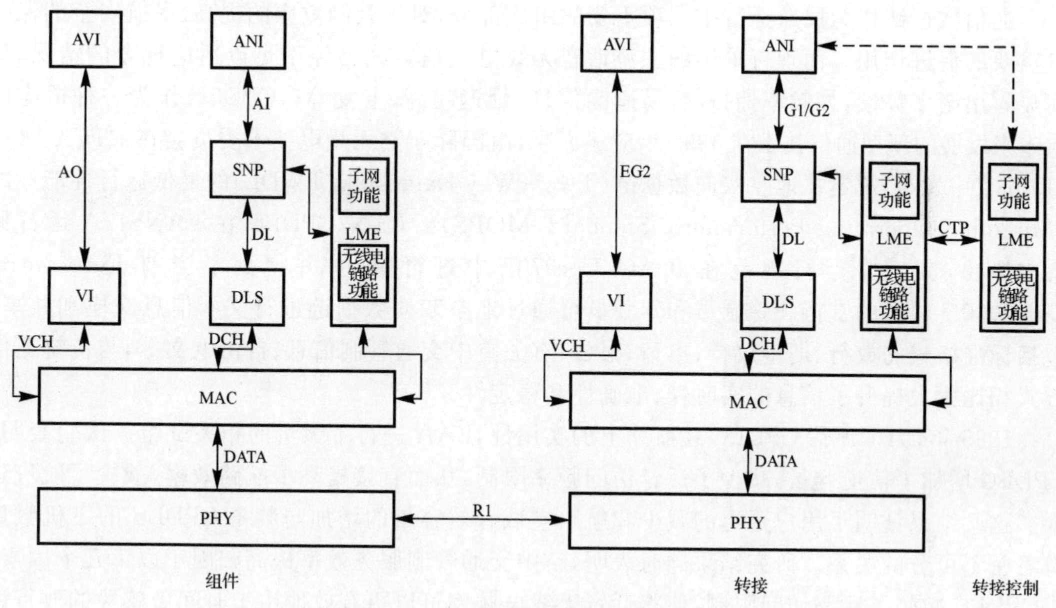

图 7－7－7　LDACS 协议结构框架

介质访问子层的 MAC 实体管理对物理层资源进行访问，在充分利用该系统之前，飞机必须在控制地面站进行注册，以便获得静态分配的专用控制信道与地面站交换控制数据。地面站根据飞机发出的当前需求为用户数据通道动态分配资源。除了初始的社区用户进入程序外，飞机和控制地面站之间的所有通信（包括请求和分配资源以进行用户数据传输和重传计时器管理的程序）都完全由地面站确定和管理。

DLS 提供已确认和未确认的用户数据交换。地面站 LME 为 LDACS 提供集中式资源管理。它分配传输资源，提供移动性管理和链路维护。它在分配资源时要考虑到信道占用限制（例如，限制飞机的工作周期以最大程度地减少同站干扰）。此外，LME 还提供动态链路维护服务（功率、频率和时间调整），并支持自适应编码和调制。VI 提供对虚拟语音电路的支持，语音接口仅提供发送和接收服务，而 LME 执行语音电路的创建和选择。语音电路可以由地面站 LME 永久性地建立以模拟聚会线路的语音，也可以根据需要创建。

LDACS 将成为航空电信网络（Aeronautical Telecommunication Network，ATN）的子网。SNP 提供到网络层的 LDACS 接口和透明传输框架下的不同网络协议（ATN/IPS 和 ATN/OSI）的网络层协议数据单元（Network layer Protocol Data Unit，N－PDU）所需的网络层适配

的服务。SNP 还提供改善和保护无线通道所需的压缩和加密服务。

7.8 无人机 CPDLC 通信链路

管制员驾驶员数据链通信(Controller - Pilot Data Link Communications,CPDLC)是一种新型的地空双向数据链,可以作为语音陆空通话的有效补充,能够有效降低管制员、驾驶员的通话负荷。下面对 CPDLC 的国内外研究现状和工作流程进行介绍。

7.8.1 CPDLC 应用背景

通信数据链作为民航运行中一项重要的组成部分,对于管制效率的提高、民航安全的保障有重要的促进作用。而现行采用的主流话音无线电通信方式已经不足以适应现今的情况,从而显露出诸多弊端,如频率拥挤、容易遗漏信息、延迟较高、卡麦等。CPDLC 作为一种适应民航未来发展的新型通信技术在 1993 年应运而生,由国际航空无线电技术委员会在 RTCA DO - 219 协议中发布,规定了地空双向数据链(Two - Way Data Link,TWDL)的最低运行性能标准(Minimum Operating Performance Standard,MOPS)。ATN/CPDLC 在 FANS1/A 运行概念中提出,其安全运行规范在 ICAO Doc9705 中进行阐述,并得到了当前 Eurocontrol Link2000+项目的支持。管制员和驾驶员可通过地空双向数据链进行文本信息交换和共享,包括标准格式的放行、期望放行、申请、报告、有关空中交通管制信息、自由电文等,与传统通信方式相比大大提升了信息的实时性、准确性和稳定性。

1995 年,为了评估 CPDLC 在航路上的实用性,FAA 进行了大量的相关试验。试验表明,CPDLC 增加了信道容量,减少了话音访问频率限制,从而直接提高了航路效率,减少了航班延误。这些结果证明了用户延迟的减少和航路空域有效容量的增加与装备 CPDLC 的飞机数量有着密不可分的关系。研究结果同时表明,空中交通管制服务效率提高归因于以下几个因素:①CPDLC 减轻了频率访问限制,使得话音无线电频率可以更有效地用于时间敏感段的放行许可发布;②一些通信任务的自动化和简化的 CPDLC 输入可以使管制员把更多的时间用于执行有效的管制策略;③CPDLC 不同于话音无线电通信的固有性质,它可以进行全双工通信;④通过分配通信任务到各个管制个体,可以实现通信能力扩展的最优化,这允许飞机可以同时进行话音通信和 CPDLC 通信。

目前欧洲正在根据第 29/2009 号条例——数据链路服务实施规则(DLS Implementation Rules,DLS IR)实施 CPDLC。欧盟法规自 2013 年 2 月 7 日起适用,它规定欧洲所有的 ANSP 必须按照规定日期实施 CPDLC。现已形成完善的系统结构。

欧洲马斯特里赫特的高空区域管制中心(Maastricht Upper Area Control Centre,MUAC)已经使用 CPDLC 超过 20 年,在 2014 年大约记录了 130 个不同的航空公司,其登录超过 96 000 次。MUAC 每天平均有 340 条的信息交换。

2011 年,作为中国民航西部航路 ADS/CPDLC 系统升级的第一站,甘肃空管分局成功完成了 ADS/CPDLC 系统的系统升级改造工程项目,替代了 2000 年投产使用的 ADS/CPDLC 老系统,增添了自动化接入功能,增加了安全性、稳定性。ADS/CPDLC 系统架构图如图 7 - 8 - 1 所示。当前我国主要管制单位已经部署应用 CPDLC 数据链,辅助管制员进行地-空通信。

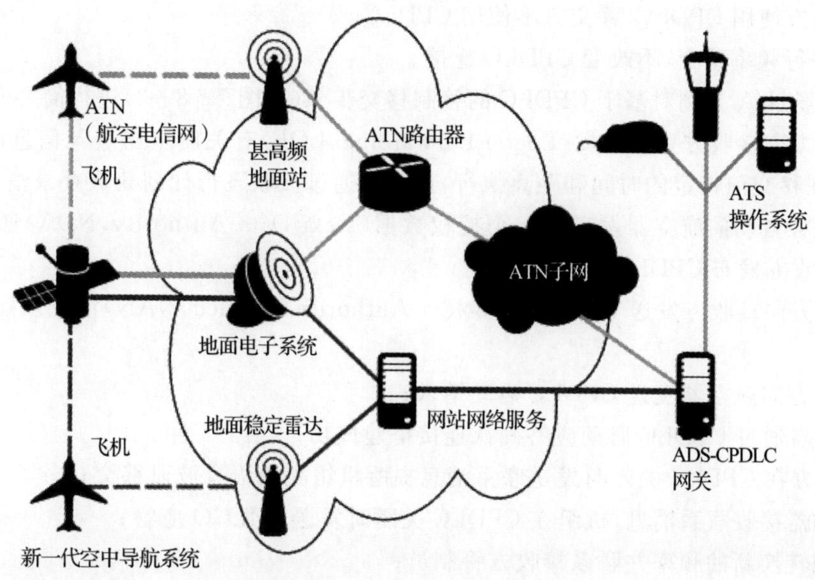

图 7-8-1　ADS/CPDLC 系统架构

7.8.2　CPDLC 数据链工作原理

(1)优点。CPDLC 是一种新型的数据链,它可以支持管制员和机组成员之间数据报文的直接交换。当与一架甚高频(Very High Frequency,VHF)话音通信范围的飞机进行通信时,管制员和机组成员通常会使用 CPDLC 进行通信。CPDLC 有以下优点:

1)在机载打印机可以使用的情况下,允许机组人员打印报文;

2)允许自动将上行报文加载到飞行管理系统(FMS),以便减少人为差错;

3)允许机组人员下行一个复杂的航路放行许可请求,管制员可以在批准之后直接重新发送,避免重新打出较长的放行许可字符串;

4)一些特定的下行报文和上行报文的回复将自动更新地面系统和飞行数据记录仪(Flight Data Recorder,FDR)。

(2)运行流程。

1)CPDLC 链接建立。CPDLC 链接的建立通常由地面管制单位发起,由于安全需求的限制,某一航空器同一时刻只能与一个地面管制单位建立 CPDLC 链接,所以 ATCComm 系统会依据自身当前已建立的 CPDLC 链接数,对地面单位发来的“Connection Request”报文做出不同的回应。

2)CPDLC 移交。与现代话音通信管制相同,CPDLC 数据链通信管制服务同样具有管制移交功能的需求。与话音管制移交方式不同的是,由于在 CPDLC 数据链通信系统当中,空地之间的链接是由地面管制单位发起的,而且同一时间只能有一个地面管制单位同飞机之间建立正常的 CPDLC 通信链接,所以这就决定了 CPDLC 的管制移交是一个相当复杂的过程。在移交过程中主要应考虑以下 4 种场景:

A. 相互联系的两家空中交通服务单位均使用 CPDLC;

B. 移交方使用 CPDLC,接收方不使用 CPDLC;

C. 接收方使用 CPDLC,移交方不使用 CPDLC;

D. 仅进行频率移交,不改变 CPDLC 连接。

下面以场景 A 为例对基于 CPDLC 的管制移交步骤(见图 7-8-2)进行简要介绍:

a. 移交方向接收方登录转发(Logon Forwarding,LOF)有关航空器登录信息的在线数据(登录转发在移交前特定的时间和距离执行,接收方通过关联飞行计划获取登录信息);

b. 移交方自动向航空器发送下一个授权数据(Next Data Authority,NDA)通知,并授权航空器向接收方发布 CPDLC 连接请求;

c. 移交方向接收方发送下一个通知(Next Authority Notified,NAN)消息以触发 CPDLC 启动;

d. 接收方向航空器发送 CPDLC 启动请求;

e. 航空器通过 CPDLC 启动应答确认连接搭建成功;

f. 移交方在 CPDLC 关闭时发送联系消息提醒机组完成语音波段移交;

g. 航空器接收联系消息,机组在 CPDLC 关闭时发送 WILCO 应答;

h. 机组转换新的频率并联系接收方管制员;

i. 移交方 CPDLC 终止后,航空器通知接收方新的连接已完成搭建;

j. 接收方系统提示管制员 CPDLC 连接搭建成功,管制员发送 CPDLC 消息;

k. 最后,接收方向机组发送包括接收设备指派、设备名称、设备功能在内的预编排消息。

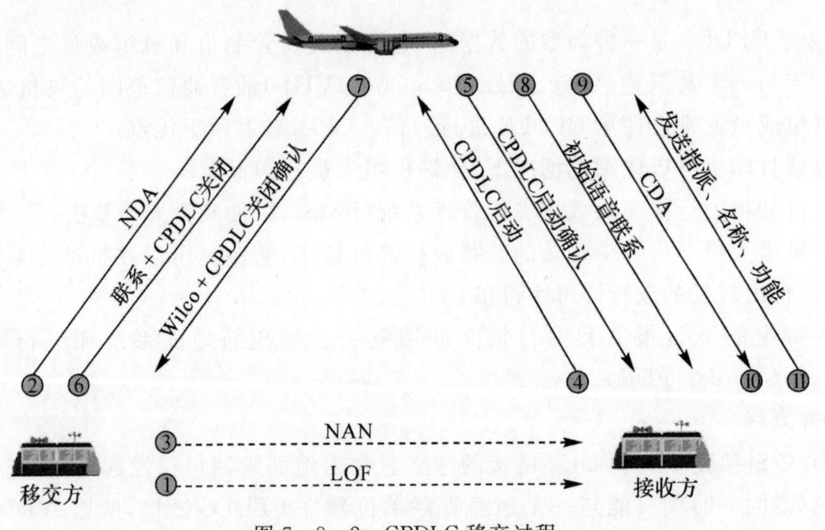

图 7-8-2 CPDLC 移交过程

3)CPDLC 链接终止。通常情况下,CPDLC 链接的终止是由当前管制单位(Current Data Authority,CDA)发起的,当前地面管制单位在发送“End Service”报文之前,应该处理完全部挂起的上行报文。CDA 发送带有“End Service”元素的报文,ATCComm 在接收到该报文之后,根据通信情况采取相应的措施来断开连接。当特殊情况发生时,机载 CPDLC 系统也可以主动终止与地面系统之间的链接,ATCComm 向所有的链接发送“Disconnect Request”报文,报文内容中表明该链接是被强制终止的。

4)CPDLC 部分报文。CPDLC 报文元素主要分为两大类:上行报文(UM)和下行报文(DM)。一条报文可以含有多个元素,有不同种类的回复类型。表 7-8-1 简单列举了 4 条上行报文和 4 条下行报文及其所对应的信息元素，详细内容可以参考 RTCA DO350 标准。

表 7－8－1 CPDLC 报文

信息 ID	DO－350 信息元素
UM0	UNABLE
UM1	SYANDBY
UM2	REQUEST DEFERRED
UM3	ROGER
DM0	WILCO
DM1	UNABLE
DM2	STANDBY
DM3	ROGER

(3)工作框图。CPDLC 系统由地面和机载设备组成。在地面上，管制员可通过管制自动化人机交互界面实现报文的收发。空管设备中的内部地面网络可以将报文发送到通信管理器，通信管理器将报文发送到通信服务器，随后将数据链发送到航空器，当报文被航空器接收到之后，将会被解码，解码内容会显示在驾驶舱 MCDU 面板上。典型工作框图如图 7－8－3 所示。

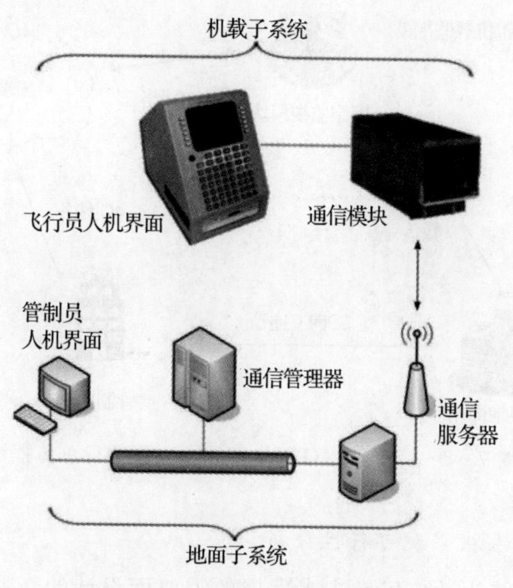

图 7－8－3 典型 CPDLC 工作框图

管制员的人机交互界面可以完成输入、发送、接收、回复报文的功能。由于报文内容被提前定义，所以人机交互界面只显示对于某些情况适用的报文。管制员需要选择报文内容和指定参数，将其发送给驾驶员。

7.8.3 无人机 CPDLC 通信链路应用

当前,我国空管单位对无人机的监管主要采取以下方法:依靠航班机组发现、在较高的高度时采用雷达识别、民众举报等。在当前的监管模式下,无人机飞行不可避免地会给空中交通运输带来极大的安全隐患,以及对民航安全飞行和个人安全带来极大的威胁。针对无人机监视程度低、监管难、"黑飞"现象严重的现状,为了让无人机飞行达到规范化和可监视化,国内外学者先后提出了研发无人机空中交通监视系统的意愿,即通过借鉴民航运行经验,建立由航空器、运控、空管三者相互协调运行的管理体制。中国民航大学前期基于 SIM7100C 模块的 4G 网络技术,结合北斗/GPS 定位技术、CPDLC(管制员驾驶员数据链通信系统)通信技术,设计了一套基于 4G 网络的无人机综合空管监视系统。其总体框如图 7-8-4 所示。

基于 4G 网络的无人机综合空管监视系统具体流程如下。

(1)无人机操作员在操控无人机飞行过程中,一方面无人机通过数据链向地面站自动发送相关信息(如高度、速度、位置、航向等);另一方面装载在无人机上的网络监视模块利用 4G 网络实时向云端服务器发送运行状态信息。

(2)管制中心人员通过配置相应服务器的 IP 即可在空管自动化系统上接收到储存在云端服务器里的无人机运行信息,并在管制界面上显示。

(3)管制中心与无人机地面站都装有 CPDLC 无人机空管监视信息收发软件。当无人机将要飞入划定"禁区"空域或与其他飞行目标有冲突时空管运行人员可以通过 CPDLC 与无人机地面站进行联系,及时通知无人机操作员改变飞行航线。通过无人机、空管、地面站三者之间数据的相互传输及云存储,可实现对无人机的实时监控,从而确保无人机安全可靠的飞行。

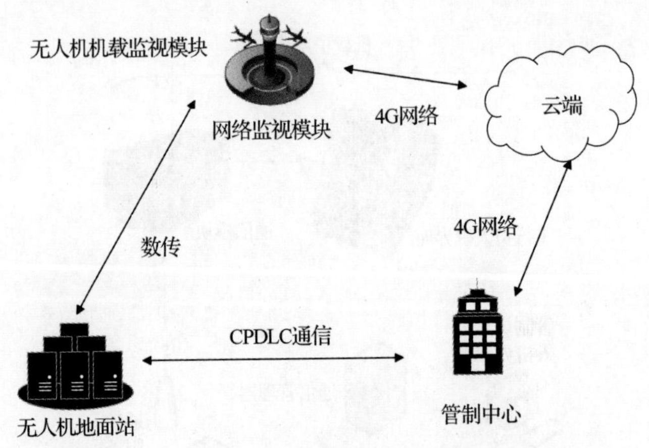

图 7-8-4 基于 4G 网络的综合空管监视总体框图

1. CPDLC 应用于无人机系统可行性分析

CPDLC 是新航行系统为适应民航未来发展的需要而设计的新型数据通信模式,其数据链已经得到 ICAO 等相关组织的认可,它可通过报文形式实现管制员与驾驶员之间的通信。其数据链特性和指令内容可参考 RTCA DO-350 和 DO-351 文件。无人机与现有空管间可采用 CPDLC 标准的、成熟的协议,有利于提高整个空中交通的通用性和互操作性。CPDLC 通信性能可用如下指标进行评价:

(1)实际通信性能(Actual Communication Performance,ACP):指通信过程所需的总时间,即上行链路消息发送至无人机与接收到 WILCO 之间的时间;

(2)实际通信技术性能(Actual Communications Technical Performance,ACTP):指消息传递所需的时间,包括 CPDLC 许可上行传输时间和 WILCO 下行传输时间;

(3)所需通信技术性能(Required Communication Technical Performance,RCTP):对上行/下行链路时间进行评估,必须对 ACTP 进行比较;

(4)驾驶员操作回应时间(Pilot Operational Response Time,PORT):机组响应所需时间,由 ACP - ACTP 估计的时间;

(5)事务处理时间(Transaction Time,TRT):由于人员读写信息所消耗的时间;

(6)所需通信性能(Required Communication Performance,RCP):所需的事务处理时间总和对 CPDLC 上行/下行链路的传输时间进行测量,可以确保 CPDLC 是否正在进行安全通信。对于无人机而言,在非隔离空域进行 CPDLC 空地通信的挑战在于能否确保正确的登录过程、进行正确的数据交换及对相关情况做出及时反应。

为了分析无人机数字通信中 CPDLC 应用的鲁棒性,引入了航空电信网(Aeronautical Telecommunications Network,ATN)故障模块来完成在数字通信中执行故障注入。ATN 故障模块的主要任务是将 ATSU(空管单位)发送给无人机的消息,以隐身的方式进行更改,然后发送到飞机的通信系统。ATN 故障模块可由以下三部分构成:

(1)消息捕获部分:在该部分中,ATSU 发送到无人机的消息在发送后被捕获,此时,ATSU 已经与通信环境中授权用户的无人机连接;

(2)内容更改部分:消息经捕获后,在此部分执行消息内容更改,更改内容主要针对 CPDLC 消息结构;

(3)与通信服务器的链接:ATN 故障模块将修改的消息发送到下游网络节点,使修改的消息到达无人机。

开始发送消息时,CPDLC 应用程序与服务器建立连接,在 ATSU 和无人机之间执行消息发送。该连接过程由具有操作数字通信系统授权的 ATSU 用户执行。在经过 ATSU 的授权之后,在该通信系统中发送/接收的所有消息被认为是授权消息。ATN 故障模块使用相同的认证过程在通信中执行故障注入。

在模拟航空认证服务器的接口 1 和接口 3(见图 7-8-5)上执行 ATSU 认证,系统通信会连续检查认证的用户。

在接口 1 上建立与 ATSU 的连接后,便可以开始发送消息。此时,ATN 故障模块捕获并读取消息内容(内容分析/二进制消息,见图 7-8-5),然后执行消息内容的更改。

为了将损坏的消息发送到无人机,需要使用另一个接口(接口 3,见图 7-8-5)。接口 3 负责 ATN 故障模块与向无人机发送消息的网络节点之间的连接,该接口模拟 ATSU 认证服务的无人机端,在接收到修改的消息后,网络节点将其转发到无人机。

故障模拟结果需要考虑的一个重要因素是时间保证。时间指完成实时模拟所需要的通信时间,即在接口的执行顺序中消耗的时间。在模拟环境中对数据处理测量的时间值包括以下几种:

(1)$\Delta t_r \approx 2.46 \times 10^{-5}$ s(读取时间),即接口 1 和接口 3 用于在其各自的输入处读取消息的时间;

(2)$\Delta t_v \approx 7.37\times10^{-5}$ s(验证时间),即在消息捕获之后,执行 CPDLC 消息正确性的验证时间;

(3)$\Delta t_{r+a} \approx 3.0\times10^{-4}$ s(读取时间和数据分配时间),即存储位置分配时间;

(4)$\Delta t_{s+c} \approx 2.0\times10^{-5}$ s(数据位选择和更改时间),即更改数据位选择时间;

(5)$\Delta t_{send} \approx 2.46\times10^{-3}$ s(发送数据时间),即接口 3 将消息发送到无人机所需时间;

(6)Δt_{fm}=ATN 故障模块的总时间。

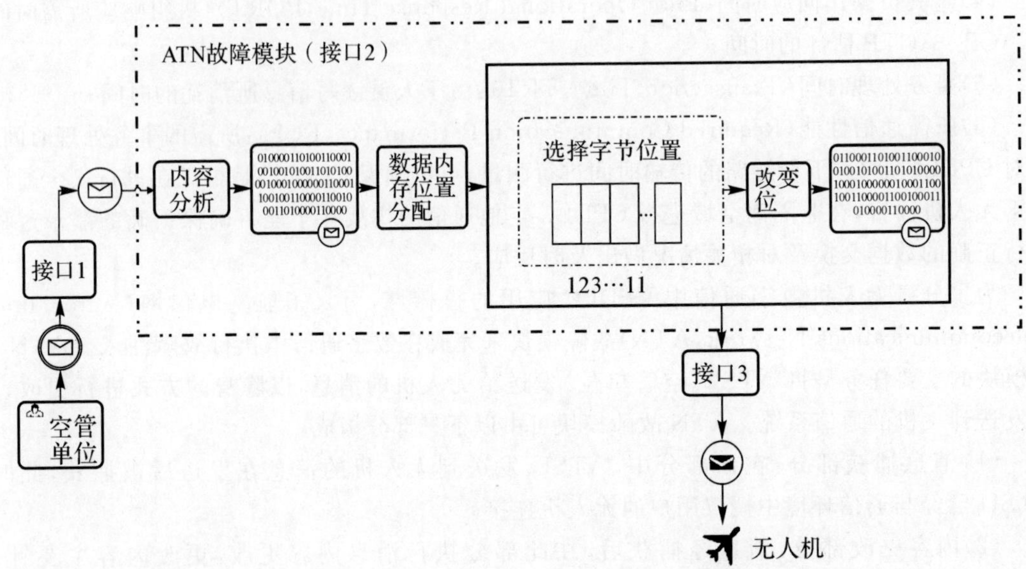

图 7-8-5　ATSU 与无人机之间的数据传输过程中的消息流

模拟仿真实验时必须考虑在 ATN 故障模块中处理消息所用的时间,为避免 CPDLC 在实际应用中出现时间错误,处理消息所用时间时可以采用下列计算方法:

(1)接口 1 计算的时间由下式给出:

$$\Delta t_1 = \Delta t_r + \Delta t_v$$

(2)接口 3 计算的时间由下式给出:

$$\Delta t_3 = \Delta t_r + \Delta t_{send}$$

(3)接口 2 计算的时间由下式给出:

$$\Delta t_2 = \Delta t_{r+a} + \Delta t_{s+c}$$

(4)ATN 故障模块的总仿真延迟(Δt_{fm})由下式给出:

$$\Delta t_{fm}(x) = \Delta t_1 + \Delta t_2 + \Delta t_3 + x$$

则有

$$\begin{aligned}\Delta t_{fm}(x) &= \Delta t_r + \Delta t_v + \Delta t_{r+a} + \Delta t_{s+c} + \Delta t_r + \Delta t_{send} + x = \\ &2\Delta t_r + \Delta t_v + \Delta t_{r+a} + \Delta t_{s+c} + \Delta t_{send} + x = \\ &2.88\times10^{-3}\,\text{s} + x = k + x \end{aligned} \tag{7.8.1}$$

式中:x 为网络传播延迟;k 是一常量,$k=2.88\times10^{-3}$ s。

关于总仿真延迟[$\Delta t_{fm}(x)$],x 可做以下假设:

1)发送和接收消息的时间为 2 s,即总时间阈值低于 2.5 s;

2)发送和接收消息的时间为 3 s,即总时间阈值低于 1.5 s;

4)发送和接收消息的时间为 4.5 s,这是国际民航组织目前定义的通信最长时间。

以上进行了在无人机操作中使用 CPDLC 的可行性分析,并且介绍了一种使用 CPDLC 应用的故障注入模型的方法,其中的仿真结果表明,在无人机通信中使用 CPDLC 是可行的。

2. 网络监视模块组成

该模块装载在无人机上采用北斗/GPS 模块进行运行信息采集,利用 32 位微处理器对运行信息进行处理,然后发送给空管自动化系统。考虑到一般情况下无人机飞行地点与空管距离较远,普通无线数传的距离已经远远达不到要求,故采用 SIM7100C 4G 模块与空管自动化系统建立稳定的移动网络数据传输通道,将信息发送至云端服务器储存,利用云端服务器作为中转站解决无人机与空管自动化系统之间的远距离传输问题,从而形成以 4G 网络为核心的地-空数据链。网络监视模块总体构架如图 7-8-6 所示。

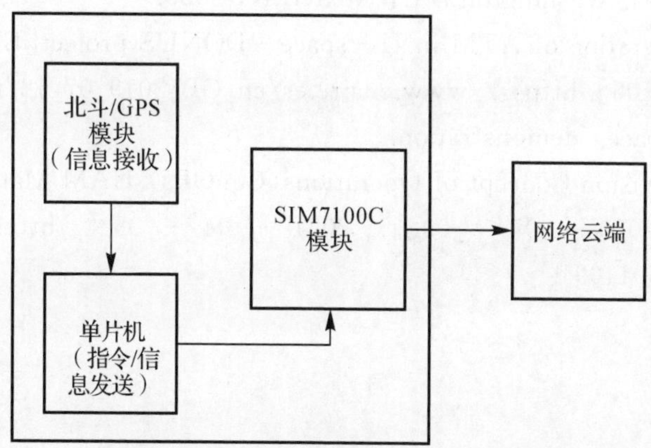

图 7-8-6　无人机监视模块总体构架图

3. 空管与飞机操作员的信息交互设计

在空管界面和无人机操作员的地面站电脑上均装有 CPDLC 接收与发送软件。管制员与无人机操作者通过配置网络与空管运行人员进行联系,利用 CPDLC 协议进行信息交互。CPDLC 软件界面如图 7-8-7 所示。

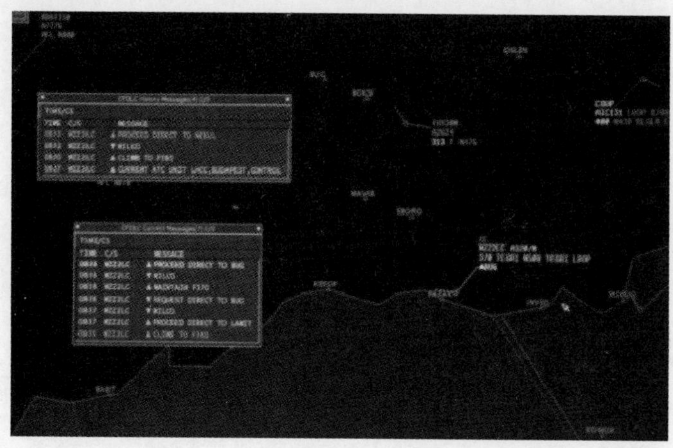

图 7-8-7　CPDLC 空管监视信息界面

通过 CPDLC 可以实现无人机、空管、无人机操作员之间的相互通信,同时可以保证与现有空管自动化系统的兼容,从而保证无人机飞行轨迹的合理化、无人机飞行的可监视化。

参考文献

[1] ICAO. LDACS white paper: a roll - out scenario[S]. Montreal: Data Communication Sinfrastruc ture Working Group, 2019.

[2] FLARM. The affordable collision avoidance technology for general aviation and UAV [EB/OL]. (2019 - 01 - 03)[2021 - 04 - 05]. https://flarm.com/technology/traffic - collision - warning.

[3] FAA. Concept of operations v2.0 Unmanned Aircraft System(UAS) Traffic Management(UTM)[S]. Washington D C: NextGEN, 2020.

[4] ENAIRE. Integration of ATM in U - space - DONUS project[EB/OL]. (2019 - 02 - 05)[2021 - 04 - 05]. https://www.enaire.es/en_GB/2019_07_18/ndp_domus_consortium_first_u - space - demonstration.

[5] NASA. UAM vision Concept of Operations(ConOPs) UAM Maturity Level(UML) 4 [EB/OL]. (2020 - 05 - 09) [2021 - 04 - 05]. https://ntrs. nasa. gov/citations/20205011091.

第 8 章　无人机无载荷与载荷通信链路

无人机无载荷通信是地面控制站的驾驶员与空域内无人机的通信。无人机载荷通信是无人机完成雷达、通信、导航、目标识别、飞行控制、电子对抗等综合任务功能同时与指挥控制中心通信。本章将对无人机无载荷与载荷通信链路的性能及案例进行阐述。

8.1　无人机信息传输控制

随着无人机模块化技术的发展与进步，无人机可以通过搭载不同的任务模块和设备执行不同场景任务，这些任务模块与设备统称为任务载荷。随着无人机远程航行技术在信息化作战侦察活动中的作用不断突显，对无人机性能的要求不断提升，要求无人机具备高可靠的定位导航、监视及通信、长续航和高承载等能力，这些对无人机系统的信息传输技术都有严格的要求，需要信息系统实现通信和数据的转换。无人机在执行任务时，本身携带的可见光相机、雷达、摄像机等任务负载，都会有大量的数据等待处理、加工，形成产品传输到终端，由于系统传输能力的限制，所以数据在压缩过程中会丢失一部分有用的信息，以此来提高信息传输效率。很明显，无人机系统信息传输和处理的速率越高，能够获得的有用信息越多，侦察能力也将明显提升，效果将更加显著。因此，无人机系统信息传输中信息的高速传输和处理是确保数据接收、高精度作业的重要部分。

无人机传输控制系统由数据链和控制站组成。无人机数据链不同于一般的通信数据链，其上、下行链路明显不对称，上行链路传输地面控制站到无人机的窄带遥控数据，下行链路传输无人机到控制站的宽带载荷数据和窄带遥测数据，还可以利用上、下行链路测量无人机的方位和距离。地面控制站用于人机交互，实现对无人机的操纵与监视，主要可完成任务规划、链路控制、飞行控制、载荷控制、航迹显示、参数显示、图像显示和记录分发等功能。系统按照功能可划分为视距链路、卫星中继超视距链路以及配套设备三部分：视距链路包括视距地面数据终端和视距机载数据终端；卫星中继超视距链路包括卫通地面数据终端和卫通机载数据终端；配套设备主要包括参数注入器、综控模拟器、信标机、地面检测设备和机载检测设备等。

8.1.1　信息传输流程

传输系统上行信息包括上行飞控指令、任务控制指令和链路控制指令等，在控制站内由指令编码器生成。上行信息通过视距或卫星通信地面数据终端发送至无人机，无人机视距机载数据终端和卫通机载数据终端分别解调出上行信息并送至飞行控制计算机和任务控制计算机。

下行侦察和遥测信息包括任务载荷数据和机载相关设备状态的遥测信息。机载数据终端接收任务载荷原始数据或压缩后的数据，经处理后与飞行控制和任务控制计算机送来的遥测数据进行复接，形成下行侦察和遥测数据，经过视距或卫星链路设备发送到地面；地面数据终端对下行信号进行解调，将解调出的下行侦察和遥测信息送至控制站处理计算机进行处理、显示和记录。信息流程如图 8－1－1 所示。

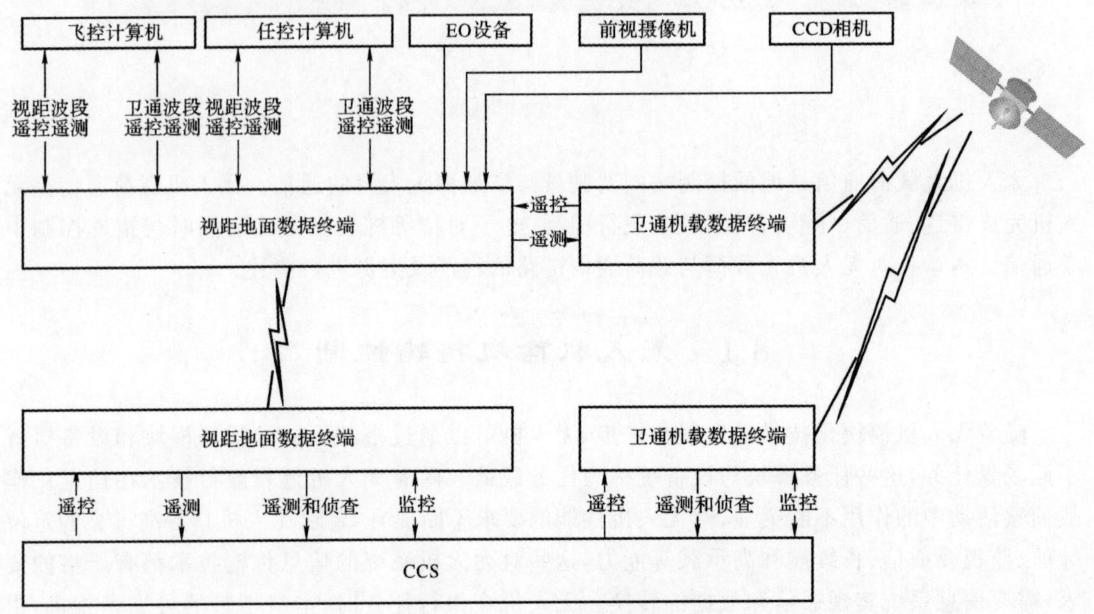

图 8－1－1 信息传输流程

8.1.2 信道影响因素

在无线信道中，电波的传输由于受到实际复杂环境因素影响，会经历直射、反射、衍射和绕射等不同的传输过程，在接收端收到的信号会遭遇各方面的衰减损耗，呈现出不稳定的衰落现象，引起信号衰落的两个最主要的因素是多径效应和多普勒效应。

(1)多径效应。多径效应是指由于无线信道中存在复杂的障碍物，会对电磁信号产生折射、反射和绕射等影响，所以导致接收端收到的信号是经过多个路径传播的不同到达时间信号的叠加。从时域上看，多径效应会使信号产生时延扩展。例如，在发射端发送一个窄带矩形脉冲，则多径效应的存在使得接收到的信号产生“拖尾”，从而形成一个多个窄带脉冲叠加且宽度被扩展的梯形脉冲。时延扩展最直接的影响便是造成信号的符号间干扰，即符号 1 产生的“拖尾”与符号 2 重叠，导致符号 2 中叠加了符号 1 的信息，无法解调。从频域看，多径效应会导致信号的频率选择性衰落。

(2)多普勒效应。多普勒效应是指由于移动无线通信中发射机与接收机的相对运动，导致信号传输信道具有时变性，即信道频率响应随时间产生变化，从而导致接收信号的频率产生偏移。多普勒效应引起的频率偏移一般可表示为

$$f_{\mathrm{d}}=f_{0}\frac{v}{c}\cos\varphi \tag{8.1.1}$$

式中：f_0 为发射信号的载频；v 为发射机与接收机之间的相对速度；φ 为移动方向与电波入射方向的夹角；c 为光速。从式(8.1.1)中可以看出，发射机与接收机的相对运动速度越大，多普勒频移越大，对信号接收的影响越严重。在实际应用中，尤其是在无人机移动接收条件下，多径效应和多普勒频移往往同时存在，将对信号产生综合影响。

8.1.3　信息传输技术

在无人机测控与信息传输系统中，需要完成的任务有三类：对无人机平台和任务载荷的遥控遥测、任务载荷的侦察或其他信息下传、对无人机平台的无线电测量定位。无人机数据传输要求有质量高、功率低、抗干扰能力强、传输距离远、续航时间长等。一方面，地面数据站将遥控器发出的指令、数据信号等地面数据通过无线通信方式传输到无人机，这一部分称为无线遥控，可称为无人机的上行通道；另一方面，无人机将飞行中采集到的各种数据同样通过通信方式传回给地面站，可称为无人机的下行通道。遥控遥测采用双通道无线遥控遥测虽能满足一般训练使用的要求，但两套设备会造成机身质量增加、通信距离近等问题，而机身质量又是影响其起飞、空速、续航时间的一个重要因素。要想降低自重以及简化机载设备和线路的复杂性，遥控遥测可以共用同一套设备，这种方式还能使机上天线与地面天线极化方向相同，从而大大增加了通信距离。

(1)通用地面控制系统及技术标准规范。无人机系统的设计要点是无人机载荷和无人机平台，但是数据显示，地面系统设置成本更高，是单架无人机的2～3倍。因此，在无人机系统信息传输过程中，要尽可能地控制无人机多种类型的地面控制系统，一方面可以降低系统的开发成本，另一方面能够增强无人机系统的使用灵活性，提高使用效率。因此，无人机系统的标准化、一般化要求逐渐显现出来，无人机系统标准要不断趋向于一般化、系统化、模块化发展。

(2)无人机系统交互操作。无人机交互操作主要分为两个方面：一是物理方面，要实现数据链的大众化，在信息格式、频段、数据格式等方式的一致性是交互操作实现的基本要求；二是应用方面，通过设计地面与无人机载荷控制的通用性来实现数据处理、控制指令、操作控制、数据产品标准的统一性。

(3)多任务载荷接入技术。无人机系统是利用不同传感器协同工作完成侦察、搜索任务的，在任务过程中要确保连贯，以完成综合性的侦察工作，提高无人机系统的使用效率。多任务载荷接入技术是通过基于短数据和长数据的混合方案实现数据的适配和重组任务。数据分段/重组适配是为了对实时和非实时的数据进行重组和适配工作，按照数据来源的不同，数据通常会分为短数据和长数据两种形式，两种数据的区别在于格式中的字段长度不太相同，可利用复接单元对中速和高速模式的数据进行封装，而复接数据可以进行无格式化封装。

(4)抗干扰、抗截获数据传输。信息传输系统是无人机系统的关键部分。无人机系统需要在复杂电磁环境中工作，要具备极强的抗电磁干扰能力，以确保系统的正常运行。为了提高无人机系统的使用寿命，测控系统中要采用低频谱的电磁辐射技术，对测控系统的信息进行传输，一方面能够提高无人机系统的抗干扰能力，另一方面也能够防止采集的有用信号被截获，保证信息的安全性。

(5)高速数据传输技术。对于一部分军用无人机而言，高速数据传输是多机协同任务的必要功能。利用合成孔径雷达、高精度的光电传感器来实现数据的高速传输，数据传输速率可以达到每秒数百兆，在设计过程中，要综合考虑使用构件的体积、质量、灵敏度、功耗等重要数据，在一般情况下，会使用高效数据压缩技术来降低功率、带宽等的不同需求。

8.2 无载荷通信

8.2.1 CNPC概述

近年来，无人机技术迅速发展，许多新的无人机公共和商业用途被发现和实施。在中国、美国、欧盟以及日本等国家和地区，已开始重点研究无人机商用、货运，以及制定有人机与无人机一起在非隔离空域内运行的管理方法。在美国，国会授权FAA在短期内减少和取消对无人机运行的限制。为此，管理者必须克服一些技术和监管障碍。一个关键障碍是管控连接位于地面控制站的驾驶员与空域内航空器的通信链路，称为控制和非有效载荷通信(Control and Non-Payload Communications，CNPC)链路，简称为无载荷通信。CNPC链路是确保空域内无人机安全飞行的关键通信链路，因此需要专用以及受保护的航空频谱，且制定CNPC系统运行要求的国家和国际标准。CNPC链路可通过地面通信系统提供视线(Line-of-Sigh，LOS)通信或使用卫星通信实现超视距(Beyond Visual Line-of-Sigh，BVLOS)通信。

CNPC通信链路系统是指在无人机与驾驶员地面站(Pilot Station，PS)之间交换控制信息的一部分。在NAS中，有许多系统低于CNPC链路系统的最低运行标准水平，需要这些系统更新优化才能在NAS中成功运行无人机系统。图8-2-1和图8-2-2详细地展示了其中一些系统以及它们之间的接口(用虚线和箭头表示)和CNPC链路系统内的关键元素(以实线和方框表示)。

CNPC链路系统由以下部分组成。

(1)CNPC机载无线电系统(Airborne Radio System，ARS)包括CNPC系统机载无线电设备、一个或多个CNPC链路系统机载天线、连接接收器和天线的相关电缆。

(2)CNPC地面无线电系统(Ground Radio System，GRS)(固定式或移动式)包括CNPC链路系统地面无线电设备、一个或多个CNPC链路系统地面天线、连接接收器和天线的相关电缆。

CNPC链路支持点对点无人机操作，在图8-2-1中，支持点对点无人机操作的CNPC链路系统由以下部分组成。

(1)地面方面。

1)连接CNPC链路系统的地面无线电系统、低空飞行和无线电管理系统的配电系统；

2)一个无线电管理系统，用于将配电系统连接至正确的驾驶员地面站；

3)从驾驶员地面站到频率分配管理器的链路，以获得CNPC链路系统在不同时间和地点所需的频率分配；

4)从驾驶员地面站(直接或间接通过无人机中继)到ATC的链路，以便可以给出和确认飞行许可和相关信息。

(2)空中方面。CNPC链路ARS连接至无人机的无线电管理系统以及各种飞行控制、航空电子设备和无人机上的其他系统。

无人机中的无线电管理系统是一个关键的航空系统，它将所有主要无人机系统(如发动机、导航、DAA和视频)获取信息(L_1，M_1，…，Q_1)并附加上有关CNPC链路机载无线电的状态信息，并决定将什么信息(A_1)发送到驾驶员地面站(通过 CNPC 链路的下行链路)以及 CNPC 链路的关键操作(B_1)(如频率和数据速率)。无人机无线电管理系统从飞行前指令和驾驶员(通过 CNPC 链路的上行链路)向 CNPC 链路系统机载无线电(信息传输 A_1)更新，获得有关这些决策的指导。

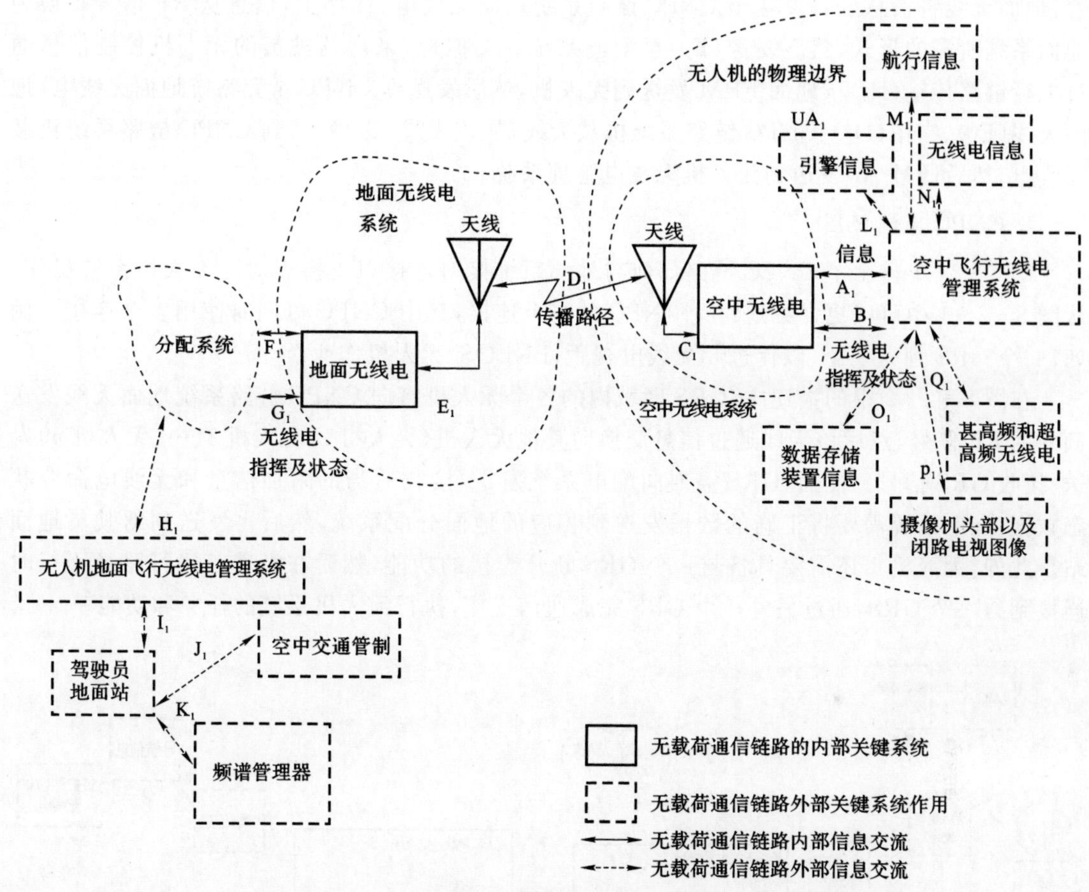

图 8-2-1　NAS 无人机系统安全运行所需的 CNPC 系统

在 CNPC 链路系统的地面端，分配系统将从无人机发送的信息分离(F_1 和 G_1)，并将所需信息和 CNPC 链路系统地面无线电状态数据(H_1)发送至地面无线电管理系统。地面无线电管理系统随后将该信息和数据发送至驾驶员地面站(I_1)。相应地，驾驶员向无人机发送命令，从驾驶员地面站(I_1)到地面无线电管理系统，然后到配电系统(H_1)，再到 CNPC 链路系统地面无线电(F_1 和 G_1)进行所需的更改。

综上所述，驾驶员需要通过地面无线电管理系统与驾驶员地面站通信，以控制无人机。驾驶员还需要与频率分配管理器(K_1)沟通，以获得整个飞行过程中的频谱使用分配(这些分配可能需要根据无人机正在做的事情进行更改，例如在着陆和起飞期间，以及在比“正常”飞行中需要更多频谱资源的紧急情况下)。

驾驶员还需要通过无人机的 UHF 或 VHF 无线电直接或有选择地通过 CNPC 链路系统与 ATC(J_1)通信，以确保无人机遵循飞行程序。例如，可以给出和确认仪表飞行规则(IFR)飞行许可并发送状态更新，也可能需要与其他空域用户进行通信(尤其是在 G 类空域运行时)，这可以通过无人机上的其他无线电来完成。

CNPC 链路系统内有 4 个组件(图 8-2-1 中以实心形状显示)。CNPC 链路系统机载无线电接收无人机无线电管理系统发送的信息(A_1),并将其转换为射频信号(C_1)发送至无人机的天线,然后无人机天线通过空中(D_1)将信息(下行)发送至 CNPC 链路系统地面天线。接着,地面天线将信息(E_1)发送至 CNPC 链路系统地面无线电,在那里,信息从 RF 信号转换为地面系统所需的形式,然后发送(F_1)至配电系统。类似地,来自驾驶员的无人机控制信息通过上行链路传输(F_1)从地面 FRM 发送到无人机,然后发送到 CNPC 链路系统地面无线电、地面天线(E_1)、空中(D_1)、CNPC 链路系统机载天线,从该天线(C_1)发送到 CNPC 链路系统机载无线电,然后通过 A_1 发送到无人机无线电管理系统。

1. CNPC 系统视图

图 8-2-1 显示了 CNPC 链路如何与外部系统接口连接以支持点对点无人机系统操作。从图 8-2-1 中可以更详细地讨论 CNPC 的多个连接,其中 CNPC 可同时使用多个连接。例如,一个 GRS 到另一个,以促进超无线电视距(BRLOS)无人机作业。

在图 8-2-2 中的描述中,GRS 区域内的各个无人机将向 CNPC 链路系统地面天线发送额外的 RF 信号,然后该天线通过信息交换向其他无人机(无人机 2、无人机 3、…、无人机 n)发送/接收 GRS 信号。然后,GRS 需要向配电系统发送/接收适当的附加信息和无线电命令状态数据;配电系统需要将正确的数据发送到相应的地面分配系统,然后再发送到驾驶员地面站。此外,无人机 1 还需要具备与一个 GRS 断开连接的功能,然后在沿着其飞行路径飞行时连接到另一个 GRS,通过另外一个 GRS 完成通信工作,执行无人机系统的任务和功能。

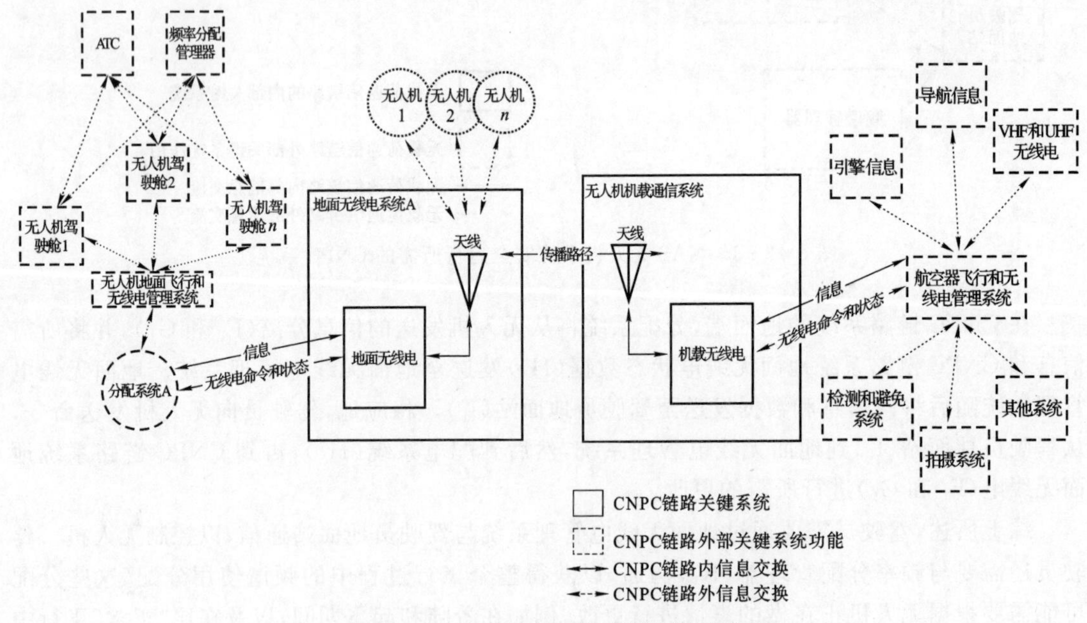

图 8-2-2 CNPC 系统功能运行视图

2. 无载荷通信链路内容

每种类型的信息在无人机飞行过程中需要传递的次数和带宽是不同的。在正常情况下的部分航线，无人机驾驶员可能只需要定期更新无人机安全运行所要求的信息。在此期间，需要交换的数据相对较少，所需带宽最小，更新频率低，但却需要定期更新。在这些无人机的飞行过程中，驾驶员还可以更新起飞前提供给无人机的一些预设飞行路径信息，例如，这些信息可能包括改变航路点、飞行高度或使用的频率信道，在这种情况下，将有额外的数据信息从下行链路上传到无人机，无人机会对这些信息产生相应的响应。在起降过程中，数据信息交换的频率和类型会更多，在大多数情况下都是在预先计划好的时间和地点进行的。

在恶劣天气条件下飞行、靠近其他飞行器的航空器(通常需要DAA操作)或紧急情况下，无人机发送给驾驶员的数据量可能会更大，驾驶员可能需要向无人机发送额外的遥控指令。这些"非标称"条件将要求CNPC链路系统带宽大于正常运行所需的带宽。

图8-2-3说明了无人机的数据量和数据交换周期。一般情况下，由于无人机的大小、场景、风险和复杂性不同，所以发送/接收的信息分组可能存在差异。

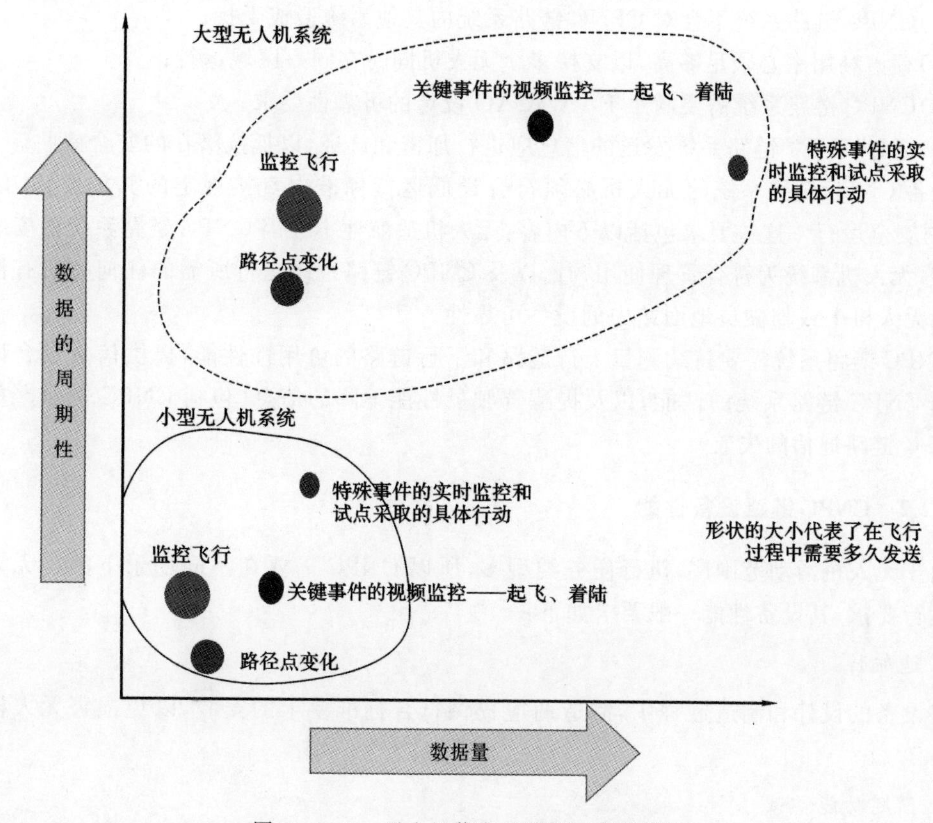

图8-2-3　无人机信息量范围和交换周期

CNPC链路系统信息通信包括以下内容：

(1)无人机的导航信息(如纬度、经度、高度和速度)；

(2)空中交通管制语音和数据通信(其中一些信息交换可以通过驾驶员和空中交通管制之间的地面链路实现)；

(3)监视系统[如IFF、交通警报和防撞系统(TCAS)和DAA数据]；

(4)起飞、着陆和紧急情况下的视频图像；

(5)天气信息，如无人机上的天气雷达数据；

(6)无人机所需支持系统运行的状态信息(遥测、遥控),这些信息包含了监测各种机载系统(发动机、导航、通信、物理结构等)的有效性数据。

由于所需信息的类型、数量和周期可能因无人机系统的设计、场景和环境的不同而变化很大,所以无法对每种类型信息的信息交换(即数据速率)进行详细估计。此外相关单位规定CNPC链路还须具备以下几种状态能力:

(1)在所有可能的行动单位机动受限制期间,CNPC链路系统机载天线需要支持GRS的有效传播;

(2)CNPC链路系统支持无人机飞行所需的信息交换,以满足FAA(该部分以美国的RTCA标准为例)规则(目前包括所有IFR要求)和其他可能制定的要求;

(3)CNPC链路系统机载无线电、天线和电缆不会对无人机上的其他电子系统造成余弦干扰,类似的限制也适用于GRS;

(4)CNPC链路系统不会对CPNC链路系统内其他系统造成干扰;

(5)频谱利用率必须足够高,以支持多个无人机同时在同一区域运行;

(6)CNPC链路系统需要满足FAA/ICAO设定的可靠性要求;

(7)通过CNPC链路系统发送的信息应进行加密和认证,以抵抗潜在的安全威胁。

配备CNPC链路系统的无人机必须符合最低运行标准中直接规定的其他要求,以便在NAS内安全运行。这些要求包括以下内容:无人机适航性不会因CNPC链路系统的安装而受到损害,无人机系统为符合管理使用频谱以及CNPC链路系统运行所需的任何和所有控制不会降低无人机上或驾驶员地面站中的设备可靠性。

CNPC链路系统需要持续测量上行链路和下行链路的可用性性能,提供信息以允许驾驶员监测CNPC链路系统的性能,以及提醒驾驶员性能下降的信息(包括CNPC链路严重中断和CNPC链路通信的失效)。

8.2.2 CNPC链路设备性能

由于无人机活动范围广,执行任务类型多,所以CNPC需要在不同场景下满足无人机系统的运行要求,其设备性能一般要求如下:

1. 适航性

在设备的设计和制造过程中,制造商应提供符合标准要求的安装,以免损害无人机的适航性。

2. 预期功能

CNPC链路系统应提供支持无人机信息交换的CNPC链路能力,使驾驶员能够安全地控制、监控和管理无人机[通常称为无人机系统的控制和通信(C2)功能]。根据预期操作,系统和设备还应提供CNPC链路系统能力,支持以下一个或多个功能:

(1)空中交通管制语音和数据中继;

(2)检测并避免数据交换;

(3)气象雷达数据交换;

(4)视频数据交换;

(5)CNPC链路系统不得对NAS的其他用户造成危害。

3. CNPC 频谱要求

(1)需要受保护的航空频谱。CNPC 链路支持安全关键功能，损失或妥协 CNPC 链接安全性可能会带来灾难性后果。因此 ICAO 已确定，CNPC 链路必须在 ITU 指定的受保护航空频谱上运行，其频谱服务如下：

1)CNPC 航空移动(航线)服务(AMRS)；

2)CNPC 卫星航空移动卫星(路由)服务(AMSRS)。

这是支持“安全和正常飞行”所需的两个服务。

(2)需要的频谱。无人机系统 CNPC 的频谱要求由 ITU 无线电通信部门(ITU - R)正式定义，以确定频谱分配(ITU - R Report M.2171)，注意事项如下：

1)考虑到 2030 年的数据速率要求和预期无人机空域密度；

2)地面 LOS CNPC 为 34 MHz；

3)56 MHz 频段用于基于卫星的超视距 CNPC 链路。

(3)近年来航空安全频谱。新的 AMR 分配在以下 3 个现有的航空波段。

1)112～117.975 MHz。在使用密集的空域，甚高频日益拥挤。

2)960～1 164 MHz(L 波段)。在该波段启用未来的数字 ATC 通信——由于导航(DME、S 模式、UAT、塔康)大量使用，所以很难实现。“LDACS”系统目前正在开发和测试，以适应这种可能的未来。

3)5 091～5 150 MHz(C 波段)。这种分配方式支持机场地面通信，即所谓的“AeroMACS”已经接近标准化，并开始在美国推广。

4. 消防

设备设计所用的所有材料应为自熄材料，不会对火灾蔓延产生重大影响的小型部件(如旋钮、紧固件、密封件、索环和小型电气部件)除外。

5. 控制装置的操作

设备的设计应能接受实现预期功能所需的任何控制和数据输入。设备应包括系统逻辑，以确保每个接收到的控制或数据输入仅激活预期的系统功能。

6. 试验效果

设备的设计应确保(除非特别允许情况下)规定试验程序的应用不会对试验后的设备性能造成损害。

7. 设计保证

CNPC 链路系统设备软件应遵循 RTCA DO - 178 现行版本进行设计。CNPC 链路系统设备硬件应遵循 RTCA DO - 254 当前版本进行设计。

(1)软件和硬件设计保证水平(DAL)应足以降低设备对无人机或地面系统故障的影响；

(2)适用于给定危险分类的 DAL 对所有无人机都不相同，并且设备对无人机或地面系统级故障的影响可能因无人机系统安装的设备而异；

(3)根据 GRS 和 ARS 中的天线分集，可能还有其他分类。

8. 物理层的安全考虑

CNPC 链路系统应能检测到由于对 CNPC 链路的有害干扰而导致的性能下降，并使无线电管理系统能够在无人机系统中采取补救措施。

有害干扰包括故意的物理攻击，如信号干扰。补救措施可包括恢复备用通信路径，例如从C波段切换到L波段，或在备用通道可用时切换到卫星通信，以及在备用通道不可用时启动失链程序。考虑到初始无人机系统运行所分配的频谱有限，目前不考虑如跳频等链路保护方法。实施空中交通管制程序性缓解措施，可以减轻对CNPC链路系统的物理层攻击。

9. 平面控制

若CNPC链路系统为CNPC链路上携带的“用户平面”和“控制平面”信息提供信息系统安全控制，则适用以下规定。

在无人机和GRS之间的通信环境中，用户平面和控制平面流量之间存在区别。用户平面(也称为端到端或数据平面)流量是无人机和GRS之间通信的用户流量。控制平面流量是无人机和GRS实体之间的信令流量，以支持管理功能(如网络接入、无线资源管理、切换、健康指标等)。

在驾驶员地面站直接连接的情况下，只需要保护用户平面流量。在网络化配置的情况下，控制平面和用户平面流量都需要被保护。

CNPC链路系统的用户平面和控制平面安全控制应提供以下保护措施：

(1)机载无线电系统与地面的相互对等实体认证的无线电系统；

(2)授权机载无线电系统进入地面无线电系统的访问控制；

(3)机载无线电系统与地面无线电系统之间用户和控制无人机业务的数据来源认证；

(4)机载无线电系统和地面无线电系统之间用户和控制无人机通信的数据完整性；

(5)当敏感用户和控制无人机通信在机载无线电系统和地面无线电系统之间交换时的保密性。

此外，安全控制还应具有以下特点：

(1)使用算法强度和密钥长度足以保护传输中的数据的加密算法；

(2)使用主动维护的正式验证的加密模块；

(3)记录安全事件。

10. CNPC链路系统管理

CNPC链路系统管理(如链路启动、频率变更、CNPC链路丢失、移交、终止、状态监测和报告)应由相关系统启动的CNPC链路系统内部或外部系统执行。

如果CNPC链路系统和设备提供了CNPC链路系统内部管理，则应通过CNPC链路以其指定频率发送的消息作为CNPC链路系统信息交换的子集来完成。

11. 频率分配过程

为了将有害干扰的可能性降到最低，使用CNPC在NAS中运行的每个无人机应使用相同的频率分配过程，并允许在启动最低运行标准后升级其频率分配过程。

12. CNPC链路系统服务衍生性能要求

CNPC的链路系统性能应足以支持无人机等级和安装或连接的驾驶员地面站或GRS，以及无人机、GRS和驾驶员地面站运行环境中的性能要求。

应通过使用已安装设备性能试验程序以及预期无人机系统设计安装和运行中所述飞行试验期间采集的数据来证明是否符合要求。

应考虑在正常、非正常和紧急情况下，CNPC 链路系统交易时间、交易到期时间、可用性、连续性和完整性对无人机指挥控制功能性能的影响。

无人机指挥控制系统的功能应提供足够的稳定性和安全控制，同时考虑到 CNPC 链路系统在整个无人机预期飞行包线内的性能。

计划通过 CNPC 链路执行 ATC 语音中继功能的 CNPC 链路系统，或使用远离无人机控制站的无线电设备，使驾驶员能够与 ATC 通信，应满足 NAS－RD2012 规定的 FAA NAS 级性能要求。用于在 CNPC 链路上执行 ATC 数据中继功能的 CNPC 链路系统的设计应满足所需通信技术性能(RCTP)的适当水平。

13. 信息、链路监控和 CNPC 链路失效

CNPC 链路系统的设计应允许传输所有可能需要显示的数据，以使驾驶员能够执行指挥和控制功能，以及 CNPC 链路系统启用的任何其他功能。

CNPC 链路系统应向驾驶员提供可显示的 CNPC 链路性能信息，用于监控上、下行链路的状态和性能，包括 CNPC 链路失效警报。

14. CNPC 链路系统通用要求

要求适用于所有陆地 CNPC 链路系统。

(1)命令和状态界面。

1)每个多波段 CNPC 链路系统机载和地面无线电应支持外部命令，以设置其工作频带。

2)每个 CNPC 链路系统机载和地面无线电应支持外部命令，以设置其传输频率。

3)每个 CNPC 链路系统机载和地面无线电应支持外部命令，以设置其传输数据速率。

4)每个 CNPC 链路系统机载和地面无线电应支持外部命令，以抑制其传输。

5)每个 CNPC 链路系统机载和地面无线电应支持外部命令，以设置其发射机输出功率。

6)每个 CNPC 链路系统机载和地面无线电应支持外部命令，以设置其接收频率。

7)每个 CNPC 链路系统机载和地面无线电应支持外部命令，以设置其接收数据速率。如果天线选择由 CNPC 链路系统无线电进行，则该无线电应支持外部命令，以设置用于通信的天线。如果天线指向由 CNPC 链路系统机载和地面无线电进行，则无线电应支持外部命令，以设置任何天线指向的方向。

8)每个 CNPC 链路系统机载和地面无线电应支持外部命令报告其状态。

9)每台 CNPC 链路系统机载和地面无线电应能够在收到调谐至该频率的命令后 100 ms 内调谐至其设计工作的任何载波频率并在该频率上运行。

(2)状态报告。一旦命令成功执行，各 CNPC 链路系统机载和地面无线电应确认其接收到的命令和相关数据。

1)各 CNPC 链路系统机载和地面无线电应报告其发射和接收频率控制功能的状态；

2)各 CNPC 链路系统机载和地面无线电应报告其发射功率离开其发射机输出端口的状态；

3)各 CNPC 链路系统机载和地面无线电应报告进入其接收器输入端口的接收信号强度。

每个 CNPC 链路系统机载和地面无线电应报告在每个接收到的时分双工(TDD)子帧中带有检测错误的用户数据块的数量，以及自调谐到当前频率所接收到的用户数据块的总数，或估计的信号干扰和噪声比(SINR)。上述状态报告不仅允许 CNPC 链路系统实现闭环控制机

载和地面无线电，还允许由无人机驾驶员对 CNPC 链路和无线电状态进行监测。

(3)CNPC 链路管理。各 CNPC 链路系统应支持 CNPC 链路系统管理，该管理通过 CNPC 链路以其指定频率发送的消息完成，作为 CNPC 链路系统信息交换的一部分。

(4)频带。CNPC 链路系统可全部或部分使用以下频段，每个频段由国际电联分配给航空移动(路由)业务(AMRS)：

1)960～1 164 MHz(以下简称“L 波段”)；

2)5 030～5 091 MHz(以下简称“C 波段”)。

(5)L 波段调谐范围。各 L 波段 CNPC 链路系统应禁止以下频率范围以外的传输：

1)1 040～1 080 MHz；

2)1 104～1 150 MHz。

结果表明，在近程(<15 n mile)的低空飞行时，最大 L 波段发射功率为 32 mW，1 040～1 080 MHz 和 1 104～1 150 MHz 的子频带被采用的可能性最大。在任何地理位置的运行都需要进行额外的研究(分析、模拟和测试)，以确保 CNPC 链路系统能够充分保护当前运行的地面和机载设备(DME、TACAN、ADS-B、模式 S、TCAS 等)免受干扰。

(6)C 波段调谐范围。每个 C 波段 CNPC 链路系统应禁止 5 030～5 091 MHz 频率范围之外的传输。

(7)时分双工(Time-Division Duplex，TDD)框架结构。波形应使用基于 TDD 帧的 TDD 结构，每个帧持续 50 ms，如图 8-2-4 所示。

1)每个 TDD 帧应分为持续 24.3 ms 的上行链路 TDD 子帧和持续 25.7 ms 的后续下行链路 TDD 子帧；

2)上行链路 TDD 子帧应包括 1.3 ms 的保护时间，以考虑传播延迟和定时错误；

3)下行 TDD 子帧应包括 2.7 ms 的保护时间，以考虑传播延迟和定时错误；

4)在上行链路 TDD 子帧期间，只有 CNPC 链路系统地面无线电才可以传输；

5)在下行 TDD 子帧期间，只有 CNPC 链路系统机载无线电才可以传输。

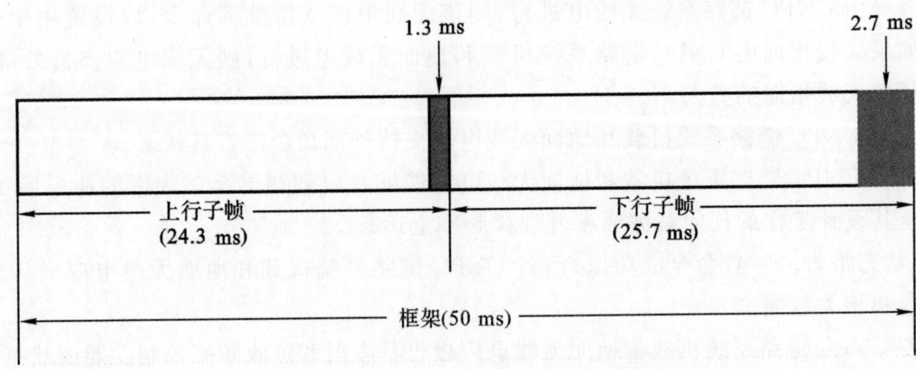

图 8-2-4　CNPC 系统 TDD 框架结构

(8)定时精度。

1)上行链路 TDD 子帧中包含的消息应在以下时间开始：

$$\mathrm{TUP}(n)=50n\pm0.001\ (\mathrm{ms})$$

2)下行链路 TDD 子帧中包含的消息应在以下时间开始：

$$TDOWN(n)=24.3+50n\pm 0.001\ (\mathrm{ms})$$

在上述方程中，时间是相对于协调世界时（UTC）来测量的，n 是 TDD 帧编号（整数），且每个 TDD 帧从 UTC 是 1 s 整数倍的瞬间开始。TDD 帧的开始时间被定义为斜坡上升序列的第一个符号周期的开始。

（9）频率精度。

CNPC 链路系统机载或地面无线电发射机的中心频率与指定频率的偏差不得超过 0.2 ppm。

CNPC 链路系统机载或地面无线电接收机本振频率的意外变化不得导致接收机的中心频率偏离指定频率超过 0.2 ppm。

（10）通道。给定 CNPC 链路系统的机载或地面无线电发射机和接收机可以分配给同一个射频通道，或者分配给宽度可能相同或不相同的不同通道。

（11）通道宽度。可在 L 波段或 C 波段工作的 CNPC 链路系统机载或地面无线电发射机或接收机应具有一个或多个频道宽度的曲目，每个频道宽度应为 5 kHz 的正整数倍。

（12）通道布置。任何 CNPC 链路系统通道的最高和最低频率应为 5 kHz 的正整数倍。

（13）可调性。每台 CNPC 链路系统机载、地面无线电发射机或接收机应能够调谐到确定的一个或多个 L 波段或 C 波段调谐范围内分配给它的任何频道的中心频率。中心频率将是 2.5 kHz 的倍数，且不会与调谐范围的最低或最高频率一致。

（14）视频通道。一些无人机可能需要从无人机发送到驾驶员地面站的视频下行链路，以支持紧急和起飞/着陆操作。所有此类视频传输只能在以下通道中进行：

1）一个宽度为 500 kHz 的空中紧急通道；

2）两个起飞和着陆通道，每个通道的宽度为 250 kHz。

（15）非视频通道.非数字视频传输通道的带宽应为 250 kHz 或以下，一个 N 时隙时分多址（TDMA）上行链路发射机同时支持 N 个 CNPC 链路，其中 N 为发躲机同时支持的 CNPC 链路数。

（16）机载和地面无线电接收机相邻通道和杂散响应抑制。每台 CNPC 链路系统机载或地面无线电接收机应能抑制在频率不准确和多普勒频移（可能由其自身操作和平台运动引起）以及接收信号的发射机的频率不准确和多普勒频移的最坏情况下的所有邻道和杂散响应。

8.2.3　CNPC 操作注意事项

CNPC 链路系统要完全地支持上述操作场景还需要考虑其他关键因素，如频谱利用率、丢失的 CNPC 链路中断和频率覆盖拓扑等。

1. 频谱利用注意事项

（1）多链路操作。由于各种原因，一个无人机可能操作多个 CNPC 链路，其主要目的之一是链路系统需要冗余。在许多情况下，严格的 CNPC 链路性能要求可能需要在 GRS 和它帮助控制的无人机之间同时传输 CNPC 链路信号。一种可能的方法是在两个单独的波段（如 L 波段和 C 波段）或在这两个波段中的两个单独频率上同时广播。使用两个不同的频带可以最小化地改变一个频率上的多径零点。同时广播提供的冗余可以极大地提高链路的可用性和连续性，并减少完成 DAA 事务和其他安全关键操作所需的时间（与同时用于提供冗余的时间分集技术不同，多频带或多频率同时广播不会增加事务时间）。

(2)受保护频谱中运行的无人机。国际电信联盟世界无线电通信会议授予航空移动(路由)业务(AMRS)960～1 164 MHz 和 5 030～5 091 MHz 频率范围内的非独占 L 波段和 C 波段分配。AMRS 是一种航空移动服务,主要用于与飞行安全和正常性有关的通信,并主要用于国家和国际民用航空线路。该服务支持空中和地面无线电链路。无人机系统 CNPC 链路必须使用 AMRS 频谱的主要原因是对该频谱的干扰环境通过以下方式进行了精确的管理。

1)在分配过程中,在 ITU－R(国际电信管理组织)内,希望使用这种受保护服务频谱的新服务必须高度肯定地表明,它们既不会对当前使用该频谱的服务造成有害干扰,也不会受到来自这些现有用户的有害干扰。

2)在频谱的实际使用过程中,受保护服务将在不太可能发生的任何有害干扰事件中得到及时解决。

最低运行标准计划在美国 NAS 中运行,并与载人无人机交通相互作用。每一个无人机系统可以竞争使用相同的 AMRS L 波段和 C 波段资源。

在 VLOS 规则下运行的小型无人机可能被联邦航空局指定为不合格,无法为其 CNPC 链路使用提供受保护频谱。这类无人机目前在非保护频谱中运行其通信链路,例如用于工业、科学和医疗(ISM)服务的频谱或其他频带,以及指定用于手机和 Wi－Fi 系统的频带。

在不受保护的频带内,运营商必须接受由此类许可服务引起的干扰。

2. CNPC 链路的失效

与任何射频通信链路(包括载人飞机使用的射频通信链路)一样,无人机的 CNPC 链路系统的性能会受到一系列因素的影响。这些性能影响是由许多与射频相关的环境因素引起的,与系统设备性能的变化无关,即它们是由 CNPC 链路系统两端天线之间传播路径上的信号衰减变化引起的。

因此,随着路径衰减的变化,信号强度有时可能低于 CNPC 链路系统接收器正确接收来自 CNPC 链路系统发送器的信息所需的最低值,从而导致信息交换暂时中断。这些中断的持续时间从几十毫秒到几十秒不等。一些可能导致更长时间中断的因素包括多径抵消、地形绕射和无人机操纵时 RLOS 路径的机身障碍等。

如果无人机驾驶员无法根据空域和运行条件及时干预航班的主动管理,则需要宣布 CNPC 链路处于失效状态,驾驶员和无人机需要遵循先前与 ATC 商定的适当程序。虽然 CNPC 链路系统处于临时中断状态,但在无人机系统宣布失去 CNPC 链路之前,无人机处于最不安全的状态,因为驾驶员既不能主动管理飞行,也不能让无人机在预先计划、可预测的机动操作后与 ATC 预协调。无人机处于这种失效状态的时间长短是一个重要的判据。如果时间太短,则 CNPC 将发出干扰链路失效的声明(因为路径衰减可能很快再次减少,中断可能停止),将会增加空中交通管制和其他空域用户的工作量。如果时间过长,则无人机将在其最不安全的条件下运行一段不可接受的时间。CNPC 链路中断并不一定意味着不安全,此类事件需要从运行环境和无人机飞行轨迹的自动化程度和预测性角度来考虑。

操作环境对整个无人机系统产生了限制,因此也对 CNPC 的链路系统产生了限制。一些具有作战挑战性的环境(如起飞和着陆)比其他环境(如跨洋飞行)要求更严格的 CNPC 链路性能。这意味着在某些情况下,CNPC 通信链路的中断时长是可以接受的,而在其他条件下,相同时长是不可接受的。

3. CNPC 链路 GRS 位置和覆盖拓扑

在常规情况下，所有常规飞行都将包括对自然灾害的响应，并满足第三方通信服务提供商的覆盖需求，其覆盖需求将由提供这些 CNPC 链路系统服务的实体确定。

根据构想将需要一个国家级的战略覆盖计划，该计划可以使用经典方法之一（如网格式）进行规划。然而，由于 GRS 将以临时方式或不是像“蜂窝”方法那样以规则间距放置，所以需要战术开发方法。这一战术开发方法将侧重于为一个更大区域的子集提供覆盖、实际终端用户覆盖需求和逐步实施过程。

考虑使用现有的基础设施有助于降低推广成本。在现实中，地理、地形和相关传播问题将在很大程度上决定覆盖边界。由于某些无人机的飞行高度将远低于当前有人驾驶的飞行高度，所以提供覆盖范围将需要更紧密地分离 GRS，以确保 CNPC 链路系统有足够的性能。

8.2.4　CNPC 所需链路性能

1. 定义

所需链路性能（Required Link Performance，RLP）是 CNPC 链路系统可用性、连续性、事务失效时间、事务时间和完整性性能的规范。

（1）RLP 可用性：CNPC 链路系统支持的业务交易在需要时启动的概率；

（2）RLP 连续性：支持操作事务的概率；

（3）RLP 事务过期时间：CNPC 链路系统支持的完成运营交易的安全相关最长时间，在此之后，发起者需要恢复到替代程序；

（4）RLP 事务处理时间：完成 CNPC 链路系统支持的运营事务的标称时间；

（5）RLP 完整性：CNPC 链路系统支持的操作事务完成且未发现错误的概率。

虽然 RLP 完整性是根据 CNPC 链路系统能力的“良好程度”来定义的，而良好程度是根据每飞行小时发生故障的可能性来定义的，但从安全角度来看，与完整性相关的未检测错误比检测到的错误更重要。

2. 方法

可采用以下四步法评估 CNPC 链路系统的 RLP。

（1）制定时间表，以确定在无人机系统安全性降低之前，CNPC 链路系统可以中断多长时间。这些时间线有效地导出了 RLP 事务的过期时间。

（2）安全分析的目的是确定在无人机系统安全性降低之前，消息丢失（可用性和连续性）或错误（完整性）的频率。安全分析还提供了功能丧失（即 CNPC 中断连接）的频率。

（3）链路分析确定了 CNPC 链路系统中断的频率和时长。

（4）使用从上述 3 个步骤中获得的信息，可以将时长超过事务到期时间[从上面的步骤（1）开始]的中断频率[从上面的步骤（3）开始]与从上面的步骤（2）确定的安全目标进行比较，以评估示例分析中的安全目标是否已达到。此外，根据步骤（1）得出的失效决策时间，也可使用类似的分析来确定 CNPC 链路丢失的频率是否也可接受。

通过建模、仿真和安全分析活动，可评估 CNPC 链路系统 RLP 安全支持指挥和控制、DAA 以及空中交通管制数据中继、天气雷达和视频服务，并评估 RLP 与无人机运行自动化水平之间的关系。

可用性、连续性、事务过期时间、事务时间和功能完整性的RLP参数必须足以执行指挥和控制功能的链路服务，以及以下一个或多个功能的附加服务：DAA、空中交通服务数据中继、气象雷达和视频。

3. 建模与仿真方法

可以使用多种传播建模和仿真方法来评估CNPC链路的性能。最准确的方法可能是在各种场景下进行实际飞行测试，这些场景包括无人机高度、倾斜距离、机动、地形类型等。在工程权衡阶段，使用传播建模工具是检验飞行试验有效性和提供先进设计输入的方法。现场勘测是确保天线指向远离障碍物的重要工具。

4. 传播建模方法概述

可利用结构方程模型(SEM)和地形综合粗糙地球模型(TIREM)对地空通道进行建模和仿真，以及机身遮蔽建模和仿真，以确定CNPC链路系统的射频传播损耗。可利用数字地形高程数据(DTED)对陆基和机载发射机/接收机在可变地形和海水中的射频传播损耗进行预测。在扫描电镜中，地形轮廓被表示为一个圆的弧，在光滑的海洋或淡水上传播是有效的。TIREM考虑了传播路径沿不规则地形的影响，且需要相关区域地形高程的信息。TIREM和SEM可分别作为粗糙土壤或光滑应用的独立传播模型。如果两个天线之间存在清晰的视线，则这两种模型都会酌情考虑表面波传播(折射)、衍射、对流层散射传播(对CNPC不适用)和大气吸收的影响。在计算衍射损耗时，TIREM评估了沿大圆路径不规则地形的影响。如果已通过添加已知人为障碍物或树木的高度来调整提供给TIREM的地形高程剖面，则其对绕射的影响将包含在预测的路径损失中。在大多数情况下，所需的地形信息来自国家地理空间情报局(NGA)生成的1级DTED。DTED 1级格式是地形高程值的统一矩阵，间隔3个弧秒(约100 m)，以近似1∶250 000比例尺的高程等值线图的垂直分辨率绘制。值得注意的是，TIREM内部的许多方程本身都是统计估计值。

每次调用TIREM都会产生两个输出："TIREM Loss"用于解释不规则地形和其他因素，如大气吸收，以及"Free Space Path Loss"(自由空间路径损耗)，通常是距离平方的经典路径损耗。

L波段和C波段CNPC链路系统的可用性来自于空地通道建模和仿真统计输出(如接收信号强度统计)的TIREM/SEM，可解决基于地形的障碍物造成的通道阴影，并结合机身自身造成的通道阴影建模和仿真。

利用飞行测试数据，可以估计链路中断的可能持续时间(衰减持续时间)和连续中断之间的时间间隔(干扰持续时间)，以及其他重要的链路质量度量：

(1)链路中断的最长时间(最大衰减持续时间)；

(2)链路中断的最短时间(最小衰减持续时间)；

(3)链路聚合中断时间；

(4)链路中断的平均时间；

(5)两次连续中断之间的最大持续时间(最大干扰持续时间)；

(6)两次连续中断之间的最短时间(最小干扰持续时间)；

(7)两个连续链路中断之间的总持续时间；

(8)两个连续链路中断之间的平均持续时间。

以上两个最重要的参数是链路中断的最长时间(最大衰减持续时间)和两次连续中断之间的最短时间(最小干扰持续时间)。下面给出的程序可用于评估实际地面无线电系统(GRS)位置和特定无人机高度的性能。此程序的工作原理如下:选择 DTED 方形地理区域,针对地形类型进行分析,有关绘制的 DTED 数据示例如图 8-2-5 所示,颜色对应于地形高程。接下来,为 GRS 选择一个位置,如在区域中的最高点,假设无人机高度,如 4 000 ft,使用基于地形的模型(TIREM 或其他)计算地理区域中每个点的前向链路(返回链路类似)上的接收信号强度。结果的颜色图(或等高线图或其他)称为信号强度图或热图。

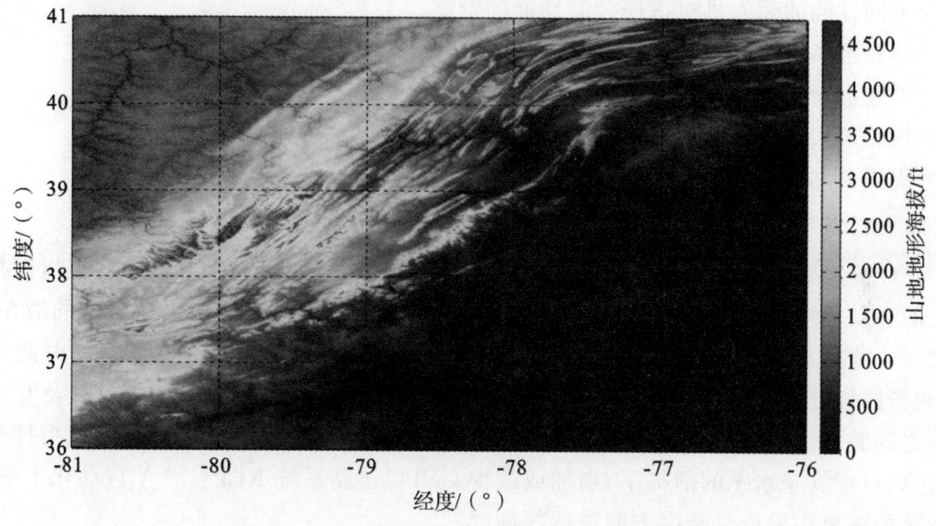

图 8-2-5　西弗吉尼亚山区的 DTED 绘图数据

5. CNPC 链路系统参数和特性

(1)指挥和控制注意事项。无人机系统的指挥和控制功能可能包括以下部分或全部:①机载控制功能,为无人机提供基本稳定性和远程手动控制能力;②自动驾驶仪功能,为无人机提供自动飞行控制;③飞行指引器,为驾驶员提供可视飞行指引地面;④飞行管理功能(数据库和计划部分除外),提供执行预先编程的自动飞行轨迹和无人机管理的能力;⑤PS(驾驶员地面站)飞行控制子系统,为无人机驾驶员/操作员提供控制无人机的手段;⑥PS 显示系统。无人机的指挥和控制依赖于 PS 系统、CNPC 链路系统、新的机载航空电子设备/自动化系统,以及无人机驾驶员的意识,虽然省去了机载驾驶员,但同时带来了新的运行安全风险。

以下列出了几种新颖独特的无人机指挥控制设计、功能和操作。

(1)指挥和控制功能的机载和地面分配。无人机指挥控制系统包括机载增稳系统(SAS)、手动控制系统、自动控制系统和导航/飞行制导系统、PS 和无人机与 GRS 之间的 CNPC 链路系统。手动和自动控制系统提供实时控制输入,通过驾驶员或自动驾驶仪生成的特定命令控制无人机的飞行轨迹。自动控制系统提供各种模式来自动控制特定的无人机状态变量,如垂直速度或飞行轨迹角、高度、航向或航迹角和空速。自动控制系统还可以提供一个或多个专用模式,可用于将自动控制系统与导航/飞行制导系统耦合。SAS 用于为基本稳定性不足的无人机提供人工稳定性,从而使驾驶员能够安全地进行手动控制。SAS 也可作为自动控制模式的内环子系统。所有这些模式都是利用无人机飞行状态和惯性参考信息作为反馈来执行任务的。根据需要使用附加信号，如操纵面位置或其他监测信号，以确保无人机性能和安全。

(2)集成不同级别的自动化。无人机指挥控制自动化水平和相关体系结构的多样性为机载和地面指挥和控制组件之间的自动化分配提供了多种选择。

(3)无人机指挥控制 PS 接口对指挥控制性能的影响。

(4)在正常、非正常和紧急情况下，CNPC 链路系统事务处理时间(驾驶员在地理位置上与行动单位分离)对指挥和控制性能的影响。无人机指挥控制系统必须提供足够的稳定性和安全控制，同时考虑到 CNPC 链路系统在整个无人机预计飞行包线内的运行时间。

(5)不同性能的无人机对指挥控制性能的影响。

(6)驾驶员第三方感知和灰色态势感知降低对无人机指挥控制性能的影响。

(7)驾驶员对任务环境和机载系统状态的认知降低。

(8)传感器代替驾驶员的感觉。

(9)提供自动避撞功能所需的命令、控制性能和行为。

6. CNPC 链路参数与自动化水平的关系

CNPC 链路系统所需的具体性能水平取决于其他潜在的措施，包括 DAA 和指挥控制功能潜在的自动化策略、CNPC 链路中断应用以及机载和地面组件之间自动化分配的潜在选择。

CNPC 链路系统的设计和总体性能与数据采集和指挥控制功能相联系。由此产生的 DAA 和指挥控制功能以及 CNPC 链路系统工程产品是 DAA 和指挥控制功能以及 CNPC 链路系统之间关键设计和性能权衡的产物。对于特定的 CNPC 链路系统、DAA 和指挥控制功能，在达到目标安全水平的前提下，增加或减少 CNPC 链路系统 RLP、DAA 自动化水平、指挥和控制功能需要在设计复杂度方面进行权衡。

图 8-2-6 描述了 CNPC 链路系统 RLP、自动化性能、耦合系统联合性能、相关的运行可接受性水平之间的关系。

在纵轴上，可以看到一系列可能增加的 RLP 级别，从单链路架构到多命令链路/控制链路架构，再到全 L 波段和 C 波段分集。在开发 CNPC 链路系统最低运行标准时，设计者为 CNPC 无线电定义一个链路性能级别(或一系列级别)。然后，设计者可以使用这些数据来确定其特定系统的 RLP，这将取决于其系统的消息处理特性和无人机运行的自动化程度。

在水平轴上，可以看到一系列自动化水平的提高，有三种形式：①DAA、指挥和控制功能自动化；②CNPC 链路中断自动化；③地面和空中分配自动化。例如，与更高的 DAA 自动化相比，循环中的独占导频将需要更高级别的 RLP。

在操作上，申请人提供的对角线代表一个合适的认证水平。完全可以定义一个可认证的 CNPC 链路系统，以及一个 DAA 或指挥和控制系统，当这些系统结合在一起时，能达到联合性能的可接受水平以获得认证和运行批准。

在作战可接受性框架内，作为 RLP 性能与 DAA 和指挥与控制性能基本权衡的基础，还必须考虑相关解决方案认证和生产的复杂性和相关成本。

危险等级和发展保证等级取决于以下几点：

(1)对 CNPC 链路系统中断的要求进行调查；

(2)传统的缓解措施，包括空中交通管制对飞行计划的作用；

(3)拟飞行的传统导航备份，这些备份仍然需要，整个 DAA 和指挥与控制体系结构可用于减轻 CNPC 链路系统的中断。

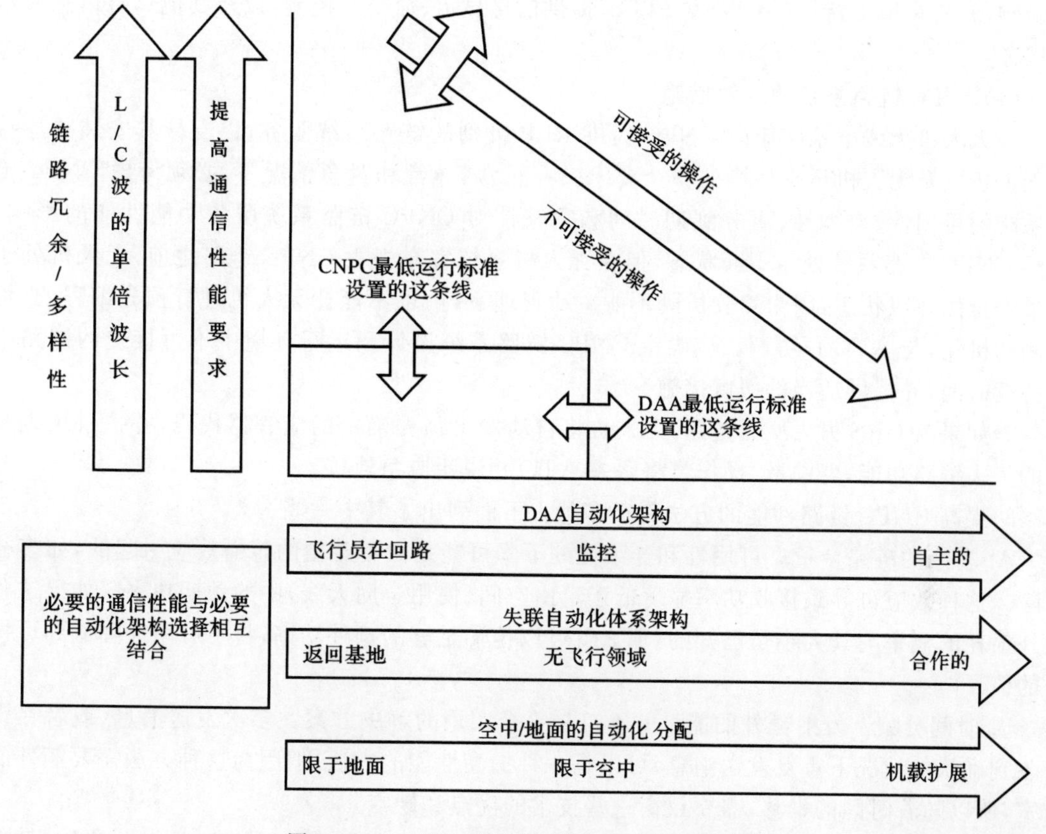

图 8-2-6　CNPC 链路系统与自动化水平关系

无人机本身的自动化程度越高，对 CNPC 链路系统性能的要求就越低。以下列出了 DAA 和命令与控制功能自动化程度的几个注意事项。

(1)集成了不同级别的自动化。无人机指挥控制系统自动化水平和相关架构的多样性为机载和地面指挥和控制系统组件、驾驶员在环和驾驶员在环之间的自动化分配提供了多种选择。

(2)一般来说，无人机本身的自动化程度越高，对 CNPC 链路系统可用性、连续性、事务过期时间、完整性和所需缓解措施的依赖性就越小。

(3)CNPC 链路系统完整性与自动化水平之间的关系。无人机本身的自动化程度越高，对 CNPC 链路系统完整性的要求就越低。对于最低运行标准文件，以下对两类 POTL 和显示架构功能进行了安全分析：

1)自动驾驶模式——PIC 提供飞行计划、驾驶员手动设定控制目标和运行监控；

2)自动驾驶仪预编程飞行轨迹执行——驾驶员对操作架构的监控；

3)全自动无人机机载决策和操作(智能操作)——未考虑自动无人机操作的试点监控。

7. 缓解措施

本节根据 CNPC 链路系统 RLP 结果评估，描述了在不同场景、不同飞行阶段和环境条件下所需的设计和程序缓解措施。

下面将介绍几种方法(但不是唯一的方法)，以尽量减少 CNPC 链路系统损坏和链路丢失的影响，并安全地支持 DAA WRC PITL，提供信息显示、命令和控制，以及其他具有信息显示的服务。

(1)CNPC 链路系统的缓解措施。

1)无人机无线电系统应向 CNPC 提供 RLP 级别的链路系统服务，以支持其安装或连接的无人机以及无人机运行环境的安全要求。在正常、异常和紧急情况下，必须考虑 CNPC 链路系统的可用性、连续性、事务到期时间和完整性对 CNPC 链路系统服务功能性能的影响。虽然 CNPC 链路系统处于中断状态，但在无人机系统宣布失去 CNPC 链路之前，无人机处于其最安全的降级状态，因为驾驶员既不能主动管理飞行，也不能让无人机进行预先编程的、可预测的机动，与 ATC 预协调。应确定 CNPC 链路系统设计和运行环境中不可接受的链路中断持续时间，并提供适当的缓解措施。

2)如果与 GRS 失去所有链路，无人机将自动发出预先确定的应答器代码，并执行预先编程的失去链路功能，驾驶员/操作员将联系 ATC 并说明应急轨迹。

3)提高 CNPC 链路性能的方法有很多种。下面列出了其中一些。

A. 多余的链路余量。可用性和连续性的下降可能是由不希望的传播效应引起的，如多径消除。这种效应可导致接收功率显著低于自由空间(使用全向天线)中的预期功率。如果这些额外损耗的概率与其大小是已知的，那么就可以传输足够的额外功率，将不可用性降低到可接受的值。

B. 时间分集。发射额外的能量并不总是一个实用的解决方案。多次发送消息(或者在没有收到确认的情况下重复发送消息)可以是一种提高性能的方法，但因为这种方法需要额外的带宽，所以随着时间的推移，需要权衡这些技术的优点和缺点。

C. 空间分集。为了克服阻塞和多径效应，可以使用多天线形式的空间分集。例如，可以通过在机身顶部和底部或前后(或固定翼无人机的翼尖)放置天线来减轻机身堵塞。在这种情况下，两个天线似乎不太可能同时被阻断。为了解决地面多径问题，多个分离良好的地面天线是有用的。通常情况下，每个天线都有自己的无线电连接。

D. 频率分集。在 L 波段和 C 波段同时发送信息可以确保有两条具有统计独立衰落机制的路径。这与时间分集技术类似，但它不会增加事务时间。另外，地面和空中需要两种类型的无线电。对于尺寸、质量和功率受限的小型无人机来说，这可能是一个问题，特别是 C 波段通信的无人机。

E. 路径损耗问题需要更多的功率和/或定向天线。这样小的无人机就可以被包括在对 RLP 参数要求不那么严格的类别中。

F. 提高链路可用性和连续性性能，使无人机能够将其链路连接转移到另一个 GRS，使用更高的链路层解决方案，或使用可变数据速率控制等。

G. 使用圆极化天线或其他配置，如双线性极化，应考虑减轻衰落。

H. 完整性。确保指定完整性级别的技术包括前向纠错码(如 Reed－Solomon、Turbo 码)、简单校验和、Fletcher 校验和、循环冗余码(Cyclic Redundancy Code，CRC)、上下文匹配以及其他可能的技术。这些方法包括向每条消息添加额外的位置。完整性级别可以通过增加额外比特数来提高。所需的额外比特数通常不是所需吞吐量的重要驱动因素。链路冗余(主动分集冗余、承载相同数据或提供相同功能的独立硬件路径或元件，或备用-备份-路径)也可用于提供链路完整性。

4)根据CNPC链路系统RLP评估，应在预期运行环境规定的最大运行范围和最低运行高度范围内进行CNPC链路系统运行。

5)天线调零和遮蔽是由机身上的天线位置以及由此产生的与地面无线电系统的视角决定的。演示与地面无线电系统一起运行的无人机天线装置为最小天线增益提供足够的覆盖范围，以实现所需的链路可用性，并为天线遮蔽/调零提供链路余量。

6)作为飞行计划的一部分，驾驶员能够通过绘制地形障碍区域来修改链路连续性性能。

7)任何给定GRS的现场勘测相关信息可存储在无人机上的存储器中，以描述无人机在紧急情况下如何以最少的燃料或最短的时间重建GRS的LOS链路。

8)如果CNPC链路丢失，如所需链路可用性的最大无人机范围和最小安全高度所示，驾驶员将通过备用方式通知ATC失去链路和无人机的预期行为，直到链路重新建立或无人机着陆或结束其任务。

9)无人机系统对CNPC链路系统可用性、连续性、事务到期时间、事务时间和完整性的容忍度取决于指挥和控制回路的自动化架构水平。一般来说，无人机本身的自动化程度越高，对CNPC链路系统可用性、连续性、事务过期时间、完整性和所需缓解措施的依赖性就越小。例如，无人机系统的自动化程度较高，则可以降低CNPC失去链路事件导致危险的概率，从而使CNPC链路系统RLP事务到期时间延长。

(2)指挥和控制的其他缓解措施。

1)在预定运行环境规定的最大运行范围和最低安全运行高度范围内进行无人机指挥控制和CNPC链路系统运行，并且在无人机工作包线内，具有足够的覆盖范围，以实现最小天线增益、所需的链路可用性，并具有天线遮蔽/零陷的链路余量。

2)无人机系统指挥和控制功能应提供足够的稳定性和安全控制，同时考虑CNPC链路系统的可用性、连续性、事务到期时间和整个无人机系统预期飞行包线的完整性。

3)无人机系统的指挥和控制功能必须提供安全和可预测的飞行制导和控制。如果出现不可接受的链路或CNPC链路系统丢失，则无人机系统指挥和控制功能应为最后收到的指令参考(姿态、速度、路径和发动机功率)提供持续的无人机飞行控制。在CNPC链路系统持续不可用的情况下，无人机应提供自动命令和控制，以执行预先编程的CNPC链路系统丢失处理功能。

(3)DAA的其他缓解措施。

1)在安全降级链路中断的情况下，配备DAA的无人机应提供轨迹滑行、信息确认、驾驶员/DAA操作员警告、警告或警报。

2)在为预期运行环境规定的最大运行范围和最低安全运行高度范围内，进行带信息显示的DAA-RWC PITL和CNPC-Link系统运行，并且在无人机工作范围内，具有足够的覆盖范围，以实现最小天线增益、所需的链路可用性，并具有天线遮蔽/零陷的链路余量。

3)在失去链路的情况下，装备DAA的行动单位可以自动执行机动以避免碰撞。在报告失去联系的情况下，驾驶员将通过备用方式通知ATC失去链路和无人机的预期行为，直到链路重新建立或无人机着陆及结束其任务。

(4)空中交通管制通信的额外缓解措施。

1)在预定运行环境规定的最大运行范围和最低安全运行高度范围内进行无人机指挥控制和CNPC链路系统运行，并且在无人机工作包线内，具有足够的覆盖范围，以实现最小天线增益、所需的链路可用性，并具有天线遮蔽/零陷的链路余量。

2)在报告链路丢失的情况下，驾驶员将通过备用方式通知 ATC 失去链路和无人机的预期行为，直到链路重新建立或无人机着陆或结束其任务。

3)气象雷达和视频的额外缓解措施。

4)如果无人机系统设计申请人的安全案例要求是仅下行传输视频，则这些传输视频应符合本最低运行标准文件的相关要求。

8. 结论和建议

根据 CNPC 链路系统 RLP 评估，应在预期运行环境规定的最大运行范围和最低运行高度范围内进行 CNPC 链路系统运行。

(1)在给定的地形条件下，与由于多径而从短程或更高高度进行通信的无人机相比，从远距离和低空通信的无人机需要更大的余量(以达到给定的可用性水平)。

(2)演示与地面无线电系统一起运行的无人机天线装置为最小天线增益提供足够的覆盖范围，以实现所需的链路可用性，并为天线遮蔽/调零提供链路余量。

(3)使用最低运行标准中描述的 CNPC 链路系统，可实现指挥控制和 DAA RWC 安全运行所需的预期水平的往返链路可用性和连续性，并注意链路损伤。

(4)可以设计一个合适的 L 波段和 C 波段 CNPC 链路系统，使用 FEC 和分集技术，在一定功率范围内使用无人机发射机，以达到所需的每条消息成功概率。

一般来说，无人机本身的自动化程度越高，对 CNPC 链路系统可用性、连续性、事务过期时间、完整性和所需缓解措施的依赖性就越小。

8.3 无人机载荷通信

8.3.1 任务载荷约束

无人机在完成指定任务时，通常只是作为一个活动平台，而另由无人机搭载和安装的任务设备和程序达成任务目标。这些任务设备和其配套的程序统称为任务载荷。

根据无人机分类不同，所能搭载的任务设备也大相径庭。根据任务要求搭载任务载荷时，需要考虑无人机的最大起飞质量、续航时间、飞行高度、机载任务设备接口的类型和通信需求等。

任务载荷一般与侦察、武器投射、通信、遥感和货物有关。无人机的设计通常围绕所应用的任务载荷进行。任务载荷的大小和质量是无人机设计时最应该考虑的因素。大多数小型商用无人机的任务载荷质量不超过 5 lb(1 lb＝0.453 592 4 kg)，但是也有一些小型无人机的任务载荷采用可快速拆卸和替换的任务载荷。

就侦察任务和遥感任务而言，传感器任务载荷根据不同任务可采用不同形式，包括光电摄像机、红外摄像机、合成口径雷达、激光测距仪等。光学传感器组件既可永久安装在无人机上，以便传感器操作员获得固定的视角，也可安装在万向节或转塔上。万向节或转塔安装系统使传感器能够在预定范围内转动，通常绕两个轴转动。万向节或转塔(枢轴转动零件)可以通过自动驾驶系统，也可以通过独立的接收机来接受输出信号。有些万向节还装有震动隔离装置，可降低飞度。震动隔离方法有两种，一种是采用弹性橡胶安装座，另一种是采用电子陀螺仪稳定系统。

无人机任务载荷要求主要由功能、性能、机械接口等指标作为主要约束，具体要求内容如下。

(1)功能。无人机任务载荷(以下简称任务载荷)功能应符合其产品规范要求。

(2)性能。任务载荷性能应符合其产品规范的要求。

(3)机械接口。机械接口主要考虑尺寸、质量等设计要求，具体要求内容如下。

1)尺寸。任务载荷尺寸应满足无人机总体布局、安装要求，必要时还应满足无人机气动外形要求；任务载荷尺寸应明确有接插件和无接插件的两种外形尺寸。

2)质量。任务载荷质量应满足无人机飞行平台的装载要求和任务载荷的技术指标要求，通常包括减震器、减震机构、天线(含整流罩)、馈线、附属电缆等。一般只规定任务载荷质量的最大值，必要时应规定质量公差范围和质心分布范围。每个外场可更换单元(LRU)的最大质量，一般不超过 20 kg。

3)颜色。任务载荷的颜色一般为无光黑色或灰色，外置部分颜色一般与无人机机体颜色一致。

4)安装与减震。任务载荷一般采用减震器或减震机构与无人机连接，减震器宜选用 HB6131 金属摩擦阻尼隔振器。

(4)电气接口。任务载荷通过机载线缆实现供电和通信。主要有以下几种机械设计要求。

1)供电接口。任务载荷供电一般采用直流或交流供电两种接口。

2)通信接口。按照无人机平台的要求，低速数据传输宜采用 RS－422 异步通信、CAN 总线或 1553B 航空总线进行通信，高速数据传输宜采用 RS－422 同步通信或以太网，通过电缆或光纤进行传输。

3)接插件。根据任务载荷要求选用固定焊接式或可拆卸压接式插件，且具有耐环境性，符合任务载荷所执行任务场景环境要求，设计和结构应能经得起正常使用中安装和维修时所遇到的差错；射频连接器优先选用 SMA 系列、N 系列和 TNC 等系列电连接器。

(5)供电。在无人机的各种工作状态下，任务载荷用电设备输入端的供电特性应分别符合在汇流条或电源转换状态，电压和频率的变化应在零和正常工作极限之间，且时间不大于 50 ms。设计供电系统时应考虑到用电设备输入端的供电特性符合相关技术要求，供电系统故障和保护时不应损害其他供电系统的性能。在供电系统的任何工作状态下，用电设备的工作不应对供电系统造成不良影响或引起故障。其中供电体制、工作要求和功耗要求如下。

1)供电体制。任务载荷采用无人机供电系统提供的电源，供电方式有交流供电和直流供电两种，其中：交流 115 V/200 V，400 Hz，三相；直流 28 V 或 270 V。飞行平台可提供控制电源开关信号，如 12 V/28 V，200 mA。

2)工作要求，除有特殊规定外，工作要求规定如下。

A. 在无人机正常供电期间能正常工作，任务载荷性能应满足指标要求。

B. 在无人机供电系统非正常供电期间任务载荷不应受到损坏；当无人机供电系统恢复正常时，任务载荷应能自动恢复到正常工作状态，性能满足指标要求。

C. 当任务载荷出现故障时，不应对无人机供电系统产生不利影响。

3)功耗。任务载荷功耗应满足无人机供电系统要求。

(6)热设计。任务载荷应根据无人机所提供的环境条件和冷却方式,按照减少设备内部产生的热量、降低设备受外界环境的热影响、减少热阻、保证电气性能稳定等规定要求进行设计。

(7)软件开发。软件开发应符合任务载荷运行过程,根据系统需求进行开发。

(8)可靠性。可靠性指标、准则方案一般要求如下。

1)可靠性指标至少包括基本可靠性要求中的最低可接受的值和置信度值,任务可靠性要求中的任务剖面和故障界定,任务载荷的 MTBF(最低可接受值)一般不小于 150 h,置信度为 80%。

2)可靠性设计应制定产品可靠性设计准则,并开展可靠性设计评审和可靠性验证工作。

3)在任务载荷产品规范中应明确可靠性考核方案,一般应包括指标要求、考核方案选择、考核开始条件、故障判据和结果评价方法。

(9)维修性。应明确维修分级(一般为二级维修),规定平均修复时间(MTTR),满足总体分配的 MTTR 指标进行修复性设计。

任务载荷现场级平均修复时间(MTTR)一般不大于 30 min。

(10)保障性。保障性要求包括保障设备、人员及文件,其一般要求如下:

1)保障设备的品种和数量应满足维护方便;

2)保障人员的数量、专业和技术等级应合理;

3)备件和文件应满足使用与维修装备的需要。

(11)测试性。任务载荷本身应具有可检测性、度量性,能够清晰了解任务载荷自身状态和适用性。

故障诊断:任务载荷一般应具有自检能力,故障可以定位至现场可更换单元(LRU)。

测试装置:如需要有测试装置,一般应能监测性能、校准和故障隔离,一般应满足以下要求:

1)测试装置应在任务载荷所要求的全部工作条件下保持其准确性,并应提供用于自身检测或校准的连接点或进出口;

2)当测试装置发生故障时,不应降低被测任务载荷的性能。

测试性指标:应明确规定任务载荷的测试性定量要求和定性要求。一般应规定以下指标:故障检测率、故障隔离率、故障检测虚警率、故障检测时间、故障隔离时间。

(12)安全性。安全性设计一般包括过流过压过热保护措施、紧急关闭电源功能,必要时应有加密和自毁功能。

(13)电磁兼容性。任务载荷的电磁发射和敏感度测量应符合任务情景需求,其任务载荷应具有可选择频率保护功能,以保护无人机正常飞行所使用的工作频段,如保护数据链上、下行信道,保护无人机定位设备接受信道,保护无人机应答机及航管设备工作频段,保护无人机自卫装置工作频段。

(14)环境适应性。任务载荷应满足无人机应用环境要求,设备在工作和存放期间不应引起机械损伤,以及在性能降低时不应超出设备产品规范。

(15)温度。任务载荷应在规定的工作温度范围内正常工作,不工作时可长期暴露在规定的储存温度和温度冲击的条件下。

(16)包装、运输、储存和包装标志。任务载荷的产品规范或合同应规定未发运和存放设备所需的包装、装箱、运输、储存和包装标志等要求，并能满足无人机装备特殊要求。

(17)任务载荷载重。不同机型的无人机所能搭载的质量不同，一般情况下电机的安全拉力范围为建议载重范围，任务载荷载重应小于电机的最大拉力。

8.3.2　载荷系统

无人机载荷系统是无人机完成雷达、通信、导航、目标识别、飞行控制、电子对抗等综合作战功能的指挥控制与信息处理中心。载荷系统的概念自 20 世纪 50 年代出现以来，共经历了分立式、联合分布式、综合式、先进综合式 4 个发展阶段。从技术发展角度来讲，可概括为从模拟到数字，从分离到综合，从专用到通用的发展路线。无人机载荷系统结构的演变如图 8-3-1 所示。

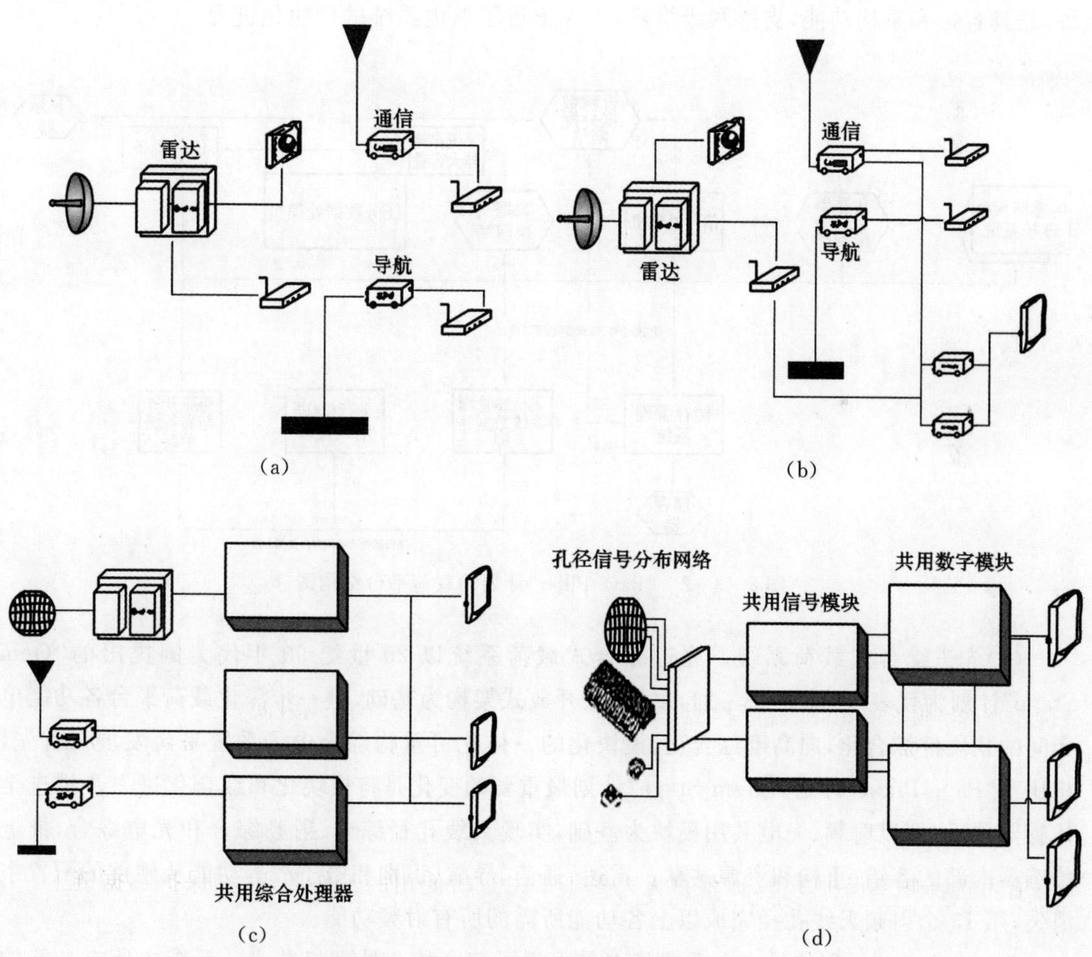

图 8-3-1　无人机载荷系统结构的演变

(a)分立式载荷系统；(b)联合分布式载荷系统；(c)综合式载荷系统；(d)先进综合式载荷系统

(1)分立式载荷系统。分立式载荷系统的特点是采用离散分立的结构，即雷达、通信、导航等设备均有一套独立专用的传感器、处理器和控制器，采用点对点连接，且大量采用模拟器件。

各子系统间信息交联少、综合化程度低、体积庞大,任何改进或更换都需要通过更改硬件设备来实现。

(2)联合分布式载荷系统。联合分布式载荷系统以20世纪70年代初数字航空电子信息系统(DAIS)计划为基础,其特点是集中控制、分布处理,即在后端控制和显示部分实现了综合,但各设备传感器前端和数据处理部分仍相互独立。将原独立的航电设备通过军标1553B数据总线互联。

(3)综合式载荷系统。综合式载荷系统以20世纪80年代美国提出的"Pave Pillar"计划为代表(见图8-3-2)。首先,"Pave Pillar"计划将对显示和控制的综合提高到对数据信息处理的综合,支持核心数据和信号处理资源的共享。提出功能区概念,将系统划分为传感器管理区、任务管理区和飞行器管理区三个功能区。其次,借助超高速集成电路的发展,"Pave Pillar"计划提出了额外场可更换模块(LRM)的概念,即最大限度地采用通用可快速更换模块,兼具容错和重构功能,支持两级维修,大大推进了航电系统的模块化进程。

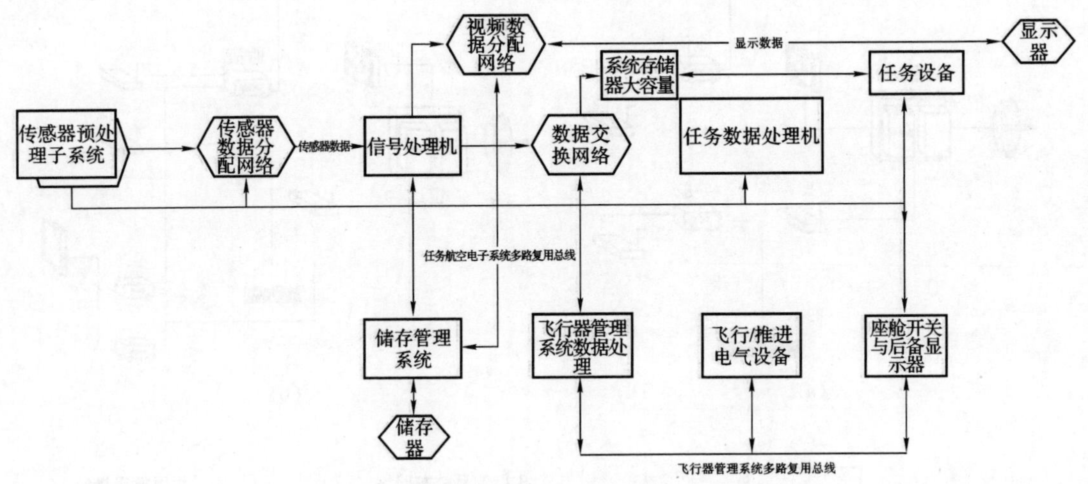

图8-3-2 "Pave Pillar"计划的载荷平台结构图

(4)先进综合式载荷系统。先进综合式载荷系统以20世纪90年代美国提出的"Gem Stage"计划为代表(见图8-3-3),以统一、开放式架构为基础,进一步深化载荷平台各功能单元间的软硬件综合化,向高度综合化、模块化的一体化可重构综合电子系统平台发展。首先,相比于"Pave Pillar"计划,"Gem Stage"计划最重要的变化是将模块化和综合化进一步推进至传感器单元,即以射频、光电共用模块为基础,实现天线孔径综合、射频综合和光电综合,推进传感器内部的容错、重构和资源共享。雷达、通信、导航、识别和电子战等功能从硬件的配置中消失,用13个射频天线孔径完成以上各功能所需的所有射频功能。

"Gem Stage"计划的另一个重要特点是采用了综合核心处理机技术。系统中所有功能的控制管理,以及所有数据和信号的计算处理,都在IPC中统一进行,并且通过网络共享。此外,该计划还进一步强化了商用货架产品技术,采用通用的、开放的技术标准,显著减少了专用器件、专用组件或模块、专用软件等的数量,便于扩充升级、更新换代和降低成本。

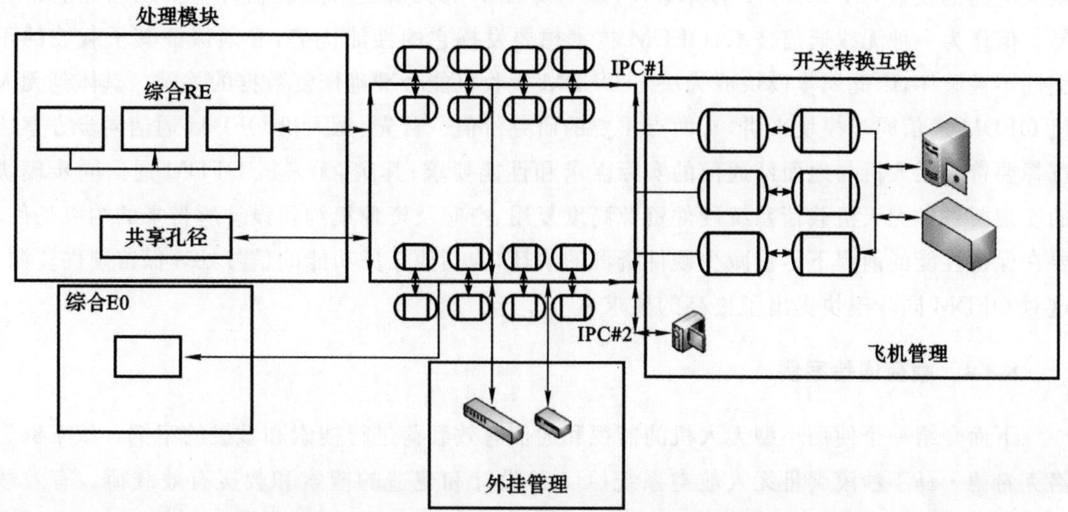

图 8-3-3　“Gem Stage”计划的载荷平台结构图

8.3.3　载荷通信 OFDM 应用

无人机载荷系统是无人机完成通信、导航、识别、电子对抗等功能的机载综合信息处理平台。新一代无人机载荷系统以统一、开放式架构为基础，进一步深化载荷平台各功能单元间的软硬件综合，强调硬件资源的高度复用，向高度综合化的一体化可重构综合电子系统平台发展。在无人机载荷系统所支持的各项任务功能中，通信功能是重中之重。通信系统维系着无人机与地面控制站间遥控、遥测和载荷等信息的传输，是空中无人机与地面控制站之间信息交互的唯一纽带。

正交频分复用(OFDM)多载波调制技术因具有抗多径效应能力强、频谱利用率高、适合高速传输等优点，被认为是无人机通信链路的重要传输方案。具体来说，无人机通信系统选用 OFDM 传输技术将带来以下优势。

(1)能有效抵抗多径效应。无人机与地面的通信过程受多径效应影响较为明显，易造成符号间干扰和频率选择性衰落，严重影响通信的可靠性。OFDM 技术将高速串行数据流划分到多个相互正交的子载波并行传输。由于并行数据流的符号周期相对延长，所以使得由多径效应引入的 ISI 被明显削弱，仅通过插入符号保护间隔(循环前缀)便可消除 ISI 的影响。

(2)大幅提升频谱利用率。在无人机通信系统中，可提供的带宽有限，必须充分利用。OFDM 技术因采取了子载波正交调制的方法，各子载波互不干扰，故允许频率重叠，大幅提高了频谱利用率，在有限带宽范围内实现了高速数据传输。

(3)动态子载波分配。在多径衰落信道中存在频率选择性，某些子载波可能处于深衰落状态。OFDM 系统可根据每个子载波的衰落状态进行资源的灵活分配，充分利用信噪比较高的子信道，从而提高系统性能。

(4)算法实现简单。OFDM 中的核心技术即子载波正交调制与解调可以采用快速傅里叶逆变换(IFFT)和快速傅里叶变换(FFT)的方法实现。目前,随着数字信号处理技术和大规模集成电路的发展,FFT/IFFT 技术在 FPGA 或 DSP 等大规模可编程器件上实现已经非常容易。但作为一种无线通信技术,OFDM 技术想要发挥它的性能优势,必须保证其子载波的正交性不被破坏,因此同步模块成为决定 OFDM 接收机能否准确恢复数据的关键。具体到无人机 OFDM 通信同步模块来讲,有两点重要的研究价值。首先,无人机 OFDM 通信同步方案的选择要符合无人机与地面站通信的实际需求和性能要求;其次,无人机 OFDM 通信同步模块的实现要考虑无人机载荷系统硬件资源高度复用、空间及资源集约化设计所带来的约束条件,要在保证性能的前提下尽量减少硬件资源的消耗,为其他任务功能的信号处理保留硬件资源,这对 OFDM 同步模块提出了更高的要求。

8.3.4 载荷通信案例

下面介绍一个使用小型无人机的监视和通信有效载荷进行搜索和救援的案例。该案例为洛克希德·马丁沙漠鹰Ⅲ无人航空系统(UAS)设计和建造的搜索和救援有效载荷。有效载荷作为搜索和救援行动的工具,有助于发现失踪或被困人员,并提供搜索和救援小组与这些人之间的通信手段。设计和建造的有效载荷被命名为 LASSIE(见图 8-3-4),它代表低纬度战略监视和紧急情况下的信息。有效载荷包含三个主要系统:一个相机和摄像机,用于拍照,以便以后处理,并将现场视频传输到地面;一个 MP3 播放器和扬声器,用于向被困人员中继信息;以及一个 LED 频闪灯,使无人机从地面更可见。由于无人机沙漠鹰Ⅲ是一个小型机身,以控制碰撞的方式降落,所以设计的主要关注是质量和抗冲击。

每年都有许多人在旷野迷路,他们大多是经验不足的徒步旅行者,并且低估了旷野或其他原因带来的风险。救援队必须执行大量搜索以营救这些失踪人员。搜救行动也经常是在自然灾害(如卡特里娜飓风、海地地震或最近的自然灾害)中进行的。在这些搜救行动中,拥有机载资产通常是有利的,因为无人机通常比地面搜索更有利于发现人员,并且可以覆盖更大的搜索区域和救援队。常规机载资产(即搜索无人机和直升机)的问题在于它们的购买、操作和维护费用昂贵。而且,常规无人机通常无法快速部署,因为它们需要跑道或停机坪。最初,无人机系统(UAS)的构想是执行危险的任务。

如今在搜索、救援以及自然灾害应用中使用 UAS 变得越来越流行,例如在明尼苏达州奥斯陆的 2010 年红河洪水期间,安装了 Insitu ScanEagle 的无人机,系统地绘制了洪水情况。此外,在 2010 年海地地震之后,全球鹰无人机即飞往现场提供空中侦察救济工作。无人机系统对搜救行动特别有帮助,因为它们能够长期游荡、重复飞行以及保持一致的搜索模式。无人机也适合于枯燥或危险的任务,因为它们不需要机载驾驶员。微型无人机系统由于其机动性更具优势。一架小型无人机,如洛克希德·马丁沙漠鹰Ⅲ,可以在几分钟内组装和部署,为各种情况提供快速反应。沙漠鹰Ⅲ型无人机最初是为空军安全部队设计的,作为基地周边侦察工具,目前拥有用于侦察和监视的有效载荷。搜索和救援有效载荷包含一台相机,用于拍照和提供搜索区域的视频资源,以及通过语音系统指示处于困境中的人。这种有效载荷可用于许多需要侦察的搜索和救援行动。

这种有效载荷还将提供一种与失踪或被困人员沟通的方式,并向他们传递信息,以协助救援工作。这个设计项目的结果是设计、建造和测试洛克希德·马丁沙漠鹰Ⅲ微型无人机系统的搜索和救援有效载荷。物理有效载荷质量小于 1.5 lb,适合于标准的沙漠鹰Ⅲ有效载荷模块。机载系统包括能够用 GPS/时间戳数据拍照的高分辨率摄像机、将现场视频流回地面站的扬声器音频系统(能够接收音频上传以播放预先录制的消息),以及一个非常明亮的闪光灯(可以直观地捕捉一个人在地面上的注意力),还有一个地面站控制有效载荷(对收集的数据进行后处理)。在搜索飞行后,相机的静止图像被加载到地面站,以创建一个马赛克和地理参考图像。然后,该图像可用于查找彩色目标(即衣服对人),并确定失踪人员的位置。

图 8-3-4　LASSIE 有效载荷及其在沙漠鹰Ⅲ中的位置

无人机搜救有效载荷系统由两个主要组件组成,即机载有效载荷和地面站。机载有效载荷组件包括有效载荷的每个系统。地面站组件由与地面天线相连的地面站笔记本电脑组成,该组件的主要功能是捕获高分辨率空中图像流、现场视频、中继音频消息和显示信号灯。车载系统中的组件有 MP3 播放器、扬声器、LED 频闪灯、静止数码相机、摄像机、GPS/时间戳装置、偶极子天线、Xbee-Pro 无线电模块、Arduino Fio 微控制器板和电源板。每个组件在其功能中起着重要的作用。MP3 播放器存储和播放音频文件,这些文件是指令性或信息性的信息,使搜索和救援小组能够与被困人员通信。扬声器是用于中继消息的扬声器系统,具有标准的 3.5 mm 耳机插孔,将接收来自 MP3 播放器的音频输入。LED 频闪灯是一种低功率、高强度的光输出系统,作为有效载荷上的闪光灯,使无人机对地面上的人可见。摄像机提供了实时视频源,可以将其传回地面站。GiSTEQ Photo Tracker 是此有效负载中使用的 GPS /时间戳系统,用于记录 GPS 和时间数据,以便将 GPS/时间戳数据与机载摄像头飞行后拍摄的照片同步。然后,这些图像将用于创建搜索区域的大马赛克图像。Procerus 偶极天线是 900 MHz 天线,负责机载数据的传输和接收。Xbee-Pro 模块和开发板是用于发送和接收数据以及 RF 信号数据和有效负载上的微控制器之间的接口系统。Arduino Fio 微控制器是用于控制所有组件的系统。电源板管理板载电源并将电源分配到系统中需要的位置。所有组件都安装在单个安装板上,从而可以轻松地安装到沙漠鹰Ⅲ的有效载荷托架中。在图 8-3-5 中可以看到有效载荷中所有组件的分解图。地面控制和通信系统以可用的方式接收、处理和显示从搜索和救援有效载荷中收集的信息,它也用于与车载控制系统进行通信。

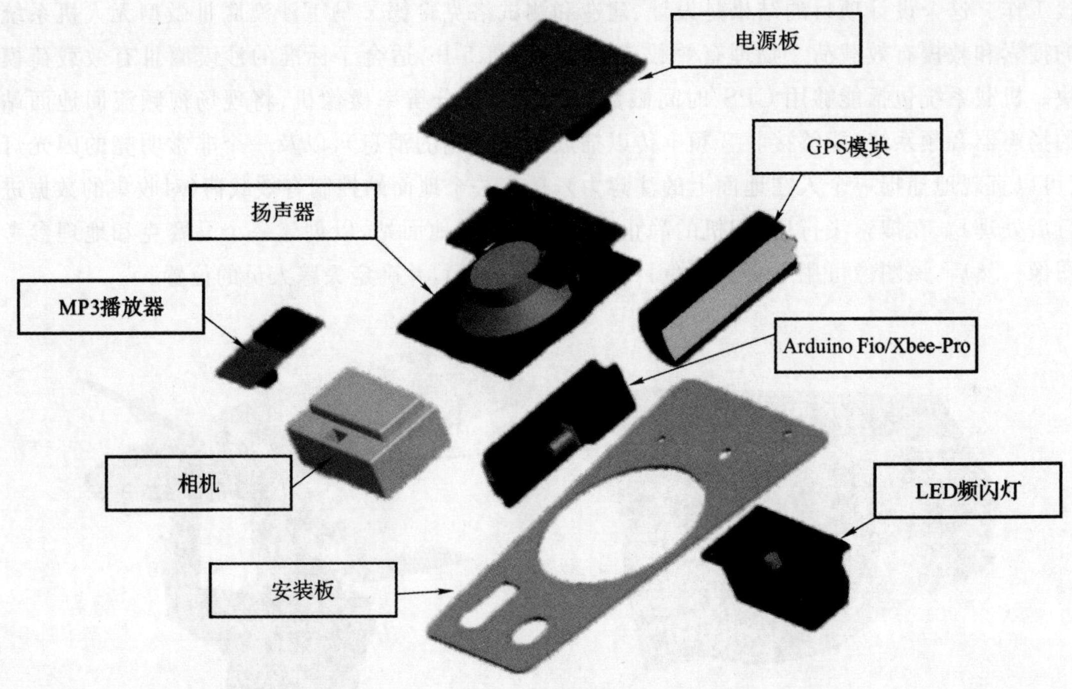

图 8-3-5 有效载荷中所有组件的分解图

参考文献

[1] 刘逸宸.无人机系统信息传输技术分析[J].科技资讯,2018,16(32):86,88.

[2] 李耀楠. 无人机载荷系统中 OFDM 通信同步模块设计与实现[D].成都:电子科技大学,2017.

第 9 章 无人机 5G 通信链路

普通无人机大多采用定制视距数据链，而中高空、长航时无人机大多采用视距和超视距卫星通信数据链。无人机行业的高速发展也对无人机通信链路提出了新的需求，呈现出与蜂窝移动通信技术紧密结合的发展趋势，形成“网联无人机”。随着 5G 时代的到来，5G 蜂窝移动通信技术与无人机的结合将推动无人机数据链向着高速、宽带、保密、抗干扰的方向发展，本章将简要介绍 5G 通信链路在无人机运行中的应用内容。

9.1 5G 通信性能

5G 移动网络与早期的 2G、3G 和 4G 移动网络一样是数字蜂窝网络，在这种网络中，供应商覆盖的服务区域被划分为许多被称为蜂窝的小地理区域。蜂窝中的所有 5G 无线设备通过无线电波与蜂窝中的本地天线阵和低功率自动收发器(发射机和接收机)进行通信。收发器从公共频率池分配频道，这些频道在地理上分离的蜂窝中可以重复使用。本地天线通过高带宽光纤或无线回程连接与电话网络和互联网连接。与现有的手机一样，当用户从一个蜂窝穿越到另一个蜂窝时，他们的移动设备将自动“切换”到新蜂窝中的天线。

5G 网络的主要优势如下：①数据传输速率远远高于以前的蜂窝网络，最高可达 10 Gb/s，比当前有线互联网要快，比先前的 4G LTE 蜂窝网络快 100 倍；②较低的网络延迟(更快的响应时间)，低于 1 ms，而 4G 为 30～70 ms。由于数据传输更快，所以 5G 网络将不仅仅为手机提供服务，而且还将成为一般性的家庭和办公网络提供商，与有线网络提供商竞争。以前的蜂窝网络提供了适用于手机的低数据率互联网接入，但是一个手机发射塔不能经济地为家用计算机提供足够的带宽。5G 通信网络为无人机带来了全新级别的高可靠性、强大的安全性、无处不在的覆盖和无缝的移动性。

(1)覆盖能力。覆盖的问题分为两类：第一类问题是有用信号差(如弱覆盖和无覆盖的)；第二类问题是干扰信号强度大，从而导致信噪比(Signal to Interference plus Noise Ratio，SINR)低。在目前低空(3 000 m 以下)无人机应用的大部分场景中存在的问题主要是第二类覆盖问题，即主要是干扰导致的覆盖问题。地面站稀少和网络参数配置等原因导致的第一类覆盖问题，主要存在于飞行高度较高或所处位置偏僻的无人机。针对第一类由于信号弱导致的覆盖问题，可以采用充分利用基站侧多天线的垂直波束能力来增强覆盖信号强度，充分考虑无人机的不同应用场景，采用高效的波束扫描和跟踪。也可以采用专用对空天面设计等实现无缝覆盖。针对第二类由于干扰强度大导致的覆盖问题，通过降低下行干扰的方式来提高覆

盖,可以采用以下的方式:

1)采用大规模天线,大规模天线形成较窄波束对准服务用户,减少小区内和小区间干扰;

2)采用协作传输的方式,即多个小区间协调在时、频、空、码、功率域的资源来减少干扰;

3)采用不同带宽部分(Bandwidth Part,BWP)分频接入,使得地面和空域采用不同的BWP资源,减少空地间的干扰。

(2)用户上行容量。随着未来无人机密度的增大,地面终端业务负载也将扩大,可能会出现小区上行容量受限的问题。5G基站大规模天线增加了水平垂直面的发射通道数,使得水平垂直面的波束更加准确地指向用户,其具有更窄的波束,有利于控制干扰和提升用户的信噪比,同时可以实现更多用户的空分复用和提高上行容量。5G拥有更大的带宽,C波段每载波100 MHz带宽,毫米波每载波400 MHz带宽,单载波带宽相比4G频谱有5～20倍的提升。5G不再使用小区参考信号(Cell Reference Signal,CRS),减少了开销,避免了小区间CRS干扰,提升了频谱效率。5G新的上行高阶调制1 024QAM提升了高信噪比条件下的上行速率。

(3)用户下行容量。随着未来无人机高清视频回传要求的进一步提升,蜂窝网络支持无人机下行容量将面临较大挑战,同时还需要考虑无人机下行带来的干扰问题。与上行容量提升一样,5G通过大带宽、大规模天线精准波束、高阶调制等技术,相对4G大幅提升了下行容量,建立起以用户为中心的无边界网络架构,提供下行高速率、低时延,实现了5G网络无缝的移动性和随时随地的极致体验。

(4)时延。无人机的指挥与控制(Command and Control,C&C)数据业务需要较低时延,同时高清视频的回传也需要尽可能地减少传输时延。针对降低无人机传输时延的问题,可以采用以下方法解决:①通过高效的时、频、空、码域等维度的资源调度来提高传输链路的质量,减少重传次数;②5G新空口可以根据不同的业务时延需求调度不同子载波间隔和时隙符号数目的BWP,结合前置导频、迷你时隙、灵活帧结构、上行免调度设计实现低时延传输;③针对C&C数据业务,可以使用自包含子帧结构,传输和反馈可以在一个时隙内完成,大大减少反馈和重传时间。

(5)可靠性。无人机的C&C数据需要保持较高的传输可靠性,以保证飞行安全,可以通过以下方法提高其可靠性:

1)通过对时域、频域、码域、空域等多维度资源进行协调调度,减少链路干扰,提高链路可靠性;

2)通过分集的方式,如时域、频域重复多次传输;

3)通过多小区协作的方式,多个小区或者发射节点联合传输;

4)通过控制信道高聚合等级、时隙聚合、极化码来提升控制信道可靠性。

(6)小区容量。随着5G网络的普及,地面终端和无人机终端的接入需求都将日益增大,因此需要尽可能增大小区的容量,提高小区的连接数。可通过多用户调度,如多用户多天线来实现资源的高效利用,提高小区连接数。可充分利用无人机和地面终端的信道信息,选择信道相对正交的用户进行多用户多天线。还可以通过多种正交和非正交多址接入方式提高小区容量。可充分利用小区中心与边缘用户信道差异性以及无人机和地面终端信道差异性,选择合适的多址方式以提高小区连接数,增大小区容量。

(7)地面与低空定位。5G基站具有大规模的天线阵列,尤其是在垂直方向的天线数目众多，垂直方向的定位能力将大大增强。无人机与基站之间主要以视距(LOS)信道为主，可以采用单站或者多站协同的方式来进行定位，因此蜂窝网络的三维定位精度将大大提高。

(8)网络干扰协调。5G 网络基站侧使用大规模天线，在大规模天线的作用下，基站侧发射的下行波束相比 LTE 要窄，因此一般而言，可以提高有用信号能量，减少站间干扰。但是无人机在空中是以三维方向运动的，当无人机的空中密度增大时，邻区之间的干扰仍不可忽视，因此多小区之间的干扰协调、协同波束赋形等仍需进一步研究以减小干扰。

9.2　5G 数据链关键技术

1. 精准波束消除干扰

大规模天线站点的天线数(64/128/256 或更多天线)显著增加，且天线与射频单元一起集成为有源天线处理单元(Active Antenna Unit，AAU)。当基站天线数量增多时，相对于用户的几百根天线就拥有了几百个信道。如果信道相互独立，那么同时陷入衰落的概率将大大减小，这将使得通信系统变得更加可靠。通过使用大规模天线阵列对信号进行联合接收解调或发送处理，相对于传统多天线技术，大规模天线可以大幅提升单用户链路性能和多用户空分复用能力，从而显著增强了系统链路质量和传输速率。此外，大规模天线的多天线阵列系统增加了垂直维的自由度，可灵活调整水平维和垂直维的波束形状。因此，基站的三维覆盖能力得到显著提升。

大规模天线的典型应用场景一般是热点地区、高楼或者需要深度覆盖的区域，对于无人机通信而言，通过大规模天线垂直面和水平面的波束赋形，可以形成精准的窄波束进行发送和接收。对于下行链路而言，精准的窄波束一方面提高了无人机的覆盖，另一方面也减少了小区内或者小区间的干扰。如果可以进行多小区协作波束赋形，则无人机的下行链路传输质量将进一步得到提升，有助于其 C&C 数据的传输。对于上行链路而言，既可以是基站侧形成接收波束，也可以是用户侧形成发送波束，从而既可以实现无人机上行大容量高清视频的传输，也可以减少无人机对地面终端的干扰。

2. 移动边缘计算

在目前的网络架构中，由于核心网的部署位置较高，所以传输时延比较大，不能满足超低时延业务需求。此外，业务完全在云端终结并非完全有效，尤其一些区域性业务不在本地终结，既浪费带宽，也增加时延。因此，时延指标和连接数指标决定了 5G 业务的终结点不可能全部都在核心网后端的云平台。

移动边缘计算正好契合该需求。一方面，移动边缘计算部署在边缘位置，边缘服务在终端设备上运行，反馈更迅速，解决了时延问题；另一方面，移动边缘计算将内容与计算能力下沉，提供智能化的流量调度，将业务本地化，内容本地缓存，让部分区域性业务不必大费周章在云端终结。

移动边缘计算部署在移动边缘，将把无线网络和互联网两者技术有效融合在一起，并在无线网络侧增加计算、存储、处理等功能，构建移动边缘云，提供信息技术服务环境和云计算能力。由于应用服务和内容部署在移动边缘，可以减少数据传输中的转发和处理时间，降低端到端的时延，满足低时延要求，并降低功耗。移动边缘计算将确保未来无人机应用的低时延和高可靠性。

3. 网络切片

网络切片是软件定义网络/网络功能虚拟化(Software Defined Network/ Network Function Virtualization,SDN/NFV)技术应用于5G网络的关键服务,如图9-2-1所示。一个网络切片将构成一个端到端的逻辑网络,按切片需求方的需求灵活地提供一种或多种网络服务。5G基础设施平台支持5G网络的高性能转发要求和电信级管理要求,并以网络切片为实例实现5G移动网络定制化部署。5G网络端到端网络切片将网络资源灵活分配,网络能力按需组合分配,基于一个5G网络虚拟出多个具备不同特性的逻辑子网。每个端到端切片均由核心网、无线网、传输网子切片组合而成,并通过端到端切片管理系统进行统一管理。

网络切片不是一项单独的技术,它是基于云计算、虚拟化、SDN、分布式云架构等几大技术群而实现的,通过上层统一的编排使网络具备管理、协同的能力,从而实现基于一个通用的物理网络基础架构平台,能够同时支持多个逻辑网络的功能。

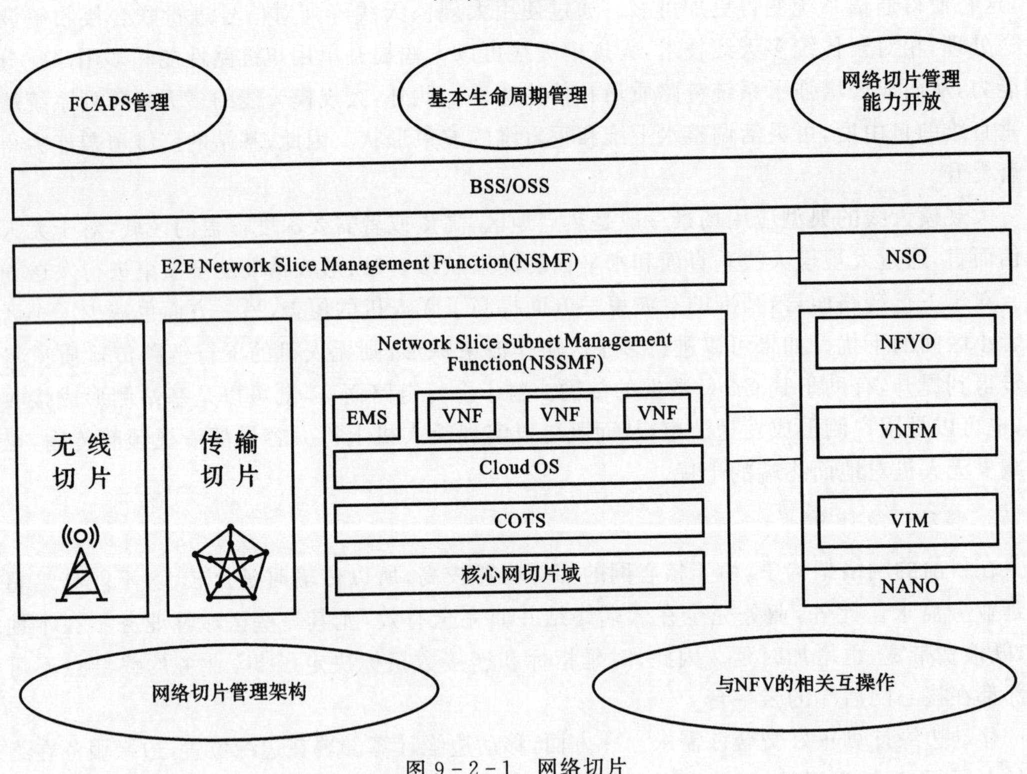

图9-2-1 网络切片

4. D2D技术

5G具有D2D模式,当无线通信设施损坏时,终端可利用D2D实现端到端的通信,不再通过网络系统,减少了网络传输的负担,而且交流速度更为快捷,从而扩展无线通信的应用场景。D2D支持用户之间直接通信,规避了传统通信占用频带资源的问题。而且D2D同样支持用户共享传统网络中的资源,提升了资源的利用率。D2D增强了网络的稳定性、安全性、灵活性高，能提供更丰富的通信模式及更好的终端用户体验，这也是 5G 的重要演进方向。

9.3　无人机 5G 通信链路规划

当前无人机 5G 应用的产业生态在无人机应用场景、通信需求、终端通信能力和无线技术等方面发展得已经相当成熟。未来，人们希望通过无人机 5G 应用领域的持续创新，促进无人机在物流、巡检、安防、救援、测绘、农业植保、直播、编队飞行甚至自主飞行等场景的网联化、智能化建设，提升航拍、送货、勘探等各种各样的个人及行业业务体验，构成一个全新的、丰富多彩的“网联天空”。为了实现这个目标，5G 无人机应用白皮书计划分三阶段（网联化阶段、实时化阶段、智能化阶段）进行推进（见图 9－3－1）。

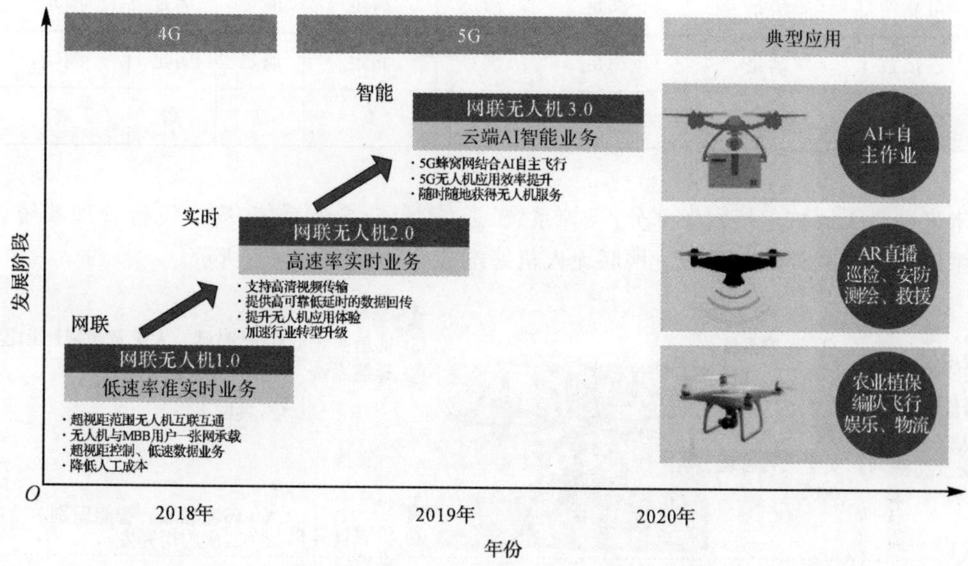

图 9－3－1　网联天空三阶段展望

（1）网联化阶段。基于承载无人机和移动宽带（Mobile Broadband，MBB）用户的全联接网络，将无人机网络连入蜂窝网络实现无人机安全飞行，激发更多网联无人机的相关应用，在娱乐、农业植保、编队飞行等场景下进行研究，降低成本、提升效率和加强应用体验。

（2）实时化阶段。开展区域无人机全联接业务的研究。结合 5G 无线网络的接入增强移动宽带以及低时延、高可靠等技术，进行区域无人机全联接类场景的研究。推进超视距范围无人机互联互通、高清视频传输、高可靠低时延的数据回传等前沿技术的落地，有效解决巡检、安防、测绘、救援等领域面临的人员伤亡、恶劣环境等相关安全隐患的问题。

（3）智能化阶段。结合 5G 与 AI 云端处理技术，通过蜂窝网结合 AI 技术实现无人机的自主作业，彻底实现 7×24 h 无间歇作业，进一步解放人力，提高效率，并避免作业过程中的人员伤害，让人摆脱重复劳动，投身到更多有技术含量的工作中。

相比较 4G 网络，5G 网络能力满足了绝大部分无人机的应用场景的通信需求，无人机的联网已经在 4G 网络中实现了部分应用，而用 5G 能够做得更好、更完善。网联无人机将驱动多类场景应用升级，见表 9－3－1。为满足自主飞行、编队等未来更加自动化和智能化的无人机应用需求，人们对移动通信网络能力提出了更高的要求。

表 9－3－1　5G 网络对无人机应用通信需求满足度

业　务	物流	巡检安防	测绘	农业	直播	编队	自主飞行
覆盖高度	末端满足 支线 3 000 m	常规满足油 气 1 000 m	满足	植保满足 勘测满足	满足	满足	部分满足
下行链路	满足当前 100 kb/s，满足未来自主飞行需求						
上行链路	满足当前与未来 2 K、4 K、8 K 视频传输需求						
时　延	满足	满足	满足	满足	满足	满足	满足
可靠性	满足	满足	满足	满足	满足	满足	满足
连接数	满足	满足	满足	满足	满足	满足	满足
定　位	高	高	高	高	高	高	高

未来网联无人机包括六大部分：飞控系统、通信系统、导航系统、安全飞行管理系统、任务载荷系统以及机载计算机系统。网联无人机终端能力如图 9－3－2 所示。

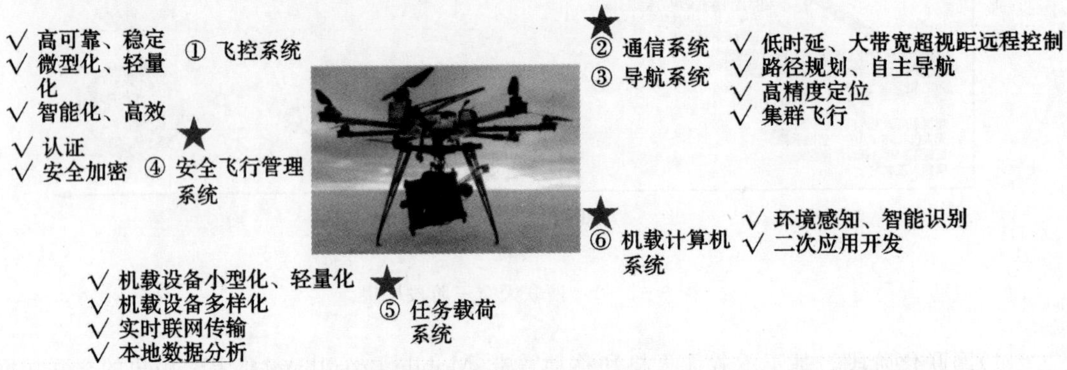

图 9－3－2　网联无人机终端能力

(1)飞控系统，使网联无人机实现高可靠、稳定的飞行操作，并向智能化和微型化升级；

(2)通信/导航系统，使网联无人机具备低时延、大带宽、超视距远程控制、路径规划、自主导航、集群飞行的能力；

(3)安全飞行管理系统，具备认证、实时安全加密的能力；

(4)任务载荷系统，载荷数据的实时联网传输、本地/云端系统的智能化分析能力；

(5)机载计算机系统，使得网联无人机具备智能环境感知、智能识别以及能力开放的能力。

根据上述分析，未来的机载终端可归纳为 A、B、C 三类，以满足不同行业应用场景下的需求：

(1)A 类：保障安全飞行；

(2)B 类：无人机远程超视距实时控制和保障安全飞行；

(3)C 类：超大带宽、智能化分析。

三类机载终端的主要功能规格见表 9－3－2。

表 9－3－2　三类机载终端主要功能规格表

	A 安全飞行	B 安全飞行＋超视距实时远控	C 超大宽带＋端侧智能化
数据业务速率	DL 100 kb/s UL 100 kb/s	DL 100 kb/s UL 150 Mb/s	DL 100 kb/s UL 1 000 Mb/s
E2E 传输时延/ms	＜500	＜20	＜500
神经网络单元	不含	不含	含有
蜂窝辅助定位/GPS 定位	粗精度（米级） ＜10 m（水平和垂直方向）	高精度（厘米级） ＜0.1 m（水平和垂直方向）	粗精度（米级） ＜10 m（水平和垂直方向）
其他能力	(1)低功耗，低成本； (2)工业级高可靠； (3)安全加密	(1)精准授时； (2)安全加密； (3)工业级高可靠； (4)视频编码处理； (5)视频图传增强	(1)视频编码处理； (2)视频图传增强； (3)本地智能，能力开放

9.4　无人机 5G 通信应用案例

5G 数据链具备的超高带宽、低时延、高可靠、广覆盖、大连接特性，与网络切片、边缘计算能力结合，将进一步拓展无人机的应用场景。在国内，无人机结合 5G 的试点应用已经悄然起步。

9.4.1　VR 直播

VR 业内公司一直在尝试 VR 直播在综艺娱乐和体育直播的落地应用，但因 4G 网络环境的带宽限制无法满足高清 VR 视频的传输，即便在使用内容采集的 VR 摄像机拥有超清 VR 视频采集和直播能力的情况下，用户终端的观看体验仍然欠佳，导致 VR 直播应用发展缓慢。随着 5G 时代的来临，这一现状将彻底改变，5G 网络可实现上行单用户体验速率 100 Mb/s 以上，空口时延 10 ms，将使得 VR 直播更加流畅、更加清晰、用户体验更优。

无人机通过挂载在无人机机体上的 360°全景相机进行视频拍摄，全景相机通过连入 5G 网络的客户前置设备（Customer Premise Equipment，CPE）将 4 K 全景视频通过上行链路传输到流媒体服务器中，用户再通过 VR 眼镜、个人电脑端从该服务器进行拉流观看，基于 5G 的无人机 VR 直播组网如图 9－4－1 所示。

2018 年 5 月，搭载 5G 通信技术模组的无人机在上海虹口北外滩成功实现了一场基于 5G 网络传输叠加无人机全景 4 K 高清视频的现场直播。同年 5 月，杭州也实现了基于 5G 的无人机全景直播，用户在展厅戴上 VR 眼镜后可以实时看到无人机在浙大玉泉校区拍摄到的

4 K 全景视频。上海与杭州的5G 直播试验都验证了 5G 与 4G 网络的差异:5G 图像更为清晰,画面播放也更加流畅。远端 VR 观看无晕眩感,能够更好地实现身临其境的效果。

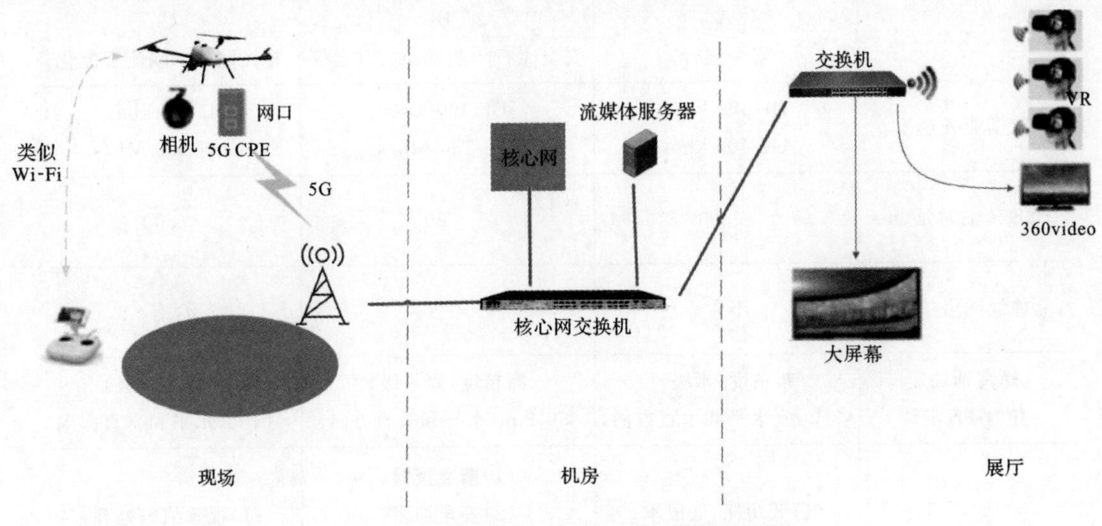

图 9-4-1　基于 5G 的无人机 VR 直播组网图

9.4.2　城市环境安防

在安防场景中,需要无人机实现高清视频实时传输、远程控制等功能,这些功能都需要通过网络连接来支撑。具体来说,无人机安防监控的典型网络需求包括实时视频传输(多路)、飞行状态监控、远程操控以及网络定位。

在传输速率方面,当前安防业务通常使用 1 080 P 视频实时传输,随着安防业务对视频清晰度要求的逐渐提升,需要实现 4 K、8 K 高清视频的实时传输,对 5G 网络提出上行 30～120 Mb/s 的传输速率需求。在时延方面,未来对远程操控时延要求为 100 ms 以下,对应的无线网络侧时延要求为 20 ms 左右,这对未来网络建设能力提出了更高要求。

5G 网络的大带宽、低时延、实时视频流回传至控制中心,融合人工智能深度学习能力,快速视频分析以实现多手段的目标锁定及实时跟踪监控,控制中心能通过 5G 网络向无人机飞行控制系统发送控制指令,极大地提升传统无人机用于安防场景的效率。基于 5G 的无人机城市安防方案如图 9-4-2 所示。

无人机与 5G 结合实现多种功能,可以达到全方位无死角的安防布控:

(1)控制中心人员通过 VR 眼镜的 4 K 高清视频呈现可实时观看和与地面安防设备的同步联动,优势互补,最大化提升安防场景能力;

(2)控制中心人员通过 VR 眼镜、平板电脑等地面控制终端,经由 5G 网络远程控制无人机机载摄像头的转向、无人机的飞行状态及路线,可进一步追踪锁定目标;

(3)无人机可对突发安防场景问题进行预判以及可对自动识别的目标实现自动跟踪。

通过智能无人机飞行平台以及 5G 蜂窝网络能力的有效引入,基于 5G 的无人机城市安防系统将作为一种新型的安防解决方案模式得到广泛的应用,从而促进传统安防服务商的智慧升级,带动整个产业的发展。

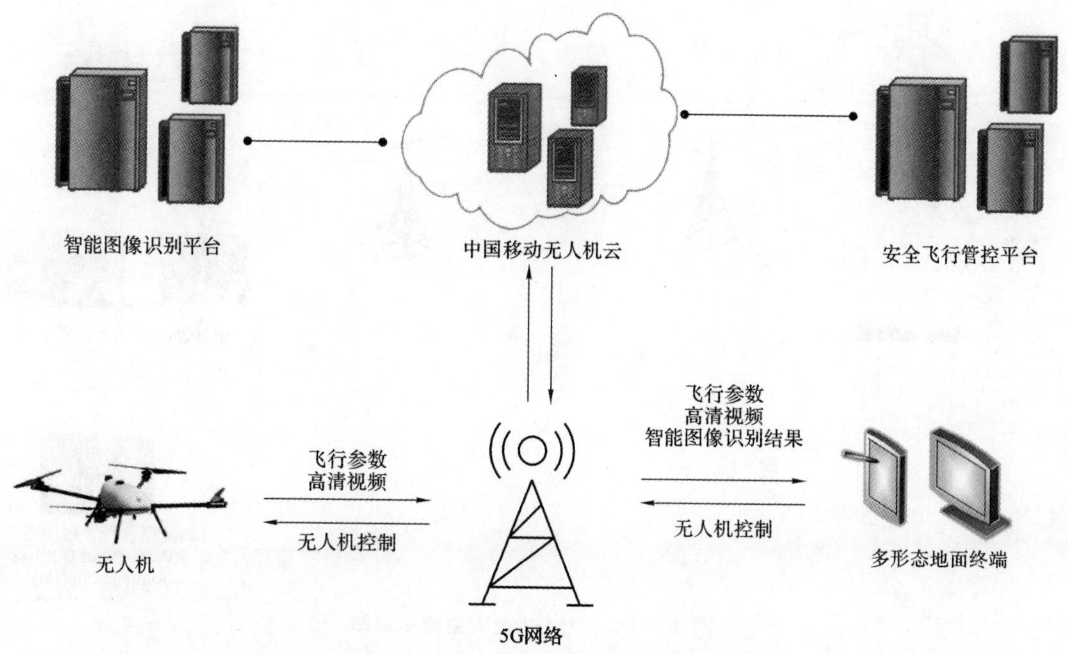

图 9-4-2　基于 5G 的无人机城市安防系统

9.4.3　电力巡检

电力设备中的输电线路一般位于崇山峻岭，无人区居多，人工巡视检查效率较低，因蛇、虫、蚁等小动物咬伤员工的事件也屡见不鲜。另外，输电铁塔、导线、绝缘子等设备位处高空，应用无人机巡检，既能避免高空爬塔作业的安全风险，亦可以 360°全视角查看设备的细节情况，提高巡检质量。而当前的 4G 网络只能支持 1 K 的图传，对于某些细节检查，视频和图片的清晰度明显不足，而 5G 网络可实现上行单用户体验速率 100 Mb/s 以上，空口时延 10 ms，将使得实时视频更加流畅、更加清晰、巡检效果更优。

多旋翼无人机可分别或者组合搭载高清变焦相机、红外相机、夜视相机、激光雷达等多种传感器，传感器通过连入 5G 网络的 CPE 将视频流通过上行链路传输到流媒体服务器中，用户再通过个人电脑从该服务器拉流观看巡检，实现电力线巡检高清视频的即拍即传，其具体功能如下：

(1)可实现无人机 4 K 视频实时回传，上行实时 30 Mb/s 带宽；

(2)多机协同 360°全景拍摄，数据冗余采集，可减少由于对巡检目标对角、光线不一致、图像漏拍等导致的 GIS 图像 3D 建模失败，节约成本 30%～90%；

(3)地面站与管理中心进行内外场协同作业，可即时发现问题并进行图像复采集，作业效率提升 40%～80%。无人机电力巡检示意图如图 9-4-3 所示。

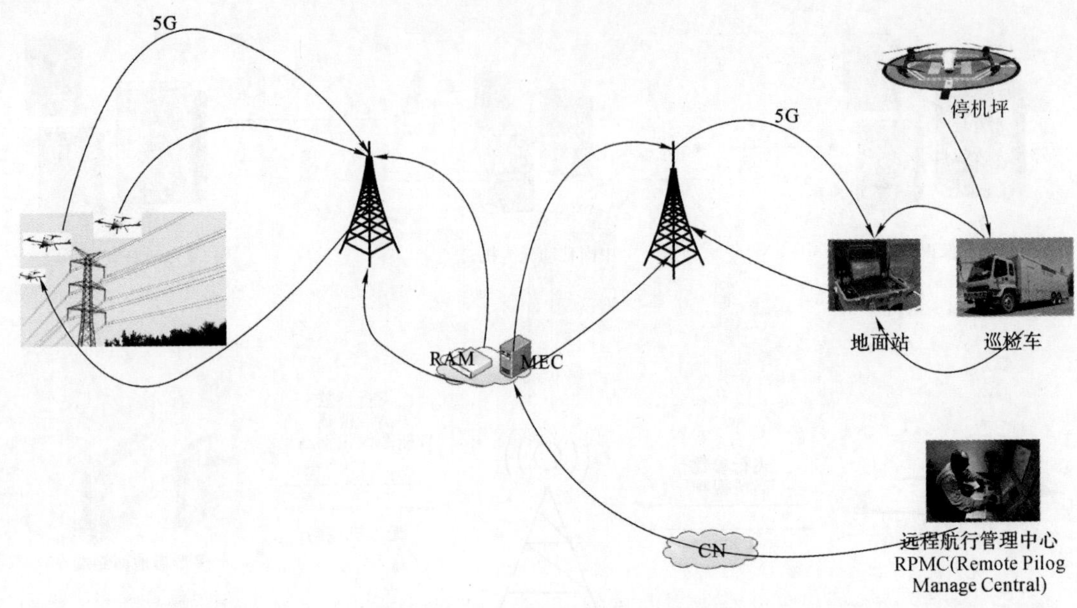

图 9-4-3 无人机电力巡检示意图

9.4.4 物流配送

近年来，国内外的主要物流企业纷纷开始布局无人机配送业务，以实现节省人力、降低成本的目的。通过5G网络，可以实现物流无人机状态的实时监控、远程调度与控制。无人机在工作过程中，借助5G网络大带宽的传输能力，可实时回传机载摄像头拍摄的视频，以便地面人员了解无人机的工作状态。同时，地面人员可通过5G网络低时延的特性，远程控制无人机的飞行路线。此外，结合人工智能技术，无人机可以根据飞行计划与实时感知的周边环境情况，自动规划飞行路线。

对比传统物流行业，无人机物流优势明显：①规避拥堵，运输快速高效；②相对于地面运输，无人机物流具有方便快速的优点；③在山区较多的省份，陆路运输所耗费的时间和成本较平原地区高很多，采用无人机则可能以同样的成本实现更高的物流效率；④在拥堵的城市和偏远的山区利用无人机运送急需物品，与陆运相比节省了80%左右的时间；⑤而且按照发达国家的经验，高层建筑势必会越来越多地配备直升机停机坪，也能够方便无人机起降。

无人机物流可以有效节省人力资源的消耗，将复杂环境下的大批量的投递任务交给人和地面车辆，而将简单场景下的小批量投递任务交给无人机，则可以更充分地发挥人力的灵活应变能力，减少体力消耗。无人机物流配送示意图如图 9-4-4 所示。

图 9-4-4　无人机物流配送示意图

9.4.5　野外科学观测

野外科学观测是指在野外条件下通过对生态环境、动植物的指标要素进行长期采集、数据积累和测定，确定其变化趋势，帮助科研人员进行研究，是生态学、气象学等领域的基本研究手段。野外科学观测地点普遍远离城市，通过应用多种传感器、视频监控设备、数据采集器、通信网络等基础设施，能够实现科研数据的采集、存储、传输，形成信息化的研究环境。然而，在广域的青藏高原冰川、内蒙古草原、新疆戈壁等环境下，建立监测系统需要的成本较高。

无人机基于规划路线飞行，可实现广覆盖、低成本的视频数据和遥感数据的采集。5G网络通过增加监测视频数据和遥感数据的上行传输速率，并降低空口时延，可提高野外科学观测的效率。结合5G网络的大带宽、低延迟和高可靠性能，可实现科学观测系统原始数据、视频数据的实时观测。例如：气象领域高频的原始流数据采样频率较高(10 Hz)，基于长期演进网络实现实时数据传输困难。另外在观测系统架构中，通过边缘计算在本地筛选并计算有效数据，剔除重复和无效数据，可提高系统工作效率。5G无人机野外科学观测系统示意图如图9-4-5所示。

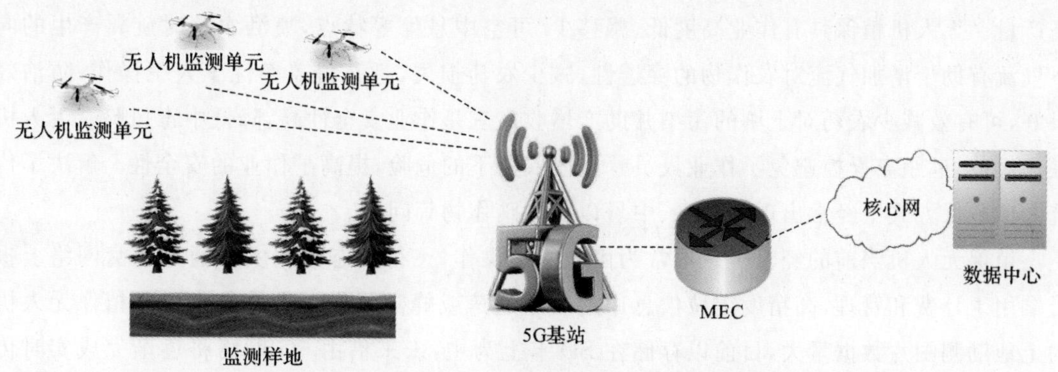

图 9-4-5　5G无人机野外科学观测系统示意图

9.4.6 飞机表面质量监测

民航客机在制造、试飞和正常航线运行维护的过程中，都需要进行表面质量的检测。8 K超高分辨率工业相机的出现，解决了检测面积和精度的问题，但是由于数据量太大，检测过程需要几十米的线缆进行传输，不便于数据上云进行高性能计算，结果反馈不及时，效率低。当前这些检测多通过人工目视进行，效率低下且检测结果不够客观准确。受限于飞机尺寸大、检测工作量大、外形复杂、精度要求高、检测环境复杂的特点，机器视觉检测在飞机表面检测运用中会遇到各种技术难题。

基于5G网络的8 K超高分辨率飞机表面质量检测系统的工作过程如下：通过8 K超高清图像采集设备的无人机采集大范围高精度的图像，经由5G网络传输至检测平台进行智能分析，自动识别飞机表面缺陷。此技术具有成本低、部署简单快捷、检测速度较快、检测精度较高、检测范围较广和检测结果准确等优点，且不需要大量人工参与。使用后可将飞机部件的表面检测效率提高3倍以上；且该设备可以由1人完成操作，每条生产线至少减少2名质检人员，节省人力成本；所有检测结果客观、可量化、可追溯，检测覆盖率达到90%以上，提升了产品的安全性和用户满意度。

9.4.7 农业植保

植保机械化是实现农业种植机械化、现代化的关键一环。相对于有人驾驶飞机喷洒而言，无人机植保具有作业效率高、单位面积施药液量小、无需专用起降机场、机动性好等优点，其在日本等国家发展得已十分成熟。无人机植保包括喷洒农药种子、巡逻监视、病虫监察等应用。无人机植保作业与传统人工植保相比，具有精准高效、安全环保、智能化、操作简单等特点，在农业领域，植保无人机在不断发挥着它的突出优势。一是提高植保效率，节约资源成本。无人机植保作业强度高，可同时代替多人的劳动力；采用喷雾喷洒方式至少可以节约50%的农药使用量，节约90%的用水量，这将在很大程度上降低资源成本；与传统植保机械相比，植保无人机还具有折旧率低、单位作业人工成本低、易保养等特点。二是防治效果好，减少污染并提高产量。无人机植保具有作业高度低、飘移少、可空中悬停等特点，喷洒农药时旋翼产生的向下气流有助于增加气流对农作物的穿透性，减少农药损失，且其覆盖率优于人工操作，防治效果好，可有效减少农药对土壤的污染并助产增收。三是作业安全性高，降低中毒风险。无人机操作规范，远距离操控避免了作业人员暴露于农药下的危险，提高了作业的安全性。解决了传统人工植保方式中经常出现的中毒、中暑以及踩踏作物等问题。

植保无人机当前的经营模式通常为由植保队操作，飞行状态数据实时通过蜂窝网络上报云端用于计费和管理，高精度定位信息通过短距通信或蜂窝网络下发给无人机。植保无人机的土地勘测图片数据量大，目前以存储在SD卡上为主，未来借由5G网络将逐渐完成实时传输。具体网络指标见表9-4-1。

表 9-4-1　无人机农业植保场景网络指标

<table>
<tr><th>时　间</th><th>业务属性</th><th>上行速率</th><th>下行速率
/(kb・s^{-1})</th><th>业务端到
端时延/ms</th><th>控制端到
端时延/ms</th><th>定位/m</th><th>覆盖
高度/m</th><th>覆盖
范围</th></tr>
<tr><td>2018 年</td><td>喷洒农药</td><td>UL 300 kb/s</td><td rowspan="2">300</td><td><500</td><td><100</td><td><0.5</td><td>10</td><td rowspan="2">农村</td></tr>
<tr><td>2020 年</td><td>农业土
地勘测</td><td>UL 20 Mb/s</td><td><200</td><td><20</td><td><0.1</td><td>200</td></tr>
</table>

9.4.8　未来云端智能自主飞行

当前的无人机无论是视距内控制还是超视距远程控制，都需要由人观看无人机传回的实时视频进行控制，未来由云端的 AI 代替人观看视频控制无人机，将进一步提升效率、解放人力，让无人机成为真正的空中智能平台。5G 网络的大带宽、低时延能够实现无人机实时实景导航、网络辅助的环境感知智能避障。无人机回传感知传感器信息由云端 AI 判断周围的障碍物、多机协同避让，相比在无人机本地判断将节约成本和功耗，云端获取到的信息更加全面，算法统一易于升级。5G 网络同时回传采集到的业务信息，通过云端 AI 进行自动分析，提前识别隐患。

无人机云端 AI 自主飞行的场景丰富，无人机需要安全高速的网络保障实现高清多路视频(4 K/8 K)回传到云端供 AI 处理、飞行状态监控、远程操控、网络定位以及实时下载高精度三维地图，具体网络指标见表 9-4-2。

表 9-4-2　无人机自主飞行网络指标

<table>
<tr><th>时　间</th><th>业务属性</th><th>上行速率
/(Mb・s^{-1})</th><th>下行速率
/(Mb・s^{-1})</th><th>业务端到
端时延/ms</th><th>控制端到
端时延/ms</th><th>定位/m</th><th>覆盖
高度/m</th><th>覆盖
范围</th></tr>
<tr><td rowspan="2">2018 年</td><td>1 080 P</td><td>UL 6</td><td rowspan="2">DL 6</td><td rowspan="2">500</td><td rowspan="2">100</td><td rowspan="2">0.5</td><td rowspan="2"><100</td><td rowspan="4">城市、
农村</td></tr>
<tr><td>4 路
1 080 P</td><td>UL 25</td></tr>
<tr><td rowspan="2">2020 年</td><td>4 K</td><td>UL 25</td><td rowspan="2">DL 50</td><td rowspan="2">200</td><td rowspan="2">20</td><td rowspan="2">0.1</td><td rowspan="2"><200</td></tr>
<tr><td>4 路 4 K</td><td>UL 100</td></tr>
</table>

9.4.9　视频监控

通过整合 5G 数据链、无人机飞控技术以及无人机自动停机坪技术，可形成无人机视频监控整体解决方案，为公共安全等领域提供技术支撑，无人机视频监控整体解决方案如图 9-4-6 所示。

首先，在云端构建无人机飞控应用平台，实现无人机机器视觉学习、云平台命令与控制、数据接收与永久存储，以及 IoT 数据交互。

飞控应用平台应用无人机数据即服务的崭新理念进行设计。以行业无人机和其他物联网设备为对象，以飞行安全保障和智能化飞行管理保障为两大核心能力，采用3D建模、图像识别、机器学习等先进技术，打造了无人机飞控应用平台，形成了无人机飞控网垂直应用服务能力，有效支撑各类业务应用。相比于普通无人机只能事后记录起降地点、时间，只能在视距范围内由飞手进行操控，无法提供定制化的业务服务等问题，飞控应用平台可提供实时监管、远程控制、智能管理、任务预设等功能。平台的主要亮点有以下几点：①具备多重飞行安全保障，可实现对用户、飞机、飞行计划的端到端管理和实时飞行权限管理；②可实现全网实时禁飞区和电子围栏功能。后续将实现对民航飞机实时感知与实时监控下的协同避让、自动规划最优飞行计划、构建飞行路径学习模型、提供单电机故障后安全降落的算法等功能。

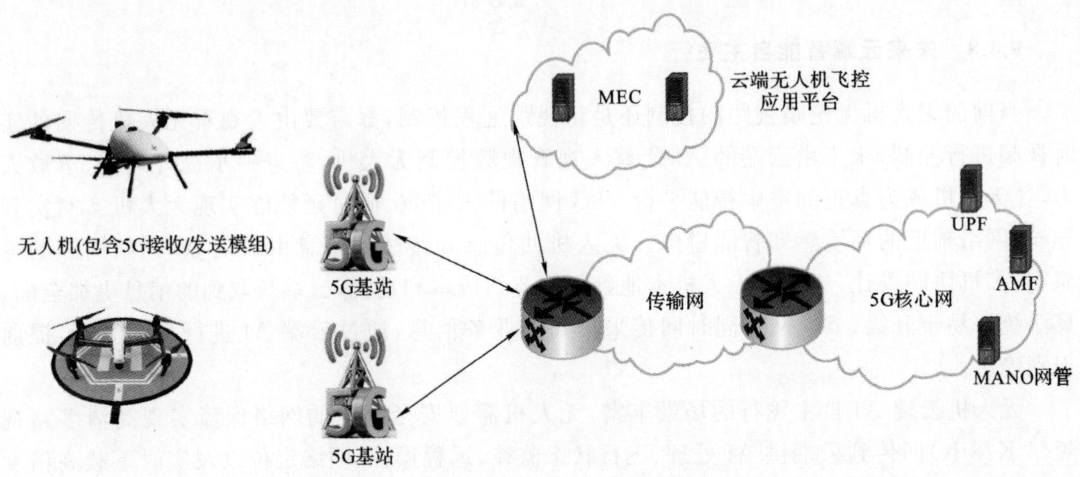

图 9-4-6　无人机视频监控整体解决方案

其次，在无人机侧通过加装5G接收发送模组，接入5G网络可实现与飞控应用平台的高速互联。借助5G数据链的大带宽、低时延以及高可靠特性，可实现对无人机的远程操控、高清视频的实时回传与存储。无人机的飞行范围因而也扩大到了5G网络的连续覆盖范围内。此外，考虑到目前无人机30 min左右的飞行持续时间，研究利用建筑物楼顶打造满足无人机起降要求的停机坪是打造无人机飞控网的重要一环。

9.4.10　智慧旅游

通过整合5G数据链和高清视频回传、剪辑、分发技术，可以形成无人机智慧旅游整体解决方案，应用于旅游拍摄等领域。

在某景区开展的5G+无人机视频服务互动系统的应用中，利用5G网络的大带宽、低时延特性，可为视频回传提供快速可靠的传输通道，实现实时回传视频，保证游客完成体验后便可得到视频下载链接。同时，可通过视频智能剪辑与分发技术来实现“一次飞行，多人拍摄”，以此降低单次飞行成本。

从组网方案来看，回传方案的技术演进可以分为3个阶段，如图9-4-7所示。第一阶段无须对无人机进行任何改造，利用无人机自带的5.8 GHz Wi-Fi将视频信号回传到地面的5G终端，5G终端再通过5G网络回传高清视频。第二阶段可在无人机上挂载5G CPE，直接在空中通过5G网络进行视频回传。第三阶段则在无人机上开发5G相关模组，在空中直接通过 5G 网络进行回传。前两个阶段的方式目前已经实现，而实现第三阶段方式所需要的无人机终端，5G 相关模组厂商正在与无人机企业合作开发。

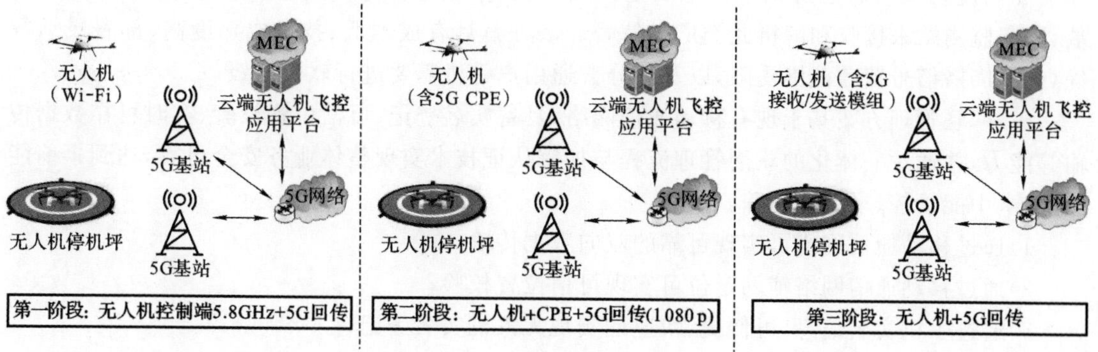

图 9-4-7　无人机智慧旅游组网方案

9.5　无人机 5G 通信链路运行管理

经过产业界长期的深入分析和研究，形成了基于运行风险大小的无人机分级分类管理思路，无人机的运行管理方案主要有本地广播方案和网联管理方案（见图 9-5-1）。

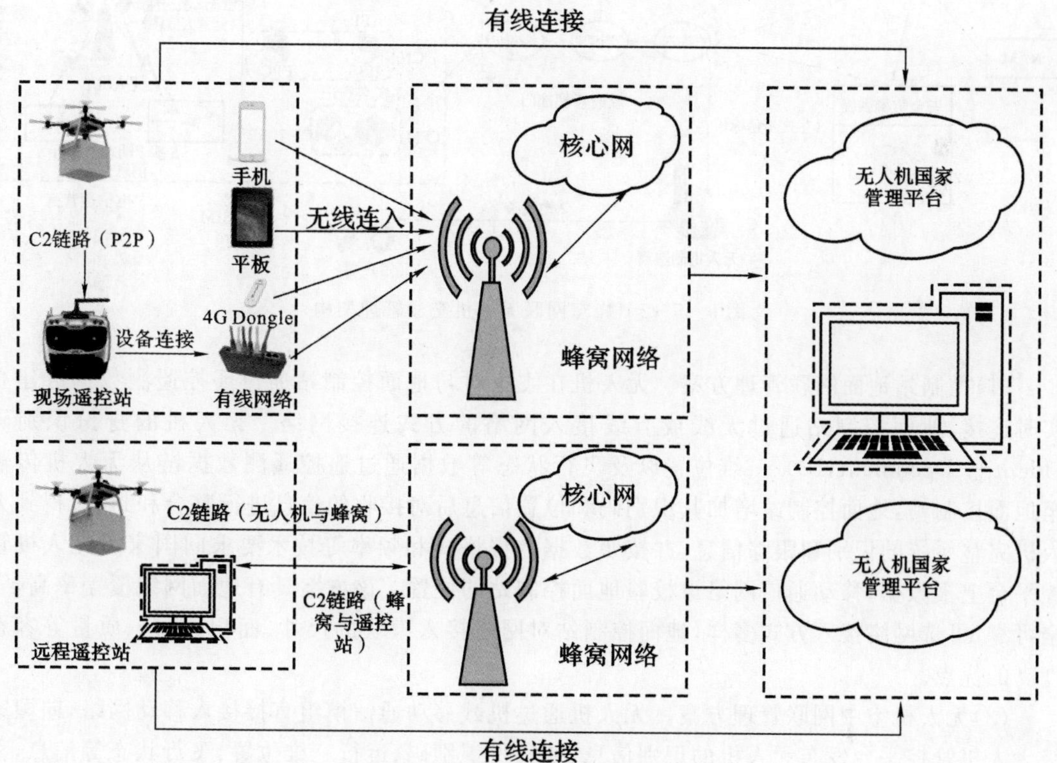

图 9-5-1　无人机网联管理方案

(1)本地广播方案不依赖移动通信网络,而是基于机载技术成熟、尺寸小、功耗低、成本低的无线广播发射机(如 Wi-Fi、蓝牙),周期性地广播无人机的身份识别信息、三维位置(经度、纬度和高度)、飞行状态等信息。地面上使用手机、平板电脑等便携式移动终端,或者车载终端、固定监测站来接收和解析此类广播信号。该方案具有成本低、技术成熟度高、部署灵活等优点,但广播信号覆盖范围受限,以及部分普通用户手机需要进行软件升级。

(2)网联管理方案基于现有移动通信网络,具备实名登记、可信位置校验、实时可靠数据传输等能力,并通过一体化的联网管理流程与加密认证技术实现整体业务安全可靠,达到事前能预警、事中能管控、事后能追踪。

1)通过移动通信网络可实现可靠的双向数据传输;

2)通过移动通信网络辅助定位可实现可信位置校验;

3)通过手机实名信息,可便捷、快速地实现无人机实名登记;

4)完善的管理流程与加密认证技术可实现整体业务安全可靠。

无人机系统主要由无人机、控制站和数据链三大部分组成。根据无人机系统中连接移动通信网络模块的不同,又分为控制站的地面网联管理方案和无人机的空中网联管理,如图 9-5-2 所示。

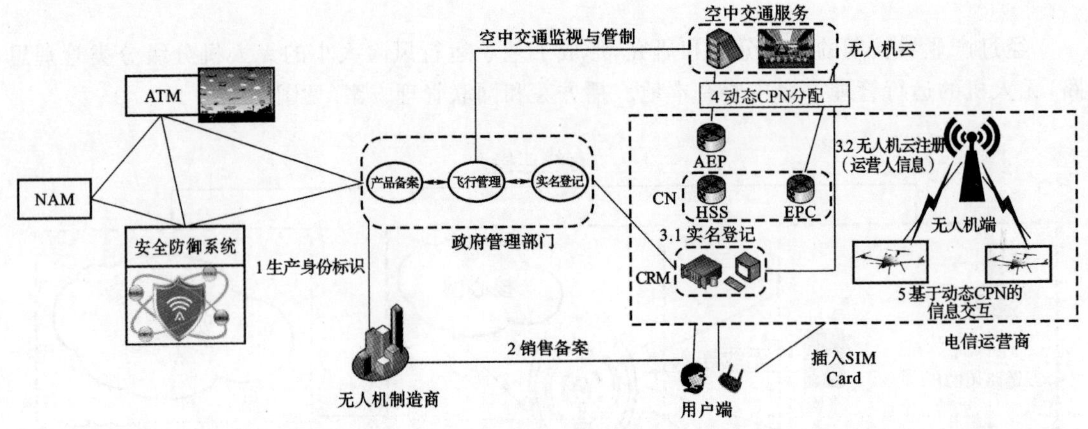

图 9-5-2　蜂窝网联无人机交通管理架构

(1)控制站地面网联管理方案。无人机在飞行时与地面控制站通过遥控遥测数据链建立实时连接,地面控制站通过无线或有线接入网络的方式连接网络。无人机的身份识别码(Identity Document,ID)、三维位置以及飞行状态等数据通过遥控遥测数据链从无人机传输至地面控制站,地面控制站增加其识别码和位置信息后对接收的信息进行整合和封装,得到无人机完整系统的识别和跟踪信息,并按照数据上报格式和频率等技术要求向国家级无人机管控平台上报数据,移动通信网络可校验地面控制站的位置。该方案具有地面网络覆盖率高,安全可靠,可选网络接入方式多样,地面控制站对网络接入模块的尺寸、面积、功耗、质量等容忍度高的优点。

(2)无人机空中网联管理方案。无人机通过机载移动通信模组直接接入移动网络,向国家级无人机管控平台发布无人机的识别信息,如身份识别码、运行三维位置、飞行状态等信息,移动通信网络可校验无人机的位置。该方案具有安全可靠性高、用户难以篡改等优点。

随着无人机产业与技术的迅速发展,民用无人机被大规模投入使用,不规范使用无人机的问题也越来越多，给国家安全、公共安全以及飞行安全带来了威胁，引起了相关政府部门和社会各界的广泛关注。需要尽快建立完善的无人机运行管理机制和办法，确保无人机在运行阶段看得见、管得住、查得着。既要保障空域安全，也要尽可能多地给予无人机用户自由飞行的权益，促进无人机行业的健康发展。

政府相关管理部门也在不断探索无人机运行管理的思路和方案，逐步出台了多项指导性文件。

(1)注册管理。2017 年 5 月，中国民航局航空器适航审定司发布的《民用无人驾驶航空器实名制登记管理规定》，要求自 2017 年 6 月 1 日起，最大起飞质量 250 g 以上（含 250 g）的无人机实施实名登记。

(2)运行管理。2017 年 10 月，民航局推出《无人机围栏》和《无人机云系统接口数据规范》两篇规范文档，用于指导无人机系统的有序运行管理。2018 年 1 月，国务院、中央军委空中交通管制委员会办公室组织起草了《无人驾驶航空器飞行管理暂行条例（征求意见稿）》，该条例是我国首次从国家战略层面对无人机管理和发展做出部署，采用分级分类的管理思路，根据运行风险大小，把民用无人机分为五类：微型、轻型、小型、中型、大型。

(3)标准体系。国家标准化管理委员会办公室在 2017 年 8 月出台了《无人驾驶航空器系统标准体系建设指南》，制定了无人机标准建设目标和发展阶段。第一阶段（2017 — 2018 年）：满足无人驾驶航空器系统市场需求，支撑行业监管需要，初步建立无人驾驶航空器系统标准体系，并重点制定一批市场急需、支撑监管的关键标准；第二阶段（2019 — 2020 年）：逐步推进无人驾驶航空器系统标准制定工作，到 2020 年，基本建立健全无人驾驶航空器系统标准体系，制修订 300 项以上无人驾驶航空器系统标准，基本实现基础标准、管理标准和技术标准全覆盖，行业应用标准满足相关行业应用需求。

民用无人机应用前景广阔，是我国全行业数字化转型需要创新的 5G 技术和业务应用之一，也是中国制造 2025 十大领域中需要重点推动的新一代信息技术产业之一。无人机与通信的跨界融合，将极大地加速民用无人机应用之普及，网联无人机作为一种信息终端类型的拓展，创新应用业务及应用空间都值得期待。从社会价值角度讲，5G 网联无人机的引入能赋予更多行业生产效率的提升，如应急通信、消防、电力巡检行业等，利用无人机能够避免工作人员在危险的环境下工作，保障了从业者的人身安全，同时在安防救灾、农业、教育、医疗等领域的应用拓展，也将不断地为社会提供服务。

参考文献

[1]　孙志宏.无人机弹射起飞技术分析[J].测绘与空间地理信息，2014，37(8)：174 - 175.